中国科学技术经典文库 · 物理卷

理论物理(第七册)

量子力学(乙部)

吴大猷 著

科学出版社
北 京

内 容 简 介

本书为著名物理学家吴大猷先生的著述《理论物理》(共七册)的第七册.《理论物理》是作者根据多年所从事的教学实践编写的一部比较系统全面的大学物理学教材. 本书第六册是量子力学的甲部. 本册是量子力学的乙部, 包括电子的相对论(Dirac)方程、经典场及量子化场、旋量和群论. 在多数章节之后附有习题或附录供读者研讨.

本书根据中国台湾联经出版事业公司出版的原书翻印出版, 作者对原书作了部分更正, 李政道教授为本书的出版写了序言, 我们对原书中一些印刷错误也作了订正.

图书在版编目(CIP)数据

理论物理(第七册): 量子力学(乙部)/吴大猷著. —北京: 科学出版社, 2010
(中国科学技术经典文库・物理卷)

ISBN 978-7-03-028712-0

I. 理… Ⅱ.吴… Ⅲ. ① 理论物理学 ② 量子力学 Ⅳ. O41
中国版本图书馆 CIP 数据核字(2010) 第 162966 号

责任编辑: 张 静 唐保军 / 责任校对: 陈玉凤
责任印制: 赵 博 / 封面设计: 王 浩

科学出版社 出版
北京东黄城根北街 16 号
邮政编码: 100717
http://www.sciencep.com
北京中石油彩色印刷有限责任公司印刷
科学出版社发行 各地新华书店经销
*
1983 年 8 月第 一 版 开本: 720×1000 1/16
2025 年 8 月第六次印刷 印张: 23 1/2
字数: 456 000

定价: 168.00元

(如有印装质量问题, 我社负责调换)

序　言

吴大猷先生是国际著名的学者, 在中国物理界, 是和严济慈、周培源、赵忠尧诸教授同时的老前辈. 他的这一部《理论物理》, 包括了“古典”至“近代”物理的全貌. 1977 年初, 在中国台湾陆续印出. 这几年来对该省和东南亚的物理教学界起了很大的影响. 现在中国科学院, 特别是由于卢嘉锡院长和钱三强、严东生副院长的支持, 决定翻印出版, 使全国对物理有兴趣者, 都可以阅读参考.

看到了这部巨著, 联想起在 1945 年春天, 我初次在昆明遇见吴老师, 很幸运地得到他在课内和课外的指导, 从“古典力学”学习起至“量子力学”, 其经过就相当于念吴老师的这套丛书, 由第一册开始, 直至第七册. 在昆明的这一段时期是我一生学物理过程中的大关键, 因为有了扎实的根基, 使我在 1946 年秋入芝加哥大学, 可立刻参加研究院的工作.

1933 年吴老师得密歇根大学的博士学位后, 先留校继续研究一年. 翌年秋回国在北大任教, 当时他的学生中有马仕俊、郭永怀、马大猷、虞福春等, 后均致力物理研究有成. 抗战期间, 吴老师随北大加入西南联大. 这一段时期的生活是相当艰苦的, 但是中国的学术界, 还是培养和训练了很多优秀青年. 下面的几段是录自吴老师的《早期中国物理发展之回忆》一书:

“组成西南联大的三个学校, 各有不同的历史. …… 北京大学规模虽大, 资望也高, 但在抗战时期中, 除了有很小数目的款, 维持一个‘北京大学办事处’外, 没有任何经费作任何研究工作的. 在抗战开始时, 我的看法是以为应该为全面抗战, 节省一切的开支, 研究工作也可以等战后再作. 但抗战久了, 我的看法便改变了, 我渐觉得为了维持从事研究者的精神, 不能让他们长期地感到无法工作的苦闷. 为了培植及训练战后恢复研究工作所需的人才, 应该在可能情形下, 有些研究设备. 西南联大没有此项经费, 北大也无另款. …… 我知道只好尽自己个人的力量做一点点工作了. …… 请北大在岗头村租了一所泥墙泥地的房子做实验室, 找一位助教, 帮着我把三棱柱放在木制架上拼成一个最原始形的分光仪, 试着做些‘拉曼效应’的工作”.

“我想在二十世纪, 在任何实验室, 不会找到一个拿三棱柱放在木架上做成的分光仪的了. 我们用了许多脑筋, 得了一些结果. ……”

“1941 年秋, 有一位燕京大学毕业的黄昆, 要来北大当研究生随我工作, 他是一位优秀的青年. 我接受了他, 让他半时作研究生, 半时作助教, 可以得些收入. 那年上学期我授‘古典力学’, 下学期授‘量子力学’. 班里优秀学生如杨振宁、黄昆、黄授书、张守廉等可以说是一个从不易见的群英会. ⋯⋯”

“1945 年日本投降前, 是生活最困难的时期. 每月发薪, 纸币满箱. 因为物价飞跃, 所以除了留些做买菜所需外, 大家都立刻拿去买了不易坏的东西, 如米、炭等. ⋯⋯ 我可能是教授中最先摆地摊的, ⋯⋯ 抗战初年, 托人由香港、上海带来的较好的东西, 陆续地都卖去了. 等到 1946 年春复员离昆明时, 我和冠世的东西两个手提箱便足够装了.”

就在 1946 年春, 离昆明前吴老师还特为了我们一些学生, 在课外另加工讲授“近代物理”和“量子力学”. 当时听讲的除我以外, 有朱光亚、唐敖庆、王瑞駪和孙本旺.

在昆明时, 吴老师为了北京大学的四十周年纪念, 写了《多原分子的结构及其振动光谱》一书, 于 1940 年出版. 这本名著四十多年来至今还是全世界各研究院在这领域中的标准手册. 今年正好是中国物理学会成立的五十周年, 科学出版社翻印出版吴大猷教授的《理论物理》全书, 实在是整个物理界的一大喜事.

李政道

1982 年 8 月

写于瑞士日内瓦

总　　序

若干年来, 由于与各方面的接触, 笔者对中国台湾的物理学教学和学习, 获有一个印象：(一) 大学普通物理学课程之外, 基层的课程, 大多强纳入第二第三两学年, 且教科书多偏高, 量与质都超过学生的消化能力. (二) 学生之天资较高者, 多眩于高深与时尚, 不知或不屑于深厚基础的奠立. (三) 专门性的选修课目, 琳琅满目, 而基层知识训练, 则甚薄弱.

一九七四年夏, 笔者拟想以中文编写一套笔者认为从事物理学的必须有的基础的书. 翌年夏, 得褚德三、郭义雄、韩建珊 (中国台湾交通大学教授) 三位之助, 将前此教学的讲稿译为中文, 有 (1) 古典力学, 包括 Lagrangian 和 Hamiltonian 力学, (2) 量子论及原子结构, (3) 电磁学, (4) 狭义与广义相对论等四册. 一九七六年春, 笔者更成 (5) 热力学, 气体运动论与统计力学一册. 此外将有 (6) 量子力学一册, 稿在整理中.

这些册的深浅不一. 笔者对大学及研究所的物理课程, 拟有下述的构想：

第一学年：普通物理 (力学, 电磁学为主); 微积分.

第二学年：普通物理 (物性, 光学, 热学, 近代物理); 高等微积分; 中等力学 (一学期).

第三学年：电磁学 (一学年) 及实验; 量子论 (一学年).

第四学年：热力学 (一学期); 狭义相对论 (一学期); 量子力学 (引论)(一学年).

研究院第一年：古典力学 (一学期); 分子运动论与统计力学 (一学年); 量子力学 (一学年); 核子物理 (一学期).

研究院第二年：电动力学 (一学年); 专门性的课目, 如固体物理; 核子物理, 基本粒子; 统计力学; 广义相对论等, 可供选修.

上列各课目, 都有许多的书, 各有长短. 亦有大物理学家, 集其讲学精华, 编著整套的书, 如 Planck, Sommerfeld, Landau 者. Landau-Lifshitz 大著既深且博, 非具有很好基础不易受益的. Sommerfeld 书虽似较易, 然仍是极严谨有深度的书, 不宜轻视的. 笔者本书之作, 是想在若干物理部门, 提出一个纲要, 在题材及着重点方面可作为 Sommerfeld 书的补充, 为 Landau 书的初阶.

笔者深信, 如一个教师的讲授或一本书的讲解, 留给听者或读者许多需要思索、补充、扩展、涉猎、旁通的地方, 则听者读者可获得较多的益处. 故本书风格, 偏于简练, 课题范围亦不广. 偶以习题的方式, 引使读者搜索, 扩大正文的范围.

笔者以为用中文音译西人姓名, 是极不需要且毫无好处之举. 故除了牛顿, 爱因斯坦之外, 所有人名, 概用西文.*

本书得褚德三、郭义雄、韩建珊三位中国台湾交通大学教授之助, 单越 (中国台湾清华大学) 教授的校阅, 笔者特此致谢.

吴大猷

1977 年元旦

* 商务印书馆出版之中山自然科学大辞典中, 将 Barkla, Blackett, Lamb, Bloch, Brattain, Townes 译为巴克纳, 布拉克, 拉目, 布劳克, 布劳顿, 汤里士, 错误及不准确可见.

本册前言

本书第六册量子力学的甲部, 述量子力学的矩阵力学, 波动力学的发展, 量子力学的结构及其对原子、分子理论的应用, 本册为量子力学的乙部, 述相对论的电子方程式, 古典场及量子化场, 旋量和群论. 这些课题的选择, 是基于若干的考虑的.

相对论 (狭义的) 和量子力学系目前物理学的两大基石. 在上册 (第六册) 中, 我们所用的 Schrödinger 方程式 (含时间的), 是不满足相对论的基本要求的 (Lorentz 不变性). 故求一个满足相对论要求的量子力学, 实系必要. 早在 1926 年, E. Schrödinger, O. Klein, W. Gordon, V. Fock 等氏即获得这样的一个方程式, 但旋即知道不适用于电子. 1928 年 P. A. M. Dirac 创立他的理论, 成功地应用于电子的问题 (如氢原子的理论), 且预告了有正电子的可能性. 1933 年 C. D. Anderson 发现了正电子, 使 Dirac 理论获得极强 (可谓无可置疑的) 的证验.

然由于 Dirac 的正电子理论的成功, 却引致另一重大的发展, 原来正电子的理论的本身, 已不再是 "一个粒子" 而是一个 "多粒子" 的系统的问题. 这和 1905 年爱因斯坦提出的电磁场的量子理论, 同样的需要场和量子化的场的理论. 单独一个场的量子化, 是无根本的困难的. 然电子和电磁两个有交互作用的场的理论 —— 所谓量子电动力学 —— 便遇到极基本性的困难. 理论中出现无限大的量, 经 1940, 1950 年代许多物理学家的努力, 仍顽固地未被消除. Dirac 氏以为这似示我们在极基本阶层上未得适宜的观念, 故很可能需要另外我们尚未知道的数学工具, 来处理它. 这样的问题, 或者需等待时机成熟, 又出来了爱因斯坦, Heisenberg, Dirac 一样的人. 但 "场" 的观念, 可能仍可保留下去的.

相对论的基本要求 ——Lorentz 不变性 —— 似乎仍将继续的为自然界的一个对称原理. 处理对称性的最适宜数学工具, 便是群论 —— 尤其是群的表现 (representation theory).

本册是希望从上述的观点, 作一个入门的导论. 第 1、第 2 章由历史上发展的观点, 导致 Klein-Gordon 和 Dirac 的相对论电子的量子力学方程式. 第 3 章述 Dirac 方程式理论的展开. 第 4 章述 Dirac 方程式在 Lorentz 变换下的性质. 第 5 章述 Dirac 方程式在氢原子问题的应用.

本册的第二部是述场的观念, 第 6 章先将古典场的观念表以 Lagrangian 及 Hamiltonian 形式, 并应用之于电磁场. 第 7 章述多体系统在量子力学中的表象形式, 及多体系统对置换 (permutation) 的对称性. 第 8 章述场的量子化的数学形式, 并以 Klein-Gordon 方程式的 ψ, 电磁场的势 A_μ, Dirac 方程式的 ψ_μ 为例. 第 9 章述量子化的电磁场对辐射跃迁机率 (自发辐射) 的应用, 关于量子化场的叙述, 只止于此, 量子电动力学 —— 电子与电磁场的交互作用场 —— 是需要更多的准备基础, 才能作有效的叙述, 故作者决将那一个大部门, 留候他日, 不在本册中作尝试了.

第三部则作旋量 (spinor) 和群论的导论. 旋量是 Dirac 理论的基本量 —— 是 Lorentz 变换所需的 "波函数". 通常的量子力学书中, 多视 Dirac 波函数为一个 4 分量的波函数而不引入旋量, 这是牺牲了数学上的正确性. 第 10 章对旋量作一个简介, 希望对习量子力学者介绍普通书中不常叙述的课题.

群论是数学中的美丽、深邃、重要的一大部门. 本书当然不使讲群论的数学, 即使讲群论在物理上的应用, 也做不到. 作者只是觉得在量子力学中一再着重 Dirac 的方程式的 Lorentz 不变性, 而不更稍深入地探索 Lorentz 群的表现 (representation) 和 Dirac, Klein-Gordon, Maxwell 方程式的关系, 是一种欠缺. 故决定尝试为学习量子力学的物理学生, 介绍群论的表现理论和物理 (场论) 的关系.

第 11 章述群的若干基本观念和定义; 第 12 章述线性变换中的单位模〔SC_2〕和幺正单位模〔SU_2〕群和 Lorentz 群, 三维空间转动群 R_{3p} 的关系, 第 13 章述群的表现论, 同态, 同构 (homomorphism, isomorphism), 表现的可约与不可约性等定理, 并以〔SU_2〕,〔SC_2〕群为例. 此章从数学观点, 述群的代数的许多基本定理. 第 14 章则略举群的表现理论对量子力学的应用. 为便利读者计, 本章重复地将第 13 章若干基本定理综合一下, 以之应用于对称群 (所谓点群, point group) 之一.

目　　录

场 论

旋量及群论引论

第 1 章　电子之相对论理论 ——Klein-Gordon 方程式

1.1　引　　言

Schrödinger 方程式

$$\mathrm{i}\hbar\frac{\partial\psi}{\partial t}=H\psi \tag{1-1}$$

系量子力学中的一个基本假定, 如《理论物理第六册：量子力学》(甲部) 第 5 章所述. 此方程式对时的变数 t 系一次微分, 而对空坐标 x,y,z 则系二次微分. 按狭义相对论的基本要求 (Minkowski 四维时空的转动变换不变性), 时、空变数须有相同的地位; 换言之, 在一个符合相对论原则的理论中, 时、空坐标应以同次的微分出现. 故第 (1) 式*关系不符相对论原则的. 此情形可由下较明显的考虑表出之.

按量子力学的基本假定：$|\psi|^2$ 函数的机率意义和其归一性的条件为

(i)
$$w=\psi^*\psi\geqslant 0 \tag{1-2}$$

(ii)
$$-\frac{\mathrm{d}}{\mathrm{d}t}\int w\mathrm{d}\tau=0 \tag{1-3}$$

$\mathrm{d}\tau=\mathrm{d}x\mathrm{d}y\mathrm{d}z$. 在相对论的理论中的一纯量 (无因次的), 在 Lorentz 变换下系一不变量. 我们要求下条件

(iii)
$$\int\psi^*\psi\mathrm{d}\tau=\text{Lorentz不变量} \tag{1-4}$$

第 (ii) 条件, 如 w 满足下列的一个连续方程式

$$\frac{\partial w}{\partial t}+\mathrm{div}\boldsymbol{I}=0 \tag{1-5}$$

即可保证其得成立. (式中之 $\boldsymbol{I}$ 系一向量, 其分量 I_x,I_y,I_z 于 $\int_v w\mathrm{d}x\mathrm{d}y\mathrm{d}z$ 积分的区域 v 的表面 S 上皆等于零的). 此点的证明极易：将 (5) 式两项对区域 v 积分, 再用 Gauss 定理即得.

第 (iii) 条件, 如上式之 $\boldsymbol{I}$ 与 w, 或

$$\left(\frac{1}{c}I_x,\frac{1}{c}I_y,\frac{1}{c}I_z,\mathrm{i}w\right) \tag{1-6}$$

---

* (1) 式即公式 (1-1), 公式序号均去掉了章号, 只用顺序号表示, 其他章节类同. —— 编辑注

构成一 Minkowski 四维空间的向量, 即可保证其得成立. 此点的证明如下：如 iw 系一四维向量的第四分量, 则 w 在 Lorentz 变换下, 其变换乃如 dt, 故

$$w\mathrm{d}x\mathrm{d}y\mathrm{d}z\text{系一纯量} \tag{1-7}$$

兹按 (i), (ii), (iii) 条件检视第 (1) 方程式. 以一质量 m 在位场 V 的粒子的情形为例. 第 (1) 式为

$$\frac{\partial \psi}{\partial t} + \frac{\hbar}{2m\mathrm{i}}\left(\nabla^2 - \frac{2m}{\hbar^2}V\right)\psi = 0, \tag{1-8}$$

由此方程式及其复数共轭式

$$\frac{\partial \psi^*}{\partial t} - \frac{\hbar}{2m\mathrm{i}}\left(\nabla^2 - \frac{2m}{\hbar^2}V\right)\psi^* = 0$$

即得

$$\frac{\partial}{\partial t}(\psi^*\psi) + \mathrm{div}\left[\frac{\hbar}{2m\mathrm{i}}(\psi^*\nabla\psi - \psi\nabla\psi^*)\right] = 0 \tag{1-9}$$

由此式, 得见第 (i), (ii) 二条件可满足. 惟此式中之 $\boldsymbol{I}$ 向量与 $\psi^*\psi$, 并不构成一四维向量, 盖第 (9) 式非 Lorentz 变换之协变式也. 故第 (1), 或第 (8) 式, 之 ψ, 不满足第 (iii) 条件.

欲得符合相对论要求的波方程式, 其必需条件之一, 乃其对 t 及 x, y, z 的微分同次; 或皆为二次微分, 或皆为一次微分. 早在 1926 年, Schrödinger, O. Klein 及 W. Gordon 皆获得一个对时、空坐标皆为二次微分的符合相对论要求的波方程式. 至 1928 年, P. A. M. Dirac 创立他的一次微分的方程式 —— 所谓 Dirac 的电子方程式. 下数章将述该理论及其应用. 本章将先述 Klein-Gordon 方程式.

1.2 Klein-Gordon 方程式 *

按相对论, 一个自由粒子 (静止质量为 m_0) 的能–动量关系为 **

$$p_x^2 + p_y^2 + p_z^2 - \left(\frac{W}{c}\right)^2 = -m_0^2c^2 \tag{1-10}$$

W 系动能 (亦即等于总能)

一带电荷 e 的质点, 在四维场 $(A, \mathrm{i}\phi)$ 中, 可定义一四维向量

$$\left(p_x + \frac{e}{c}A_x, p_y + \frac{e}{c}A_y, p_z + \frac{c}{e}A_z, \frac{\mathrm{i}}{c}(W + e\phi)\right)$$

---

* O. Kleln, Zeits. f. Physik 37, 895(1926); V. Fock, 同上, 38, 242; 39, 226(1926)
W. Gordon, 同上, 40, 117, 121(1926).
E. Schrödinger, *Ann. d. Physik* 81, 109(1926).

** 见《理论物理第四册：相对论》甲部, 第 4 章, (4-98)—(4-100).

$$= \left(P_x, P_y, P_z, \mathrm{i}\frac{E}{c}\right) \tag{1-11}$$

由第 (11) 式, 即得

$$p_x = P_x - \frac{e}{c}A_x, \text{等}, \frac{\mathrm{i}W}{c} = \frac{\mathrm{i}}{c}(E - e\phi) \tag{1-12}$$

以此代入 (10), 即得 Lorentz 变换的不变式:

$$\begin{aligned}&\left(P_x - \frac{e}{c}A_x\right)^2 + \left(P_y - \frac{e}{c}A_y\right)^2 + \left(P_z - \frac{e}{c}A_z\right)^2 \\ &-\left(\frac{E - e\phi}{c}\right)^2 = -m_0^2c^2\end{aligned} \tag{1-13}$$

按《理论物理第六册: 量子力学》(甲部) 第 5 章, 将 P_x, E 代以下列算符

$$P_x \to \frac{\hbar}{\mathrm{i}}\frac{\partial}{\partial x}, \quad E \to -\frac{\hbar}{\mathrm{i}}\frac{\partial}{\partial t} \tag{1-14}$$

则得

$$\Box^2 \equiv \frac{\partial^2}{\partial x^2} + \frac{\partial^2}{\partial y^2} + \frac{\partial^2}{\partial z^2} - \frac{1}{c^2}\frac{\partial^2}{\partial t^2} = \left(\frac{m_0 c}{\hbar}\right) \tag{1-15}$$

(由第 (10) 式),

或

$$\begin{aligned}&\left(\frac{\hbar}{\mathrm{i}}\frac{\partial}{\partial x} - \frac{e}{c}A_x\right)^2 + \left(\frac{\hbar}{\mathrm{i}}\frac{\partial}{\partial y} - \frac{e}{c}A_y\right)^2 + \left(\frac{\hbar}{\mathrm{i}}\frac{\partial}{\partial z} - \frac{e}{c}A_z\right)^2 \\ &-\frac{1}{c^2}\left(\frac{\hbar}{\mathrm{i}}\frac{\partial}{\partial t} + e\phi\right)^2 = -m_0^2c^2\end{aligned} \tag{1-16}$$

此式两方系一纯数算符. 由 (15), (16), 可得波方程式 *

$$\left(\frac{\partial^2}{\partial x^2} + \frac{\partial^2}{\partial y^2} + \frac{\partial^2}{\partial z^2} - \frac{1}{c^2}\frac{\partial^2}{\partial t^2}\right)\psi = \left(\frac{m_0 c}{\hbar}\right)^2\psi \tag{1-17}$$

$$\begin{aligned}&\left\{\sum_x^z \left(\frac{\hbar}{\mathrm{i}}\frac{\partial}{\partial x} - \frac{e}{c}A_x\right)^2 - \frac{1}{c^2}\left(\frac{\hbar}{\mathrm{i}} + \frac{\partial}{\partial t} + e\phi\right)^2\right\}\psi \\ &= -\, m_0^2c^2\psi\end{aligned} \tag{1-18}$$

此二方程式系 Lorentz 变换的不变式 (换言之, 系符合相对论的要求的), 称为 Klein-Gordon 方程式. 二式皆系 t 变数的二次微分方程式. 在解时, 需要 ψ 和 $\dfrac{\partial\psi}{\partial t}$ 在 $t = 0$

---

* 参阅本册第 15 章第 1 节, 由 Lorentz 群的表现观点得 (17) 式.

时的 (任意) 值. 惟在下文 (23) 式下, 将见给予 ψ 与 $\dfrac{\partial\psi}{\partial t}$ 以任意的开始值, 是不可能的. 故此有困难处.

如定义一个四维向量 (s_1, s_2, s_3, s_4) 如下:

$$s_1 = \frac{1}{c}I_x = \frac{\hbar}{2m_0 c\mathrm{i}}\left(\psi^*\frac{\partial\psi}{\partial x} - \psi\frac{\partial\psi^*}{\partial x} - \frac{2\mathrm{i}}{\hbar}\frac{e}{c}A_x\psi^*\psi\right)$$

$$\text{余} s_2, s_3 \text{类推} \tag{1-19}$$

$$s_4 = \mathrm{i}w = -\frac{\hbar}{2m_0c^2}\left(\psi^*\frac{\partial\psi}{\partial t} - \psi\frac{\partial\psi^*}{\partial t} + \frac{2\mathrm{i}}{\hbar}e\phi\psi^*\psi\right) \tag{1-20}$$

则由 (18) 式可得下四维散度 (divergence) 方程式

$$\frac{\partial s_\beta}{\partial x_\beta} = 0 \quad (\beta = 1, 2, 3, 4\text{作和}), \tag{1-21}$$

换言之, 第 (20) 式的 w 系一四维向量的第四分量, 故对 Lorentz 变换如变数 t, 故

$$\int w\mathrm{d}x\mathrm{d}y\mathrm{d}z\text{系Lorentz不变量} \tag{1-22}$$

这符合第 (14) 式的条件 (iii). 惟按第 (20) 式, w 含有外场势 ϕ, 故不能恒满足 (2) 式的

$$w \geqslant 0$$

条件, 即在 $\phi = 0$ 情形下, 如按上文, ψ 与 $\dfrac{\partial\psi}{\partial t}$ 应可予以任意的开始值, w 亦非永是正值的, 且

$$\begin{aligned}\int w\mathrm{d}x\mathrm{d}y\mathrm{d}z =& \frac{\mathrm{i}\hbar}{2m_0c^2}\int\left(\psi^*\frac{\partial\psi}{\partial t} - \psi\frac{\partial\psi^*}{\partial t}\right)\mathrm{d}x\mathrm{d}y\mathrm{d}z \\ =& 1\end{aligned} \tag{1-23}$$

的归一条件, 亦不能满足的.

由这些观点, Klein-Gordon 方程式 (17), (18) 实不能视为量子力学的波方程式. 我们可以视之为一个古典波方程式 (有如 Maxwell 电磁场方程式然); (17), (18) 式中的 ψ, 不视为机率幅度函数而视为算符; 如乘 w 以电荷 e, 视 ew 为电荷密度, 则 ew 的正或负值便有意义. 在通常的 (本书第六册所述的) 量子力学中, 我们的物理量 (Dirac 的 observables) 算符是能, 坐标, 动量等; 它们是由对易关系

$$pq - qp = \frac{\hbar}{\mathrm{i}}$$

"量子化" 的. 兹视电磁场方程式的场势 A, ϕ 为 (observable) 算符, 视 Klein-Gordon 方程式的 ψ 为算符, 加以 "量子化", 则由电磁场可得 "光子"(photon), 由 Klein-Gordon 场 ψ 可得它的 "粒子". π 介子便是这样的场的粒子的一个例子.

上述的观点和数学的展出, 是所谓 "第二量子化"(second quantization)"量子化场" 理论. 下文将详述的 Dirac 方程式, 则没有 Klein-Gordon 方程式的上述困难, 亦可经 "第二量子化", 而得一个 "多粒子" 系统 (many-body system) 或 "场" (这便是 "量子电动力场"). 凡此皆将于本册后文述之 (第 8 章).

1.3 Klein-Gordon 方程式的近似式

由第 (13) 式, 即得

$$E - e\phi = m_0c^2\left[1 + \frac{1}{m_0^2c^2}\left(\boldsymbol{P} - \frac{e}{c}\boldsymbol{A}\right)^2\right]^{1/2} \tag{1-24}$$

如平方根式中第二项之值远小于 1, 则经展开后右方成

$$m_0c^2\left[1 + \frac{1}{2m_0^2c^2}\left(\boldsymbol{P} - \frac{e}{c}\boldsymbol{A}\right)^2 - \frac{1}{8m_0^4c^4}\left(\boldsymbol{P} - \frac{e}{c}\boldsymbol{A}\right)^4 + \cdots\right] \tag{1-25}$$

兹将略去 $\left(\dfrac{\boldsymbol{P}}{m_0}\right)^4$ 值的项, 用 (14) 式, 即得下方程式

$$\begin{aligned}\mathrm{i}\hbar\frac{\partial\psi}{\partial t} = &\left\{-\frac{\hbar^2}{2m_0}\nabla^2 + e\phi - \frac{e\hbar}{\mathrm{i}m_0c}(\boldsymbol{A}\cdot\nabla)\right\}\psi \\ &+ \left\{m_0c^2 - \frac{e\hbar}{\mathrm{i}m_0c}(\nabla\cdot\boldsymbol{A}) + \frac{e^2}{2m_0c^2}\boldsymbol{A}^2\right\}\psi\end{aligned} \tag{1-26}$$

此式除 m_0c^2 项外, 即系 Schrödinger 的 (非相对论) 方程式*. 此 m_0c^2 项, 可藉下变换

$$\psi = \psi'\exp(-\mathrm{i}m_0c^2t/h) \tag{1-27}$$

消去.

(26) 式右方首三项系粒子在电磁场 $(\boldsymbol{A}, \phi)$ 的能项. 如电场 ϕ 系静电场, 则按 Lorentz 关系, $\nabla\cdot\boldsymbol{A} = 0$. 末项有 $\boldsymbol{A}^2$ 的 (在原子的问题, 系逆磁性效应) 值, 通常甚小, 可略去.

1.4 "氢原子"(π 介子的氢原子) 的 Klein-Gordon 理论

设粒子之静止质量为 m_0, 电荷为 e, ϕ 场为圆心对称的静电场 $\phi(r)$, 向量场 $\boldsymbol{A} = 0$. 假设 (18) 式的 $\psi(\boldsymbol{r}, t)$ 为下式

$$\psi(\boldsymbol{r}, t) = u(\boldsymbol{r})\exp(-\mathrm{i}Et/h) \tag{1-28}$$

* 见《理论物理第六册: 量子力学》(甲部) 第 4 章.

则由 (18) 式可得

$$\nabla^2 u=\left[\left(\frac{\hbar}{m_0 c}\right)^2-\left(\frac{E-e\phi}{\hbar c}\right)^2\right]u(\boldsymbol{r}) \tag{1-29}$$

使

$$u(\boldsymbol{r})=n(r,\theta,\varphi)=R(r)Y(\theta,\varphi) \tag{1-30}$$

$$Y(\theta,\varphi)=P_l^m(\cos\theta)\mathrm{e}^{\mathrm{i}m\varphi}$$

$$e\phi(r)=-\frac{Ze^2}{r} \tag{1-31}$$

并引入

$$\alpha=\frac{e^2}{\hbar c}\left(\simeq\frac{1}{137}\right) \tag{1-32}$$

$$1/\lambda=\frac{ZE}{e^2}\alpha^2,\quad \lambda=\text{长度} \tag{1-33}$$

$$\rho=r/\lambda, \tag{1-34}$$

$$\varepsilon=\frac{m_0^2c^4-E^2}{e^4}\alpha^2\lambda^2,\quad \varepsilon\text{无因次数} \tag{1-35}$$

则 (29) 式成

$$\left\{\frac{\mathrm{d}^2}{\mathrm{d}\rho^2}+\frac{2}{\rho}\frac{\mathrm{d}}{\mathrm{d}\rho}-\varepsilon+\frac{\rho}{2}-\frac{l(l+1)-Z^2\alpha^2}{\rho^2}\right\}R(\rho)=0^* \tag{1-36}$$

使

$$R(\rho)=\frac{1}{\rho}\mathrm{e}^{-\sqrt{\varepsilon}\rho}v(r) \tag{1-37}$$

则 $v(r)$ 符合下方程式

$$\frac{\mathrm{d}^2v}{\mathrm{d}\rho^2}-2\sqrt{\varepsilon}\frac{\mathrm{d}v}{\mathrm{d}\rho}+\frac{2}{\rho}v-\frac{l(l+1)-Z^2\alpha^2}{\rho^2}v=0 \tag{1-38}$$

试设

$$v(\rho)=\rho^\beta\sum a_s\rho^s \tag{1-39}$$

即得指数方程式

$$\beta(\beta-1)-[l(l+1)-Z^2\alpha^2]=0 \tag{1-40}$$

其二根 β_1,β_2 之差 $\beta_1-\beta_2$ 不再是一整数 (如 Schrödinger 之氢原子方程式然), 故由 (40) 的二根, 可得二独立解.

* 解 (36) 及 (38) 法, 参阅《理论物理第六册: 量子力学》(甲部) 第 4 章第 5 节氢原子的问题.

由 (39), (38), 即得系数 a_s 之递推关系

$$2[1-\sqrt{\varepsilon}(\beta+s)]a_s=[(\beta+s)(\beta+s+1)-\{l(l+1)-Z^2\alpha^2\}]a_{s+1} \tag{1-41}$$

如欲使 (37) 式之 $R(\rho)$ 有平方可积分法, 则 (39) 级数务需于 $s=-$ 整数 n_r 时终止, 换言之,

$$a_{n_r+1}=0$$

或由 (41),

$$\varepsilon=\frac{1}{(n_r+\beta)^2} \tag{1-42}$$

由 (33), (35), 及 (42), 即得

$$\frac{E}{m_0c^2}=\left(1+\frac{Z^2\alpha^2}{(n_r+\beta)^2}\right)^{-1/2} \tag{1-43}$$

β 之值, 由 (40) 可得之 (取正值之根)

$$\beta=\frac{1}{2}+\frac{1}{2}\sqrt{(2l+1)^2-4Z^2\alpha^2} \tag{1-44}$$

故

$$\frac{E}{m_0c^2}=\left[1+\frac{Z^2\alpha^2}{\left(n_r+\frac{1}{2}+\sqrt{\left(l+\frac{1}{2}\right)^2-Z^2\alpha^2}\right)^2}\right]^{-1/2} \tag{1-45}$$

如

$$(Z\alpha)^2\ll\left(l+\frac{1}{2}\right)^2$$

则

$$n_r+\frac{1}{2}+\sqrt{\left(l+\frac{1}{2}\right)^2-Z^2\alpha^2}\approx n_r+l+1-\frac{Z^2\alpha^2}{2l+1} \tag{1-46}$$

以此代入 (45), 再按 $(Z\alpha)^2$ 展开之, 即得

$$\frac{E}{m_0c^2}=1-\frac{Z^2\alpha^2}{2n^2}-\frac{Z^4\alpha^4}{2n^4}\left(\frac{n}{l+\frac{1}{2}}-\frac{1}{4}\right)-\cdots \tag{1-47}$$

或

$$E - m_0c^2 = -\frac{Z^2\alpha^2 m_0 c^2}{2}\left[\frac{1}{n^2} + \frac{Z^2\alpha^2}{n^4}\left(\frac{n}{l+\frac{1}{2}} - \frac{1}{4}\right) + \cdots\right] \tag{1-47a}$$

$$= -\frac{z\pi^2 m Z^2 e^4}{h^2}\left[\frac{1}{n^2} + \frac{Z^2\alpha^2}{n^4}\left(\frac{n}{l+\frac{1}{2}} - \frac{1}{4}\right) + \cdots\right] \tag{1-47b}$$

右方首项即 Schrödinger 理论的 Bohr 公式, 第二项为 "相对论" 的修正.

(47) 式所得之 "微细结构", 与氢原子观察的结果不符. 反之, Dirac 方程式与观察结构相符.*

第 (16) 式系一 (在 Lorentz 变换下) 不变算符. 第 (17) 及 (18) 方程式中之 ψ, 可以系一纯量 (scalar) 函数, 或一假纯量 (pseudoscalar) 函数. 纯量及假纯量的 ψ, 在 Lorentz 变换下不变, 无向量, 张量 (及假向量) 的变换性 (无分量). 有分量的 ψ, 我们很自然的以之表有自旋角动量的粒子; 无分量的 ψ, 表自旋为零的粒子. 由实验推得, 知 π 介子的自旋为零 (其交换性为假纯量). 故 Klein-Gordon 方程式适用于 π 介子**. 第 (45) 式可表一个 "π 介子的原子"(即一个负 π 介子和一个原子核构成的系统) 的能量, 但不适用于氢原子. 电子有自旋; 它的波方程式系 Dirac 的而非 Klein-Gordon 的理论. Dirac 的理论, 将详见下数章.

习　题

1. 按 (47) 式, 计算并绘出 $Z = 1, n = 2, 3$ 态的微细结构, 与 Sommerfeld 公式, Dirac 公式比较. (见前脚注)

2. 按 Klein-Gordon 方程式, 计算简谐振荡问题.

3. 使 $x(x_1, x_2, x_3, x_4), p(p_1, p_2, p_3, p_4)$ 为四维向量

$$x_1 = x, x_4 = \mathrm{i}ct, \quad p = \frac{\hbar}{\mathrm{i}}\frac{\partial}{\partial x_1}, \quad p_4 = \frac{\mathrm{i}E}{c} = \frac{\hbar}{\mathrm{i}}\frac{\partial}{\partial x_4}.$$

$\Psi(x), \Phi(p)$ 之四维 Fourier 变换为

$$\Phi(p) = \frac{1}{h^2}\int \mathrm{e}^{-\mathrm{i}px/h}\,\Psi(x)\mathrm{d}^4x$$

$$\Psi(x) = \frac{1}{h^2}\int \mathrm{e}^{\mathrm{i}px/h}\,\Phi(p)\mathrm{d}^4p$$

---

* 第 (47) 式宜与 (i)Sommerfold 理论 (《理论物理第二册: 量子论与原子结构》甲部第 (5-19), (5-21) 式), (ii) 量子力学的相对论修正加电子自旋修正 (《理论物理第六册: 量子力学》(甲部) 第 8 章第 2 节 (8-24), 及 (iii)Dirac 电子方程式理论 (下文第 5 章第 3 节 (5-119) 式) 比较.

** 参看第 5 章第 1 节末, (5-17), (5-18) 式, Dirac 方程式与 Klein-Gordon 方程式的比较.

证 (17) 式的动量 p 表象为

$$(p_\nu^2 + m_0^2c^2)\,\Phi(p) = 0$$

如 (18) 式写作下式

$$(p_\mu^2 + m_0^2c^2)\,\Psi(x) = F(x)\,\Psi \tag{1}$$

证 (18) 式的动量 p 表象为

$$(p_\nu^2 + m_0^2c^3)\,\Phi(p) = \frac{1}{h^2}\int G(p-p')\,\Phi(p')\mathrm{d}^4p' \tag{2}$$

$$G(p-p') = \frac{1}{h^2}\int \mathrm{e}^{-\mathrm{i}(p-p')x/h}F(x)\mathrm{d}^4x \tag{3}$$

4. 证前题 p 表象之 $\Phi(p)$ 方程式, 可写成一积分方程式如下:

$$\Phi(p) = \int K(p,p')\,\Phi(p')\mathrm{d}^4p \tag{4}$$

其 kernel 为

$$K(p,p') = \frac{1}{h^2}\int \frac{\mathrm{e}^{-\mathrm{i}x(p-p')/h}}{p_\nu^2 + m_0^2c^3}\mathrm{d}^4x \tag{5}$$

由第 (1) 式, 得

$$\Psi(x) = \frac{1}{p_\nu^2 + m_0^2c^2}F(x)\,\Psi(x)$$

乘以 $\mathrm{e}^{-\mathrm{i}(x-x')p/h}\mathrm{d}^4p\mathrm{d}^4x$ 并积分, 证下积分方程式

$$\Psi(x') = \int K(x',x)\,\Psi(x)\mathrm{d}^4x \tag{6}$$

$$K(x',x) = \frac{1}{(2\pi)^4}\int \frac{\mathrm{e}^{-\mathrm{i}p(x-x')/h}}{p_\nu^2 + m_0^2c^2}F(x)\frac{\mathrm{d}^4p}{h^4} \tag{7}$$

5. 于方程式 (18) 上作 (27) 式的变换。试将所得之方程式与 Schrödinger 的有 $(\boldsymbol{A}, \mathrm{i}\phi)$ 场之方程式比较之.

6. 由 Klein-Gordon 方程式的在静止 (与时 t 无关) 的情形及在 $r=0$ 有一个单位强度的源,

$$\nabla^2\psi - \frac{1}{\lambda^2}\psi = -\delta(\boldsymbol{r}) \tag{8}$$

求所谓 Yukawa 位函数

$$\psi(r) = \frac{1}{4\pi r}\mathrm{e}^{-r/\lambda} \tag{9}$$

$$\lambda = \frac{\hbar}{m_0c} = \frac{1}{2\pi} \times \text{Compton波长}$$

第 2 章　Dirac 之理论 —— 自由电子

2.1　Dirac 方程式

由第 1 章 (见 (1-18), (1-23) 式下), 已见第二次 t 的微分方程式的困难. 故 Dirac 的出发点系取 t 的第一次微分方程式, 因之, 按相对论, 该方程式亦系坐标 x, y, z 的第一次微分.

为满足 (2-2) 的 $w \geqslant 0$ 条件, Dirac 假定 ψ 有 n 个分量 $\psi_1, \psi_2, \cdots, n$ 的值未先定, 并取

$$w = \sum_{k=1}^{n} \psi_k^* \psi_k \tag{2-1}$$

最一般式的 (将 x, y, z, t) 第一次微分方程式, 可表以下式

$$\mathrm{i}\frac{E}{c}\psi_k + \sum_j (\boldsymbol{\alpha}_{kj} \cdot \boldsymbol{p})\psi_j + m_0 c \sum_j \beta_{kj}\psi_j = 0 \tag{2-2}$$

或用 (1-14), 可表成下式

$$\frac{1}{c}\frac{\partial \psi_k}{\partial t} + \sum_j (\boldsymbol{a}_{kj} \cdot \nabla)\psi_j + \frac{\mathrm{i}m_0 c}{\hbar}\sum \beta_{kj}\psi_j = 0 \tag{2-3}$$

式中之 α_{kj}, 系一个向量矩阵 (算符), β 另一矩阵

$$(\alpha_x)_{kj}, (\alpha_y)_{kj}, (\alpha_z)_{kj}, \beta_{kj} \tag{2-4}$$

α, β 算符, 只运作于 ψ_j 的指数 j^*, 而与 p 完全独立无关, 设 (2-1) 式表为二矩阵之乘积 (ψ_k^* 系一横行矩阵)

$$w = (\psi_1^* \ \psi_2^* \ \psi_3^* \ \cdots) \begin{pmatrix} \psi_1 \\ \psi_2 \\ \psi_3 \\ \vdots \end{pmatrix} \tag{2-5}$$

---

* Dirac 的 α, β(或 (2-26) 式中的 γ_μ) 矩阵, 只作用于所谓 “内在变数”(inner 或 internal coordinates); p_x, p_y, p_z 则作用于 “外在变数” x, y, z.

并以 $\tilde{\boldsymbol{\alpha}}$ 表 $\boldsymbol{\alpha}$ 的移项矩阵, 即 $(\bar{\boldsymbol{\alpha}})_{mn} = \boldsymbol{\alpha}_{mn}$, 则 (2-3) 式的复数共轭且移项式乃

$$\frac{1}{c}\frac{\partial \psi_k^*}{\partial t} + \sum_j (\nabla \psi_j^* \cdot \tilde{\boldsymbol{\alpha}}_{jk}^*) - \frac{\mathrm{i} m_0 c}{\hbar} \sum \psi_j^* \bar{\beta}_{jk}^* = 0 \tag{2-6}$$

由 (3) 及 (6), 可得

$$\begin{aligned}&\frac{1}{c}\sum_k \left(\psi_k^* \frac{\partial \psi_k}{\partial t} + \psi_k \frac{\partial \psi_k^*}{\partial t}\right) + \sum_k \sum_j \{\psi_k^* (\boldsymbol{\alpha}_{kj} \cdot \nabla)\psi_j + \psi_k (\boldsymbol{\alpha}_{kj}^* \cdot \nabla)\psi_j^*\} \\ &+ \frac{\mathrm{i} m_0 c}{\hbar} \sum_k \sum_j \{\psi_k^* \beta_{kj} \psi_j - \psi_k \beta_{kj}^* \psi_j^*\} = 0\end{aligned} \tag{2-7}$$

如 α, β 满足下条件

$$(\alpha_x^*)_{jk} = (\alpha_x)_{kj}, \quad (\beta^*)_{jk} = \beta_{kj} \tag{2-8}$$

则我们可定义 w 如 (1) 式, 及一三维 "流" $\boldsymbol{I}$

$$\boldsymbol{I} = c \sum_k \sum_j \psi_k^* \alpha_{kj} \psi_j \tag{2-9}$$

使 (7) 成 (1-5) 形式

$$\frac{\partial w}{\partial t} + \mathrm{div} \boldsymbol{I} = 0 \tag{2-10}$$

第 (8) 式条件, 亦系 (10) 式的必需条件. 由 (10) 式, 即可满足上章 (1-3) 的要求. 第 (8) 式乃谓 $\alpha_x, \alpha_y, \alpha_z, \beta$ 皆务必为 Hermitian 矩阵 *.

(3) 式可写成矩阵式. ψ 系一竖行矩阵如 (5).

$$\frac{1}{c}\frac{\partial \psi}{\partial t} + (\boldsymbol{\alpha} \cdot \nabla)\psi + \frac{\mathrm{i} m_0 c}{\hbar}\beta\psi = 0 \tag{2-11}$$

或

$$\frac{\hbar}{\mathrm{i}}\frac{\partial \psi}{\partial t} = \boldsymbol{H}\psi \tag{2-12}$$

$$H = c(\boldsymbol{\alpha} \cdot \boldsymbol{p}) + \beta m_0 c^2 \tag{2-13}$$

至此为止, 我们仍未能得 $\alpha_x, \alpha_y, \alpha_z, \beta$ 各矩阵, 故亦未能定 ψ_n 的 n 数. 现欲得 α, β, Dirac 的论据如下：(11) 式之解 ψ, 务必亦满足 Klein-Gordon 的二次方程式 (17); 故如施下算符

* 因第 (13) 式之 Hamiltonian H 务须为 Hermitian, 故 α's 及 β 务必系 Hermitian.

$$-\frac{1}{c}\frac{\partial}{\partial t}+(\boldsymbol{\alpha}\cdot\nabla)+\frac{\mathrm{i}m_0c}{\hbar}\beta \tag{2-14}$$

于 (11), 使其结果

$$\begin{aligned}&-\frac{1}{c^2}\frac{\partial^2\psi}{\partial t^2}+\sum_x\alpha_x^2\frac{\partial^2\psi}{\partial x^2}+\sum_{x,y}(\alpha_x\alpha_y+\alpha_y\alpha_x)\frac{\partial^2\psi}{\partial x\partial y}\\&+\frac{\mathrm{i}m_0c}{h}\sum_x(\alpha_x\beta+\beta\alpha_x)\frac{\partial\psi}{\partial x}-\frac{m_0^2c^2}{\hbar^2}\beta^2\psi=0\end{aligned} \tag{2-15}$$

与 Klein-Gordon 方程式 (17) 相同, 则必需及充足条件乃

$$\begin{aligned}\alpha_x\alpha_y+\alpha_y\alpha_x=&2\delta_{xy},\quad \text{余类推}\\ \alpha_x\beta+\beta\alpha_x=&0\\ \beta^2=&1\end{aligned} \tag{2-16}$$

换言之, $\alpha_x,\alpha_y,\alpha_z,\beta$ 皆彼此 “反对易”(anti-commute). (16) 系 10 个关系, 此 10 个关系中之

$$\alpha_x^2=\alpha_y^2=\alpha_z^2=\beta^2=1$$

表示

$$\alpha_x^{-1}=\alpha_x,\quad \beta^{-1}=\beta,\quad \text{余类推} \tag{2-17}$$

次一问题, 乃 α,β 矩阵的次 (Order)$n\times n$.

兹先证明 n 不可能为奇数 (故 3×3, 5×5, $\cdots$ 系不能满足 (16) 式条件的). 取一例如

$$\begin{aligned}\alpha_x\beta=&-\beta\alpha_x\\=&-I\beta\alpha_x,\quad I\text{为}n\times n\text{的单位矩阵}\end{aligned} \tag{2-18}$$

兹取两方的行列式, 得

$$\begin{aligned}|\det\alpha_x||\det\beta|=&|\det(-I)||\det\beta||\det\alpha_x|\\=&(-1)^n|\det\alpha_x||\det\beta|\end{aligned} \tag{2-19}$$

故 n 条必为偶数.

次乃证明 2×2 次是不能满足 (8) 及 (16) 的要求的. 兹取 (18) 式两方的对角和 (trace), 或

$$\beta^{-1}\alpha_x\beta = -\alpha_x \qquad (\beta^{-1} = \beta)$$

$$\mathrm{Tr}(\beta^{-1}\alpha_x\beta) = -\mathrm{Tr}\alpha_x \tag{2-20}$$

惟按定理, 一矩阵的对角和, 经任何同形变换 (similarity transformation) 皆不变, 故

$$\mathrm{Tr}(\beta^{-1}\alpha_x\beta) = \mathrm{Tr}\alpha_x$$

故由此及 (20), 即得

$$\mathrm{Tr}\alpha_x = 0 \tag{2-21}$$

同理,

$$\mathrm{Tr}\alpha_y = \mathrm{Tr}\alpha_z = \mathrm{Tr}\beta = 0 \tag{2-21}$$

如 α, β 系 2×2 矩阵, 则 4 矩阵有 16 个元素. 惟 (8) 式有 4 个关系, (16) 式有 10 个, (21) 式有 4 个关系, 共有 18 个关系, 而只有 16 个元素, 是不足以满足 18 个关系的. 故最低的次为 4×4.

如取 4×4 的矩阵, 则可有无数的可能表象. 其选择之一, 系用 Pauli 的 $2 \times 2\sigma$ 矩阵 *

$$\sigma_x^P = \begin{pmatrix} 0 & 1 \\ 1 & 0 \end{pmatrix}, \quad \sigma_y^P = \begin{pmatrix} 0 & -\mathrm{i} \\ \mathrm{i} & 0 \end{pmatrix}, \quad \sigma_z^P = \begin{pmatrix} 1 & 0 \\ 0 & -1 \end{pmatrix} \tag{2-22}$$

$$1 = \begin{pmatrix} 1 & 0 \\ 0 & 1 \end{pmatrix}$$

Dirac 之 α, β 可选下表象

$$\alpha_1 \equiv \alpha_x = \begin{pmatrix} 0 & \sigma_x^P \\ \sigma_x^P & 0 \end{pmatrix}, \quad \alpha_2 \equiv \alpha_y = \begin{pmatrix} 0 & \sigma_y^P \\ \sigma_y^P & 0 \end{pmatrix}$$

$$\alpha_3 \equiv \alpha_z = \begin{pmatrix} 0 & \sigma_z^P \\ \sigma_z^P & 0 \end{pmatrix} \tag{2-23}$$

$$\alpha_4 \equiv \beta = \begin{pmatrix} I & 0 \\ 0 & -I \end{pmatrix} \tag{2-24}$$

按此, Ψ 乃有四个分量 $\psi_1, \psi_2, \psi_3, \psi_4$.

另一表象, 乃便于 $x_1, x_2, x_3, x_4 = \mathrm{i}ct$ 的选择.*

$$\gamma_1 = -\mathrm{i}\beta\alpha_x = \begin{pmatrix} & & & -\mathrm{i} \\ & & -\mathrm{i} & \\ & \mathrm{i} & & \\ \mathrm{i} & & & \end{pmatrix}, \quad \gamma_2 = -\mathrm{i}\beta\alpha_y = \begin{pmatrix} & & & -1 \\ & & 1 & \\ & 1 & & \\ -1 & & & \end{pmatrix}, \quad \gamma_3 = -\mathrm{i}\beta\alpha_z = \begin{pmatrix} & & -i & \\ & & & i \\ i & & & \\ & -i & & \end{pmatrix},$$

$$\gamma_4 = \beta, \tag{2-25}$$

此表象为 Pauli 所采用. 本书下文将用之

兹将 Dirac(一个自由电子的) 方程式 (11) 用 (25) 式的 γ 表成协变式.

$$(\boldsymbol{\alpha}\cdot\nabla)\psi + \frac{1}{c}\frac{\partial\psi}{\partial t} + \frac{\mathrm{i}m_0c}{\hbar}\beta\psi = 0$$

$$\left\{-\mathrm{i}\beta\left(\alpha_x\frac{\hbar}{\mathrm{i}}\frac{\partial}{\partial x_1} + \alpha_y\frac{\hbar}{\mathrm{i}}\frac{\partial}{\partial x_2} + \alpha_z\frac{\hbar}{\mathrm{i}}\frac{\partial}{\partial x_3}\right) + \beta\frac{\hbar}{\mathrm{i}}\frac{\partial}{\partial x_4} - \mathrm{i}m_0c\right\}\psi = 0$$

$$x_4 = \mathrm{i}c\,t$$

由 (25), 此式即 **

$$\left(\gamma_\mu\frac{\hbar}{\mathrm{i}}\frac{\partial}{\partial x_\mu} - \mathrm{i}m_0c\right)\psi = 0 \tag{2-27}$$

或

$$(\gamma_\mu p_\mu - \mathrm{i}m_0c)\psi = 0 \tag{2-28}$$

或

$$\left(\gamma_\mu\frac{\partial}{\partial x_\mu} + \frac{m_0c}{\hbar}\right)\psi = 0 \tag{2-29}$$

在此式中, 用爱因斯坦的作 $\mu = 1, 2, 3, 4$ 之和符号.

---

* 另一表象 (见 H. Weyl, Gruppentheorie und Quantenmechanik) 为

$$\varGamma_1 = -\gamma_1, \quad \varGamma_2 = -\gamma_2, \quad \varGamma_3 = -\gamma_3, \quad \varGamma_0 = \begin{pmatrix} 0 & 0 & 1 & 0 \\ 0 & 0 & 0 & 1 \\ 1 & 0 & 0 & 0 \\ 0 & 1 & 0 & 0 \end{pmatrix} \tag{2-26}$$

** (28), (29) 于文献中有作下式者

$$(\not{p} - im_0c)\psi = 0, \tag{2-28a}$$

$$\left(\not{\nabla} + \frac{m_0c}{h}\right)\psi = 0, \quad 或 \quad (\not{\partial} + \kappa)\psi = 0 \tag{2-29a}$$

如电子 (其电荷为 $-e$) 在电磁场 $(\boldsymbol{A}, \mathrm{i}\phi)$ 中, 则 (27) 式之 $p_\mu = \dfrac{\hbar}{\mathrm{i}}\dfrac{\partial}{\partial x_\mu}$, 可代以

$$\pi_k = \frac{\hbar}{\mathrm{i}}\frac{\partial}{\partial x_k} + \frac{e}{c}A_k, \quad \pi_4 = \frac{\hbar}{\mathrm{i}}\frac{\partial}{\partial x_4} + \mathrm{i}\frac{e}{c}\phi \tag{2-30}$$

故 (27) 式成

$$(\gamma_\mu \pi_\mu - \mathrm{i} m_0 c)\Psi = 0 \tag{2-31}$$

或

$$\left(\frac{\hbar}{\mathrm{i}}\frac{\partial}{\partial t} - c\phi + c\boldsymbol{\alpha}\cdot\left(\boldsymbol{p} + \frac{e}{c}\boldsymbol{A}\right) + \beta m_0 c^2\right)\Psi = 0 \tag{2-31a}$$

2.2 自由电子 Dirac 方程式之解

方程式 (12), (13) 为

$$\mathrm{i}\hbar\frac{\partial \Psi}{\partial t} = [c(\boldsymbol{\alpha}\cdot\boldsymbol{p}) + m_0 c^2 \beta]\Psi \tag{2-32}$$

如用 (23), (24) 的 $\boldsymbol{\alpha}, \boldsymbol{\beta}$ 表象, 此式即成下式

$$\begin{aligned}
&-\left(-m_0 c - \frac{\hbar}{\mathrm{i}c}\frac{\partial}{\partial t}\right)\psi_1 + \frac{\hbar}{\mathrm{i}}\left(\frac{\partial}{\partial x} - \mathrm{i}\frac{\partial}{\partial y}\right)\psi_4 + \frac{\hbar}{\mathrm{i}}\frac{\partial}{\partial z}\psi_3 = 0\\
&-\left(-m_0 c - \frac{\hbar}{\mathrm{i}c}\frac{\partial}{\partial t}\right)\psi_2 + \frac{\hbar}{\mathrm{i}}\left(\frac{\partial}{\partial x} + \mathrm{i}\frac{\partial}{\partial y}\right)\psi_3 - \frac{\hbar}{\mathrm{i}}\frac{\partial}{\partial z}\psi_4 = 0\\
&-\left(m_0 c - \frac{\hbar}{\mathrm{i}c}\frac{\partial}{\partial t}\right)\psi_3 + \frac{\hbar}{\mathrm{i}}\left(\frac{\partial}{\partial x} - \mathrm{i}\frac{\partial}{\partial y}\right)\psi_2 + \frac{\hbar}{\mathrm{i}}\frac{\partial}{\partial z}\psi_1 = 0\\
&-\left(m_0 c - \frac{\hbar}{\mathrm{i}c}\frac{\partial}{\partial t}\right)\psi_4 + \frac{\hbar}{\mathrm{i}}\left(\frac{\partial}{\partial x} + \mathrm{i}\frac{\partial}{\partial y}\right)\psi_1 - \frac{\hbar}{\mathrm{i}}\frac{\partial}{\partial z}\psi_2 = 0
\end{aligned} \tag{2-33}$$

如假设每 ψ_μ 系一平面波

$$\psi_\mu = A_\mu \exp(\mathrm{i}(\boldsymbol{p}\cdot\boldsymbol{r} - Et)/\hbar) \tag{2-34}$$

$$A_\mu = \text{常数}\mu = 1, 2, 3, 4,$$

则得

$$\begin{aligned}
&-(E - m_0 c^2)A_1 + cp_3 A_3 + c(p_1 - \mathrm{i}p_2)A_4 = 0\\
&-(E - m_0 c^2)A_2 + c(p_1 + \mathrm{i}p_2)A_3 - cp_3 A_4 = 0\\
&cp_3 A_1 + c(p_1 - \mathrm{i}p_2)A_2 - (E + m_0 c^2)A_3 = 0\\
&c(p_1 + \mathrm{i}p_2)A_1 - cp_3 A_2 - (E + m_0 c^2)A_4 = 0
\end{aligned} \tag{2-35}$$

此联立方程式有 A_μ 非永等于零的条件, 乃

$$[E^2 - m_0^2 c^4 - c^2(p_1^2 + p_2^2 + p_3^2)]^2 = 0 \tag{2-36}$$

或

$$E = \pm c\sqrt{p^2 + m_0^2 c^2} \equiv \begin{cases} E_+ \\ E_- \end{cases} \tag{2-37}$$

(36) 或 (37) 自然即系相对论的能–动量关系, 初非新颖结果. 负值的能 E, 自然亦出现于古典理论; 但在古典理论中, 我们可以撇置负值之 E 不顾, 视负 E 为无物理意义的; 因正负值 E, 二者系各独立无关的, 我们可撇弃负值的 E 也.

在此 Dirac 理论中, 此情形乃大不同了. 在下文中, 我们将见在有电磁场情形下, 正 E 和负 E 的态, 不可能清楚分离开; 一个在正 E 的态, 有 (不等于零的) 机率跃迁至负 E 的态 (所谓 Klein paradox, 见下文第 3(4) 节). 故我们不再可以撇置负值的 E 于不顾. 我们将见此负值 E 的态 (negative energy states), 和电子自旋, 正电子 (positron) 等, 皆有密切的关系.

(37) 式中, 对每一个号的 E, 以之代入 (35) 式, 皆可得两组的 A_1, A_2, A_3, A_4 解. 例如

$E = E_+$,

$$\begin{aligned} A_1^{(+)} &= -\frac{c}{E_+ - m_0 c^2}(p_3 A_3^{(+)} + (p_1 - \mathrm{i}p_2)A_4^{(+)}) \\ A_2^{(+)} &= -\frac{c}{E_+ - m_0 c^2}((p_1 + \mathrm{i}p_2)A_3^{(+)} - p_3 A_4^{(+)}) \end{aligned} \tag{2-38}$$

予 $A_3^{(+)}, A_4^{(+)}$ 以任意值, 可得 $A_1^{(+)}, A_2^{(+)}$. 或由 (37), 亦可得

$$\begin{aligned} A_3^{(+)} &= -\frac{c}{E_+ + m_0 c^2}(p_3 A_1^{(+)} + (p_1 - \mathrm{i}p_2)A_2^{(+)}) \\ A_4^{(+)} &= -\frac{c}{E_+ + m_0 c^2}((p_1 + \mathrm{i}p_2)A_1^{(+)} - p_3 A_2^{(+)}) \end{aligned} \tag{2-39}$$

予 $A_1^{(+)}, A_2^{(+)}$ 以任意值, 可得 $A_3^{(+)}, A_4^{(+)}$.

由 (38) 及 (39) 式, 如 $E_+ \geqslant m_0 c^2$, 则

$$E_+ + m_0 c^2 \gg E_+ - m_0 c^2 \tag{2-40}$$

故

$$A_3^{(+)}, A_4^{(+)} \gg A_1^{(+)}, A_2^{(+)} \tag{2-41}$$

在此情形下, (34) 式中的 ψ_3, ψ_4 乃称为 "大分量", ψ_1, ψ_2 称为 "小分量"(big, small component).

如取 (37) 的负 E_-, 则只需代 (38), (39) 式中的 E_+ 以 E_-, 即见

$$A_1^{(-)}, A_2^{(-)} \gg A_3^{(-)}, A_4^{(-)} \tag{2-42}$$

故 ψ_1,ψ_2 为大分量而 ψ_3,ψ_4 为小分量.

上文 (33) 式及其解 (34), 可表以下式. 兹写 (34) 作下式

$$\Psi(\boldsymbol{r},t)=\begin{pmatrix}\psi_1(\boldsymbol{r})\\ \psi_2(\boldsymbol{r})\\ \psi_3(\boldsymbol{r})\\ \psi_4(\boldsymbol{r})\end{pmatrix}\mathrm{e}^{-\mathrm{i}Et/\hbar}\equiv\begin{pmatrix}\Phi\\ \varphi\end{pmatrix}\mathrm{e}^{-\mathrm{i}Et/\hbar} \tag{2-43}$$

$$\Phi=\begin{pmatrix}\Phi_1\\ \Phi_2\end{pmatrix},\quad \varphi=\begin{pmatrix}\varphi_1\\ \varphi_2\end{pmatrix} \tag{2-44}$$

以 (43), (22), (23), (24) 代入 (32) 式, 即得

$$\begin{aligned}&(E-m_0c^2)\Phi-c(\boldsymbol{\sigma}^P\cdot\boldsymbol{p})\varphi=0\\ &-c(\boldsymbol{\sigma}^P\cdot\boldsymbol{p})\Phi+(E+m_0c^2)\varphi=0\end{aligned} \tag{2-45}$$

此二式即系 (35) 式. 同 (36) 式理, 用下恒等式

$$(\boldsymbol{\sigma}\cdot\boldsymbol{A})(\boldsymbol{\sigma}\cdot\boldsymbol{B})=(\boldsymbol{A}\cdot\boldsymbol{B})+\mathrm{i}(\boldsymbol{\sigma}\cdot[\boldsymbol{A}\times\boldsymbol{B}]) \tag{2-46}$$

即得 (37) 式

$$E=\pm c\sqrt{p^2+m_0^2c^2}=\begin{cases}E_+\\ E_-\end{cases}$$

(38), (39), (41), (42) 可统纳于下式

$$\varphi=\frac{c(\boldsymbol{\sigma}^P\cdot\boldsymbol{p})}{\lambda|\boldsymbol{E}|+m_0c^2}\Phi,\quad \lambda=\pm1\text{如}\begin{pmatrix}E_+\\ E_-\end{pmatrix} \tag{2-47}$$

如 $E=E_+$, 则 φ 为小, Φ 为大分量; 如 $E=E_-$, 则 φ 为大, Φ 为小分量.

如 $\begin{pmatrix}\chi_+\\ \chi_-\end{pmatrix}$ 为 σ_z^P 的自旋函数 *

$$\begin{aligned}\sigma_z^P\begin{pmatrix}\chi_+\\ \chi_-\end{pmatrix}&=\begin{pmatrix}1&0\\0&-1\end{pmatrix}\begin{pmatrix}\chi_+\\ \chi_-\end{pmatrix}\\ &=\begin{pmatrix}\chi_+\\ -\chi_-\end{pmatrix}\end{aligned} \tag{2-48}$$

换言之, σ_z 之本征值为 ±1.

---

* 电子自旋, 将自然的出现于 Dirac 理论, 见下文第 4 节, 此处先行引入自旋函数 χ_+,χ_-, 只为方便而已.

则

$$\varPhi=\begin{pmatrix}\varPhi_1\\ \varPhi_2\end{pmatrix}=\frac{N}{(2\pi\hbar)^{3/2}}\mathrm{e}^{-\mathrm{i}\boldsymbol{p}\cdot\boldsymbol{r}/\hbar}\begin{pmatrix}\chi_+\\ \chi_-\end{pmatrix} \tag{2-49}$$

(43) 式乃

$$\varPsi=N\begin{pmatrix}\chi_+\\ \chi_-\\ \dfrac{c(\boldsymbol{\sigma}\cdot\boldsymbol{p})}{\lambda|\boldsymbol{E}|+m_0c^2}\chi_+\\ \dfrac{c(\boldsymbol{\sigma}\cdot\boldsymbol{p})}{\lambda|\boldsymbol{E}|+m_0c^2}\chi_-\end{pmatrix}\frac{1}{(2\pi\hbar)^{3/2}}\exp(\mathrm{i}(\boldsymbol{p}\cdot\boldsymbol{r}-Et)/\hbar) \tag{2-50}$$

2.3 负能态的特性

由于负能的态的存在, Dirac 理论有许多奇异的结果. 本节略述数项.

2.3.1 动量与速度的离异

由第 (32) 式

$$\begin{aligned}\mathrm{i}\hbar\frac{\partial\psi}{\partial t}&=H\psi\\&=[c(\boldsymbol{\alpha}\cdot\boldsymbol{p})+\beta m_0c^2]\psi\end{aligned}$$

及量子力学的 (Heisenberg 观) 运动方程式, 即得

$$\dot{x}_k=\frac{\mathrm{i}}{h}(Hx_k-x_kH)=c\alpha_x \tag{2-51}$$

$$\dot{p}_k=\frac{\mathrm{i}}{h}(Hp_k-p_kH)=0 \tag{2-52}$$

兹计算速度 v_x 的平均 (预期) 值

$$v_x=c\int\varPsi^*\alpha_x\varPsi\mathrm{d}c \tag{2-53}$$

如 (43), 使

$$\varPsi(\boldsymbol{r},t)=\psi(\boldsymbol{r})\mathrm{e}^{-\mathrm{i}Et/\hbar} \tag{2-54}$$

则 (32) 式可写作

$$E\psi-c(\boldsymbol{\alpha}\cdot\boldsymbol{p})\psi-\beta m_0c^2\psi=0 \tag{2-55}$$

取此 ψ 的移项复数共轭, 得

$$E\psi^*-c(\boldsymbol{p}\psi^*\cdot\boldsymbol{\alpha})-m_0c^2\psi^*\beta=0 \tag{2-56}$$

由左乘 (55) 以 $\psi^*\alpha_k$, 并作积分; 由右乘 (56) 以 $\alpha_k\psi$, 并作积分, 作两式之和, 用 (16) 式关系, 即得

$$E\int\psi^*\alpha_k\psi\mathrm{d}c = c\int\psi^* p_k\psi\mathrm{d}c \tag{2-57}$$

按 (53), *

$$v_x = \frac{c^2}{E}\langle p_x\rangle \tag{2-58}$$

$\langle p_x\rangle$ 乃 p_x 的平均值. 按 (37), $E = E_+$ 或 E_-, 故

$$\boldsymbol{v}_+ = \frac{c^2}{E_+}\boldsymbol{p}, \quad \boldsymbol{v}_- = \frac{c^2}{E_-}\boldsymbol{P} \tag{2-59}$$

按此, 负能态的平均速度 $\boldsymbol{v}_-$, 与动量 $\boldsymbol{p}$ 的方向相反. 换言之, 速度已与动量离异了. 如按古典力学观点, 我们可以说在负能态的电子, 有负的质量. 这样一个粒子, 显系有奇异的特性; 如施力于某方向, 其加速度乃在相反的方向.

上述结果, 乃 G. Breit(1928) 所得.

2.3.2 颤动 (zitter bewegung)

兹欲积分 (51) 式. 由 Heisenberg 运动方程式

$$\begin{aligned}\dot{\alpha}_k &= \frac{\mathrm{i}}{\hbar}(H\alpha_k - \alpha_k H)\\ \dot{\beta} &= \frac{\mathrm{i}}{\hbar}(H\beta - \beta H)\end{aligned} \tag{2-60}$$

由 (13) 及 (16) 式, 即得

$$\begin{aligned}H\alpha_k + \alpha_k H &= 2cp_k\\ H\beta + \beta H &= 2m_0c^2\end{aligned} \tag{2-61}$$

故

$$\begin{aligned}\dot{\alpha}_k &= \frac{2\mathrm{i}}{\hbar}(cp_k - \alpha_k H) = \frac{2\mathrm{i}}{\hbar}(H\alpha_k - cp_k)\\ \dot{\beta} &= \frac{2\mathrm{i}}{\hbar}(m_0c^2 - \beta H) = \frac{2\mathrm{i}}{\hbar}(H\beta - m_0c^2)\end{aligned} \tag{2-62}$$

由 (52) 式, $\dot{p}_k = 0$ 又 $\dot{H} = 0$ 故微分 (62), 即得

$$\ddot{\alpha}_k = -\frac{2\mathrm{i}}{\hbar}\dot{\alpha}_k H \tag{2-63}$$

---

* (58), (59) 式可径由 (37) 式得之

$$v_x = \frac{\partial E}{\partial P} = \frac{c^2}{E}p_x, \quad E = E_x. \tag{2-58a}$$

积分之, 即得

$$\dot{\chi}_k = (\dot{\alpha}_k)_{t=0}\mathrm{e}^{-2\mathrm{i}Ht/\hbar} \tag{2-64}$$

以此代入 (62) 式, 即得

$$\alpha_k = \frac{\hbar}{2\mathrm{i}H}(\dot{\alpha}_k)_{t=0}\mathrm{e}^{-2\mathrm{i}Ht/\hbar} + \frac{c}{H}p_k \tag{2-65}$$

由 (51) 式,

$$\dot{x}_k = \frac{\hbar c}{2\mathrm{i}H}(\dot{\alpha}_k)_0\mathrm{e}^{-2\mathrm{i}Ht/\hbar} + \frac{c^2}{H}p_k \tag{2-66}$$

故速度 $\dot{x}$ 有一 "古典" 部分 $\dfrac{c^2}{H}p_x$(见前脚注), 但有一频率极高的部分$\left(\dfrac{2H}{\hbar} \geqslant \dfrac{2m_0c^2}{\hbar}\right)$, 则为古典力学所无的. 此高频率运动, Schrödinger 称之为 Zitterbewegung. 下文将见此颤动的来源, 乃系负能的态.

兹取一波包

$$\Psi(\boldsymbol{r},t) = \frac{1}{h^{3/2}}\int \Phi(p,t)\mathrm{e}^{-\mathrm{i}\boldsymbol{p}\cdot\boldsymbol{r}/\hbar}\mathrm{d}\boldsymbol{p} \tag{2-67a}$$

其 Fourier 变换

$$\Phi(\boldsymbol{p},t) = \frac{1}{h^{3/2}}\int \Psi(\boldsymbol{r},t)\mathrm{e}^{\mathrm{i}\boldsymbol{p}\cdot\boldsymbol{r}/\hbar}\mathrm{d}\boldsymbol{r} \tag{2-67b}$$

由 Dirac 方程式 (32) 及 (67a), 即得

$$\mathrm{i}\hbar\frac{\partial \Phi}{\partial t} + c(\boldsymbol{\alpha}\cdot\boldsymbol{p})\Phi + m_0c^2\beta\Phi = 0 \tag{2-68}$$

此式之解 (参阅 (32) 至 (37) 式) 为

$$\Phi = B_+\mathrm{e}^{-\mathrm{i}|E|t/\hbar} + B_-\mathrm{e}^{\mathrm{i}|E|t/\hbar} \tag{2-69}$$

B_+, B_- 系竖行矩阵, 满足下方程式者

$$\begin{aligned}(E_+ + c(\boldsymbol{\alpha}\cdot\boldsymbol{p}) + m_0c^2\beta)B_+ = 0\\ (E_- + c(\boldsymbol{\alpha}\cdot\boldsymbol{p}) + m_0c^2\beta)B_- = 0\end{aligned} \tag{2-70}$$

B_+, B_- 的移项复数共轭 B_+^*, B_-^* 满足下式

$$\begin{aligned}E_+B_+^* + B_+^*(c(\boldsymbol{\alpha}\cdot\boldsymbol{p}) + m_0c^2\beta) = 0\\ E_-B_-^* + B_-^*(c(\boldsymbol{\alpha}\cdot\boldsymbol{p}) + m_0c^2\beta) = 0\end{aligned} \tag{2-71}$$

由 (70), (71), 即得

$$E_+B_+^*B_-E_- = B_+^*(c(\boldsymbol{\alpha}\cdot\boldsymbol{p}) + m_0c^2\beta)^2B_-$$

由 (37),

$$-(c^2p^2+m_0^2c^4)B_+^*B_-=c^3(p^2+m_0^2c^2)B_+^*B_- \tag{2-72}$$

故

$$B_+^*B_-=\sum_\mu(B_+^*)_\mu(B_-)_\mu=0 \tag{2-73}$$

此乃谓正能态与负能态函数, 系正交的

兹取波包的 "中心" 坐标

$$\bar{x}_k=\int\Psi^*x_x\Psi\mathrm{d}\boldsymbol{r} \tag{2-74}$$

其速度为

$$\dot{\bar{x}}_k=\frac{\mathrm{d}\bar{x}_k}{\mathrm{d}t}=\int x_k\frac{\partial}{\partial t}(\Psi^*\Psi)\mathrm{d}\boldsymbol{r} \tag{2-75}$$

由 (10) 之连续方程式

$$\frac{\partial}{\partial t}(\Psi^*\Psi)+c\ \mathrm{div}(\Psi^*\boldsymbol{\alpha}\Psi)=0 \tag{2-76}$$

取得

$$\begin{aligned}\dot{\bar{x}}_k=&-c\int\mathrm{div}(x_k\Psi^*\boldsymbol{\alpha}\Psi)\mathrm{d}\boldsymbol{r}+c\int\Psi^*\alpha_k\Psi\mathrm{d}\boldsymbol{r}\\=&c\int\Psi^*\alpha_k\Psi\mathrm{d}\boldsymbol{r}\end{aligned} \tag{2-77}$$

兹变换为 p^- 表象, 按 (67a), 即得

$$\dot{\bar{x}}_k=c\int\Phi^*\alpha_k\Phi\mathrm{d}\boldsymbol{p} \tag{2-78}$$

用 (69), 及 (58), (59),

$$\begin{aligned}\dot{\bar{x}}_k=&c\int B_+^*\alpha_kB_+\mathrm{d}\boldsymbol{p}+c\int B_-^*\alpha_kB_-\mathrm{d}\boldsymbol{p}\\&+c\int B_+^*\alpha_kB_-\mathrm{d}\boldsymbol{p}\mathrm{e}^{2\mathrm{i}|E|t/\hbar}+c\int B_-^*\alpha_kB_+\mathrm{d}\boldsymbol{p}\mathrm{e}^{-2\mathrm{i}|E|t/\hbar}\\=&\frac{c^2}{E_+}p_k+\frac{c^2}{E_-}p_k+\mathrm{c}^{2\mathrm{i}|E|t/\hbar}c\int B_+^*\alpha_kB_-\mathrm{d}\boldsymbol{p}\\&+\mathrm{e}^{-2\mathrm{i}|E|t/\hbar}c\int B_-^*\alpha_kB_+\mathrm{d}\boldsymbol{p}\end{aligned} \tag{2-79}$$

由此式得见颤动的项, 乃由正能态 B_+ 与负能态 B_- 的干涉作用而生的. 如只有 B_+ 或只有 B_-, 则无此颤动矣.

本节文献, 见 E. Schrödinger, Berlin Berichte 418, (1930); 63(1931); Z. F. Physik 70, 808 (1931); V. Fock, Z. F. Physik 55, 127 (1929); 68, 527 (1931); 70, 811 (1931)

2.3.3 Schrödinger 的奇、偶算符理论

由 (78), (79) 式, 已见 α_k 算符有联系正能态及负能态的矩阵元素, 故引致颤动的项. 本节将述 Schrödinger 对一任意算符 D 的研究.

设 ψ_+, ψ_- 为正能态与负能态函数. 兹定义 D_g, D_u 为 "偶", "奇" 算符如下:

$$\begin{aligned} D_g\psi_+ &= a\psi_+, \quad D_g\psi_- = a\psi_- \\ D_u\psi_+ &= b\psi_-, \quad D_u\psi_- = b\psi_+ \end{aligned} \tag{2-80}$$

$$a, b = \text{常数}$$

定义 Λ 算符

$$\Lambda = \frac{c(\boldsymbol{\alpha}\cdot\boldsymbol{p}) + m_0c^2\beta}{c\sqrt{p^2+m_0^2c^2}} = \frac{H}{|\boldsymbol{E}|} \tag{2-81}$$

故得

$$\Lambda\phi_+ = \phi_+(\boldsymbol{p}, t), \quad \Lambda\phi_- = -\phi_-(\boldsymbol{p}, t) \tag{2-82}$$

兹用纯正能态 ϕ_+, 或纯负能态 ϕ_-, 构成波包

$$\begin{aligned} \psi_+(\boldsymbol{r}, t) &= \frac{1}{h^{3/2}}\int \phi_+(\boldsymbol{p}, t)\mathrm{e}^{\mathrm{i}\boldsymbol{p}\cdot\boldsymbol{r}/\hbar}\mathrm{d}\boldsymbol{p} \\ \psi_-(\boldsymbol{r}, t) &= \frac{1}{h^{3/2}}\int \phi_-(\boldsymbol{p}, t)\mathrm{e}^{\mathrm{i}\boldsymbol{p}\cdot\boldsymbol{r}/\hbar}\mathrm{d}\boldsymbol{p} \end{aligned} \tag{2-83}$$

由 (82), 即得

$$\Lambda\psi_+ = \psi_+, \quad \Lambda\psi_- = -\psi_- \tag{2-84}$$

由 (81), 知 Λ 系 Hermitian 且幺正的, 又

$$\Lambda\Lambda = 1 \tag{2-85}$$

按定义, D_g 系一 "纯" 算符, 因其不将 Ψ_+ 与 Ψ_- 混合; 一个自由电子的 Λ, 亦系一 "纯" 算符, 见 (82) 式; 又

$$\frac{1}{\sqrt{p^2+m_0^2c^2}}\Lambda = \frac{c}{|\boldsymbol{E}|}\frac{H}{|\boldsymbol{E}|} = \frac{c}{H} \tag{2-86}$$

如 Ψ 系一个任意态

$$\Psi = \Psi_+ + \Psi_- \tag{2-87}$$

则按 (84),*

$$\frac{1}{2}(1+\Lambda)\Psi=\Psi_+,\quad \frac{1}{2}(1-\Lambda)\Psi=\Psi_-$$
$$\frac{1}{2}(1+\Lambda)\Psi_+=\Psi_+,\quad \frac{1}{2}(1-\Lambda)\Psi_+=0 \tag{2-88}$$
$$\frac{1}{2}(1+\Lambda)\Psi_-=0,\quad \frac{1}{2}(1-\Lambda)\Psi_-=\Psi_-$$

一个任意的算符 D, 可以系非 "纯" 算符, 换言之 $D\Psi_+$ 可产生一正能态部分与一负能态部分,

$$\begin{aligned} D\psi_+ &= (D\psi_+)_+ + (D\psi_+)_- \\ D\psi_- &= (D\psi_-)_+ + (D\psi_-)_- \end{aligned} \tag{2-89}$$

定理一 一任意 D, 可分为 D_g 与 D_u 之和, 如下

$$D = D_g + D_n \tag{2-90}$$

$$\begin{aligned} D_g &= \frac{1}{2}\Lambda(\Lambda D + D\Lambda) \\ D_u &= \frac{1}{2}(D\Lambda - \Lambda D)\Lambda \end{aligned} \tag{2-91}$$

证

$$\begin{aligned}(\Lambda D\Lambda)\psi_+ =& \Lambda D\psi_+ \\ =& \Lambda[(D\psi_+)_+ + (D\psi_+)_-] \\ =& (D\psi_+)_+ - (D\psi_+)_- \\ (\Lambda D\Lambda)\psi_- =& -\Lambda D\psi_- \\ =& -\Lambda[(D\psi_-)_+ + (D\psi_-)_-] \\ =& -(D\psi_-)_+ + (D\psi_-)_- \end{aligned}$$

故

$$\begin{aligned}\frac{1}{2}\Lambda(\Lambda D + D\Lambda)\psi_+ =& \frac{1}{2}(D+\Lambda D\Lambda)\psi_+ \\ =& (D\psi_+)_+ \quad (\text{用}(89)) \\ =& D_g\psi_+ \quad (\text{用}(80)) \end{aligned}$$

---

* $\frac{1}{2}(1+\Lambda), \frac{1}{2}(1-\Lambda)$ 系所谓投射算符, 由 (88) 及 (85), 即得

$$\left[\frac{1}{2}(1+\Lambda)\right]^2=\frac{1}{2}(1+\Lambda);\quad \left[\frac{1}{2}(1-\Lambda)\right]^2=\frac{1}{2}(1-\Lambda) \tag{2-88a}$$

$$\begin{aligned}\frac{1}{2}(D\Lambda-\Lambda D)\Lambda\psi_+ =&\frac{1}{2}(D-\Lambda D\Lambda)\psi_+\\ =&(D\psi_+)_- \quad (\text{用}(89))\\ =&D_u\psi_+ \quad (\text{用}(80))\end{aligned}$$

同法, 可证明

$$D\psi_- = D_g\psi_- + D_u\psi_-$$

定理二 凡与 Λ 可对易之 D, 必系一偶算符.

由 (91), 如

$$\Lambda D - D\Lambda = 0$$

则 $D_u = 0$, 故按 (90), (91),

$$D = D_g = \frac{1}{2}\Lambda(\Lambda D + D\Lambda) \tag{2-92}$$

兹应用定理一于 α_k, β 算符. 按 (91) 式,

$$\begin{aligned}(\alpha_k)_g =&\frac{1}{2}\left[\alpha_k + \frac{\boldsymbol{\alpha}\cdot\boldsymbol{p}+m_0c\beta}{\sqrt{p^2+m_0^2c^2}}\alpha_k\frac{\boldsymbol{\alpha}\cdot\boldsymbol{p}+m_0c\beta}{\sqrt{p^2+m_0^2c^2}}\right]\\ =&\frac{c}{E}p_k \end{aligned}\tag{2-93}$$

$$(\beta)_g = \frac{m_0c^2}{E} \tag{2-94}$$

$$(\dot{\alpha}_k)_u = \alpha_k - \frac{c}{E}p_k, \quad (\beta)_u = \beta - \frac{m_0c^2}{E} = 0^* \tag{2-95}$$

由 (79) 式, 得见

$$\int \phi_+^*(\alpha_k)_u\phi_+\mathrm{d}\boldsymbol{p} = \int \phi_-^*(\alpha_k)_u\phi_-\mathrm{d}\boldsymbol{p} = 0 \tag{2-96}$$

Schrödinger 为避免速度与动量的离异 (59) 及颤动 (66), 会一度建议将任何算符 D 分为 D_g 与 D_u 二部分, 而弃去 D_u, 只留 D_g.

如按此理论, 则在计算氢原子的能态时所得之结果, 只正确至 α^2 项 $\left(\alpha = \dfrac{e^2}{\hbar c}\right)$ (与 Dirac 理论结果 (见后文) 或 Sommerfeld 古典公式比较). 故 Schrödinger 的建议是不能成立的.

---

* β 算符可证为与 $\sqrt{1-\left(\dfrac{v}{c}\right)^2}$ 相当如下：一个自由电子的能为

$$\begin{aligned}H =&\frac{m_0c^2}{\sqrt{1-(v/c)^2}} = \frac{m_0v^2}{\sqrt{1-(v/c)^2}} + m_0c^2\sqrt{1-(v/c)^2}\\ =&(\boldsymbol{v}\cdot\boldsymbol{p}) + m_0c^2\sqrt{1-(v/c)^2}\end{aligned}$$

以此与 $H = c(\boldsymbol{\alpha}\cdot\boldsymbol{p}) + m_0c^2\beta$ 比, 故 β 与 $\sqrt{1-(v/c)^2}$ 相当. (2-97)

2.3.4 Klein 的理论：电子由正能态至负能态的跃迁

兹取一个一维空间的情形，设有电场，电子的势能 $V(x)$ 如下

$$\begin{aligned} V =&0, \quad x<0 \\ =&V_0, \quad 常数, \quad 0<x \end{aligned} \tag{2-98}$$

电子由左向右射入.

在 $x<0$，波由左向右，及在 $x=0$ 反射由右至左，

$$\Psi_i = A\mathrm{e}^{\mathrm{i}(p_0x-Et)/\hbar} \tag{2-99a}$$

$$\Psi_r = B\mathrm{e}^{\mathrm{i}(-p_0x-Et)/\hbar} \tag{2-99b}$$

在 $0<x$，波乃透射的，由左向右，

$$\Psi_t = C\mathrm{e}^{\mathrm{i}(px-Et)\hbar} \tag{2-99c}$$

Ψ_i, Ψ_r, ψ_t 及 A, B, C 皆系 (4×1) 竖行矩阵，其 Dirac 方程式为 *

$$(+E - c\alpha p_0 - \beta m_0c^2)A = 0 \tag{2-100a}$$

$$(+E + c\alpha p_0 - \beta m_0c^2)B = 0 \tag{2-100b}$$

$$(+(E-V) - c\alpha p - \beta m_0c^2)C = 0 \tag{2-100c}$$

由 (1-13) 式的能–动量关系，可得

$$\begin{aligned} E^2 &= p^2c^2 + m_0^2c^4, & x<0 \\ (E-V)^2 &= p^2c^2 + m_0^2c^2, & 0<x \end{aligned} \tag{2-101}$$

在 $x=0$ 点，Ψ 的连续性要求为

$$A + B = C \tag{2-102}$$

由 (100a) 及 (100b)，又由 (100c) 及 (102)，即得

$$(E-\beta m_0c^2)(A+B) = +c\alpha p_0(A-B)$$
$$(E-\beta m_0c^2)(A+B) = (V+c\alpha p)(A+B)$$

故可得

$$[V + c\alpha(p_0+p)]B = -[V - c\alpha(p_0-p)]A$$

---

* 见 (32), (67), (68), (69). 注意 (99) 式.

施 $V - c\alpha(p_0+p)$ 算符于两方, 即得 (用 (101) 式)

$$B = -\frac{2V(E - c\alpha p_0)}{V^3 - c^2(p_0+p)^2}A \tag{2-103}$$

由 (99) 各式的移项复数共轭, 即得 (100) 各式的移项复数共轭方程式

$$\tilde{A}^*(E + c\alpha p_0 - \beta m_0c^2) = 0 \tag{2-104a}$$

$$\tilde{B}^*(E - c\alpha p_0 - \beta m_0c^2) = 0 \tag{2-104b}$$

$$\tilde{C}^*((E - V) + c\alpha p - \beta m_0c^2) = 0 \tag{2-104c}$$

由左乘 (100a) 以 $\tilde{A}^*\alpha$, 由右乘 (104a) 以 αA, 二式之和, 即得

$$\tilde{A}^*(c\alpha)A = \frac{c^2}{E}p_0\tilde{A}A \tag{2-105}$$

此即系 (2-59), (2-93) 式群速度 $\frac{c^2}{E}p_0$ 也.

由同得 (103) 式的法, 即可得

$$\tilde{B}^* = -\tilde{A}^*\frac{2V(E - c\alpha p_0)}{V^2 - c^2(p_0+p)^2} \tag{2-103a}$$

由 (103)

$$\begin{aligned}\tilde{B}^*B &= \left[\frac{2V}{V^2 - c^2(p_0+p)^2}\right]^2\tilde{A}^*(E - c\alpha p_0)^2A \\ &= \left[\frac{2V}{V^2 - c^2(p_0-p)^2}\right]^2\{(E^2 + c^2p_0^2)\tilde{A}^*A - 2Ecp_0\tilde{A}^*\alpha A\} \\ &= \left[\frac{2V}{V^2 - c^2(p_0+p)^2}\right]^2(E^2 - c^2p_0^2)\tilde{A}A\end{aligned}$$

用 (2-105)

$$R \equiv \text{反射系数} = \frac{\tilde{B}^*B}{\tilde{A}^*A} = \left[\frac{2Vm_0c^2}{V^2 - c^2(p_0+p)^2}\right]^2 \tag{2-106}$$

此反射系数, 当 V 由 $V = 0$ 增至 $V = E - m_0c^2$ 时, 由 $R = 0$ 增至 $R = 1$. 在 $V = E - m_0c^2$ 时, 由 (101) 式, 得见 $p = 0$ 电子, 将全部反射也.

惟如 V 继续增加, 在下范围内,

$$E - m_0c^2 < V < E + m_0c^2 \tag{2-107}$$

则按 (103), p^2 乃成一负值, 故 p 乃一虚数, 兹表之为

$$p = \mathrm{i}q, \quad q = \text{实数} \tag{2-108}$$

(99) 式乃成

$$\begin{aligned}\psi_t &= D\mathrm{e}^{-(qx+\mathrm{i}Et)/\hbar}\\ \psi_t^* &= D^*\mathrm{e}^{-(qx-\mathrm{i}Et)/\hbar}\end{aligned} \tag{2-109}$$

由 (103), 将 p 代以 iq, 由 (103a) 将 p 代以 $-\mathrm{i}q$. 即得

$$B = -\frac{2V(E-c\alpha p_0)}{V^2-c^2(p_0+\mathrm{i}q)^2}A, \quad \tilde{B}^* = -\tilde{A}^*\frac{2V(E-c\alpha p_0)}{V^2-c^2(p_0-\mathrm{i}q)^2} \tag{2-110}$$

故 (106) 式兹成

$$\begin{aligned}R =& 反射系数 = \frac{(2V)^2(E^2-c^2p_0^2)}{[(V+cp_0)^2+c^2q^2][(V-cp_0)^2+c^2q^2]}\\ =&1\end{aligned} \tag{2-111}$$

因

$$(V \pm cp_0)^2 + c^2q^2 = 2V(E \pm cp_0) \tag{2-112}$$

也. 此乃谓当 V 在 (108) 范围内, 波将全部反射. 此似尚可解.

惟如 V 再加, 超过 $E+m_0c^2$,

$$E + m_0c^2 < V \tag{2-113}$$

则 p^2 又为正值, 而 R 又复为 (107) 式; 惟由 (103),

$$E - V = \pm c\sqrt{p^2+m_0^2c^2} \tag{2-114}$$

按 (113),

$$V = E + m_0c^2 + |\epsilon|$$

故

$$E - V = -m_0c^2 - |\epsilon| 为负值$$

故由 (114),

$$= -c\sqrt{p^2+m_0^2c^2} < 0 \tag{2-115}$$

按 (58a), 电子的速度为

$$v = \frac{\partial E}{\partial p} = \frac{c^2}{E-V}p \tag{2-116}$$

故 $\boldsymbol{v}$ 与 $\boldsymbol{p}$ 的方向相背. 按 (59) 式, 此电子乃在负能的态. 此结果甚奇; 当 $V > E+m_0c^2$ 时, 一个通常的电子, 射落 V 场时, 竟变为一负能的电子了!

由 (106) 式, 可得反射系数 R. 如 V 无限大时

$$\lim_{V\to\infty} R = \frac{E-cp_0}{E+cp_0} \tag{2-117}$$

其透入的系数, 则趋近 $\dfrac{2cp_0}{E+cp_0}$. 如 $p_0 \to m_0c$, 则此为 83%!

参看 O. Klein, Zeitschrift f. Physik 53, 157(1929); F. Sauter, 同上, 69, 742; 73, 547(1931). Sauter 指出如 V 在 $x=0$ 的梯度非无限大如 (98) 式, 而系小于 $2m_0c^2/\lambda, \lambda = h/m_0c$, 则 Klein 的跃迁, 即不出现.

2.3.5　正电子 (positron) 的 "洞" 的理论 (hole theory)

由 (37) 式, 已知一个自由电子, 有正能及负能的态

$$E = \pm c\sqrt{p^2 + m_0^2c^2} \tag{2-37}$$

由 2.3.4 节的 Klein 的研究, 已见一个 (通常的) 电子, 在某电场情形下, 可变为一个在负能态的电子, 其速度 v 和它的动量 p, 有相反的方向, 如上第 2.3.1 节所述.

为避免 "负能态电子" 所引致的困难, 早在 1930 年, Dirac 即作下述的理论: 所有的负能态, 皆为 "电子" 所填满, 每态有两个 "电子", 有如原子中的电子, 按 Pauli 原则, 将能态逐层 (壳) 填满然. 这样的 "填满" 情形, 构成我们所谓 "真空", 是通常观察不到的. 惟当这填满的 "海" 中, 有一个 "电子" 被激起至正能态时, 则 "海" 中的一个 "洞", 代表一个有正电荷的粒子; 这个正电荷的 "洞", 和被激起至正能态的负电荷的通常电子, 构成一 "成对"(pair), Dirac 初以为这个洞即系质子 (proton), 盖当时质子是惟一的带正电荷的 "基本" 粒子惟旋即由 R. Oppenheimer(1930) 及 H. Weyl (1931) 指出该 "洞" 的质量务必与电子的 m 相同, 而不能如质子的 $M = 1840m$.

1932 年美国 C. D. Anderson 由宇宙线在雾箱中所生的轨迹 (穿透一金属薄板, 并有磁场, 由轨迹的曲度) 可量其电荷与质量之比 e/m, 发现 "正电子"—— 正电荷 +e, 质量 m 与电子的相等.

正电子发现后, 许多实验随之而生. 兹略举一二.

(i) "成对的产生"(pair production)

实验系以 $h\nu > 2m_0c^2 (2m_0c^2 \cong 10^6$ 电子伏) 之 γ 辐射, 射落金属薄膜, 发现有一电子 −e 及一正电子 +e 产生,

$$h\nu \longrightarrow \mathrm{e}^- + \mathrm{e}^+$$

此结果之解释, 系 γ 线在原子核邻近的电场, 激起负能态中的电子之一, 至正能态. 其洞及激起至 E_+ 态之电子, 即 e^+ 及 e^- 成对.

(ii) "成对的毁灭"(pair annihilation)

由实验, 发现正电子与物质撞碰即毁灭, 产生两个光子, 以相反方向射出. 此实验结果之解释, 乃系一个普通 (在正能态) 的电子, 跃迁至 "洞", 致电子与正电子同时毁灭, 电子的能差 $E_+ - (E_-) = 2c\sqrt{p^2 + m_0^2c^2}$, 以两个光子放出

$$e^- + e^+ \rightarrow h\nu + h\nu$$

(所以有两个 (偶可有三个) 光子 $h\nu$ 者, 以能及动量的守恒条件也).

这些实验, 可谓无疑问的证明了 Dirac 理论 ——“洞” 的正电子理论.

惟正电子的发现, 亦指出 Dirac 的电子方程式, 严格言之, 永不能视为 “单一个电子” 的理论 *, 盖其同时必有无限数的 “电子”, 填满负能态的 “海”. 凡有外势场存在, 则正、负能态, 不能分离开的. 故电子的基本理论, 是场的理论 **.

2.4 电子之自旋 (spin); 角动量的本征值及函数

Schrödinger 的理论的本身, 没有电子的自旋出现, 自旋是由理论之外, 另行加入的一个观念. 我们视自旋为一个经验性质的观念. Uhlenbeck-Goudsmit 的原来理论是如此, 即 Pauli 的理论亦如是 ***.

本节将示电子自旋, 自然的由 Dirac 方程式出现, 无需另加任何的假设或引入其他新观念.

由 Pauli 的 $\sigma_x, \sigma_y, \sigma_z$(见 (22), (25) 式), 前此会得 Dirac 4 × 4 矩阵的一个表象 ****

$$\alpha_1 = \begin{pmatrix} 0 & \sigma_x^P \\ \sigma_x^P & 0 \end{pmatrix}, \quad \alpha_2 = \begin{pmatrix} 0 & \sigma_y^P \\ \sigma_y^P & 0 \end{pmatrix}$$
$$\alpha_3 = \begin{pmatrix} 0 & \sigma_z^P \\ \sigma_z^P & 0 \end{pmatrix}, \quad \beta = \begin{pmatrix} I & 0 \\ 0 & -I \end{pmatrix} \tag{2-119}$$

现引入 Hermitian 4×4 矩阵 ρ_k

$$\rho_1 \equiv \begin{pmatrix} 0 & I \\ I & 0 \end{pmatrix}, \quad \rho_2 \equiv \begin{pmatrix} 0 & -\mathrm{i}I \\ \mathrm{i}I & 0 \end{pmatrix}, \quad \rho_3 \equiv \begin{pmatrix} I & 0 \\ 0 & -I \end{pmatrix} = \beta \tag{2-120}$$

故

$$\rho_1^2 = \rho_2^2 = \rho_3^2 = \begin{pmatrix} I & 0 \\ 0 & I \end{pmatrix} \tag{2-121}$$

兹按下定义引入 $\sigma_1, \sigma_2, \sigma_3$ 矩阵 (4 × 4)

$$\alpha_1 = \rho_1\sigma_1, \quad \alpha_2 = \rho_1\sigma_2, \quad \alpha_3 = \rho_1\sigma_3, \quad \alpha_4 = \beta \tag{2-122}$$

* 见第 5 章第 6 节.

** 见本册第 6 章前, 场论的导言.

*** Pauli 引入自旋的算符 $\sigma_x, \sigma_y, \sigma_z$(见 (22) 式) 和有两个分量的波函数 (如 (144) 式) 的方程式. 下文将见他的方程式, 可由 Dirac 理论的近似法导出, 故显然的不如 Dirac 理论的基本性.

**** 凡 2 × 2 Pauli 矩阵, 皆有指数 P 表明, 以与 4 × 4 之 $\sigma_1, \sigma_2, \sigma_3$ 辨别 (见 (122) 式).

此数式亦可写为 *

$$\sigma_k = \rho_1\alpha_k, \quad k = 1, 2, 3, \quad \sigma_k \text{系} 4\times 4 \tag{2-123}$$

(13) 式之 H, 兹用 σ_k, 乃成

$$H = cp_1(\boldsymbol{\sigma}\cdot\boldsymbol{p}) + \alpha_4 m_0 c^3 \tag{2-128}$$

使角动量 $\boldsymbol{L}(L_x, L_y, L_z)$ 算符为

$$\boldsymbol{L} = [\boldsymbol{r}\times\boldsymbol{p}] \tag{2-129}$$

$$L_x p_x - p_x L_x = 0 \tag{2-130}$$

$$L_x p_y - p_y L_x = \mathrm{i}\hbar p_z$$

$$L_x p_z - p_z L_x = -\mathrm{i}\hbar p_y \tag{2-131}$$

由 (128) 及 (131), 即得

$$\begin{aligned} L_x H - H L_x =& c\rho_1[L_x(\boldsymbol{\alpha}\cdot\boldsymbol{p}) - (\boldsymbol{\alpha}\cdot\boldsymbol{p})L_\tau] \\ =& c\rho_1[\boldsymbol{\alpha}\cdot(L_x\boldsymbol{p} - \boldsymbol{p}L_x)] \\ =& \mathrm{i}\hbar c\rho_1(\sigma_2 p_3 - \sigma_3\rho_2) \\ L_y H - H L_y =& \mathrm{i}\hbar c\rho_1(\sigma_3 p_1 - \sigma_1\beta_3) \end{aligned} \tag{2-132a}$$

---

* 各矩阵 $\sigma_k, \sigma_\mu, \rho_k$, 及 (26) 式的 γ_μ 间的关系如下:

$$\sigma_1 = \begin{pmatrix} \sigma_x^P & 0 \\ 0 & \sigma_x^P \end{pmatrix}, \quad \sigma_2 = \begin{pmatrix} \sigma_y^P & 0 \\ 0 & \sigma_y^P \end{pmatrix}, \quad \sigma_3 = \begin{pmatrix} \sigma_z^P & 0 \\ 0 & \sigma_z^P \end{pmatrix} \tag{2-124}$$

$\sigma_x, \sigma_y, \sigma_z$ 系 2×2 Pauli矩阵

$$\sigma_1 = -\mathrm{i}\sigma_2\sigma_3, \quad \sigma_2 = -\mathrm{i}\sigma_3\sigma_1, \quad \sigma_3 = -\mathrm{i}\sigma_1\sigma_2 \tag{2-124a}$$

$$= -\mathrm{i}\alpha_2\alpha_3, \quad = -\mathrm{i}\alpha_3\alpha_1, \quad = -\mathrm{i}\alpha_1\alpha_2 \tag{2-124b}$$

$$= -\mathrm{i}\gamma_2\gamma_3 \quad = -\mathrm{i}\gamma_3\gamma_1, \quad = -\mathrm{i}\gamma_1\gamma_2 \tag{2-124c}$$

$\gamma_\mu, \mu = 1, 2, 3, 4$, 见(式 26)

4×4 的 $\sigma_k, k = 1, 2, 3$, 满足 2×2 的 $\sigma_x^P, \sigma_y^P, \sigma_z^P$ 的条件 (25) 式. 故 σ_k 亦称自旋算符.

σ_k 与 ρ_1, ρ_2, ρ_3 皆互易

$$\rho_j\sigma_k - \sigma_k\rho_j = 0, \quad k, j = 1, 2, 3 \tag{2-125}$$

又

$$\rho_1\alpha_k - \alpha_k\rho_1 = 0 \tag{2-126}$$

$$\rho_2\alpha_k + \alpha_k\rho_2 = 0 \tag{2-127}$$

$$\rho_3\alpha_k + \alpha_k\rho_3 = 0$$

$$L_zH - HL_z = \mathrm{i}\hbar c\rho_1(\sigma_1 p_2 - \sigma_2 p_1)$$

或

$$LH - HL = \mathrm{i}\hbar c\rho_1[\boldsymbol{\alpha} \times \boldsymbol{p}] \tag{2-132}$$

兹计算

$$\begin{aligned}\sigma_1 H - H\sigma_1 =& c\sigma_1\rho_1(\sigma\cdot p) - c\rho_1(\sigma\cdot p)\sigma_1\\ &+ (\sigma_1\alpha_4 - \alpha_4\sigma_1)m_0c^2\\ =& -2\mathrm{i}c\rho_1(\sigma_2 p_3 - \sigma_3 p_2)\\ \sigma_2 H - H\sigma_2 =& -2\mathrm{i}c\rho_1(\sigma_3 p_1 - \sigma_1 p_3)\\ \sigma_3 H - H\sigma_3 =& -2\mathrm{i}c\rho_1(\sigma_1 p_2 - \sigma_2 p_1)\end{aligned}$$

或

$$\boldsymbol{\sigma}H - H\boldsymbol{\sigma} = -2\mathrm{i}c\rho_1[\boldsymbol{\sigma} \times \boldsymbol{p}] \tag{2-133}$$

由 (132) 及 (133), 得见

$$\left(\boldsymbol{L} + \frac{1}{2}\hbar\boldsymbol{\sigma}\right)H - H\left(\boldsymbol{L} + \frac{1}{2}\hbar\boldsymbol{\sigma}\right) = 0 \tag{2-134}$$

兹定义 "运动守恒量"

$$\boldsymbol{J} \equiv \boldsymbol{L} + \frac{1}{2}\hbar\boldsymbol{\sigma} \tag{2-135}$$

为电子的总角动量. 按 (130), $\boldsymbol{L}$ 系电子在其轨道运动的动量 (称轨道角动量); 按 (132), $\boldsymbol{L}$ 非一运动常数. 按 (135) 及 (134), $\frac{1}{2}h\boldsymbol{\sigma}$ 的显易解释乃系电子自身的角动量 —— 即由经验所引入的假定的自旋角动量. 兹引入符号

$$S_1 \equiv \frac{1}{2}\hbar\sigma_1, \quad S_2 \equiv \frac{1}{2}\hbar\sigma_2, \quad S_3 \equiv \frac{1}{2}\hbar\sigma_3 \tag{2-136}$$

S 为自旋角动量 (算符). (135) 式可写为 (向量式)

$$\boldsymbol{J} = \boldsymbol{L} + \boldsymbol{S} \tag{2-137}$$

由 (132a) 及 (133a), 得 ($L_3 = L_z$)

$$\left(L_3 + \frac{1}{2}\hbar\sigma_3\right)H - H\left(L_3 + \frac{1}{2}\hbar\sigma_3\right) = 0 \tag{2-138}$$

又由 (124a), (130) 等式, 可证明

$$\boldsymbol{J}^2\left(L_3 + \frac{1}{2}\hbar\sigma_3\right) - \left(L_3 + \frac{1}{2}\hbar\sigma_2\right)\boldsymbol{J}^2 = 0 \tag{2-139}$$

故可求 $H, \boldsymbol{J}^2, \left(L_3+\frac{1}{2}\hbar\sigma_3\right)$ 之同时本征值及本征函数.

兹取圆球极坐标 (r,σ,φ).

$$J_3 = L_3 + S_3 = \frac{\hbar}{\mathrm{i}}\frac{\partial}{\partial\varphi} + \frac{1}{2}\hbar\sigma_3$$

使 mh 为 J_3 之本征值. m 为待定之值.

$$\sigma_3\Psi = \begin{pmatrix} 1 & 0 & 0 & 0 \\ 0 & -1 & 0 & 0 \\ 0 & 0 & 1 & 0 \\ 0 & 0 & 0 & -1 \end{pmatrix}\begin{pmatrix} \psi_1 \\ \psi_2 \\ \psi_3 \\ \psi_4 \end{pmatrix} = \begin{pmatrix} \psi_1 \\ -\psi_2 \\ \psi_3 \\ -\psi_4 \end{pmatrix} \tag{2-140}$$

故

$$(L_3+S_3)\Psi = m\hbar\Psi$$

乃成

$$\begin{aligned} \left(\frac{\hbar}{\mathrm{i}}\frac{\partial}{\partial\varphi}+\frac{\hbar}{2}-m\hbar\right)\begin{pmatrix} \psi_1 \\ \psi_3 \end{pmatrix} &= 0, \\ \left(\frac{\hbar}{\mathrm{i}}\frac{\partial}{\partial\varphi}-\frac{\hbar}{2}-m\hbar\right)\begin{pmatrix} \psi_2 \\ \psi_4 \end{pmatrix} &= 0. \end{aligned} \tag{2-141}$$

故

$$m \pm \frac{1}{2} = \pm\text{整数} \tag{2-142}$$

由 (137), 可得

$$\begin{aligned} \boldsymbol{J}^2 =& \boldsymbol{L}^2 + \boldsymbol{S}^2 + 2(\boldsymbol{L}\cdot\boldsymbol{S}) \\ =& \boldsymbol{L}^2\boldsymbol{S}^2 + L_+S_- + L_-S_+ + 2L_zS_z \\ L_\pm =& L_x \pm \mathrm{i}L_y \\ S_\pm =& S_x \pm \mathrm{i}S_y \end{aligned} \tag{2-143}$$

由 (136), (124),

$$S_+ = \hbar\begin{pmatrix} 0 & 1 & 0 & 0 \\ 0 & 0 & 0 & 0 \\ 0 & 0 & 0 & 1 \\ 0 & 0 & 0 & 0 \end{pmatrix}, \quad S_- = \hbar\begin{pmatrix} 0 & 0 & 0 & 0 \\ 1 & 0 & 0 & 0 \\ 0 & 0 & 0 & 0 \\ 0 & 0 & 1 & 0 \end{pmatrix} \tag{2-144}$$

$$S^2 = \frac{\hbar^2}{4}(\sigma_1^2+\sigma_2^2+\sigma_3^2) = \frac{3}{4}\hbar^2 I \tag{2-145}$$

I 乃 4×4 单位矩阵.

使 ξ 为 J^2 之本征值

$$J^2\Psi=\xi\Psi$$

或

$$\left(L^2+\frac{3}{4}\hbar^2+L_+S_-+L_-S_++2L_zS_z\right)\Psi=\xi\Psi \tag{2-146}$$

由 (140), (144), 此式成四个方程式

$$\begin{aligned}&\left(L^2+\frac{3}{4}\hbar^2+L_z\hbar-\xi\right)\begin{pmatrix}\psi_1\\ \psi_3\end{pmatrix}+L_-\begin{pmatrix}\psi_2\\ \psi_4\end{pmatrix}=0\\ &\left(L^2+\frac{3}{4}\hbar^2-L_z\hbar-\xi\right)\begin{pmatrix}\psi_2\\ \psi_4\end{pmatrix}+L_+\begin{pmatrix}\psi_1\\ \psi_3\end{pmatrix}=0\end{aligned} \tag{2-147}$$

此四个方程式可写为

$$\begin{aligned}&\left(L^2+\frac{3}{4}\hbar^2+L_z\hbar-\xi\right)\psi_1+L_-\hbar\psi_2=0,\\ &\left(L^2+\frac{3}{4}\hbar^2-L_z\hbar-\xi\right)\psi_2+L_+\hbar\psi_1=0\end{aligned} \tag{2-142}$$

与另一对同此式, 惟 ψ_1,ψ_2 换以 ψ_3,ψ_4.

以圆球极坐标,

$$\begin{aligned}L_\pm&=\pm\hbar\mathrm{e}^{\pm\mathrm{i}\varphi}\left[\frac{\partial}{\partial\theta}\pm\mathrm{i}\cot\theta\frac{\partial}{\partial\varphi}\right]\\ L^2&=-\hbar^2\left[\frac{1}{\sin\theta}\frac{\partial}{\partial\theta}\left(\sin\theta\frac{\partial}{\partial\theta}\right)+\frac{1}{\sin^2\theta}\frac{\partial^2}{\partial\varphi^2}\right]\end{aligned} \tag{2-143}$$

由 (141), (142), (143), 可得

$$\begin{aligned}&\left\{-\left[\frac{1}{\sin\theta}\frac{\partial}{\partial\theta}\left(\sin\theta\frac{\partial}{\partial\theta}\right)-\frac{1}{\sin^2\theta}\left(m-\frac{1}{2}\right)^2\right]\right.\\ &\left.+\frac{3}{4}+\left(m-\frac{1}{2}\right)-\frac{\xi}{\hbar^2}\right\}\psi_1-\mathrm{e}^{-\mathrm{i}\varphi}\left[\frac{\partial}{\partial\theta}+\left(m+\frac{1}{2}\right)\cot\theta\right]\psi_2=0\\ &\left\{-\left[\frac{1}{\sin\theta}\frac{\partial}{\partial\theta}\left(\sin\theta\frac{\partial}{\partial\theta}\right)-\frac{1}{\sin^2\theta}\left(m+\frac{1}{2}\right)^2\right]\right.\\ &\left.+\frac{3}{4}-\left(m+\frac{1}{2}\right)-\frac{\xi}{\hbar^2}\right\}\psi_2+\mathrm{e}^{\mathrm{i}\varphi}\left[\frac{\partial}{\partial\theta}-\left(m-\frac{1}{2}\right)\cot\theta\right]\psi_1=0\end{aligned} \tag{2-144}$$

此对联立方程式之解法, 略同解普通 Schrödinger 方程式之法. 兹仅述其结果如下: 本征值 ξ 为

$$\begin{aligned} &\xi = j(j+1)\hbar^2 \\ &j \geqslant |m|, \text{ 或 } -j \leqslant m \leqslant j \end{aligned} \tag{2-145}$$

由 (144), 得

$$m = \pm\frac{1}{2}, \pm\frac{3}{2}, \pm\frac{5}{2}, \cdots \tag{2-146}$$

$$j = \frac{1}{2}, \frac{3}{2}, \frac{5}{2}, \cdots \tag{2-147}$$

$$\begin{aligned} \psi_1 = &\left(\frac{j+1-m}{j2+2}\right)^{1/2} Y_{j+\frac{1}{2},m-\frac{1}{2}}(\vartheta,\varphi)f(r) \\ &+\left(\frac{j+m}{2j}\right)^{1/2} Y_{j-\frac{1}{2},m+\frac{1}{2}}(\vartheta,\varphi)g(r)^* \end{aligned} \tag{2-148a}$$

$$\begin{aligned} \psi_2 = &-\left(\frac{j+1+m}{2j+2}\right)^{1/2} Y_{j+\frac{1}{2},m-\frac{1}{2}}(\theta,\varphi)f(r) \\ &+\left(\frac{j-m}{2j}\right)^{1/2} Y_{j-\frac{1}{2},m+\frac{1}{2}}(\theta,\varphi)g(r) \end{aligned} \tag{2-148b}$$

$$Y_{l,m}(\theta,\varphi) = (-1)^m \left(\frac{(2l+1)!}{4\pi}\frac{(l-m)!}{(l+m)!}\right)^{1/2} P_l^m(\cos\theta)\mathrm{e}^{\mathrm{i}m\varphi} \tag{2-148c}$$

$f(r), g(r)$ 不能由 (142) 式得来; 它们需要由 Dirac 方程式的 (31) 式得之 (有位场 $e\phi$, 如原子中的电子的问题).

ψ_3, ψ_4 两函数 (见 (147) 式), 其 θ, φ 部分, 与 (148a), (148b) 同. 惟在解 (31) 式时, 则 θ, φ 虽同 (在有圆心对称的系统, 如氢原子), 其 r 部分则大异. ψ_3, ψ_4 将系 (148a), (148b) 式, 而其中的 $f(r), g(r)$. 则代以另二函数 $F(r), G(r)$.f, g 与 F, G 的关系, 略如 (35) 式 (自由电子) 中的 $\psi_1, \psi_2, \psi_3, \psi_4$; 如态系正能态, 则 f, g 系 "小分量"; F, G 系 "大分量". 如系负能态, 则反是.

$f(r), g(r), F(r), G(r)$ 之解将于下文氢原子问题详述之. (见第 5 章第 3 节)

2.5　Foldy-Wouthuysen 表象

由本章第 2 节, 已见一个自由粒子之 Dirac 方程式 (32)

$$\mathrm{i}\hbar\frac{\partial \Psi}{\partial t} = [c(\boldsymbol{\alpha}\cdot\boldsymbol{p}) + mc^2\beta]\Psi$$

---

* (148a, b) 可由第 5 章 (5-82a, b) 得之.

经引入 Pauli(2×2) 矩阵 $\sigma_x^P, \sigma_y^P, \sigma_z^P$

$$\alpha_x = \begin{pmatrix} 0 & \sigma_x^P \\ \sigma_x^P & 0 \end{pmatrix}, \quad x = x, y, z, \quad \beta = \begin{pmatrix} I & 0 \\ 0 & -I \end{pmatrix}$$

及

$$\varPsi = \begin{pmatrix} \psi_1 \\ \psi_2 \\ \psi_3 \\ \psi_4 \end{pmatrix} \mathrm{e}^{-\mathrm{i}Et/\hbar} \equiv \begin{pmatrix} \varPhi \\ \varphi \end{pmatrix} = \mathrm{e}^{-\mathrm{i}Et/\hbar} \tag{2-43}$$

$$\varPhi = \begin{pmatrix} \varPhi_1 \\ \varPhi_2 \end{pmatrix}, \quad \varphi = \begin{pmatrix} \varphi_1 \\ \varphi_2 \end{pmatrix}$$

可变为 $\varPhi, \varphi$(两个 "二分量旋量") 的一对方程式 (45). 其能 E 有 E_+, E_- 正, 负值

$$E = \pm\sqrt{c^2p^2 + m_0^2c^4} = \begin{cases} E_+ \\ E_- \end{cases}$$

$$\varphi = \frac{c(\boldsymbol{\sigma}^P \cdot \boldsymbol{p})}{\lambda|E| + m_0c^2}\varPhi, \quad \lambda = \pm 1 \text{ 如 } E = \begin{cases} E_+ \\ E_- \end{cases} \tag{2-47}$$

如 σ_z^P 之本征值为 ± 1,*

$$\sigma_z^P \begin{pmatrix} \chi_+ \\ \chi_- \end{pmatrix} = \begin{pmatrix} 1 & 0 \\ 0 & -1 \end{pmatrix} \begin{pmatrix} \chi_+ \\ \chi_- \end{pmatrix} = \begin{pmatrix} \chi_+ \\ -\chi_- \end{pmatrix} \tag{2-48}$$

我们可取

$$\varPhi = \begin{pmatrix} \varPhi_1 \\ \varPhi_2 \end{pmatrix} = \frac{N}{(2\pi\hbar)^{3/2}} \begin{pmatrix} \chi_+ \\ \chi_- \end{pmatrix} \mathrm{e}^{\mathrm{i}\boldsymbol{p}\cdot\boldsymbol{r}/\hbar} \tag{2-49}$$

$\varPsi$ 则如 (50) 式.

由 (81), 已见 $\varLambda$ 算符

$$\varLambda = \frac{H}{|E|} = \frac{c(\boldsymbol{\alpha} \cdot \boldsymbol{p}) + m_0c^2\beta}{|E|} \tag{2-81}$$

$\varLambda$ 之特性系 (84) 关系; $\varLambda$ 不将正能态 $\varPhi_+$ 与负能态 $\varPhi_-$, 互相混合的.

兹引入一幺正变换算符

$$U = \frac{\beta H + |E|}{\sqrt{2|E|(|E| + m_0c^2)}} \tag{2-149}$$

---

* 如取自旋角动量为 $S_x\hbar = \frac{1}{2}\sigma_x^P\hbar, x = x, y, z$, 则 S_z 之本征值为 $m_s = \pm\frac{1}{2}$.

及变换

$$F = U\Psi \tag{2-150}$$

随着此变换 U, 任一算符 Q 亦变换为 Q_F

$$Q_F = UQU^+ \tag{2-151}$$

$$\varLambda_F = U\Lambda U^+ \tag{2-152}$$

$$H_F = UHU^+ \tag{2-153}$$

由计算可得

$$\begin{aligned} &pU - Up = 0, \qquad \beta H\beta = 2m_0c^2\beta - H \\ &H_F = |E|\beta, \qquad H_F^2 = E^2 \\ &\varLambda_F = \beta \end{aligned} \tag{2-154}$$

如取 $E = E_+$

$$m_s = \frac{1}{2}, \quad F = \begin{pmatrix} 1 \\ 0 \\ 0 \\ 0 \end{pmatrix} \frac{1}{(2\pi\hbar)^{3/2}} \mathrm{e}^{\mathrm{i}p_2 z/\hbar} \tag{2-155}$$

$$m_s = -\frac{1}{2}, \quad F = \begin{pmatrix} 0 \\ 1 \\ 0 \\ 0 \end{pmatrix} \frac{1}{(2\pi\hbar)^{3/2}} \mathrm{e}^{\mathrm{i}p_2 z/\hbar} \tag{2-156}$$

如取 $E = E_-$,

$$m_s = \frac{1}{2}, \quad F = \begin{pmatrix} 0 \\ 0 \\ 1 \\ 0 \end{pmatrix} \frac{1}{(2\pi\hbar)^{3/2}} \mathrm{e}^{\mathrm{i}p_2 z/\hbar}, \tag{2-157}$$

$$m_s = -\frac{1}{2}, \quad F = \begin{pmatrix} 0 \\ 0 \\ 0 \\ 1 \end{pmatrix} \frac{1}{(2\pi\hbar)^{3/2}} \mathrm{e}^{\mathrm{i}p_2 z/\hbar} \tag{2-158}$$

如引入下算符

$$\frac{1}{2}(1+\beta), \quad \frac{1}{2}(1-\beta), \quad F=\begin{pmatrix} f_1 \\ f_2 \\ f_3 \\ f_4 \end{pmatrix}$$

则

$$\frac{1}{2}(1+\beta)F=\begin{pmatrix} f_1 \\ f_2 \\ 0 \\ 0 \end{pmatrix} \equiv F_+ \tag{2-159}$$

$$\frac{1}{2}(1-\beta)F=\begin{pmatrix} 0 \\ 0 \\ f_3 \\ f_4 \end{pmatrix} \equiv F_- \tag{2-160}$$

故在 F 表象, 正能态 $\begin{pmatrix} f_1 \\ f_2 \end{pmatrix}$ 与负能态 $\begin{pmatrix} f_3 \\ f_4 \end{pmatrix}$ 是不互相混合的.

$$u=\begin{pmatrix} f_1 \\ f_2 \end{pmatrix}, \quad v=\begin{pmatrix} f_3 \\ f_4 \end{pmatrix} \tag{2-161}$$

系两个 "二分量旋量"(two-component spinor). u, v 的两个分量, 乃来是自旋的 $m_s = \pm\frac{1}{2}$.

上述乃 Foldy 与 Wouthuysen 的理论 (见 Physical Rereiw 78, 29 (1950); 又 Phys. Rev. 87; 688 (1952); B. Kursunoglu, Phys. Rev. 101, 1419(1956))

上述之正、负能态可藉一变换 U 分离, 只于自由粒子的情形可行. 此乃因 H 及 Λ 算符皆不使正、负能态互相混合之故.

在有外势场的情形下 (如氢原子中的电子, 及在上节 3(4) 的 Klein paradox 中), 则正、负能态永相混合而不能藉 U 变换将二者分离. 在此情形下, 我们取一个方便的术语以描述之：我们谓此外势场, 不断产生虚的电子与正电子成对 (virtual electron-positron pair).

严格言之, 在外势场下, 视 Dirac 方程式为单一个电子的理论, 是无意义的. 关于此点, 更有其他甚强的理由, 如 Lamb 移, "真空的偏极化"(vacuum polarization), 氢原子的原子核电荷 Ze 接近 $137e=\frac{1}{\alpha}e$ 时*, 等问题. 只在非相对论极限 (nonrela-

---

* 参看下文第 5 章第 6 节.

tivistic limit) 下, 所谓 "单一粒子理论"(one-particle theory) 始有意义. 符合相对论的要求的, 则务需场的理论了.

习　　题

1. 一个自由粒子, 求其 Hamiltonian 及 σ_z((124) 式的 σ_3) 的共同本征态,

$$E = \pm m_0 c^2, \quad \sigma_z = \pm 1$$

2. 设 Λ^+, Λ^- 系两算符

$$\Lambda^+ = \frac{\gamma_\mu p_\mu + \mathrm{i} m_0 c}{2\mathrm{i} m_0 c}, \quad \Lambda^- = \frac{-\gamma_\mu p_\mu + \mathrm{i} m_0 c}{2\mathrm{i} m_0 c}$$

证明 Λ^+, Λ^- 系正交之投射算符

$$(\Lambda^+)^2 = \Lambda^+, \quad (\Lambda^-)^2 = \Lambda^-$$
$$\Lambda^+ + \Lambda^- = 1, \quad \Lambda^+\Lambda^- = \Lambda^-\Lambda^+ = 0$$

3. 设

$$\Psi_a = \begin{pmatrix} u_1(\boldsymbol{p}) \\ u_2(\boldsymbol{p}) \\ u_3(\boldsymbol{p}) \\ u_4(\boldsymbol{p}) \end{pmatrix} \exp\left(\frac{\mathrm{i}}{\hbar} p_\mu x_\mu\right), \quad \Psi_b = \begin{pmatrix} v_1(\boldsymbol{p}) \\ v_2(\boldsymbol{p}) \\ v_3(\boldsymbol{p}) \\ v_4(\boldsymbol{p}) \end{pmatrix} \exp\left(\frac{\mathrm{i}}{\hbar} p_\mu x_\mu\right)$$

$$\Psi_e = \begin{pmatrix} f_1(\boldsymbol{p}) \\ f_2(\boldsymbol{p}) \\ f_3(\boldsymbol{p}) \\ f_4(\boldsymbol{p}) \end{pmatrix} \exp\left(-\frac{\mathrm{i}}{\hbar} p_\mu x_\mu\right), \quad \Psi_d = \begin{pmatrix} g_1(\boldsymbol{p}) \\ g_2(\boldsymbol{p}) \\ g_3(\boldsymbol{p}) \\ g_4(\boldsymbol{p}) \end{pmatrix} \exp\left(-\frac{\mathrm{i}}{\hbar} p_\mu x_\mu\right)$$

$\Psi_a, \Psi_b, \Psi_c, \Psi_d$ 系 Dirac 方程式之四个线性独立解, Ψ_a, Ψ_b 系 $E(p), p$; Ψ_c, Ψ_d 系 $-E(p), -p$ 之解.

证明

$$\Lambda^+\begin{pmatrix} u \\ v \end{pmatrix} = \begin{pmatrix} u \\ v \end{pmatrix}, \quad \Lambda^+\begin{pmatrix} f \\ g \end{pmatrix} = 0$$
$$\Lambda^-\begin{pmatrix} f \\ g \end{pmatrix} = \begin{pmatrix} f \\ g \end{pmatrix}, \quad \Lambda^-\begin{pmatrix} u \\ v \end{pmatrix} = 0$$

第 3 章　γ_μ 矩阵，螺旋率，电荷共轭变换

上章已引入 Dirac(4×4) 矩阵的表象之一，γ_μ，为 (2-25) 式*

$$\gamma_k = -\mathrm{i}\beta\alpha_K, \quad k=1,2,3, \quad \gamma_4=\beta$$
$$\gamma_k = \begin{pmatrix} 0 & \mathrm{i}\sigma_k^P \\ \mathrm{i}\sigma_k^P & 0 \end{pmatrix}, \quad k=x,y,z, \quad \gamma_4 = \begin{pmatrix} I & 0 \\ 0 & -I \end{pmatrix} \tag{3-1}$$

$$\gamma_1 = \begin{pmatrix} 0 & 0 & 0 & -\mathrm{i} \\ 0 & 0 & -\mathrm{i} & 0 \\ 0 & \mathrm{i} & 0 & 0 \\ \mathrm{i} & 0 & 0 & 0 \end{pmatrix}, \quad \gamma_2 = \begin{pmatrix} 0 & 0 & 0 & -1 \\ 0 & 0 & 1 & 0 \\ 0 & 1 & 0 & 0 \\ -1 & 0 & 0 & 0 \end{pmatrix}$$
$$\gamma_3 = \begin{pmatrix} 0 & 0 & -\mathrm{i} & 0 \\ 0 & 0 & 0 & \mathrm{i} \\ \mathrm{i} & 0 & 0 & 0 \\ 0 & -\mathrm{i} & 0 & 0 \end{pmatrix}, \quad \gamma_4 = \begin{pmatrix} 1 & 0 & 0 & 0 \\ 0 & 1 & 0 & 0 \\ 0 & 0 & -1 & 0 \\ 0 & 0 & 0 & -1 \end{pmatrix} \tag{3-2}$$

$$\gamma_\mu\gamma_\nu + \gamma_\nu\gamma_\mu = 2\delta_{\mu\nu} \tag{3-3}$$

$$\gamma_\mu = \gamma_\mu^+, \quad \text{Hermitian 性} \tag{3-5}$$

本章第 1 节对以定理形式，综合 γ_μ 矩阵的特性.

3.1　γ_μ 矩阵的定理

定理一　满足 (2), (3) 式条件的四个矩阵的最低次为 4×4 矩阵.

此结论的考虑，已略见第 2 章第 (2-18) 式下文.

兹构成 16 个 4×4 矩阵 Γ_A, $A=1,2,\cdots,16$, 如下.

---

* 另一表象，乃取 γ_1, γ_2, γ_3 如 (1) 或 (2) 式，惟取

$$\gamma_4 = \begin{pmatrix} 0 & -I \\ -I & 0 \end{pmatrix}. \tag{3-4}$$

此表象为 Weyl 的 Γ_1, Γ_2, Γ_3, Γ_0 的负号，见 (2-26) 式.

$$
\begin{array}{c}
I \\
\gamma_1 \quad \gamma_2 \quad \gamma_3 \quad \gamma_4 \\
\mathrm{i}\gamma_1\gamma_2 \quad \mathrm{i}\gamma_2\gamma_3 \quad \mathrm{i}\gamma_3\gamma_4 \quad \mathrm{i}\gamma_1\gamma_4 \quad \mathrm{i}\gamma_2\gamma_4 \quad \mathrm{i}\gamma_1\gamma_3 \\
\mathrm{i}\gamma_1\gamma_2\gamma_3 \quad \mathrm{i}\gamma_2\gamma_3\gamma_4 \quad \mathrm{i}\gamma_1\gamma_3\gamma_4 \quad \mathrm{i}\gamma_1\gamma_2\gamma_4 \\
\gamma_1\gamma_2\gamma_3\gamma_4 \ (\equiv \gamma_5)
\end{array}
\tag{3-6}
$$

定理二

(6) 式中 16 个 Γ_A 皆 Hermitian 的且幺正的.

此定理的证明, 乃由 (3), (4) 式的关系. 例:

$$(\mathrm{i}\gamma_1\gamma_2)^+ = -\mathrm{i}\gamma_2^+\gamma_1^+ = -\mathrm{i}\gamma_2\gamma_1 = \mathrm{i}\gamma_1\gamma_2, \text{ 余类此.}$$

定理三　$\gamma_5\gamma_\mu + \gamma_\mu\gamma_5 = 0,\ \mu = 1, 2, 3, 4.$　(3-7)

定理四　$(\Gamma_A)^2 = I.$　(3-8)

由 (3), 例, $(\mathrm{i}\gamma_1\gamma_2)^2 = -\gamma_1\gamma_2\gamma_1\gamma_2 = \gamma_1^2\gamma_2^2 = I.$

定理五　$\Gamma_A\Gamma_B = \pm\Gamma_C$,　或　$\pm\,\mathrm{i}\Gamma_C.$　(3-9)

证　用 (3) 式, 任何乘积 $\Gamma_A\Gamma_B$ 皆可写为最多为四个不同的 γ_1, γ_2, γ_3, γ_4 的乘积. 惟 (6) 式已包括所有的乘积, 故得定理四.

定理六　$\Gamma_A\Gamma_B + \Gamma_B\Gamma_A = 0$,　或　$\Gamma_A\Gamma_B - \Gamma_B\Gamma_A = 0.$

定理七　如 $\Gamma_A\Gamma_B = \Gamma_A\Gamma_C$,　则　$\Gamma_B = \Gamma_C.$

证　按假定,

$$\Gamma_A\Gamma_B = \Gamma_A\Gamma_C$$

故

$$\Gamma_A\Gamma_A\Gamma_B = \Gamma_A\Gamma_A\Gamma_C$$

按定理四, 即得 $\Gamma_B = \Gamma_C$.

定理八　凡 Γ_A 的对角和皆等于零, 除 I 为例外.

证　用 (3) 关系,

(i) $\frac{1}{2}(\gamma_\mu\gamma_\mu + \gamma_\mu\gamma_\mu) = I$

得

$$\frac{1}{2}(\gamma_\nu\gamma_\mu\gamma_\mu + \gamma_\nu\gamma_\mu\gamma_\mu) = \gamma_\nu$$

故

$$\frac{1}{2}(\mathrm{Tr}\gamma_\nu\gamma_\mu\gamma_\mu - \mathrm{Tr}\gamma_\mu\gamma_\nu\gamma_\mu) = \mathrm{Tr}\gamma_\nu$$

按矩阵的阵的定理之一, 对任意 A, B, $\mathrm{Tr}AB = \mathrm{Tr}BA$, 故左方等于零, 故 $\mathrm{Tr}\gamma_\nu = 0$.

(ii) $\frac{1}{2}(\gamma_\mu\gamma_\nu+\gamma_\nu\gamma_\mu)=0,\ \mu\neq\nu$, 所以

$$\mathrm{Tr}\gamma_\mu\gamma_\nu+\mathrm{Tr}\gamma_\nu\gamma_\mu=0$$
$$\mathrm{Tr}\gamma_\mu\gamma_\nu=0,\quad \mu\neq\nu$$

(iii) 取 $\gamma_1\gamma_2\gamma_3\gamma_4\gamma_\mu$, μ 为 1, 2, 3, 4 之一. 故只需作三对指数的互易便可达成 $\gamma_\mu\gamma_1\gamma_2\gamma_3\gamma_4$ 形成. 按 (3),

$$\gamma_1\gamma_2\gamma_3\gamma_4\gamma_\mu+\gamma_\mu\gamma_1\gamma_2\gamma_3\gamma_4=0$$

故按上定理 $\mathrm{Tr}AB=\mathrm{Tr}BA$,

$$\mathrm{Tr}\gamma_1\gamma_2\gamma_3\gamma_4\gamma_\mu=0$$

使 μ 按次的轮等于 1, 2, 3, 4, 即得

$$\mathrm{Tr}\gamma_\mu\gamma_\nu\gamma_\sigma=0,\quad \mu\neq\nu\neq\sigma\neq\mu$$

(iv) 取

$$\gamma_1\gamma_2\gamma_3\gamma_4+\gamma_1\gamma_2\gamma_3\gamma_4=\gamma_1\gamma_2\gamma_3\gamma_4-\gamma_4\gamma_1\gamma_2\gamma_3$$

所以
$$2\mathrm{Tr}\gamma_1\gamma_2\gamma_3\gamma_4=\mathrm{Tr}(\gamma_1\gamma_2\gamma_3\gamma_4)-\mathrm{Tr}(\gamma_4\gamma_2\gamma_3\gamma_1)=0$$

定理九 第 (6) 式的 16 个 Γ_A, 系线性独立的.

证 设其非线性独立, 则应有一关系

$$\sum_{A=1}^{16}C_A\Gamma_A=0 \tag{3-10}$$

以一任意 Γ_B 乘之, 即得, 按 (8),

$$\sum_{A=1}^{16}{}'C_A\Gamma_A\Gamma_B+C_BI=0$$

$\sum_A{}'$ 乃指作和时将 $A=B$ 一项剔出之意. 按定理五, $\Gamma_A\Gamma_B$ 不能等于 $\Gamma_A\Gamma_A=I$. 故按定理六, $\mathrm{Tr}\Gamma_A\Gamma_B=0$. 惟 $\mathrm{Tr}I=4$, 故 $C_B=0$. 惟 B 系 1, 2, $\cdots$, 16 中的任意值, 故所有的 $C_A=0$, 故无第 (10) 式关系的存在.

定理十 一任意之 4×4 矩阵, 可表以 16 个 Γ_A 的线性和, 即

$$X=\sum_{A=1}^{16}C_A\Gamma_A. \tag{3-11}$$

以 Γ_A 乘此式, 取对角和, 即得 C_A 的确定值

$$C_A = \mathrm{Tr}(X\Gamma_A) \tag{3-12}$$

定理十一　如一任意 4×4 矩阵 F 与 γ_μ, $\mu=1,2,3,4$, 对易

$$F\gamma_\mu - \gamma_\mu F = 0, \quad \mu = 1,2,3,4$$

则

$$F\Gamma_A - \Gamma_A F = 0, \text{所以有的}\Gamma_A$$

定理十二　除 $\Gamma_{16}=I$ 外, 每一 Γ_A 最少必有一 Γ_B, 使

$$\Gamma_B\Gamma_A\Gamma_B = -\Gamma_A \tag{3-13}$$

下表列各 Γ_A 及满足 (13) 式关系的 $\Gamma_B(A, B$ 数序按 (3) 式):

A	2	3	4	5	6	7	8
B	3,4,5	4,5,2	3,5,2	2,3,4	2,3	3,4	4,5
	6,9,11	6,7,10	7,8,11	8,9,10	7,9,10,11	6,8,10,11	7,9,10,11
	13	14	15	12			

A	9	10	11	12	13	14	15	16
B	5,2	5,3	2,4	5	2	3	4	2,3,4,5
	6,8,10,11	6,7,8,9	6,7	8,9,10	6,9,11	6,7,10	7,8,11	
	8,9			13,14,15	14,15,12	15,12,13	12,13,14	12,13,14,15

(3-14)

定理十三　如一矩阵 F 与 16 个 Γ_A 对易, $F\Gamma_A - \Gamma_A F = 0$, 该 F 务必为单位矩阵 I 的倍数.

证　按定理十, (11) 式可写为

$$F = C_B\Gamma_B + \sum_A{}' C_A\Gamma_A \tag{3-15}$$

Γ_B 为任意之 Γ, (除了 I 之外); 第二项之 $\sum'$ 不包括 Γ_B. 设 Γ_μ 在满足 (13) 式之一

$$\Gamma_\mu\Gamma_B\Gamma_\mu = -\Gamma_B \tag{3-16}$$

由 (15), (16), 按定理六,

$$\Gamma_\mu F F_\mu = -C_B\Gamma_B + \sum_A{}'(\pm)C_A\Gamma_A$$

按假定, $\Gamma_\mu F \Gamma_\mu = \Gamma_\mu \Gamma_\mu F = F$. 以上式与 (15) 比较, 故

$$C_B = -C_B$$

所以

$$C_B = 0 \tag{3-17}$$

因 Γ_B 系 I 外之任一 Γ, 故 (15) 式只可能为

$$F = CI$$

定理十四 任何二组的 $(\gamma_1, \gamma_2, \gamma_3, \gamma_4)$, $(\gamma'_1, \gamma'_2, \gamma'_3, \gamma'_4)$, 如各满足

$$\gamma_\mu \gamma_\nu + \gamma_\nu \gamma_\mu = 2\delta_{\mu\nu}, \quad \gamma'_\mu \gamma'_\nu + \gamma'_\nu \gamma'_\mu = 2\delta_{\mu\nu} \tag{3-18}$$

则二组只有一同形变换之别, 即

$$\gamma'_\mu = S^{-1} \gamma_\mu S \tag{3-19}$$

证 我们首先可见, 如 γ_μ 满足 (18) 的第一式, 则 $S^{-1}\gamma_\mu S$ 亦满足该式, 故 (19) 为充足条件.

欲证明 (19) 亦为必需条件, 使 Γ_A, Γ'_A 为按 (3) 式由 γ_μ, γ'_μ, $\mu = 1, 2, 3, 4$, 构成的二集, 为方便计, Γ_A, $\Gamma_B, \cdots, \Gamma'_A, \Gamma'_B, \cdots$ 的次序, 均同按 (3) 式命名.

按定理五, (9), 即得

$$_A\Gamma\Gamma_B = \epsilon_{AB}\Gamma_C, \quad \Gamma'_A\Gamma'_B = \epsilon_{AB}\Gamma'_C \tag{3-20}$$

$$\epsilon = \pm 1, \quad \pm \mathrm{i} \tag{3-21}$$

设 F 为一任意的 4×4 矩阵, 取 S^{-1} 矩阵为

$$S^{-1} = \sum_{B=1}^{16} \Gamma'_B F \Gamma_B \tag{3-22}$$

由此, 即得

$$\begin{aligned} \Gamma'_A S^{-1} \Gamma_A &= \sum_{B=1}^{16} \Gamma'_A \Gamma'_B F \Gamma_B \Gamma_A \\ &= \sum_C \epsilon_{AB} \Gamma'_C F \frac{1}{\epsilon_{AB}} \Gamma_C^* \\ &= \sum_C \Gamma'_C F \Gamma_C = S^{-1} \quad (\text{由 } (22)). \end{aligned}$$

故
$$\Gamma'_A S^{-1} = S^{-1}\Gamma_A$$
$$\Gamma'_A = S^{-1}\Gamma_A S^{-1} \tag{3-23}$$

此即包括 (19) 关系也.

定理十五　如 $\gamma_1,\gamma_2,\gamma_3,\gamma_4$ 及 $\gamma'_1,\gamma'_2,\gamma'_3,\gamma'_4$ 不仅满足 (18) 式, 且系 Hermitian 矩阵, 则 (19) 式的变换 S 需系一幺正变换.

定理十六　定理十四的变换 S, 除了一个复数常数因子外, 是确定的.

证　使 S_1, S_2 为 (19) 式的两个变换,
$$\gamma'_\mu = S_1\gamma_\mu S_1^{-1},\quad \gamma'_\mu = S_2\gamma_\mu S_2^{-1}$$
故
$$\begin{aligned}\gamma'_\mu =& S_1(S_2^{-1}\gamma'_\mu S_2)S_1^{-1} = (S_1S_2^{-1})\gamma'_\mu(S_2S_1^{-1})\\ =&(S_1S_2^{-1})\gamma'_\mu(S_1S_2^{-1})^{-1}\end{aligned}$$
故
$$\gamma'_\mu(S_1S_2^{-1}) = (S_1S_2^{-1})\gamma'_\mu$$
按定理十三, $S_1S_2^{-1}$ 务必为单位矩阵 I 之倍数.
$$S_1S_2^{-1} = 常数\times I$$
故 $S_1 = 常数\times S_2$.　　(3-24)

定理十七　Dirac 方程式 (2-32)
$$\frac{\partial\Psi}{\partial t} + c(\boldsymbol{\alpha}\cdot\nabla)\Psi + \mathrm{i}\frac{m_0c^2}{\hbar}\beta\Psi = 0 \tag{3-25a}$$
$$\frac{\partial\Psi^*}{\partial t} + c(\nabla\Psi^*\cdot\boldsymbol{\alpha}) - \mathrm{i}\frac{m_0c^2}{\hbar}\Psi^*\beta = 0 \tag{3-25b}$$
在下述的幺正变换 $S^{-1} = S^+$ 下不变
$$\alpha'_\mu = S^{-1}\alpha_\mu S,\quad \beta' = S^{-1}\beta S \tag{3-26}$$
$$\Psi' = S^{-1}\Psi,\quad \Psi^{*\prime} = \Psi^* S \tag{3-27}$$
证甚明显, 不赘.

---

* 由 (20), (21), 得
$$\Gamma_A\Gamma_B\Gamma_A\Gamma_B = \varepsilon_{AB}^2$$
$$\begin{aligned}\Gamma_B\Gamma_A =& \varepsilon_{AB}^2\Gamma_A\Gamma_B = \varepsilon_{AB}^2\varepsilon_{AB}\Gamma_C\\ =&\varepsilon_{AB}^4\frac{1}{\varepsilon_{AB}}\Gamma_C = \frac{1}{\varepsilon_{AB}}\Gamma_C\end{aligned}$$

3.2 螺旋率 (helicity) 与微子 (neutrinos)

使 $\boldsymbol{n}$ 为沿动量 $\boldsymbol{p}$ 的一单位向量, 以方向余弦表之,

$$\boldsymbol{n}(\cos\alpha,\ \cos\beta,\ \cos\gamma)$$

如 2×2 Pauli 矩阵 σ_x^P, σ_y^P, σ_z^P 系 (2-22) 式的, 则*

$$\sigma_n^P \equiv (\boldsymbol{\sigma}^P\cdot\boldsymbol{n}) = \sigma_x^P\cos\alpha + \sigma_y^P\cos\beta + \sigma_z^P\cos\gamma$$

$$= \begin{pmatrix} \cos\gamma & \cos\alpha - \mathrm{i}\cos\beta \\ \cos\alpha + \mathrm{i}\cos\beta & -\cos\gamma \end{pmatrix} \tag{3-28}$$

$$(\boldsymbol{\sigma}^P\cdot\boldsymbol{n})^2 = I \tag{3-29}$$

3.2.1 螺旋率本征值, 本征函数

兹定义“螺旋率”算符如下 (4×4 矩阵)

$$\sigma_n = \begin{pmatrix} (\boldsymbol{\sigma}^P\cdot\boldsymbol{n}) & 0 \\ 0 & (\boldsymbol{\sigma}^P\cdot\boldsymbol{n}) \end{pmatrix} \tag{3-30}$$

$$\sigma_n^2 = \begin{pmatrix} I & 0 \\ 0 & I \end{pmatrix} \tag{3-31}$$

σ_n^2 之本征值系 1, σ_n 之本征值 ε 系 ±1. 其证明如下. 使

$$\sigma_n^P \begin{pmatrix} \psi_1 \\ \psi_2 \end{pmatrix} - \varepsilon \begin{pmatrix} \psi_1 \\ \psi_2 \end{pmatrix} = 0 \tag{3-32}$$

由 (28), 即得

$$\varepsilon = \pm 1 \tag{3-33}$$

$$\begin{aligned} \varepsilon = 1, \qquad \frac{\psi_1}{\psi_2} &= \frac{1+\cos\gamma}{\cos\alpha + \mathrm{i}\cos\beta}, \\ \varepsilon = -1, \qquad &= \frac{-\cos\alpha + \mathrm{i}\cos\beta}{1+\cos\gamma} \end{aligned} \tag{3-34}$$

---

* 下文凡 Pauli 之 2×2 矩阵, 皆加指数 P, 如 σ_x^P, 以免与 4×4 之 $\sigma(\sigma_1,\sigma_2,\sigma_3)$ 相混.

由 (30), 使

$$\sigma_n \begin{pmatrix} u_1 \\ u_2 \\ u_3 \\ u_4 \end{pmatrix} = \varepsilon \begin{pmatrix} u_1 \\ u_2 \\ u_3 \\ u_4 \end{pmatrix} \tag{3-35}$$

此方程式即分为两个独立方程式

$$\begin{aligned} \sigma_n^P \begin{pmatrix} u_1 \\ u_2 \end{pmatrix} - \varepsilon \begin{pmatrix} u_1 \\ u_2 \end{pmatrix} = 0 \\ \sigma_n^P \begin{pmatrix} u_3 \\ u_4 \end{pmatrix} - \varepsilon \begin{pmatrix} u_3 \\ u_4 \end{pmatrix} = 0 \end{aligned} \tag{3-36}$$

此二方程式皆与 (32) 式同. 故 $\varepsilon = \pm 1$, 如 (33), 且

$$\phi_u \equiv \begin{pmatrix} u_1 \\ u_2 \end{pmatrix} = \begin{pmatrix} u_3 \\ u_4 \end{pmatrix} \equiv \phi_l \tag{3-37}$$

ϕ_u 乃“上”, ϕ_l 乃“下”之意. $\begin{pmatrix} u_1 \\ u_2 \end{pmatrix}$ 系一“二分量的旋量”. $\begin{pmatrix} u_3 \\ u_4 \end{pmatrix}$ 亦一“二分量的旋量”. (36) 式可写为

$$\sigma_n^P \phi_u = \pm\phi_u, \quad \sigma_n \phi_l = \pm\phi_l \tag{3-38}$$

归一化 (用 (34) 式) 后,*

$$\begin{aligned} \boldsymbol{\varepsilon} = 1, \quad & \phi_{u+} = \phi_{l+} = \frac{1}{2\cos\dfrac{\gamma}{2}} \begin{pmatrix} 1+\cos\gamma \\ \cos\alpha + \mathrm{i}\cos\beta \end{pmatrix} \\ \boldsymbol{\varepsilon} = -1, \quad & \phi_{u-} = \phi_{l-} = \frac{1}{2\cos\dfrac{\gamma}{2}} \begin{pmatrix} -\cos\alpha + \mathrm{i}\cos\beta \\ 1+\cos\gamma \end{pmatrix} \end{aligned} \tag{3-39}$$

$$\begin{aligned} \tilde{\phi}_{u+}^* \phi_{u+} = \tilde{\phi}_{u-}^* \phi_{u-} = \tilde{\phi}_{l+}^* \phi_{l+} = \tilde{\phi}_{l-}^* \phi_{l-} = 1 \\ \tilde{\phi}_{u+}^* \phi_{u-} = \tilde{\phi}_{l+}^* \phi_{l-} = 0 \end{aligned} \tag{3-40}$$

---

* 如用球极坐标 $p(\theta, \varphi)$, 则 (39) 成下式

$$\phi_{u+} = \phi_{l+} = \begin{pmatrix} \cos\dfrac{\theta}{2} \\ \sin\dfrac{\theta}{2}\mathrm{e}^{\mathrm{i}\varphi} \end{pmatrix}, \quad \phi_{u-} = \phi_{l-} = \begin{pmatrix} -\sin\dfrac{\theta}{2}\mathrm{e}^{-\mathrm{i}\varphi} \\ \cos\dfrac{\theta}{2} \end{pmatrix} \tag{3-39a}$$

旋量的定义, 见下文第 10 章.

兹引入下名词:

$$\sigma_n = \begin{cases} +1, & \text{正螺旋率}, \quad \text{“右手的”} \\ -1, & \text{负螺旋率}, \quad \text{“左手的”} \end{cases} \tag{3-41}$$

兹取一自由电子, 其 Hamiltonian H 为

$$H = c(\boldsymbol{\alpha} \cdot \boldsymbol{p}) + m_0 c^2 \beta$$

由 (2-124b) 及 (3-30), 即见

$$H\sigma_n - \sigma_n H = 0 \tag{3-42}$$

故 H 与 σ_n 有共同的本征函数. 由 (37) 及 (35), Dirac 方程式乃成

$$(c(\boldsymbol{\alpha} \cdot \boldsymbol{p}) + m_0 c^2 \beta)\Psi = E\Psi \tag{3-43}$$

兹使*

$$\Psi \equiv \begin{pmatrix} \phi_u \\ \phi_l \end{pmatrix} = \begin{pmatrix} a_u \\ a_l \end{pmatrix} \exp(\mathrm{i} p_\mu x_\mu / \hbar) \tag{3-44}$$

$$p_\mu x_\mu = \boldsymbol{p} \cdot \boldsymbol{r} - Et$$

由 (119), 即得

$$\begin{aligned} &(E - m_0 c^2) a_u - c(\boldsymbol{\sigma}^P \cdot \boldsymbol{p}) a_l = 0 \\ &-c(\boldsymbol{\sigma}^P \cdot \boldsymbol{p}) a_u + (E + m_0 c^2) a_l = 0 \end{aligned} \tag{3-45}$$

此处 $\boldsymbol{\sigma}^P = \boldsymbol{\sigma}^P(\sigma_x^P, \sigma_y^P, \sigma_z^P)$ 乃 2×2 Pauli 矩阵, $\boldsymbol{p}$ 乃动量值 (非算符). (45) 之解为

$$E = \pm c\sqrt{\boldsymbol{p}^2 + m_0^2 c^2} \equiv E_\pm \tag{3-46}$$

$$a_l = \frac{c(\boldsymbol{\sigma}^P \cdot \boldsymbol{p})}{E + m_0 c^2} a_u \left(\text{或} \frac{E - m_0 c^2}{c(\boldsymbol{\sigma} \cdot \boldsymbol{p})} a_u \right) \tag{3-47}$$

如 $E = E_+$, 则 a_l 为“小”, a_u 为“大”的分量. 如 $E = E_-$, 则反是.

H 与 σ_n 的共同本征函数, 可由 (44), (47), (39) 得之. 如 $\sigma_n = 1$, 则 $(\boldsymbol{\sigma} \cdot \boldsymbol{p}) = |\boldsymbol{p}|$; 如 $\sigma_n = -1$, 则 $(\boldsymbol{\sigma} \cdot \boldsymbol{p}) = -|\boldsymbol{p}|$.

兹使

$$a = \frac{c|\boldsymbol{p}|}{|E| + m_0 c^2}, \quad N^2 = \frac{|E| + m_0 c^2}{8|E| \cos^2\left(\frac{\gamma}{2}\right)} \tag{3-48}$$

* ϕ_u, ϕ_l 二者皆系“二分量旋量”. 见 (49) 各式.

则 H, σ_n 的本征函数如下: *

$$\begin{aligned}&E=E_+,\\&\sigma_n=1,\end{aligned}\qquad \Psi=N\left|\begin{matrix}1+\cos\gamma\\ \cos\alpha+\mathrm{i}\cos\beta\\ a(1+\cos\gamma)\\ a(\cos\alpha+\mathrm{i}\cos\beta)\end{matrix}\right|\exp(\mathrm{i}p_\mu x_\mu/\hbar) \tag{3-49a}$$

$$\begin{aligned}&E=E_+,\\&\sigma_n=-1,\end{aligned}\qquad \Psi=N\left|\begin{matrix}-\cos\alpha+\mathrm{i}\cos\beta\\ 1+\cos\gamma\\ -a(-\cos\alpha+\mathrm{i}\cos\beta)\\ -a(1+\cos\gamma)\end{matrix}\right|\exp(\mathrm{i}p_\mu x_\mu/\hbar) \tag{3-49b}$$

$$\begin{aligned}&E=E_-\\&\sigma_n=1\\&(\boldsymbol{p}\to-\boldsymbol{p})\end{aligned}\qquad \Psi=N\left|\begin{matrix}a(1+\cos\gamma)\\ a(\cos\alpha+\mathrm{i}\cos\beta)\\ 1+\cos\gamma\\ \cos\alpha+\mathrm{i}\cos\beta\end{matrix}\right|\exp(-\mathrm{i}p_\mu x_\mu/\hbar) \tag{3-49c}$$

$$\begin{aligned}&E=E_-\\&\sigma_n=-1\\&(\boldsymbol{p}\to-\boldsymbol{p})\end{aligned}\qquad \Psi=N\left|\begin{matrix}-a(-\cos\alpha+\mathrm{i}\cos\beta)\\ -a(1+\cos\gamma)\\ -\cos\alpha+\mathrm{i}\cos\beta\\ 1+\cos\gamma\end{matrix}\right|\exp(-\mathrm{i}p_\mu x_\mu/\hbar) \tag{3-49d}$$

由于 $\sigma_n=\pm1$, 正, 负能 E_+, E_- 能皆成二重简并态.

3.2.2　微子, 螺旋率与 chirality

如第 (45) 式中之质量 m_0 越近零值, 则 Dirac 方程式将简化. 兹使 $\boldsymbol{n}$ 为一沿 $\boldsymbol{p}$ 的单位向量

$$\boldsymbol{n}=\frac{c}{E}\boldsymbol{p} \tag{3-50}$$

故 (45) 可写成下式

$$\begin{aligned}\phi_u&=(\boldsymbol{\sigma}\cdot\boldsymbol{n})\phi_l\\ \phi_l&=(\boldsymbol{\sigma}\cdot\boldsymbol{n})\phi_u\end{aligned} \tag{3-51}$$

由 (50), 得见

$$\begin{aligned}&E=E_+,\quad \boldsymbol{n}\uparrow\uparrow\boldsymbol{p}\ (\text{平行})\\ &E=E_-,\quad \boldsymbol{n}\uparrow\downarrow\boldsymbol{p}\ (\text{反平行})\end{aligned} \tag{3-52}$$

由 (44) 式及 (51)

$$\Psi=\begin{pmatrix}\phi_u\\ \phi_l\end{pmatrix}=\begin{pmatrix}\phi_u\\ (\boldsymbol{\sigma}\cdot\boldsymbol{n})\phi_u\end{pmatrix} \tag{3-53}$$

* (49a, b, c, d) 各式, 可写成 (39a) 形式.

故

$$(\boldsymbol{\sigma}\cdot\boldsymbol{n})\Psi=\begin{pmatrix}(\boldsymbol{\sigma}\cdot\boldsymbol{n})\phi_u\\(\boldsymbol{\sigma}\cdot\boldsymbol{n})^2\phi_u\end{pmatrix}=\begin{pmatrix}\phi_l\\\phi_u\end{pmatrix}\tag{3-54}$$

换言之 $(\boldsymbol{\sigma}\cdot\boldsymbol{n})$ 将 ϕ_u, ϕ_l 互调其位置,

兹取 (6) 式之 γ_5,

$$\gamma_5\equiv\gamma_1\gamma_2\gamma_3\gamma_4=-\begin{pmatrix}0&0&1&0\\0&0&0&1\\1&0&0&0\\0&1&0&0\end{pmatrix}=-\begin{pmatrix}0&I\\I&0\end{pmatrix}\tag{3-55}$$

故

$$-\gamma_5\begin{pmatrix}\phi_u\\\phi_l\end{pmatrix}=\begin{pmatrix}\phi_l\\\phi_u\end{pmatrix}\tag{3-56}$$

换言之, $(\boldsymbol{\sigma}\cdot\boldsymbol{n})$ 与 $-\gamma_5$ 相同.

兹定义两个二分量旋量 α, β 如下

$$\begin{aligned}\alpha&=\frac{1}{2}(\phi_u+\phi_l)=\frac{1}{2}(1+\sigma\cdot n)\phi_u=\frac{1}{2}(1-\gamma_5)\phi_u\\\beta&=\frac{1}{2}(\phi_u-\phi_l)=\frac{1}{2}(1-\sigma\cdot n)\phi_u=\frac{1}{2}(1+\gamma_5)\phi_u\end{aligned}\tag{3-57}$$

故

$$\begin{aligned}(\boldsymbol{\sigma}\cdot\boldsymbol{n})\alpha&=\alpha\\(\boldsymbol{\sigma}\cdot\boldsymbol{n})\beta&=-\beta\end{aligned}\tag{3-58}$$

换言之, α, β 系螺旋率 $(\boldsymbol{\sigma}\cdot\boldsymbol{n})$ 本征值 h 为 1, -1 的本征函数. $h=1,-1$ 称为正, 负螺旋率 (见 (35) 式).

$$\begin{aligned}(\boldsymbol{\sigma}\cdot\boldsymbol{n})=h=1,\quad&\boldsymbol{\sigma}\uparrow\uparrow\boldsymbol{p},\quad\text{自旋角动量}\uparrow\uparrow\text{动量},\quad\text{右手螺旋}\\h=-1,\quad&\boldsymbol{\sigma}\uparrow\downarrow\boldsymbol{p},\quad\text{自旋角动量}\uparrow\downarrow\text{动量},\quad\text{左手螺旋}\end{aligned}\tag{3-59}$$

所谓右手螺旋者, 如以拇指向 $\boldsymbol{p}$, 其他手指表自旋也.

上述 $\boldsymbol{\sigma}\cdot\boldsymbol{p}$ 平行或反行的关系, 只系当 $m_0=0$(粒子恒以光速 c 运行) 有之. 如 $m_0\neq0$, 则我们可作一个 Lorentz 变换至粒子为静止的坐标系, 上述关系即不存在了.

上述的“二分量微子”(two-component neutrino) 理论早为 H. Weyl 所提出 (1929 年); 惟此理论有下述的困扰: 兹作一坐标变标 P, 定义如下:

$$P:\ \boldsymbol{r}\rightarrow-\boldsymbol{r}(x\rightarrow-x,\ y\rightarrow-y,\ z\rightarrow-z)\tag{3-60}$$

此变换称为“宇称”(parity) 变换.* 动量 $\boldsymbol{p}$ 系一向量, 而转动 (自旋角动量)$\boldsymbol{\sigma}$ 则系假向量 (pseudo vector); $(\boldsymbol{\sigma}\cdot\boldsymbol{p})$ 系一假纯量. 在 P 运作下,

$$\begin{aligned}&P\boldsymbol{p}=-\boldsymbol{p}\quad(\text{或 } P\boldsymbol{n}=-\boldsymbol{n})\\&P\boldsymbol{\sigma}=\boldsymbol{\sigma}.\end{aligned}\tag{3-61}$$

故

$$P(\boldsymbol{\sigma}\cdot\boldsymbol{n})=-(\boldsymbol{\sigma}\cdot\boldsymbol{n})\tag{3-61a}$$

兹取微子之方程式 (58) 的第二式. 施以 P, 即得

$$-(\boldsymbol{\sigma}\cdot\boldsymbol{n})(P\beta)=-(P\beta)\tag{3-61b}$$

此方程式已与 (58) 原式大异了 (负号的出现!). W·Pauli 基于此点, 以为 Weyl 理论是不能成立的 (见其 1933 年在 Handbuch der Physik 中的一文).

然此理论, 经李政道、杨振宁关于“弱作用”之宇称性不守恒理论 (1956 年), 及吴健雄、Lederman 等的实验, 乃获佐证 (李、杨二氏文在 Physical Review 105, 1671(1957); A. Salam, Nuovo Cimento 5, 299(1957); L. Landau, Nuclear Physics 3, 127(1957)). 宇称性守恒与所谓电荷共轭变 (Charge conjugation) 有关. 见下文第 4 章第 4 节末. 微子及反微子之螺旋率, 将再提及.

上述理论的结果 (58), 与微子 ν 及反微子 $\tilde{\nu}$ 的关系**, 由实验 (Goldhaber, Grodzins 与 Sunyar 等, Physical Review 109, 1015(1958)) 发现下的情形

$$\begin{aligned}&\nu: h=-1,\quad \boldsymbol{\sigma}\uparrow\downarrow\boldsymbol{p}(\text{左手螺旋})\\&\tilde{\nu}: h=1,\quad\ \ \boldsymbol{\sigma}\uparrow\uparrow\boldsymbol{p}(\text{右手螺旋})\end{aligned}\tag{3-63}$$

换言之, 凡与 e^- 同时出现的微子 $\tilde{\nu}$, 其螺旋率, $h=1$, 称曰反微子 anti neutrino; 凡与 e^+ 同时出现的微子 ν, 其 $h=-1$, 称曰微子.

读者或问, 何以称 $\tilde{\nu}$ 为反微子, 而称 ν 为微子, 此命名非任意, 而系与 e^-, e^+ 的称为“电子”, “反电子”(即正电子 positron) 有关.

---

* P 变换亦称“反投”(inversion) 变换, 故亦作 I_n

$$I_n:\ \boldsymbol{r}\rightarrow-\boldsymbol{r}.$$

** 下列是出现的微子 ν 及反微子 $\tilde{\nu}$ 的反应的例子

$$\begin{aligned}&{}^{12}_{7}\mathrm{N}\rightarrow{}^{12}_{6}\mathrm{C}+\mathrm{e}^{+}+\nu\\&\mathrm{n}\rightarrow\mathrm{p}+\mathrm{e}^{-}+\tilde{\nu}\end{aligned}\tag{3-62}$$

如假定 e^-, ν 为“粒子”, 皆有一个量子数 L(谓为“轻子数”) 等于 $1, \mathrm{e}^+, \tilde{\nu}$(认为“反粒子”) 的 $L=-1$, 则由所有的核子反应 (基本粒子反应) 的实验结果, 可得反应的所谓守恒定则 (或选择定则): 轻子数 L 于反应中不变, 或

$$\Delta L = 0 \tag{3-64}$$

如 (60) 式的二反应, 其左方之 $L=0$, 其右方 L 之和亦各系零. 此 $\Delta L=0$ 定则, 从未有例外的.

至若 e^+(正电子) 之 $L=-1$, 则可由实验观察得的

$$h\nu \rightarrow \mathrm{e}^+ + \mathrm{e}^-$$

及 (64) 见之. 从理论的观点, e^+ 的“洞”的理论, 将于下节述之.

兹由 (3-1a) 的 γ_μ 及 (55) 式的 γ_5 作一幺正变换

$$\gamma'_\mu = S\gamma_\mu S^{-1}, \quad S = \frac{1}{\sqrt{2}}\begin{pmatrix} 1 & 1 \\ -1 & 1 \end{pmatrix}, \quad S^{-1} = \frac{1}{\sqrt{2}}\begin{pmatrix} 1 & -1 \\ 1 & 1 \end{pmatrix} \tag{3-65}$$

即得

$$\gamma'_k = \gamma_k, \quad \gamma'_4 = \begin{pmatrix} 0 & -1 \\ -1 & 0 \end{pmatrix}, \quad \gamma'_5 = \begin{pmatrix} -1 & 0 \\ 0 & 1 \end{pmatrix} \tag{3-65a}$$

$$\gamma'_5 \begin{pmatrix} \alpha \\ \beta \end{pmatrix} = \begin{pmatrix} -\alpha \\ \beta \end{pmatrix} \tag{3-66}$$

γ'_5 称为 Chirality 算符. 以此与 (58) 的螺旋率算符较, 得见二者有相反的本征值. 故 γ'_5 与 $-\sigma_n$ 对旋量 $\begin{pmatrix} \alpha \\ \beta \end{pmatrix}$ 的作用相同.

又

$$\frac{1}{2}(1+\gamma'_5)\begin{pmatrix} \alpha \\ \beta \end{pmatrix} = \begin{pmatrix} 0 \\ \beta \end{pmatrix} \tag{3-67}$$

3.3 电荷共轭变换 (charge conjugation)

3.3.1 电荷共轭态 $\boldsymbol{\Psi}_c$

一个电子 (电荷 $-e$) 在电磁场 $(A, \mathrm{i}\phi) \equiv A_\mu$ 中的方程式为 (3-31)

$$\left[\gamma_\mu \left(p_\mu + \frac{e}{c}A_\mu\right) - \mathrm{i}m_0 c\right]\Psi = 0 \tag{3-68}$$

$$\begin{aligned} p_k &= \frac{\hbar}{\mathrm{i}}\frac{\partial}{\partial x_k}, \quad k=1,2,3,\ A_4=\mathrm{i}\phi \text{ 系虚数}, \\ p_4 &= \frac{\hbar}{\mathrm{i}}\frac{\partial}{\mathrm{i}c\partial t}, \quad A_k,\ k=1,2,3 \text{ 系实数}. \end{aligned} \tag{3-69}$$

取 (68) 的复数共轭, 即得

$$\left[-\gamma_k^*\left(p_k-\frac{e}{c}A_k\right)+\gamma_4^*\left(p_4-\frac{e}{c}A_4\right)+\mathrm{i}m_\sigma c\right]\Psi^*=0 \tag{3-70}$$

此处及本节下文之 Ψ^*, 系一竖行矩阵.

一个电荷为 $+e$, 静止质量亦为 m_σ, 之粒子的 Dirac 方程式为

$$\left[\gamma_\mu\left(p_\mu-\frac{e}{c}A_\mu\right)-\mathrm{i}m_\sigma c\right]\Psi_c=0 \tag{3-71}$$

Ψ_c 称为电荷共轭态 (charge conjugate state). *

Ψ 与 Ψ_c 的关系, 可觅得如下. 设 C 为一矩阵 (4×4), 以 C^{-1} 从左乘 (70) 式, 即得

$$C^{-1}\left[\gamma_k^*\left(p_k-\frac{e}{c}A_k\right)-\gamma_4^*\left(p_4-\frac{e}{c}A_4\right)-\mathrm{i}m_\sigma c\right]\Psi^*=0 \tag{3-72}$$

以此与 (72) 式比较, 得见如 C 满足下关系

$$C^{-1}\gamma_k^*C=\gamma_k, \quad k=1,2,3, \quad -C^{-1}\gamma_4^*C=\gamma_4 \tag{3-73}$$

则

$$\Psi_c=(\pm)C^{-1}\Psi^* \tag{3-74}$$

满足同一的方程式.

(73) 条件, 尚不足以定 C. 由 (70) 式的移项 (transpose) 式, 及 (2-26) 之表象.

$$\tilde{\gamma}_\mu=\gamma_\mu^*, \quad \gamma_k\gamma_\mu=-\gamma_\mu\gamma_k, \quad \gamma_k\gamma_\mu^*=-\gamma_\mu^*\gamma_k, \quad \gamma_4^*=\gamma_4 \tag{3-75}$$

更从右方乘以 γ_4, 即得

$$\tilde{\Psi}^*\gamma_4\left[\gamma_k^*\left(p_k-\frac{e}{c}A_k\right)+\gamma_4^*\left(p_4-\frac{e}{c}A_4\right)+\mathrm{i}m_\sigma c\right]=0 \tag{3-76}$$

兹取 (71) 式的移项式, 从右方乘以 $-\gamma_4C^{-1}$ 矩阵, 得

$$\tilde{\Psi}_c\gamma_4\gamma_kC^{-1}\left(p_k-\frac{e}{c}A_k\right)-\tilde{\Psi}_c\gamma_4\gamma_4C^{-1}\left(p_4-\frac{e}{c}A_4\right)+\mathrm{i}m_\sigma c\tilde{\Psi}_c\gamma_4C^{-1}=0 \tag{3-77}$$

* 注意: (71) 式定义之 Ψ_c, 非正电子 (positron) 的态函数! 见下文.

以此与 (76) 式比较, 则见如 c 满足 (73) 式,*则

$$\tilde{\Psi}^*\gamma_4 = (\pm)\,\tilde{\Psi}_c\gamma_4 C^{-1} \tag{3-78}$$

满足同一的方程式.

(74) 与 (78) 务需相同. 由 (74), (78), 可得

$$C\gamma_4 = (\pm)\gamma_4 C^{-1} \tag{3-79}$$

兹问题乃在觅一矩阵 C, 满足 (73) 及 (79) 式. (79) 式中有 $(\pm)$ 号, 乃由 (74), (78) 式来的. 此二式中务需取 $(\pm)$ 及 $(\mp)$ 而不能取同一 $(\pm)$, 或 $(\mp)$, 符; 如是则 (79) 式取 $(-)$ 号, 可觅 $-C$ 如

$$C^+ = C^* = C^{-1}, \quad (\tilde{C} = C) \tag{3-81}$$

使 (79) 式成

$$C\gamma_4 = -\gamma_4 C \tag{3-82}$$

兹取 (3-1a) 的 γ_μ 表象. 如是可证明上问题之一解为

$$C = \gamma_2 = \begin{pmatrix} 0 & 0 & 0 & -1 \\ 0 & 0 & 1 & 0 \\ 0 & 1 & 0 & 0 \\ -1 & 0 & 0 & 0 \end{pmatrix} \tag{3-83}$$

电荷 $+e$ 的 Ψ_e 与电荷 $-e$ 的 Ψ 的关系乃 (取 (74) 式的 $(+)$ 号, (78) 式的 $(-)$ 号)

$$\Psi_c = C^{-1}\,\Psi^* \tag{3-84}$$

$$= \gamma_2\,\Psi^* \tag{3-84a}$$

可验证之如下: 由 (3-49a) 式, 一个电子 $(-e)$,

$$\begin{aligned} &E = E_+ = |E|, \\ &\sigma_n = 1, \\ &p = |p|, \end{aligned} \qquad \Psi = N\begin{pmatrix} 1+\cos\gamma \\ \cos\alpha + \mathrm{i}\cos\beta \\ a(1+\cos\gamma) \\ a(\cos\alpha + \mathrm{i}\cos\beta) \end{pmatrix} \exp(\mathrm{i}p_\mu x_\mu/\hbar) \tag{3-85}$$

---

* 文献中常用不同的符号, 例如

$$\bar{\Psi}^*\gamma_4 \equiv \Psi^+, \text{ Pauli 用之} \tag{3-80a}$$

$$\tilde{\Psi}^*\gamma_4 \equiv \bar{\Psi}, \text{ Davydov 用之} \tag{3-80b}$$

$$N,\ a 见(48).$$

由 (84) 及 (85),

$$\Psi_c = \gamma_2 \Psi = N \begin{pmatrix} -a(\cos\alpha - \mathrm{i}\cos\beta) \\ a(1+\cos\gamma) \\ \cos\alpha - \mathrm{i}\cos\beta \\ -(1+\cos\gamma) \end{pmatrix} \exp(-\mathrm{i}p_\mu x_\mu/\hbar) \tag{3-86}$$

惟此正与 (49d) 式的一个电子的负能态, $\boldsymbol{p} \to |p|, \sigma_n = -1$,

$$-e, E = E_- = -|E|, \boldsymbol{p} \to -\boldsymbol{p}, \sigma_n = -1$$

$$\Psi = -N \begin{pmatrix} -a(\cos\alpha - \mathrm{i}\cos\beta) \\ a(1+\cos\gamma) \\ \cos\alpha - \mathrm{i}\cos\beta \\ 1+\cos\gamma \end{pmatrix} \exp(\mathrm{i}p_\mu x_\mu/\hbar) \tag{3-87}$$

相同 (除了一个相因子 -1).

上述的结果, 方谓一个 $+e$ 的 Ψ_c, 等于一个电子 $-e$ 在负能态 E_-, 动量 $-\boldsymbol{p}$, 负宇称性 $p=-1(\sigma_n=-1)$ 的本征态 Ψ. 以下图表之

$$\cdots\cdots\cdots E_+,\ \boldsymbol{p}\to,\ \sigma_n = 1(\boldsymbol{\sigma}_n \uparrow\uparrow \boldsymbol{p}),\ \Psi$$

$$\begin{array}{r} m_0c^2 \text{———} \\ 0 \text{———} \\ -m_0c^2 \text{———} \end{array} \tag{3-88}$$

$$\cdots\cdots\cdots E_-, \boldsymbol{p}\leftarrow,\ \sigma_n = -1(\boldsymbol{\sigma} \uparrow\downarrow \boldsymbol{p}),\ \Psi_c = \gamma_2\Psi^*$$

我们务须注意者, 一个 $-e$ 电子在 E_-, $-\boldsymbol{p}$, $\sigma_n=-1$ 的态, 并非代表一个正电子 $+e$, 虽则他的态等于 Ψ_c—— 一个 $+e$ 的态!

正电子 (positron) 系一“充满的”“Fermi 海”(代表“真空”态) 中缺少了一个在 E_-, $-\boldsymbol{p}$, 自旋 $\boldsymbol{\sigma}$ 的电子 $-e$, 这个“洞”(hole) 的性质系一个 $+e$ 粒子, 其能 E_+, 动量 $+\boldsymbol{p}$ 的性质, 这个“洞”, 代表正电子. 正电子称为“反电子”(antiparticle).

按此“洞”的观点, “Fermi 海”中缺少了一个 $-e$, E_-, $-\boldsymbol{p}$, 是所谓“电荷共轭态”(Charge conjugate state). 这个定义, 和第 (71) 的 Ψ_c 的定义是不同的.

由 (84) 式, 可得

$$\Psi_c = C^{-1}\Psi^*, \quad \Psi^* = C\Psi_c$$

$$\Psi = C^*\Psi_c^* = C^{-1}\Psi_c^*,\ (81)式.$$

故 Ψ_c 系 Ψ 之电荷共轭态, 同时 Ψ 亦系 Ψ_c 之电荷共轭态.

3.3.2 J_c, 共轭电流 (charge conjugate current)

由第 2 章 (2-9) 式, 四维流 I_μ 的定义为*

$$I_k = c\Psi^+\alpha_k\Psi, \quad I_4 = \mathrm{i}c\Psi^+\Psi \tag{3-89}$$

I_μ 满足连续方程式

$$\frac{\partial I_\mu}{\partial x_\mu} = 0, \text{ 或}\frac{\partial(\Psi^+\Psi)}{\partial t} + \mathrm{div}I_k = 0 \tag{3-90}$$

如引入 (2-26) 的 γ_μ, $\alpha_k = \mathrm{i}\beta\gamma_k = \mathrm{i}\gamma_4\gamma_k$, $\alpha_4 = \beta = \gamma_4$, 则 $(-e)$ 的电流 $J_\mu = -eI_\mu$ 成

$$\begin{aligned} J_k =& -\mathrm{i}ec\Psi^+\gamma_4\gamma_k\Psi, \quad J_4 = -\mathrm{i}ec\Psi^+\Psi = -\mathrm{i}ec\Psi^+\gamma_4\gamma_4\Psi. \\ =& -\mathrm{i}ec\overline{\Psi}\gamma_k\Psi, \qquad J_4 = -\mathrm{i}ec\overline{\Psi}\gamma_4\Psi \end{aligned} \tag{3-91}$$

此处用 (80b) 式 $\overline{\Psi}$ 的定义.

由 (91), 电荷 $+e$ 之电荷共轭流 (charge conjugate current)J_μ^c 为

$$J_k^c = \mathrm{i}ec\overline{\Psi}_c\gamma_x\Psi_c \tag{3-92}$$

由 (80b), (74)

$$\begin{aligned} \overline{\Psi}_c\gamma_k\Psi_c =& \widetilde{\Psi}_c^*\gamma_4\gamma_k\Psi_c \\ =& \widetilde{\Psi}\widetilde{C}^{-1*}\gamma_4\gamma_k C^{-1}\Psi^*, \quad (74) \\ =& \widetilde{\Psi}C\gamma_4 C^{-1}\gamma_k^*\Psi^*, \quad (73), (81) \\ =& -\widetilde{\Psi}\gamma_4\gamma_k^*\Psi^*, \quad (82) \\ \widetilde{(\overline{\Psi}_c\gamma_k\Psi_c)} =& -\widetilde{\Psi}^*\gamma_k\widetilde{\gamma}_4\Psi = \widetilde{\Psi}^*\gamma_4\gamma_k\Psi \end{aligned}$$

用 $(\widetilde{\Psi}\gamma_4\gamma_k^*\Psi^*)$ 不因移项 (transposition) 而变值, 故

$$J_k^c = \mathrm{i}ec\widetilde{\Psi}^*\gamma_4\gamma_k\Psi \tag{3-93}$$

同法 (见上 (92) 式下第二行)

$$\begin{aligned} J_4^c =& \mathrm{i}ec\widetilde{\Psi}C\gamma_4\gamma_4C^{-1}\Psi^* \\ =& \mathrm{i}ec\widetilde{\Psi}\Psi^* = \mathrm{i}ec\widetilde{(\widetilde{\Psi}\Psi^*)} \\ =& \mathrm{i}ec\widetilde{\Psi}^*\Psi = \mathrm{i}ec\overline{\Psi}\gamma_4\Psi \end{aligned} \tag{3-94}$$

* (2-9) 式中之 Ψ^*, 实系一横行矩阵, 故即本节之 $\Psi^+ = (\Psi_1^*, \Psi_2^*, \Psi^*, \Psi_4^*)$.

由 (93), (94) 与 (91) 之比较, 得见

$$J_\mu^c = -J_\mu \tag{3-95}$$

此乃谓 $+e$ 的电流 J_μ^c 与 $-e$ 的电流 J_μ 的方向相反. 此结果乃纯由 J_c 的定义 (Ψ_c 的定义) 而来的. *

兹计算 $+e$ 及 $-e$ 的机率密度. 由 (84) 式,

$$\begin{aligned}\Psi_c^+\Psi_c =&(C^{-1}\Psi^*)^+(C^{-1}\Psi^*)\\ =&\Psi^{*+}C^{-1+}C^{-1}\Psi^* = \Psi^{*+}CC^{-1}\Psi^*,\ \text{用 (81)}\\ =&(\Psi^+\Psi)^* = \Psi^+\Psi\end{aligned} \tag{3-96}$$

故 $+e$, $-e$ 机率密度是相等的.

3.3.3 正能态及负能态之电荷共轭态

使 Ψ_- 为 $(-e)$ 的负能态 $E_-(=-|E|<0)$ 的态函数.

$$\mathrm{i}\hbar\frac{\partial\Psi_-}{\partial t} = E_-\Psi_-, \quad E_- = -|E| \tag{3-97}$$

按 (84) 式, 其电荷共轭态 Ψ_c 乃

$$\Psi_c = C^{-1}\Psi_-^* \tag{3-98}$$

故

$$\begin{aligned}\mathrm{i}\hbar\frac{\partial\Psi_c}{\partial t} =&C^-\left(\mathrm{i}\hbar\frac{\partial\Psi_-^*}{\partial t}\right)\\ =&-C^{-1}\left(\mathrm{i}\hbar\frac{\partial\Psi_-}{\partial t}\right)^*\\ =&-C^{-1}(E_-\Psi_-^*)\\ =&-E_-\Psi_c = |E|\Psi_c\\ =&E_+\Psi_c\end{aligned} \tag{3-99}$$

此谓负能态 Ψ_- 的电荷共轭态 Ψ_c 乃系一正能态.

3.4 Majorana 表象

本章第 1 节已引入 γ_μ 如 (1) 式

$$\gamma_k = \begin{pmatrix} 0 & -\mathrm{i}\sigma_k^P \\ \mathrm{i}\sigma_k^P & 0 \end{pmatrix}, \quad k=1,2,3, \quad \gamma_4 = \begin{pmatrix} I & 0 \\ 0 & -I \end{pmatrix} \tag{3-100}$$

* Davydov 的 Quantum Mechanics 书 (第 68) 得 $J_k^c = J_k$. 作者相信是错的.

σ^P 为 Pauli 的 2×2 矩阵, I 为 2×2 单位矩阵. 上表象为 Pauli 所采用.

另一表象, 称为 Majorana 表象, 其 γ_μ^M 乃由上述的 γ_μ 以一幺正变换得之

$$\gamma_\mu^M = S\gamma_\mu S^+ \tag{3-101}$$

$$S = \frac{1}{\sqrt{2}}(1+\mathrm{i}\gamma_2), \quad S^{-1} = \frac{1}{\sqrt{2}}(1-\mathrm{i}\gamma_2) \tag{3-102}$$

故

$$\gamma_\mu^M = \mathrm{i}\gamma_2\gamma_\mu \tag{3-103}$$

或

$$\gamma_1^M = \begin{pmatrix} \sigma_z^P & 0 \\ 0 & \sigma_z^P \end{pmatrix}, \quad \gamma_2^M = \begin{pmatrix} 0 & -\mathrm{i}\sigma_y^P \\ \mathrm{i}\sigma_y^P & 0 \end{pmatrix}, \quad \gamma_3^M = \begin{pmatrix} -\sigma_x^P & 0 \\ 0 & -\sigma_x^P \end{pmatrix} \tag{3-104a}$$

$$\gamma_4^M = \begin{pmatrix} 0 & -\sigma_y^P \\ -\sigma_y^P & 0 \end{pmatrix}^*$$

故 γ_μ^M 显皆系 Hermitian 矩阵. γ_1^M, γ_2^M, γ_3^M 矩阵皆系实数且对称矩阵, γ_4^M 则系虚数而反对称 (见本章末习题一).

Dirac 的 (自由电子) 方程式 (2-29) 为

$$\left(\gamma_\mu \frac{\partial}{\partial x_\mu} + \frac{m_0 c}{\hbar}\right)\varPsi = 0 \tag{3-106}$$

如用 Majorana 表象, 则算符

$$\gamma_\mu^M \frac{\partial}{\partial x_\mu} + \frac{m_0 c}{\hbar} = \left(\gamma_\mu^M \frac{\partial}{\partial x_\mu} + \frac{m_0 c}{\hbar}\right)^* \tag{3-107}$$

系一实数算符. 如 (见 (2-34) 式)

$$\varPsi_\mu = A_\mu \exp(\mathrm{i}p_\mu x_\mu/\hbar) = A_\mu \exp(\mathrm{i}(\boldsymbol{p}\cdot\boldsymbol{r} - Et)/\hbar) \tag{3-108}$$

系 (106) 的一解, 则

$$\varPsi_\mu^* = A_\mu^* \exp(-\mathrm{i}p_x x_u/\hbar) = A_\mu^* \exp(-\mathrm{i}(\boldsymbol{p}\cdot\boldsymbol{r} - Et)/\hbar) \tag{3-109}$$

---

* 如取 γ_1, γ_2, γ_3 如 (100) 式, 而取 γ_4 如 (3-5) 式, $\gamma_4 = \begin{pmatrix} 0 & -I \\ -I & 0 \end{pmatrix}$, 则 γ_1^M, γ_2^M, γ_3^M 仍同 (104a), 惟

$$\gamma_4^M = \begin{pmatrix} -\sigma_y^P & 0 \\ 0 & \sigma_y^P \end{pmatrix} \tag{3-105}$$

亦系一解. (108) 系 $(p, E=\sqrt{p^2c^2+m_0^2c^4})$ 的解; (109) 则系 $(-p, E=-\sqrt{p^2c^2+m_0^2c^4})$ 之解. 故亦犹 (49a, b, c, d) 四个式的 Ψ, 由于 $p=\pm|p|$, 每一 $E=\pm|E|$ 值, 简并度为 2. 亦如本章第 2 节, 此简并 Ψ 可藉 Helicity 算符 σ_n(见 (30) 式) 分别之, 如 (49) 各式.

σ_n(见 (30) 式) 亦可用 (2-124) 式的 $4\times 4\,\sigma_1$, σ_2, σ_3 表之如下

$$\sigma_\eta=(\boldsymbol{\sigma}\cdot\boldsymbol{n}),\quad n=\frac{1}{|\boldsymbol{p}|}\boldsymbol{p} \tag{3-110}$$
$$\sigma_j=-\mathrm{i}\gamma_k\gamma_l,\quad j,k,l=1,2,3\text{轮转}$$

在 Majorana 表象, 则

$$\sigma_j^M=-\mathrm{i}\gamma_k^M\gamma_l^M \tag{3-111}$$

故 σ_i^M 皆系虚数 Hermitian 矩阵,

$$(\sigma_j^M)^*=-\sigma_j^M \tag{3-112}$$

故

$$(\sigma_n^M)^*=-\sigma_n^M \tag{3-113}$$

由 (35), (36) 或 (41), 已知 σ_n 的本征值为 ±1.

兹使

$$\begin{aligned}\sigma_n^M\Psi_\mu^{(1)}&=\Psi_\mu^{(1)}\\ \sigma_n^M\Psi_\mu^{(2)}&=-\Psi_\mu^{(2)}\end{aligned} \tag{3-114}$$

由 (113), 故

$$\begin{aligned}\sigma_n^M\Psi_\mu^{*(1)}&=-\Psi_\mu^{*(1)}\\ \sigma_n^M\Psi_\mu^{*(2)}&=\Psi_\mu^{*(2)}\end{aligned} \tag{3-115}$$

兹以

$$\Psi_\mu^{(1)},\ \Psi_\mu^{(2)},\ \Psi_\mu^{(3)},\ \Psi_\mu^{(4)}$$

为四个解,

$$\left.\begin{matrix}\Psi^{(1)},\\ \Psi^{(2)}\end{matrix}\right\}\text{乃 } p,E,\sigma_n=\left\{\begin{matrix}+1\\ -1\end{matrix}\right.\ \text{之解} \tag{3-116}$$

$$\left.\begin{matrix}\Psi^{(3)}=\Psi^{*(1)}\\ \Psi^{(4)}=\Psi^{*(2)}\end{matrix}\right\}\text{乃 } -p,-E,\sigma_n=\left\{\begin{matrix}-1\\ 1\end{matrix}\right.\ \text{之解}^* \tag{3-117}$$

---

* 本节用 Majorana 表象的结果, 甚便于电子场量子化的讨论. 见下文第 8 章第 5 节 (8-203).

习　题

1. 设 $\gamma_\mu, \mu=1,2,3,4$, 乃如 (3-1b) 式; Majorana 的表象定义 (见 (3-4b) 式) 为

$$\gamma_\mu^M = \mathrm{i}\gamma_2\gamma_\mu$$

证明

$$\begin{aligned}&\gamma_1^M,\ \gamma_2^M,\ \gamma_3^M \text{系实数对称的矩阵,}\\&\gamma_4^M\ \text{系虚数反对称的矩阵.}\end{aligned}$$

Dirac 的 σ_j 矩阵 (见 (2-124) 各式)

$$\sigma_j = -\mathrm{i}\gamma_k\gamma_l \quad j,k,l=1,2,3$$

兹定义 Majorana 表象的 σ_j^M 如下

$$\sigma_j^M = -\mathrm{i}\gamma_k^M\gamma_l^M$$

证明 σ_j^M 系虚数矩阵且系 Hermitian

$$\begin{aligned}(\sigma_j^M)^* &= -\sigma_j^M\\(\sigma_j^M)^+ &= \sigma_j^M\end{aligned}$$

2. 第 1 题中所用的 γ_4 系

$$\gamma_4 = \begin{pmatrix} I & 0 \\ 0 & -I \end{pmatrix},\ \text{得}\gamma_4^M = \begin{pmatrix} 0 & -\sigma_y \\ -\sigma_y & 0 \end{pmatrix},\ \sigma_y\text{系 Pauli 矩阵}$$

如取另一 γ_4 的表象

$$\gamma_4 = \begin{pmatrix} 0 & -I \\ -I & 0 \end{pmatrix},\ \text{证明}\ \gamma_4^M = \begin{pmatrix} -\sigma_y & 0 \\ 0 & -\sigma_y \end{pmatrix}.$$

第4章　Lorentz 变换

Dirac 方程式, 在数种变换下有不变性, 如规范 (gauge) 变换、幺正变换、Lorentz 变换、及反投 (inversion) 变换等. 第 3 章第 3 节所述的电荷共轭, 变换之一种也.

4.1　幺正变换

定理　在下列幺正变换 $S(S^+ = S^{-1}, S^+ = \tilde{S}^*)$ 下,

$$\alpha'_\mu = S^{-1}\alpha_\mu S, \quad \beta' = S^{-1}\beta S \tag{4-1}$$

$$\Psi' = S^{-1}\Psi, \quad \Psi^{*\prime} = \Psi^* S \tag{4-2}$$

(Ψ 系一竖行矩阵, Ψ^* 系一横行矩阵), Dirac 方程式之形式不变.

兹取 (2-11) 式之 Dirac 方程式.

$$\frac{\partial \Psi'}{\partial t} + c(\boldsymbol{\alpha}' \cdot \nabla)\Psi' + \frac{\mathrm{i}m_0c^2}{\hbar}\beta'\Psi' = 0 \tag{4-3}$$

取此式的移项及复数共轭, 即得

$$\frac{\partial \Psi'^*}{\partial t} + c(\nabla\Psi'^* \cdot \boldsymbol{\alpha}') - \frac{\mathrm{i}m_0c^2}{\hbar}\Psi'^*\beta' = 0 \tag{4-4}$$

以 (1), (2) 代入此二式, 即得

$$S^{-1}\left[\frac{\partial \Psi}{\partial t} + c(\boldsymbol{\alpha} \cdot \nabla)\Psi + \frac{\mathrm{i}m_0c^2}{\hbar}\beta\Psi\right] = 0 \tag{4-5}$$

$$\left[\frac{\partial \Psi^*}{\partial t} + c(\nabla \cdot \Psi^*\boldsymbol{\alpha}) - \frac{\mathrm{i}m_0c^2}{\hbar}\Psi^*\beta\right]S = 0 \tag{4-6}$$

故 (3), (4) 的形式不变.

4.2　规范变换

兹取 (2-31) 式之 Dirac 方程式.

$$\left[\gamma_\mu\left(\frac{\hbar}{\mathrm{i}}\frac{\partial}{\partial x_\mu} + \frac{e}{c}A'_\mu\right) - \mathrm{i}m_0c\right]\Psi' = 0 \tag{4-7}$$

如场势 $(A, \mathrm{i}\phi)$ 经下规范变换: $\Lambda = \Lambda(x_1, x_2, x_3, x_4)$ 为一纯量函数,

$$\boldsymbol{A}' = \boldsymbol{A} + \nabla\Lambda, \phi' = \phi - \frac{\partial}{c\partial t}\Lambda \tag{4-8}$$

同时作 Ψ 的变换

$$\Psi' = \Psi \exp\left(-\frac{\mathrm{i}e}{\hbar c}\Lambda\right) \tag{4-9}$$

则

$$\left(\frac{\hbar}{\mathrm{i}}\frac{\partial}{\partial x_\mu} + \frac{e}{c}A'_\mu\right)\Psi' = \exp\left(-\frac{\mathrm{i}e}{\hbar c}\Lambda\right)\left(\frac{\hbar}{\mathrm{i}}\frac{\partial}{\partial x_\mu} + \frac{e}{c}A_\mu\right)\Psi$$

故 (7) 成

$$\exp\left(-\frac{\mathrm{i}e}{\hbar c}\Lambda\right)\left[\gamma_\mu\frac{\hbar}{\mathrm{i}}\frac{\partial}{\partial x_\mu} + \frac{e}{c}A_\mu\right) - \mathrm{i}m_0 c\right]\Psi = 0 \tag{4-10}$$

故 (7) 形不变.

4.3 Lorentz 变换

$$\begin{aligned} x' &= \gamma(x - vt), \quad y' = y, \quad z' = z, \quad t' = \gamma\left(t - \frac{\beta}{c}x\right) \\ x &= \gamma(x' + vt'), \quad y = y, \quad z = z', \quad t = \gamma\left(t' + \frac{\beta}{c}x'\right) \end{aligned} \tag{4-11}$$

$$\beta = \frac{v}{c}, \quad \gamma = \frac{1}{\sqrt{1-\beta^2}}$$

可表以下式

$$x'_\mu = a_{\mu\nu}x_\nu, \quad x_\nu = x'_\mu a_{\mu\nu} \tag{4-12}$$

$$x_4 = \mathrm{i}ct, \quad x'_4 = \mathrm{i}ct' \tag{4-13}$$

或

$$\begin{pmatrix} x'_1 \\ x'_2 \\ x'_3 \\ x'_4 \end{pmatrix} = \gamma \begin{pmatrix} 1 & 0 & 0 & \mathrm{i}\beta \\ 0 & 1 & 0 & 0 \\ 0 & 0 & 1 & 0 \\ -\mathrm{i}\beta & 0 & 0 & 1 \end{pmatrix} \begin{pmatrix} x_1 \\ x_2 \\ x_3 \\ x_4 \end{pmatrix} \tag{4-14}$$

$$(x_1, x_2, x_3, x_4) = (x'_1, x'_2, x'_3, x'_4)\gamma \begin{pmatrix} 1 & 0 & 0 & \mathrm{i}\beta \\ 0 & 1 & 0 & 0 \\ 0 & 0 & 1 & 0 \\ -\mathrm{i}\beta & 0 & 0 & 1 \end{pmatrix} \tag{4-15}$$

$$a_{\mu\rho}a_{\nu\rho} = \delta_{\mu\nu} \tag{4-16}$$

$$\det|a_{\mu\nu}| = 1 \tag{4-17}$$

(14), (15) 即系 (12) 式, 亦即系 Lorentz 变换 (11). (16) 式谓此变换系正交的, (17) 式则谓变换的 Jacobian=1, 称为“正规”Lorents 变换 (proper), “反投”(inversion) 变换 (3-60) 之 Jacobian=−1, 则称为“不正规”(improper) 变换.

兹定义下列符号:*

$$\begin{aligned} \varPsi^{+} &= \mathrm{i}\,\varPsi^{*}\gamma_4 \\ \varPsi^{*} &= -\mathrm{i}\,\varPsi^{+}\gamma_4 \end{aligned} \tag{4-18}$$

Dirac 方程式 (2-27), (2-31),

$$\left(\gamma_\mu \frac{\partial}{\partial x_\mu} + \frac{m_0 c}{h}\right)\varPsi = 0 \tag{4-19}$$

$$(\gamma_\mu \pi_\mu - \mathrm{i}m_0 c)\,\varPsi = 0 \tag{4-20}$$

兹乃有下式

$$\frac{\partial \varPsi^{+}}{\partial x_\mu}\gamma_\mu - \frac{m_0 c}{h}\varPsi^{+} = 0 \tag{4-19A}$$

$$\pi_\mu^{*}\varPsi^{+}\gamma_\mu - \mathrm{i}m_0 c\varPsi^{+} = 0 \tag{4-20A}$$

由 (2-30),

$$\pi_k = \frac{h}{\mathrm{i}}\frac{\partial}{\partial x_k} + \frac{e}{c}A_k, \quad \pi_4 = \frac{h}{\mathrm{i}}\frac{\partial}{\mathrm{i}c\partial t} + \mathrm{i}\frac{e}{c}\phi \tag{4-21}$$

π_μ 满足下方程式

$$\pi_\mu\pi_\nu - \pi_\nu\pi_\mu = \frac{\hbar e}{\mathrm{i}c}F_{\mu\nu} \tag{4-22}$$

$$F_{\mu\nu} = \frac{\partial A_\nu}{\partial x_\mu} - \frac{\partial A_\mu}{\partial x_\nu} = \left|\begin{array}{cccc} 0 & H_z & -H_y & -\mathrm{i}E_x \\ & 0 & H_x & -\mathrm{i}E_y \\ & & 0 & -\mathrm{i}E_z \\ & & & 0 \end{array}\right| = -F_{\nu\mu} \tag{4-23}$$

兹定义四维流 $\left(S_\mu = \dfrac{1}{\mathrm{i}c}I_\mu,\ I_\mu\text{见 (3-89) 式}\right)$

$$S_\mu = \varPsi^{+}\gamma_\mu\varPsi \tag{4-24}$$

其四维散度

$$\frac{\partial S_\mu}{\partial x_\mu} = 0\left(\text{即}\sum_{\mu=1}^{4}\frac{\partial S_\mu}{\partial x_\mu} = 0\right) \tag{4-25}$$

---

* 注意: 本节系用 Pauli 的符号. $\varPsi^{+} = (\varPsi_1^{*}, \varPsi_1^{*}, \varPsi_8^{*}, \varPsi_4)$ 横行矩阵; $\varPsi^{+}$ 与 (3-89), (3-90), (3-91) 中之 $\varPsi^{+} = (\varPsi_1^{*}, \varPsi_2^{*}, \varPsi_8^{*}, \varPsi_4^{*})$ 不同! 本节之 γ_μ, 系 (2-25) 式的表象.

即连续方程式.

兹作 Lorentz 变换 (12)

$$x'_\mu = a_{\mu\nu} x_\nu \quad (\text{即} x_\nu = x'_\mu a_{\nu\nu})$$

同时作下列的变换*

$$\varPsi' = S\varPsi \tag{4-26}$$

$$\varPsi^{+'} = \varPsi^+ S^{-1} \tag{4-27}$$

使 (19), (19A) 式变换为

$$\gamma_\nu \frac{\partial}{\partial x'_\nu}\varPsi' + \frac{m_0 c}{h}\varPsi' = 0 \tag{4-28}$$

$$\frac{\partial \varPsi^{+'}}{\partial x'_\nu}\gamma_\nu - \frac{m_0 c}{h}\varPsi^{+'} = 0 \tag{4-28A}$$

$$\gamma_\nu = (S^{-1}\gamma_\mu S)a_{\mu\nu}$$

此式可写为

$$\boldsymbol{S}^{-1}\boldsymbol{\gamma}_\mu \boldsymbol{S} = \boldsymbol{\alpha}_{\mu\nu}\boldsymbol{\gamma}_\nu \tag{4-29}$$

由 (18) 及 (27),

$$\begin{aligned} \varPsi^{+'} &= \varPsi^+ S^{-1} \\ &= \mathrm{i}\,\varPsi^* \gamma_4 S^{-1} \end{aligned} \tag{4-30}$$

由 (18), 我们要求经 Lorentz 变换后,

$$\varPsi^{+'} = \mathrm{i}\,\varPsi^{*'}\gamma_4$$

惟由 (26),

$$\varPsi^{*'} = \widetilde{(S\varPsi)}^* = \varPsi^* S^+$$

故

$$\varPsi^{+'} = \mathrm{i}\,\varPsi^* S^+ \gamma_4 \tag{4-31}$$

由 (30), (31), 即得 (26), (27) 中的 S 所须满足的条件:**

$$\boldsymbol{S}^+\boldsymbol{\gamma}_4 \boldsymbol{S} = \boldsymbol{\gamma}_4 \tag{4-32}$$

---

* (26), (27) 两关系, 既非独立的, 亦不能由一个导出其他一个, 而系需要满足 Lorentz 变换的. 我们所以要求 (26), (27) 二式的形式者, 是要 $\varPsi^{+'}\varPsi' = \varPsi^+\varPsi$. 见下文 (33A).

** (32) 式系对“正规”Lorentz 变换言. 如有时变数 t 的逆转 $t \to -t$, 则 (23) 式应作 $S^+\gamma_4 S = -\gamma_4$.

总之, Dirac 方程式 (19), (19A) 的 Lorentz 不变性, 如能证明有满足 (29) 及 (32) 条件之 S 矩阵的存在, 则可保证了.

在证明有 S 变换矩阵的存在前, 先试察 (6) 式中 16 个 Γ 矩阵的变换性质:

$$\Psi^{+} 1 \Psi \tag{4-33}$$

$$\Psi^{+}(\gamma_1, \gamma_2, \gamma_3, \gamma_4) \Psi \tag{4-34}$$

$$\Psi^{+}(\gamma_1\gamma_2, \gamma_2\gamma_3, \gamma_3\gamma_4, \gamma_1\gamma_4, \gamma_2\gamma_4, \gamma_1\gamma_3) \Psi \tag{4-35}$$

$$\Psi^{+}(\gamma_1\gamma_2\gamma_3, \gamma_2\gamma_3\gamma_4, \gamma_1\gamma_3\gamma_4, \gamma_1\gamma_2\gamma_4) \Psi \tag{4-36}$$

$$\Psi^{+}\gamma_1\gamma_2\gamma_3\gamma_4 \Psi \tag{4-37}$$

由 (26) 及 (27), 即得

$$\Psi^{+'} \Psi' = \Psi^{+} \Psi \tag{4-33A}$$

由 (30), (29),

$$\Psi^{+'} \gamma_\mu \Psi' = a_{\mu\nu} \Psi^{+} \gamma_\nu \Psi \tag{4-34A}$$

$$\begin{aligned} M'_{\mu\nu} \equiv \Psi^{+'} \gamma_\mu \gamma_\nu \Psi' &= a_{\mu\sigma} a_{\nu\tau} \Psi^{+} \gamma_\sigma \gamma_\tau \Psi \\ &= a_{\mu\sigma} a_{\nu\tau} M_{\sigma\tau} \end{aligned} \tag{4-35A}$$

$$\begin{aligned} M'_{\lambda\mu\nu} \equiv \Psi^{+'} \gamma_\lambda \gamma_\mu \gamma_\nu \Psi &= a_{\lambda\rho} a_{\mu\sigma} a_{\nu\tau} \Psi^{+} \gamma_\rho \gamma_\sigma \gamma_\tau \Psi \\ &= a_{\lambda\rho} a_{\mu\sigma} a_{\nu\tau} M_{\rho\sigma\tau} \end{aligned} \tag{4-36A}$$

$$\begin{aligned} \Psi^{+'} \gamma_5 \Psi' = \Psi^{+'} \gamma_1\gamma_2\gamma_3\gamma_4 \Psi' &= \Psi^{+} \gamma_1\gamma_2\gamma_3\gamma_4 \Psi \\ &= \Psi^{+} \gamma_5 \Psi \end{aligned} \tag{4-37A}$$

换言之, (33) 的变换如一纯量 (不变量); (34) 如一四维向量; (35) 如一个第二阶 (rank) 反对称张量 (或所谓 6 维向量); (36) 有如一个第三阶反对称张量; (37) 有如一不变量. 上述 (34A)—(37A) 的变换结果, 乃系对正规 Lorentz 变换 (16) 及 (17) 而言.

如变换系空间反投, 则上述的结果将有异, 见下文第 4 节.

4.4 空间反投 (space inversion) 与电荷共轭

空间反投

$$\boldsymbol{r} \to -\boldsymbol{r} \tag{4-38}$$

系所谓不正规 Lorentz 变换之一种 (其他一个不正规 Lorentz 变换, 系时间 t 的逆转

$$t \to -t) \tag{4-39}$$

(38) 的 (12)

$$x'_\mu = a_{\mu\nu} x$$

变换系数 $a_{\mu\nu}$ 乃

$$a_{\mu\nu} = \begin{pmatrix} -1 & 0 & 0 & 0 \\ 0 & -1 & 0 & 0 \\ 0 & 0 & -1 & 0 \\ 0 & 0 & 0 & 1 \end{pmatrix} \tag{4-40}$$

按 (29) 式, 即得

$$\begin{aligned} &S_p\gamma_k + \gamma_k S_p = 0, \quad k = 1, 2, 3 \\ &S_p\gamma_4 - \gamma_4 S_p = 0 \end{aligned} \tag{4-41}$$

(32) 式条件为

$$S_p^+\gamma_4 - \gamma_4 S_p^{-1} = 0 \tag{4-42}$$

(41), (42) 条件方程式, 显可以

$$S_p = \lambda\gamma_4, \quad \lambda = \text{常数} \tag{4-43}$$

满足之.

兹连续的两次的反投运作. 其结果可视为一个恒等 (identity) 运作, 即

$$S_p^2 = \lambda^2\gamma_4^2 = \lambda^2 = 1 \tag{4-44}$$

或可视为旋转 $w = 2\pi$ 的角度. 由下文, 我们将证明旋转变换的 S_r 为*

$$S_{ij} = \cos\frac{w}{2} + \mathrm{i}\sigma_j \sin\frac{w}{2} \tag{4-45}$$

如 $w = 2\pi$, 则

$$S_{2\pi} = -1 \tag{4-46}$$

故

$$S_p^2 = S_{2\pi} = -1. \tag{4-47}$$

由 (44) 及 (47), 故

* $r_i, j = 1, 2, 3$, 系指绕 x, y, z 坐标轴旋转之意. σ_j 见 (2-124), $\mathrm{i}\sigma_1 = \gamma_2\gamma_3, \mathrm{i}\sigma_2 = \gamma_3\gamma_1, \mathrm{i}\sigma_3 = \gamma_1\gamma_2$. 见下文第 5 节.

$$\lambda^2 = \pm 1$$
$$\lambda = \mathrm{i}, -\mathrm{i}, 1, -1^* \tag{4-48}$$

按 (26) 变换, 经反投变换, 由 (43), 即得

$$\Psi' = \lambda\gamma_4 \Psi \tag{4-49}$$

或

$$\Psi^{*\prime} = \lambda^*\gamma_4^* \Psi^{**} \tag{4-49a}$$

兹试察 (34)—(37) 式 16 个 Γ 矩阵在反投变换 F 的性质. 由 (49) 及 (50),

$$\Psi^{+\prime} 1 \Psi' = \Psi^+ \Psi \tag{4-33P}$$

$$\begin{aligned} \Psi^{+\prime}\gamma_k \Psi' &= -\Psi^+\gamma_k \Psi, \quad k = 1, 2, 3 \\ \Psi^{+\prime}\gamma_4 \Psi' &= \Psi^+\gamma_4 \Psi \end{aligned} \tag{4-34P}$$

$$\begin{aligned} \Psi^{+\prime}\gamma_k\gamma_j \Psi' &= \Psi^+\gamma_k\gamma_j \Psi, \\ \Psi^{+\prime}\gamma_k\gamma_4 \Psi' &= -\Psi^+\gamma_k\gamma_4 \Psi \end{aligned} \quad j, k = 1, 2, 3 \tag{4-35P}$$

$$\begin{aligned} \Psi^{+\prime}\gamma_1\gamma_2\gamma_3 \Psi' &= -\Psi^+\gamma_1\gamma_2\gamma_3 \Psi \\ \Psi^{+\prime}\gamma_k\gamma_j\gamma_4 \Psi' &= \Psi^+\gamma_k\gamma_j\gamma_4 \Psi \end{aligned} \tag{4-36P}$$

$$\Psi^{+\prime}\gamma_1\gamma_2\gamma_3\gamma_4 \Psi' = -\Psi^+\gamma_1\gamma_2\gamma_3\gamma_4 \Psi \tag{4-37P}$$

由这些式, 得见 $\Psi^+\gamma_5\Psi$ 的变换, 系一“假纯量”(pseudo-scalar).

前由 (3-54) 及 (3-56) 式, 曾见 $-\gamma_5$ 与螺旋率 $(\boldsymbol{\sigma}\cdot\boldsymbol{n})$ 算符的作用 (对旋量的变换) 相同. 由 (37P), 得见 $\Psi^+\gamma_5\Psi$ 在反投变换下, 改变为负号. 此变换性亦与 $(\boldsymbol{\sigma}\cdot\boldsymbol{n})$ 在反投变换下的性质相同.

按 (84) 式, 电子态 Ψ 与电荷共轭态 Ψ_c 的关系为

$$\Psi_c = C^{-1}\Psi^*, \quad \Psi^* = C\Psi_c \tag{4-50}$$

兹作反投变换 (4-49). 由

$$\Psi_c' = C^{-1}\Psi^{*\prime}$$

* 此结果乃 C, N. Yang 与 J. Tiomno 所得. 见 Physical Review 79, 495(1950).

** (49a) 式中之 $\Psi^{*\prime}$, Ψ^* 系竖行矩阵. $\Psi^+ = \Psi^*$ 将代表一横行矩阵. 与第 3 节 (18) 式至 (37A) 所用之 Pauli 符号不同. 请注意: 如用 Pauli 符号, 则 (49a) 式成

$$\Psi^{+\prime} = \lambda^*\Psi^+\gamma_4 \tag{4-50}$$

即得

$$= \lambda^* C^{-1} \gamma_4^* \Psi^*$$

由 (3-73),

$$= -\lambda^* \gamma_4 C^{-1} \Psi^*$$

由 (50),

$$= -\lambda^* \gamma_4 \Psi_c \tag{4-51}$$

以此与 (49) 比较, 则见在反投变换下,

$$\begin{aligned} &\text{如 } \lambda = \pm \mathrm{i}, \quad \text{则 } \Psi,\ \Psi_c \text{ 的变换相同} \\ &\text{如 } \lambda = \pm 1, \quad \text{则 } \Psi,\ \Psi_c \text{ 的变换不同} \end{aligned} \tag{4-52}$$

惟

$$\begin{aligned} \tilde{\Psi}_c' \Psi' &= -\ \lambda\lambda^* \Psi_c \Psi \\ &= -\ \tilde{\Psi}_c \Psi \end{aligned} \tag{4-53}$$

故 Ψ 的自身 (intrinsic) 宇称性 (即 Ψ 所表的电荷 $-e$) 与其共轭电荷 $+e$ 的 Ψ_c 的自身宇称性永相反.*

电荷共轭与宇称 (charge conjugation and parity) 运作, 有下述的关系:

第 3 章第 2(2) 节述微子时, 曾见 $(\boldsymbol{\sigma} \cdot \boldsymbol{n})$helicity 算符之本征值及本征向量为

$$\begin{aligned} &\text{反微子:} \quad (\boldsymbol{\sigma} \cdot \boldsymbol{n})\alpha = \alpha, \\ &\text{微\quad 子:} \quad (\boldsymbol{\sigma} \cdot \boldsymbol{n})\beta = -\beta \end{aligned} \quad \text{见 (3-58) 式} \tag{4-54}$$

如写 α, β 成下式

$$\Psi = \begin{pmatrix} \alpha \\ \beta \end{pmatrix} \tag{4-55}$$

则

$$(\sigma \cdot n) \begin{pmatrix} \alpha \\ \beta \end{pmatrix} = \begin{pmatrix} \alpha \\ -\beta \end{pmatrix} \tag{4-54a}$$

如作一反投变换 (即 (3-60) 之宇称变换 P), 则如 (3-61a) 式,

$$P(\boldsymbol{\sigma} \cdot \boldsymbol{n}) = -(\boldsymbol{\sigma} \cdot \boldsymbol{n}) \tag{4-56}$$

$$\begin{aligned} P(\boldsymbol{\sigma} \cdot \boldsymbol{n})(P\alpha) &= -(P\alpha) \\ P(\boldsymbol{\sigma} \cdot \boldsymbol{n})(P\beta) &= (P\beta) \end{aligned} \tag{4-57}$$

---

* 所谓自身宇称性, 即不计粒子的轨道运动的角动量的宇称性之意.

以此与 (54) 比较, 得见经反投后, α 与 β 互易了, 即反投使微子 ($h=-1$) 变为反微子 ($h=1$), 使反微子变为微子. * 此点已曾述及 (见 (3-61b) 式下).

兹作电荷共轭变换. 由 (3-84a),

$$\Psi_c=\gamma_2\Psi^*(\Psi^*\text{系竖行矩阵}), \tag{4-58}$$

$$\gamma_2=\begin{pmatrix} 0 & \begin{pmatrix} 0 & -1 \\ 1 & 0 \end{pmatrix} \\ \begin{pmatrix} 0 & 1 \\ -1 & 0 \end{pmatrix} & 0 \end{pmatrix} \tag{4-59}$$

兹继续的作反投及电荷共轭两个变换, 则

$$P(\boldsymbol{\sigma}\cdot\boldsymbol{n})\begin{pmatrix}\alpha\\ \beta\end{pmatrix}=\begin{pmatrix}-\beta\\ \alpha\end{pmatrix}$$

$$\begin{aligned}\gamma_2P(\boldsymbol{\sigma}\cdot\boldsymbol{n})\begin{pmatrix}\alpha\\ \beta\end{pmatrix}^*&=\begin{pmatrix} 0 & \begin{pmatrix} 0 & -1 \\ 1 & 0 \end{pmatrix} \\ -\begin{pmatrix} 0 & -1 \\ 1 & 0 \end{pmatrix} & 0 \end{pmatrix}P(\boldsymbol{\sigma}\cdot\boldsymbol{n})\begin{pmatrix}\alpha\\ \beta\end{pmatrix}^*\\ &=\begin{pmatrix} 0 & \begin{pmatrix} 0 & -1 \\ 1 & 0 \end{pmatrix} \\ -\begin{pmatrix} 0 & -1 \\ 1 & 0 \end{pmatrix} & 0 \end{pmatrix}\begin{pmatrix}-\beta\\ \alpha\end{pmatrix}^*\\ &=\begin{pmatrix} 0 & -1 \\ 1 & 0 \end{pmatrix}\begin{pmatrix}\alpha\\ \beta\end{pmatrix}^*\end{aligned} \tag{4-60}$$

此显示

$$(\text{电荷共轭}\times\text{反投})\begin{pmatrix}\text{微　子}\\ \text{反微子}\end{pmatrix}=\begin{pmatrix}\text{微　子}\\ \text{反微子}\end{pmatrix} \tag{4-61}$$

换言之, 如以 C 表电荷共轭变换, P 表宇称变换, 则微子 (ν) 或反微子 ($\tilde{\nu}$) 的性质在 CP 下守恒不变.

此系一极重要的定理. 参考文献, 见第 3 章 (3-61b) 式下文.

---

* (57) 式示 ($P\alpha$) 满足 (54) 式中的 β 的变换性; ($P\beta$) 满足 α 的变换性.

4.5 变换矩阵 S

4.3 节曾示欲证明 Dirac 方程式有“Lorentz 不变性”, 我们只需证明满足 (29) 及 (32) 两式的变换矩阵 S 之存在. 上第 4 .4 节我们已求得反投变换 (Lorentz 变换中的一个特例, 不正规变换) 的 S, 如 (44) 及 (48) 式,

$$S_P = \lambda\gamma_4, \quad \lambda = \mathrm{i}, -\mathrm{i}, 1, -1 \tag{4-62}$$

本节将求其他特殊 Lorentz 变换的 S.

4.5.1 无限小 (infinitesimal)Lorentz 变换

使 (12) 变换式中之系数 $a_{\mu\nu}$ 为

$$a_{\mu\nu} = \delta_{\mu\nu} + \epsilon_{\mu\nu} \tag{4-63}$$

$$\epsilon_{\mu\nu} = -\epsilon_{\nu\mu}, \quad |\epsilon_{\mu\nu}| \ll 1 \tag{4-64}$$

第 (16) 式正交条件乃成 (用 Einstein 作和符号)

$$\begin{aligned} a_{\mu\nu}a_{\sigma\nu} &= (\delta_{\mu\nu} + \epsilon_{\mu\nu})(\delta_{\sigma\nu} + \epsilon_{\sigma\nu}) \\ &= \delta_{\mu\sigma} + \epsilon_{\sigma\mu} + \epsilon_{\mu\sigma} \\ &= \delta_{\mu\sigma} \end{aligned} \tag{4-65}$$

设 $T^{\mu\nu} = -T^{\nu\mu}$ 为一反对称张量 (或称 6- 向量); 并定义一 4×4 矩阵

$$S = I + \frac{1}{2}\epsilon_{\mu\nu}T^{\mu\nu} \tag{4-66}$$

及同阶 $|\epsilon|$ 的

$$S^{-1} = I - \frac{1}{2}\epsilon_{\mu\nu}T^{\mu\nu} \tag{4-67}$$

第 (29) 式条件乃

$$\left(I + \frac{1}{2}\epsilon_{\mu\nu}T^{\mu\nu}\right)\gamma_\rho\left(I - \frac{1}{2}\epsilon_{\alpha\beta}T^{\alpha\beta}\right) = (\delta_{\rho\sigma} + \epsilon_{\rho\sigma})\gamma_\sigma$$

或

$$\gamma_\rho - \frac{1}{2}\epsilon_{\mu\nu}(T^{\mu\nu}\gamma_\rho - \gamma_\rho T^{\mu\nu}) = \gamma_\rho + \epsilon_{\rho\sigma}\gamma_\sigma$$

$$\frac{1}{2}\epsilon_{\mu\nu}(\gamma_\rho T^{\mu\nu} - T^{\mu\nu}\gamma_\rho) = \frac{1}{2}\epsilon_{\mu\nu}(\delta_{\mu\rho}\gamma_\nu - \delta_{\nu\rho}\gamma_\mu) \tag{4-68}$$

如此式对任意的 $\epsilon_{\mu\nu}$ 皆成立, 则务需

$$r_\rho T^{\mu\nu} - T^{\mu\nu}\gamma_\rho = \delta_{\mu\rho}\gamma_\nu - \delta_{\nu\rho}\gamma_\nu \tag{4-69}$$

第 (31) 式条件乃成

$$\begin{aligned} S^+ =& \gamma_4 S^{-1}\gamma_4 \\ =& I - \frac{1}{2}\epsilon_{\mu\nu}\gamma_4 T^{\mu\nu}\gamma_4 \end{aligned} \tag{4-70}$$

由 (66), 得

$$S^+ = I + \frac{1}{2}\epsilon^*_{\mu\nu}T^{+\mu\nu} \tag{4-71}$$

故

$$\epsilon_{\mu\nu}T^{+\mu\nu} = -\epsilon_{\mu\nu}\gamma_4 T^{\mu\nu}\gamma_4 \tag{4-72}$$

由 (14) 式之 $a_{\mu\nu}$, 得见其广义式务有下特性

$$\begin{aligned} &\epsilon_{ij} = -\epsilon_{ji} = \text{实数}, \quad i,j = 1,2,3 \\ &\epsilon_{4k} = -\epsilon_{k4} = \text{虚数}, \quad k = 1,2,3 \end{aligned} \tag{4-73}$$

由此及 (72), 即得

$$T^{+ij} = -\gamma_4 T^{ij}\gamma_4, \tag{4-74}$$

$$T^{+4k} = \gamma_4 T^{4k}\gamma_4$$

目前乃求一 $T^{\mu\nu}$ 矩阵, 满足 (69) 及 (74) 的.

兹可证明下式

$$T^{\mu\nu} = \frac{1}{2}\gamma_\mu\gamma_\nu \tag{4-75}$$

可满足 (69) 及 (74) 条件.

(i) 以 (75) 代入 (69) 式, 即得

$$\frac{1}{2}(\gamma_\rho\gamma_\mu\gamma_\nu - \gamma_\mu\gamma_\nu\gamma_\rho) = \begin{cases} 0, & \text{如 } \rho \neq \mu, \quad \rho \neq \nu \\ \gamma_\nu, & \text{如 } \rho = \mu, \quad \rho \neq \nu \\ -\gamma_\mu, & \text{如 } \rho \neq \mu, \quad \rho = \nu \end{cases}$$

$$\delta_{\mu\rho}\gamma_\nu - \delta_{\nu\rho}\gamma_\mu = \begin{cases} 0, & \text{如 } \rho \neq \mu, \quad \rho \neq \nu \\ \gamma_\nu, & \text{如 } \rho = \mu, \quad \rho \neq \nu \\ -\gamma_\mu, & \text{如 } \rho \neq \mu, \quad \rho = \nu \end{cases}$$

故 $T^{\mu\nu}$(75) 满足 (69) 式.

(ii)

$$T^{+ij} =\frac{1}{2}(\gamma_j^+\gamma_i^+) = \frac{1}{2}\gamma_j\gamma_i$$

$$-\gamma_4 T_{ij}\gamma_4 = -\frac{1}{2}\gamma_4\gamma_i\gamma_j\gamma_4 = -\frac{1}{2}\gamma_i\gamma_j = \frac{1}{2}\gamma_j\gamma_i$$
$$=T^{+ij}$$

同法, 可得

$$\frac{1}{2}\gamma_4\gamma_4\gamma_k\gamma_4 = \frac{1}{2}\gamma_k\gamma_4 = T^{+4k}$$

故 $T^{\mu\nu}$ 满足 (74) 条件.

故现已证明无限微小 Lorentz 变换之存在:(66) 式成*

$$S = I + \frac{1}{4}\varepsilon_{\mu\nu}\gamma_\mu\gamma_\nu \tag{4-76}$$

4.5.2 有限的特殊 Lorentz 变换 —— 三维空间旋转

次乃求数个特殊的有限 (finite) 变换, 如三维空间的旋转, 乃特殊 Lorentz 变换如 (11)(亦即 (14) 式). 由这些特殊变换, 可以构成一般的 (正规)Lorentz 变换. (不正规 Lorentz 变换如反投 (spatial inversion $\boldsymbol{r} \to -\boldsymbol{r}$), 及时间逆转 (time reversal), 则不在内.)

(i) 先取绕 z- 转之旋转, 其旋转角为 w. 故变换为

$$\begin{aligned} x_1' &= x_1 \ \cos w + x_2 \ \sin w \\ x_2' &= -x_1 \ \sin w + x_2 \ \cos w \end{aligned} \tag{4-77}$$

$$\begin{aligned} x_3' &= x_3 \\ x_4' &= x_4, \quad (x_4 = \mathrm{i}ct) \end{aligned}$$

如 w 系无限小 Δw,

$$\epsilon_{12} = -\epsilon_{21} = \Delta w, \quad 其他\epsilon_{\mu\nu} = 0$$

* 绕 x, y, z 转微小角 Δw 之 S 如下. 由下文 (78) 及 (2-124c),

$$\begin{aligned} &S_1(\Delta w) = I + \frac{\mathrm{i}}{2}\Delta w\sigma_1 \\ &S_2(\Delta w) = I + \frac{\mathrm{i}}{2}\Delta w\sigma_2, \quad \gamma_2\gamma_3 = \mathrm{i}\sigma_1,\ 余类推 \\ &S_3(\Delta w) = I + \frac{\mathrm{i}}{2}\Delta w\sigma_3 \end{aligned} \tag{4-78a}$$

则 (76) 式成

$$S_{\Delta w} = I + \frac{1}{2}\Delta w \gamma_1 \gamma_2 \tag{4-78}$$

由此无限小变换, 可得有限变换 $w = n\Delta w, n \to \infty$,

$$\begin{aligned}
S_w &= \lim_{n\to\infty} \pi S_{\Delta w} = \lim_{n\to\infty}\left(1 + \frac{1}{2}\Delta w \gamma_1\gamma_2\right)^n \\
&= \lim_{n\to\infty}\left(1+\frac{w}{2n}\gamma_1\gamma_2\right)^n \\
&= e^{\frac{1}{2}w\gamma_1\gamma_2} \\
&= 1 + \frac{w}{2}\gamma_1\gamma_2 + \frac{1}{2!}\left(\frac{w}{2}\gamma_1\gamma_2\right)^2 + \frac{1}{3!}\left(\frac{w}{2}\gamma_1\gamma_2\right)^3 + \cdots \\
&= 1 - \frac{1}{2!}\left(\frac{w}{2}\right)^2 + \frac{1}{4!}\left(\frac{w}{2}\right)^4 - \frac{1}{6!}\left(\frac{w}{2}\right)^6 + \cdots \\
&\quad + \gamma_1\gamma_2\left[\frac{w}{2} - \frac{1}{3!}\left(\frac{w}{2}\right)^3 + \frac{1}{5!}\left(\frac{w}{2}\right)^5 - \cdots\right] \\
&= I\ \cos\frac{w}{2} + \gamma_1\gamma_2 \sin\frac{w}{2}
\end{aligned} \tag{4-79}$$

$$\begin{aligned}
S_w^{(z)} &= I\ \cos\frac{w}{2} = \mathrm{i}\begin{pmatrix} 1 & 0 & 0 & 0 \\ 0 & -1 & 0 & 0 \\ 0 & 0 & 1 & 0 \\ 0 & 0 & 0 & -1 \end{pmatrix}\sin\frac{w}{2}, \quad \text{见 (3-1b)} \\
&= \begin{pmatrix} e^{\mathrm{i}w/2} & 0 & 0 & 0 \\ 0 & e^{-\mathrm{i}w/2} & 0 & 0 \\ 0 & 0 & e^{\mathrm{i}w/2} & 0 \\ 0 & 0 & 0 & e^{-\mathrm{i}w/2} \end{pmatrix}
\end{aligned} \tag{*(4-79a)}$$

(77) 的 $a_{\mu\nu}$ 乃

$$a_{\mu\nu} = \begin{pmatrix} \cos w & \sin w & 0 & 0 \\ -\sin w & \cos w & 0 & 0 \\ 0 & 0 & 1 & 0 \\ 0 & 0 & 0 & 1 \end{pmatrix} \tag{4-80}$$

---

* (82), (84), (79) 三式可写作下式

$$S_1(w) = e^{\frac{\mathrm{i}}{2}w\sigma_1}, \quad S_2(w) = e^{\frac{\mathrm{i}}{2}w\sigma_2}, \quad S_2(w) = e^{\frac{\mathrm{i}}{2}w\sigma_3} \tag{4-79b}$$

$$\mathrm{i}\sigma_1 = \gamma_2\gamma_3, \quad \mathrm{i}\sigma_2 = \gamma_3\gamma_1, \quad \mathrm{i}\sigma_3 = \gamma_1\gamma_2 \tag{2-124c}$$

同法, 可得绕 x- 轴旋转角 w 之 $a_{\mu\nu}$ 及 $S_w(z)$ 为

$$a_{\mu\nu} = \begin{pmatrix} 1 & 0 & 0 & 0 \\ 0 & \cos w & \sin w & 0 \\ 0 & -\sin w & \cos w & 0 \\ 0 & 0 & 0 & 1 \end{pmatrix} \tag{4-81}$$

$$S_w(x) = \cos\frac{w}{2} + \gamma_2\gamma_3 \sin\frac{w}{2} \tag{4-82}$$

$$= \begin{pmatrix} \cos\frac{w}{2} & \mathrm{i}\sin\frac{w}{2} & 0 & 0 \\ \mathrm{i}\sin\frac{w}{2} & \cos\frac{w}{2} & 0 & 0 \\ 0 & 0 & \cos\frac{w}{2} & \mathrm{i}\sin\frac{w}{2} \\ 0 & 0 & \mathrm{i}\sin\frac{w}{2} & \cos\frac{w}{2} \end{pmatrix} \tag{4-82a}$$

绕 y- 轴转角 w 变换之 $a_{\nu\mu}$ 及 $S_w(y)$ 为

$$a_{\mu\nu} = \begin{pmatrix} \cos w & 0 & -\sin w & 0 \\ 0 & 1 & 0 & 0 \\ \sin w & 0 & \cos w & 0 \\ 0 & 0 & 0 & 1 \end{pmatrix} \tag{4-83}$$

$$S_w(y) = I\cos\frac{w}{2} + \gamma_3\gamma_1 \sin\frac{w}{2} \tag{4-84}$$

$$= \begin{pmatrix} \cos\frac{w}{2} & \sin\frac{w}{2} & 0 & 0 \\ -\sin\frac{w}{2} & \cos\frac{w}{2} & 0 & 0 \\ 0 & 0 & \cos\frac{w}{2} & \sin\frac{w}{2} \\ 0 & 0 & -\sin\frac{w}{2} & \cos\frac{w}{2} \end{pmatrix} \tag{4-84a}$$

一个一般性的三维空间的旋转, 可以 Euler 角 θ, ψ, φ 表之. 设 $X'Y'Z'O$ 乃固定于空间的坐标系:$XYZO$ 乃转动的坐标系. 开始时 OX 与 OX' 合, OY 与 OY' 合. 先使 $OX'Y'$ 绕 OZ 旋转一角 ψ; 次 $OZ'Y'$ 绕 OX'(新方向) 旋转一角 θ; 再使 $OX'Y'$(新位置) 绕 OZ(新方向) 旋转一角 φ.*

* 参阅《理论物理第一册: 古典动力学》(甲部) 第 9 章第 1 节.

兹定义 Cayley-Klein 参数

$$
\begin{aligned}
&\alpha=\cos\frac{\theta}{2}\mathrm{e}^{-\mathrm{i}(\psi+\varphi)/2},\quad \beta=-\mathrm{i}\ \sin\frac{\theta}{2}\mathrm{e}^{\mathrm{i}(\psi-\varphi)/2}\\
&\gamma=-\mathrm{i}\ \sin\frac{\theta}{2}\mathrm{e}^{-\mathrm{i}(\psi-\varphi)/2},\quad \delta=\cos\frac{\theta}{2}\mathrm{e}^{\mathrm{i}(\psi+\varphi)/2}
\end{aligned}
\tag{4-85}
$$

$$
\alpha\delta-\beta\gamma=1 \tag{4-86}
$$

如旋转以 ψ,θ,φ(按此次序) 表之, 则可证明

$$
S_{\mathrm{rot}}=\begin{pmatrix}\alpha&\gamma&0&0\\ \beta&\delta&0&0\\ 0&0&\alpha&\gamma\\ 0&0&\beta&\delta\end{pmatrix} \tag{4-87}
$$

$$
S_{\mathrm{rot}}^{+}=\begin{pmatrix}\delta&-\gamma&0&0\\ -\beta&\alpha&0&0\\ 0&0&\delta&-\gamma\\ 0&0&-\beta&\alpha\end{pmatrix}^{*} \tag{4-87a}
$$

$$
SS^{+}=1 \tag{4-88}
$$

由 (85), (86), (87), (88), 可见 S_{rot} 系幺正矩阵. 按 (29) 及 (32) 条件, S 在一般 Lorentz 变换中是无需幺正的. 在旋转的特别变换下, S 是幺正的.

(87), (85) 的导出, 将见下文第 10 章 (10-135), (10-134) 式. $\begin{pmatrix}\alpha&\gamma\\ \beta&\delta\end{pmatrix}$ 实系所谓旋量 (spinor) 变换.

(79a), (82a), (84a) 系三维空间转动的旋量变换. 旋量变换与 Lorentz 变换的关系, 详见第 10 章第 2, 3 节.

(ii) 次乃取 (4-11) 式 Lorentz 变换的特别例子. 定义角 θ

$$
\cosh\theta\equiv\gamma,\quad \sinh\theta=\beta\gamma \tag{4-89}
$$

$$
\beta=\frac{v}{c}(<1),\quad \gamma=\frac{1}{\sqrt{1-\beta^{2}}}(>1)
$$

故 (4-14) 变换 $a_{\mu\nu}$ 矩阵乃成

* 注意: S_{rot}^{-1} 不能由 (87) 式中以 $-\psi,-\theta,-\varphi$ 代 ψ,θ,φ 得之. 在 (87) 式中, 旋转角 ψ,θ,φ 的次序是不能倒置的. 以群论的术语言, 旋转群是 non-abelian 的.

$$a_{\mu\nu} = \begin{vmatrix} \cosh\theta & 0 & 0 & \mathrm{i}\sinh\theta \\ 0 & 1 & 0 & 0 \\ 0 & 0 & 1 & 0 \\ -\mathrm{i}\sinh\theta & 0 & 0 & \cosh\theta \end{vmatrix} \tag{4-90}$$

按 (79) 式之推广, (参看 (80) 式)

$$S_\theta = I\cosh\frac{\theta}{2} + \mathrm{i}\gamma_1\gamma_4\sinh\frac{\theta}{2} \tag{4-91}$$

$$= \begin{vmatrix} \cosh\frac{\theta}{2} & 0 & 0 & -\sinh\frac{\theta}{2} \\ 0 & \cosh\frac{\theta}{2} & -\sinh\frac{\theta}{2} & 0 \\ 0 & -\sinh\frac{\theta}{2} & \cosh\frac{\theta}{2} & 0 \\ -\sinh\frac{\theta}{2} & 0 & 0 & \cosh\frac{\theta}{2} \end{vmatrix} \tag{4-91a}$$

S_θ^{-1} 可由 S_θ 式中以 $-\theta$ 代 θ 得之 (即于 (89) 式中以 $-v$ 代 v). 故由 (91a), 得见

$$S_\theta^{-1} \neq S_\theta^{+} \tag{4-92}$$

故 S_θ 非幺正矩阵.

由 (79a), (82a), (84a), (91a) 各式之 S, 得见 Dirac 的 Ψ 的变换, 与通常的向量或张量在旋转变换下的不同, 盖 S 所含的角度 (前三式中的 w, (91a) 式中的 θ) 系 $\frac{1}{2}w$ 或 $\frac{1}{2}\theta$而非 Lorentz 变换中的 w 或 θ 也. 故 ψ 不可能是张量或向量.

从数学的观点, 通常的张量, 并不构成 Lorentz 群的所有表现 (representation) 而只系表现的一种而已. Dirac 的 Ψ 的变换, 构成 Lorentz 群的另一表现, 称为旋量 (spinor).

兹将 (91a) 表 (26) 式变换

$$\begin{pmatrix} \Psi_1' \\ \Psi_2' \\ \Psi_3' \\ \Psi_4' \end{pmatrix} = \begin{pmatrix} c\Psi_1 - s\Psi_4 \\ c\Psi_2 - s\Psi_3 \\ -s\Psi_2 + c\Psi_3 \\ -s\Psi_1 + c\Psi_4 \end{pmatrix}, \qquad \begin{matrix} c \equiv \cosh\frac{\theta}{2} \\ s \equiv \sinh\frac{\theta}{2} \end{matrix} \tag{4-93}$$

此式可写为

$$\begin{pmatrix} \Psi_1' \\ \Psi_4' \end{pmatrix} = \begin{pmatrix} c & -s \\ -s & c \end{pmatrix}\begin{pmatrix} \Psi_1 \\ \Psi_4 \end{pmatrix}, \quad \begin{pmatrix} \Psi_2' \\ \Psi_3' \end{pmatrix} = \begin{pmatrix} c & -s \\ -s & c \end{pmatrix}\begin{pmatrix} \Psi_2 \\ \Psi_3 \end{pmatrix} \tag{4-94}$$

换言之, Dirac 的四分量 Ψ 乃由两对"二分量旋量"构成. 所谓"旋量" (spinor)*, 乃一对的数, 其变换定律为

$$\begin{aligned}\Psi_2' &= a_{11}\psi_1 + a_{12}\psi_2 \\ \Psi_1' &= a_{21}\psi_1 + a_{22}\psi_2\end{aligned} \tag{4-95}$$

$$\begin{vmatrix} a_{11} & a_{12} \\ a_{21} & a_{22} \end{vmatrix} = a_{11}a_{22} - a_{12}a_{21} = 1 \tag{4-96}$$

故 $\begin{pmatrix} \Psi_1 \\ \Psi_4 \end{pmatrix}, \begin{pmatrix} \Psi_2 \\ \Psi_3 \end{pmatrix}$ 乃两个"一阶旋量" (spinor of rank 1).

本册下文第 10 章将较详的述旋量分析, 及其对电磁场及电子场 (量子化的 Dirac 电子场理论) 的应用.

习　题

1. 讨论 Dirac 方程式的 Lorentz 变换时, 本章第 4.1 节 (12), (26) 所取的观点, 乃视 γ_μ 矩阵为常数, 而使 Ψ 按 $\Psi' = S\Psi$ 变换.

另一观点, 乃视 Ψ 为常数 (不变), 而视 γ_μ 为一个四维矢量, 按 (12) 式变换.

证明此二观点是等效的. 此二观点, 各于何类问题为重要?

2. 证明第 (75) 式中的 $T^{\mu\nu}$ 有下式

$$T^{14} = \frac{\mathrm{i}}{2}\begin{vmatrix} \sigma_x & 0 \\ 0 & -\sigma_x \end{vmatrix}, \quad T^{24} = \frac{\mathrm{i}}{2}\begin{vmatrix} \sigma_y & 0 \\ 0 & -\sigma_y \end{vmatrix}$$

$$T^{34} = \frac{\mathrm{i}}{2}\begin{vmatrix} \sigma_z & 0 \\ 0 & -\sigma_z \end{vmatrix}$$

$\sigma_x, \sigma_y, \sigma_z$ 乃 Pauli 的 2×2 矩阵.

* 见下文第 10 章.

第 5 章　电磁场中的电子

5.1　电磁场中一个电子的 Dirac 方程式

使电磁场为 $A(A, \mathrm{i}\phi)$, 电子之电荷为 $-e$(下文中之 e, 即 4.80×10^{-10} 静电单位). 下文采用 $x_4 = \mathrm{i}ct$,

$$x_\mu(x_1, x_2, x_3, \mathrm{i}ct)$$

使

$$\begin{gathered}\pi_k = \frac{\hbar}{\mathrm{i}}\frac{\partial}{\partial x_k} + \frac{e}{c}A_k, \quad k = 1,2,3 \\ \pi_4 = \frac{\hbar}{\mathrm{i}}\frac{\partial}{\mathrm{i}c\partial t} + \mathrm{i}\frac{e}{c}\phi\end{gathered} \tag{5-1}$$

$$\Psi^+ = \mathrm{i}\Psi^*\gamma^4, \quad \Psi^* = (\Psi_1^*, \Psi_2^*, \Psi_3^*, \Psi_4^*) \tag{5-2}$$

$$\gamma_k = \begin{pmatrix} 0 & -\mathrm{i}\sigma_k \\ \mathrm{i}\sigma_k & 0 \end{pmatrix}, \quad k = x, y, z, \quad \gamma_4 = \begin{pmatrix} I & 0 \\ 0 & -I \end{pmatrix}$$

$$\gamma_1 = \begin{pmatrix} 0 & 0 & 0 & -\mathrm{i} \\ 0 & 0 & -\mathrm{i} & 0 \\ 0 & \mathrm{i} & 0 & 0 \\ \mathrm{i} & 0 & 0 & 0 \end{pmatrix}, \quad \gamma_2 = \begin{pmatrix} 0 & 0 & 0 & -1 \\ 0 & 0 & 1 & 0 \\ 0 & 1 & 0 & 0 \\ -1 & 0 & 0 & 0 \end{pmatrix}$$

$$\gamma_3 = \begin{pmatrix} 0 & 0 & -\mathrm{i} & 0 \\ 0 & 0 & 0 & \mathrm{i} \\ \mathrm{i} & 0 & 0 & 0 \\ 0 & -\mathrm{i} & 0 & 0 \end{pmatrix} \tag{5-3}$$

Dirac 方程式乃 (由 (2-31) 或 (2-31a) 式)*

$$\gamma_\mu\pi_\mu\Psi - \mathrm{i}m_0c\Psi = 0, \quad \pi_\mu^*\Psi^+\gamma_\mu - \mathrm{i}m_0c\Psi^+ = 0 \tag{5-4}$$

此方程式对下列规范变换

$$A' = A + \nabla\Lambda, \quad \phi' = \phi - \frac{1}{c}\frac{\partial\Lambda}{\partial t} \tag{5-5}$$

---

* (1)—(4) 各式, 可参看 (4-20),(4-20A),(4-21),(3-1b) 各式, 又 (4-22),(4-23),(4-24),(4-25) 各式, 兹不重述.

$$\Psi' = \Psi \exp\left(-\frac{\mathrm{i}e}{\hbar c}\Lambda\right) \tag{5-6}$$

的不变性, 见第 4 章第 2 节.

兹定义

$$\pi_{\pm} = \pi_1 \pm \mathrm{i}\pi_2 \tag{5-7}$$

(4) 式可写成分量式

$$\begin{aligned}
&\left(\frac{\hbar}{\mathrm{i}}\frac{\partial}{c\partial t} - \frac{e}{c}\phi + m_0 c\right)\Psi_1 + \pi_- \Psi_4 + \pi_3 \Psi_3 = 0\\
&\left(\frac{\hbar}{\mathrm{i}}\frac{\partial}{c\partial t} - \frac{e}{c}\phi + m_0 c\right)\Psi_2 + \pi_+ \Psi_3 - \pi_3 \Psi_4 = 0\\
&\left(\frac{\hbar}{\mathrm{i}}\frac{\partial}{c\partial t} - \frac{e}{c}\phi - m_0 c\right)\Psi_3 + \pi_- \Psi_2 + \pi_3 \Psi_1 = 0\\
&\left(\frac{\hbar}{i}\frac{\partial}{c\partial t} - \frac{e}{c}\phi - m_0 c\right)\Psi_4 + \pi_+ \Psi_1 - \pi_3 \Psi_2 = 0
\end{aligned} \tag{5-8}$$

兹将 (4) 式变为一与 Klein-Gordon 方程式相当的形式. 施

$$(\gamma_\mu \pi_\mu + \mathrm{i}m_0 c) = (\gamma_4 \pi_4 + (\boldsymbol{\gamma}\cdot\boldsymbol{\pi}) + \mathrm{i}m_0 c) \tag{5-9}$$

算符于 (4)

$$(\gamma_4\pi_4 + \boldsymbol{\gamma}\cdot\boldsymbol{\pi}) + \mathrm{i}m_0 c)(\gamma_4\pi_4 + (\boldsymbol{\gamma}\cdot\boldsymbol{\pi}) - \mathrm{i}m_0 c)\Psi = 0$$

或

$$\left[\pi_4^2 + (\boldsymbol{\gamma}\cdot\boldsymbol{\pi})^2 + {m_0}^2 c^2 + \sum_{k=1}^{3}(\gamma_k\gamma_4\pi_k\pi_4 + \gamma_4\gamma_k\pi_4\pi_k)\right]\Psi = 0^* \tag{5-10}$$

此式中之 $(\boldsymbol{\gamma}\cdot\boldsymbol{\pi}) = (\gamma_1\pi_1 + \gamma_2\pi_2 + \gamma_3\pi_3)$. 兹 **

$$(\boldsymbol{\gamma}\cdot\boldsymbol{\pi})^2 = (\boldsymbol{\sigma}\cdot\boldsymbol{\pi})^2 \tag{5-11}$$

$$\gamma_k\gamma_4 = -\mathrm{i}\beta\alpha_k\beta \qquad \text{由(2-25)}$$

---

* 如用 (4-22) 式关系. (5-10) 亦可写作下式

$$\sum_{\mu,\nu}\left[\pi_\mu\pi_\mu + {m_b}^2 c^2 + \frac{he}{2\mathrm{i}c}\gamma_\mu\gamma_\nu F_{\mu\nu}\right]\Psi = 0 \tag{5-10a}$$

** 由 (2-25), (2-123),

$$\gamma_k = -\mathrm{i}\beta\rho_1\sigma_k, \quad k = 1, 2, 3$$

$$\begin{aligned}
(\boldsymbol{\gamma}\cdot\boldsymbol{\pi})^2 &= -(\beta\rho_1\sigma_j\pi_j)(\beta\rho_1\sigma_k\pi_k)\\
&= \beta\sigma_j\rho_1\rho_1\beta\sigma_k\pi_j\pi_k \qquad \text{由(2-125)及}\beta\rho_1 + \rho_1\beta = 0\\
&= \beta\sigma_j\beta\sigma_k\pi_j\pi_k = \sigma_j\sigma_k\pi_j\pi_k, \qquad \text{由}\sigma_j\beta - \beta\sigma_j = 0\\
&= (\boldsymbol{\sigma}\cdot\boldsymbol{\pi})^2.
\end{aligned}$$

$$= \mathrm{i}\alpha_k$$
$$= \mathrm{i}\rho_1\sigma_k \qquad 由(2\text{-}123)$$

兹定义 π_0

$$\pi_4 = \mathrm{i}\pi_0 = \mathrm{i}\left(-\frac{\hbar}{\mathrm{i}c}\frac{\partial}{\partial t} + \frac{e}{c}\phi\right) \tag{5-12}$$

则 (10) 式成

$$-{\pi_0}^2 + (\boldsymbol{\sigma}\cdot\boldsymbol{\pi})^2 + {m_0}^2c^2 - \rho_1[(\boldsymbol{\sigma}\cdot\boldsymbol{\pi})\pi_0 - \pi_0(\boldsymbol{\sigma}\cdot\boldsymbol{\pi})] = 0 \tag{5-13}$$

兹如 B 系一任意向量, 与 σ 系对易的, 由

$$\sigma_i\sigma_j + \sigma_j\sigma_i = 2\delta_{ij}$$

即得

$$\begin{aligned}(\boldsymbol{\sigma}\cdot\boldsymbol{B})^2 =& B^2 + \mathrm{i}\sigma_1(B_2B_3 - B_3B_2)\\ &+ \mathrm{i}\sigma_2(B_3B_1 - B_1B_3) + \mathrm{i}\sigma_3(B_1B_2 - B_2B_1)\end{aligned} \tag{5-14}$$

故

$$\begin{aligned}(\boldsymbol{\sigma}\cdot\boldsymbol{\pi})^2 &= \sum_{k=1}^{3}\left(\frac{\hbar}{\mathrm{i}}\frac{\partial}{\partial x_k} + \frac{e}{c}A_k\right)^2 + \frac{e\hbar}{c}(\boldsymbol{\sigma}\cdot\mathrm{curl}\boldsymbol{A})\\ &= \pi^2 + \frac{e\hbar}{c}(\boldsymbol{\sigma}\cdot\boldsymbol{H})\end{aligned} \tag{5-15}$$

又

$$\begin{aligned}(\boldsymbol{\sigma}\cdot\boldsymbol{\pi})\pi_0 - \pi_0(\boldsymbol{\sigma}\cdot\boldsymbol{\pi}) &= \frac{e\hbar}{\mathrm{i}c}\left(\boldsymbol{\sigma}\cdot\left(\nabla\phi + \frac{1}{c}\frac{\partial \mathrm{A}}{\partial t}\right)\right)\\ &= -\frac{e\hbar}{\mathrm{i}c}(\boldsymbol{\sigma}\cdot\boldsymbol{E})\end{aligned} \tag{5-16}$$

(15) 式之 H 系磁场, (16) 式之 E 系电场.

(13) 式乃成 *

$$\left\{-\left(-\frac{\hbar}{\mathrm{i}c}\frac{\partial}{\partial t} + \frac{e}{c}\phi\right)^2 + \left(\frac{\hbar}{\mathrm{i}}\nabla + \frac{e}{c}A\right)^2 + {m_0}^2c^2\right.$$

---

* 如用 (5-22) 式之 W, 及 $\mathrm{i}\hbar\frac{\partial}{\partial t}\Psi = E\Psi$, 则 (17) 式可写成

$$\begin{aligned}&\left\{(W+e\phi) + \frac{1}{2m_0c^2}(W+e\phi)^2 - \frac{1}{2m}\left(\frac{\hbar}{\mathrm{i}}\nabla + \frac{e}{c}A\right)^2 - \frac{e\hbar}{2m_0c}(\boldsymbol{\sigma}\cdot\boldsymbol{H})\right.\\ &\left.\quad + \mathrm{i}\frac{e\hbar}{2m_0c}\rho_1(\boldsymbol{\sigma}\cdot\boldsymbol{E})\right\}\Psi = 0\end{aligned} \tag{5-17a}$$

$$+\frac{e\hbar}{c}(\boldsymbol{\sigma}\cdot\boldsymbol{H})-\mathrm{i}\frac{e\hbar}{c}\rho_1(\boldsymbol{\sigma}\cdot\boldsymbol{E})\Big\}\Psi=0 \tag{5-17}$$

第 1 章中, 我们已见 Klein-Gordon 方程式 (1-18). 兹换 e 为 $-e$, 该式即成

$$\left\{-\left(-\frac{\hbar}{\mathrm{i}c}\frac{\partial}{\partial t}+\frac{e}{c}\phi\right)^2+\left(\frac{\hbar}{\mathrm{i}}\nabla+\frac{e}{c}A\right)^2+{m_0}^2c^2\right\}\Psi=0. \tag{5-18}$$

以 (17) 与 (18) 比较, 得见 Dirac 方程式较 Klein-Gordon 方程式多了

$$\frac{1}{2m_0}\left\{\frac{e\hbar}{c}(\boldsymbol{\sigma}\cdot\boldsymbol{H})-\mathrm{i}\frac{e\hbar}{c}\rho_1(\boldsymbol{\sigma}\cdot\boldsymbol{E})\right\}\Psi \tag{5-19}$$

两项. 首项, 由于 $\frac{1}{2}\sigma(\sigma_1,\sigma_2,\sigma_3)\hbar$ 系自旋角动量算符 (见第 2 章第 4 节, (2-135), (2-136) 式), 显系自旋磁矩与磁场的交互作用

$$\frac{e\hbar}{2mc}(\boldsymbol{\sigma}\cdot\boldsymbol{H})=\mu_{\mathrm{B}}(\boldsymbol{\sigma}\cdot\boldsymbol{H}) \tag{5-20}$$

$\mu_{\mathrm{B}}=$ Bohr 磁矩子. 如以 $S\hbar\left(S=\frac{1}{2}\right)$ 为自旋角动量算符, 则

$$\mu_{\mathrm{B}}(\boldsymbol{\sigma}\cdot\boldsymbol{H})=2\mu_{\mathrm{B}}(\boldsymbol{S}\cdot\boldsymbol{H}). \tag{5-21}$$

此因子 2, 即电子的所谓“反常磁回比率 g” (anomalous gyro-magnetic ratio) 是也. 故 Dirac 理论, 不仅自然的导出电子的自旋 (见第 2 章第 4 节), 且值 g 亦得之.

(19) 式的第二项, 系虚数, 似无物理的意义. 然在下文中我们将见在某情形下, 此项亦导致实验所得的结果 (“电子自旋与轨道交互作用、及所谓 S 态修正项”, 见 (41) 式及下文)

由 (18) 式与 (17) 式的比较, 可见 Klein-Gordon 的二次微分方程式, 是指一个无自旋的粒子, 如 π 介子.

5.2　Dirac 方程式的近似式

兹取正能态 E_+. 如 w 为不包括静止能的能,

$$\begin{aligned}&w\equiv E_+-m_0c^2\ll m_0c^2\\&E=w+m_0c^2\end{aligned} \tag{5-22}$$

使 (8) 式中之

$$\psi_k=\phi_k\mathrm{e}^{-\mathrm{i}m_0c^2t/\hbar} \tag{5-23}$$

则

$$\begin{aligned}\left(\frac{\hbar}{\mathrm{i}c}\frac{\partial}{\partial t}-\frac{e}{c}\phi+m_0c\right)\psi_k&=\mathrm{e}^{-\mathrm{i}m_0c^2t/\hbar}\left(\frac{\hbar}{\mathrm{i}c}\frac{\partial}{\partial t}-\frac{e}{c}\phi\right)\phi_k\\ \left(\frac{\hbar}{\mathrm{i}c}\frac{\partial}{\partial t}-\frac{e}{c}\phi-m_0c\right)\psi_k&=\mathrm{e}^{-\mathrm{i}m_0c^2t/\hbar}\left(\frac{\hbar}{\mathrm{i}c}\frac{\partial}{\partial t}-\frac{e}{c}\phi-2m_0c\right)\phi_k\end{aligned}\tag{5-24}$$

由第 (8), 得见 ψ_1,ψ_2 为“大的分量”, ψ_3,ψ_4 为“小的分量”(大, 小分量的定义, 见第 2 章第 2 节 (2-47) 等)

兹使

$$\begin{pmatrix}\phi_1\\ \phi_2\end{pmatrix}\equiv\begin{pmatrix}\varPhi_1\\ \varPhi_2\end{pmatrix}\equiv\Phi,\quad\begin{pmatrix}\phi_3\\ \phi_4\end{pmatrix}\equiv\begin{pmatrix}\varphi_1\\ \varphi_2\end{pmatrix}\equiv\varphi\tag{5-25}$$

$$|\varphi|\ll|\varPhi|\tag{5-26}$$

并用 Pauli(2×2) 矩阵

$$\sigma_x=\begin{pmatrix}0&1\\1&0\end{pmatrix},\quad\sigma_y=\begin{pmatrix}0&-\mathrm{i}\\ \mathrm{i}&0\end{pmatrix},\quad\sigma_z=\begin{pmatrix}1&0\\0&-1\end{pmatrix}\tag{5-27}$$

则第 (8) 式可写成一对方程式 (仍是正确的)

$$\left(\frac{\hbar}{\mathrm{i}c}\frac{\partial}{\partial t}-\frac{e}{c}\phi\right)\begin{pmatrix}\varPhi_1\\ \varPhi_2\end{pmatrix}+(\boldsymbol{\sigma}\cdot\boldsymbol{\pi})\begin{pmatrix}\varphi_1\\ \varphi_2\end{pmatrix}=0\tag{5-28a}$$

$$\left(\frac{\hbar}{\mathrm{i}}\frac{\partial}{c\partial t}-\frac{e}{c}\phi-2m_0c\right)\begin{pmatrix}\varphi_1\\ \varphi_2\end{pmatrix}+(\boldsymbol{\sigma}\cdot\boldsymbol{\pi})\begin{pmatrix}\varPhi_1\\ \varPhi_2\end{pmatrix}=0\tag{5-28b}$$

或

$$\left(-\frac{\hbar}{\mathrm{i}}\frac{\partial}{\partial t}+e\phi\right)\varPhi-c(\boldsymbol{\sigma}\cdot\boldsymbol{\pi})\varphi=0\tag{5-29a}$$

$$\left(-\frac{\hbar}{\mathrm{i}}\frac{\partial}{\partial t}+e\phi+2m_0c^2\right)\varphi-c(\boldsymbol{\sigma}\cdot\boldsymbol{\pi})\varPhi=0\tag{5-29b}$$

由 (29b),

$$\left[1+\frac{1}{2m_0c^2}\left(-\frac{\hbar}{\mathrm{i}}\frac{\partial}{\partial t}+e\phi\right)\right]\varphi=\frac{(\boldsymbol{\sigma}\cdot\boldsymbol{\pi})}{2m_0c}\varPhi\tag{5-30}$$

此式中左方第二项, 系 $\left(\frac{v}{c}\right)^2$ 级值, 故我们用 Schrödinger 非相对论近似值代之,

$$\left(-\frac{\hbar}{\mathrm{i}}\frac{\partial}{\partial t}+e\phi-\frac{\pi^2}{2m_0}\right)\varPhi=0\tag{5-31}$$

按 (22) 式可代以

$$\left(w+e\phi-\frac{\pi^2}{2m_0}\right)\varPhi=0\tag{5-31a}$$

故 (5-30) 式可写为

$$\varphi = \frac{(\boldsymbol{\sigma} \cdot \boldsymbol{\pi})}{2m_0 c} \varPhi \tag{5-32}$$

$$F = \left[1 + \frac{w + e\Phi}{2m_0 c^2}\right]^{-1} = \left[1 + \frac{\pi^2}{4{m_0}^2 c^2}\right]^{-1} \tag{5-33}$$

以 (32) 代入 (29a) 式, 即得“大分量” $\varPhi(25)$ 之近似式

$$\left\{-\frac{\hbar}{\mathrm{i}}\frac{\partial}{\partial t} + e\phi - \frac{1}{2m_0}(\boldsymbol{\sigma} \cdot \boldsymbol{\pi})F(\boldsymbol{\sigma} \cdot \boldsymbol{\pi})\right\} \varPhi = 0 \tag{5-34}$$

$$(\boldsymbol{\sigma} \cdot \boldsymbol{\pi})F(\boldsymbol{\sigma} \cdot \boldsymbol{\pi}) = F(\boldsymbol{\sigma} \cdot \boldsymbol{\pi})^2 + (\boldsymbol{\sigma} \cdot \boldsymbol{\pi}F)(\boldsymbol{\sigma} \cdot \boldsymbol{\pi}) \tag{5-35}$$

如

$$\frac{W + e\phi}{2m_0 c^2} \ll 1, \quad \left(\frac{\pi^2}{4m_0^2 c^2} \ll 1\right) \tag{5-36}$$

则 (33) 式之 F 可展开, 且由 (15) 式,

$$\begin{aligned} F(\boldsymbol{\sigma} \cdot \boldsymbol{\pi})^2 &\cong \left(1 - \frac{\pi^2}{4m_0 c^2}\right)(\boldsymbol{\sigma} \cdot \boldsymbol{\pi})^2 \\ &= \pi^2 - \frac{\pi^4}{4m_0^2 c^2} + \frac{e\hbar}{c}(\boldsymbol{\sigma} \cdot \boldsymbol{H}) - \frac{\pi^2 e\hbar}{4m_0^2 c^3}(\boldsymbol{\sigma} \cdot \boldsymbol{H}) \end{aligned} \tag{5-37}$$

(35) 式右方末项之计算较繁长. 如只求准确至 $\left(\frac{v}{c}\right)^2$ 级之值, 则 π_k 中的向量势 A_k 皆可忽略而以 p_k 代 π_k. 如是则

$$(\boldsymbol{\sigma} \cdot \boldsymbol{\pi}F)(\boldsymbol{\sigma} \cdot \boldsymbol{\pi}) \to (\boldsymbol{\sigma} \cdot \boldsymbol{\rho}F)(\boldsymbol{\sigma} \cdot \boldsymbol{p})$$

如 F 只系 $|r|$ 的函数 ($\phi(r)$ 系一圆心对称电场), 则

$$\begin{aligned} \left(\boldsymbol{\sigma} \cdot \frac{\hbar}{\mathrm{i}}\frac{\partial}{\partial r}F\right)(\boldsymbol{\sigma} \cdot \boldsymbol{p}) &= \frac{\hbar}{\mathrm{i}r}E'(r)(\boldsymbol{\sigma} \cdot \boldsymbol{r})(\boldsymbol{\sigma} \cdot \boldsymbol{p}) \\ &= h^2 F'(r)\left[-\frac{\partial}{\partial r} + \frac{1}{r}(\boldsymbol{L} \cdot \boldsymbol{\sigma})\right] \end{aligned} \tag{5-38}$$

式中的 L 乃系

$$[\boldsymbol{r} \times \boldsymbol{p}] = \boldsymbol{L}\hbar, \quad \text{电子角动量} \tag{5-39}$$

$$F'(r) = \left[1 + \frac{W + \phi e}{2m_0 c^2}\right]^{-2} \frac{e}{2m_0 c^2}\frac{\mathrm{d}\theta}{\mathrm{d}r} \tag{5-40}$$

$$\approx \frac{e}{2m_0 c^2}\frac{\mathrm{d}\phi}{\mathrm{d}r}, \quad \text{如}\frac{W + e\phi}{2m_0 c^2} \ll 1 \tag{5-40a}$$

兹以 (35), (37), (38), (40) 代入第 (34) 方程式, 只保留至 $\left(\frac{v}{c}\right)^2$ 级的小项，即得下近似式 *(称为 Darwin-Pauli 近似式)

$$\begin{aligned}\Big\{&+\left(-\frac{\hbar}{\mathrm{i}}\frac{\partial}{\partial t}+e\phi\right)-\frac{\pi^2}{2m_0}\left(1-\frac{\pi^2}{4m_0^2c^2}\right)-\frac{e\hbar}{2m_0c}(\boldsymbol{\sigma}\cdot\boldsymbol{H})\\&+\left[1+\frac{W+e\phi}{2m_0c^2}\right]^{-2}\frac{e\hbar^2}{4m_0^2c^2}\frac{\mathrm{d}\phi}{\mathrm{d}r}\left[\frac{1}{r}(\boldsymbol{L}\cdot\boldsymbol{\sigma})-\frac{\partial}{\partial r}\right]\Big\}\varPhi=0\end{aligned}\tag{5-41}$$

此式之首三项, 乃 Schrödinger 的非相对论项，已见 (31) 式. $-\frac{1}{8m_0^3c^2}\pi^4$ 项乃 Sommerfeld 的相对论修正项 (质量随速度而变, $m=m_0/\sqrt{1-\beta^2},\beta=v/c$), 按量子力学微扰法计算的形式 (见《理论物理第六册：量子力学》甲部第 8 章第 2 节).

$\frac{eh}{2m_0c}(\boldsymbol{\sigma}\cdot\boldsymbol{H})$ 项乃电子自旋磁矩与外磁场之交互作用,

$$\frac{e\hbar}{2m_0c}(\boldsymbol{\sigma}\cdot\boldsymbol{H})=2\mu_{\mathrm{B}}(\boldsymbol{s}\cdot\boldsymbol{H}),\quad \boldsymbol{s}=\frac{1}{2}\boldsymbol{\sigma}\tag{5-42}$$

此式之“2”, 乃所谓“磁回比率”g. 见 (5-41), 其计算见《理论物理第六册：量子力学》甲部第 8 章第 6 节.

第 (41) 式的末二项, 乃系 Klein-Gordon 理论所无而系 Dirac 理论的新结果, 其意义将于下节氢原子 (或有圆心对称场 $\psi(|r|)$ 的情形) 详述之. (41) 式亦可作下式

$$\begin{aligned}\Big\{&\frac{\pi^2}{2m_0}\left(1-\frac{\pi^2}{4m_0^2c^2}\right)-e\phi+\mu_{\mathrm{B}}(\boldsymbol{\sigma}\cdot\boldsymbol{H})\\&-\left[1+\frac{W+e\phi}{2m_0c^2}\right]^{-2}\mu_{\mathrm{B}}^2\frac{1}{e}\frac{\mathrm{d}\phi}{\mathrm{d}r}\left[\frac{2}{r}(\boldsymbol{L}\cdot\boldsymbol{s})-\frac{\partial}{\partial r}\right]\Big\}\varPhi=W\varPhi\end{aligned}\tag{5-43}$$

5.3 氢原子的 Dirac 理论 —— 近似解

兹应用 Dirac 方程式的近似式 (5-41) 或 (5-43) 于氢原子, 使

$$\phi(r)=\frac{Ze}{r},\quad \phi'(r)=-\frac{Ze}{r^2}\tag{5-44}$$

$$\boldsymbol{A}=0,\quad (H=0)$$

$$\boldsymbol{\sigma}=2\boldsymbol{s}$$

$$\sigma_x=\begin{pmatrix}0&1\\1&0\end{pmatrix},\quad \sigma_y=\begin{pmatrix}0&-\mathrm{i}\\\mathrm{i}&0\end{pmatrix},\quad \sigma_z=\begin{pmatrix}1&0\\0&-1\end{pmatrix}$$

* (41) 式可与 (17A) 准确比较. (41) 式的末二项, 显系来自 (17A) 式的末项.

$$\Phi = \begin{pmatrix} \Phi_1 \\ \Phi_2 \end{pmatrix}, \quad \text{“大分量”}$$

$$\boldsymbol{L}\hbar = \text{电子的轨道角动量},$$

$$\boldsymbol{J} = \boldsymbol{L} + \boldsymbol{s}$$

由第 2 章第 4 节, $\boldsymbol{J}$ 乃总角动量 (单位为 $\hbar$), 故

$$2(\boldsymbol{s}\cdot\boldsymbol{L}) = \boldsymbol{J}^2 - \boldsymbol{L}^2 - \boldsymbol{s}^2 \tag{5-45}$$

(43) 式现, 可写作下式

$$\left\{\frac{p^2}{2m_0} - e\phi - \frac{(W+e\phi)^2}{2m_0c^2} + \left[1 + \frac{W+e\phi}{2m_0c^2}\right]^{-2}\mu_{\mathrm{B}}^2\frac{Z}{r^2} \times \left[\frac{2}{r}(\boldsymbol{L}\cdot\boldsymbol{s}) - \frac{\partial}{\partial r}\right]\right\}\Phi = W\Phi \tag{5-46}$$

此式左方可视为 $\bar{H}\Phi$, $\bar{H}$ 系一近似的 Hamiltonaian. 由 (46) 显见 *

$$\bar{H}\boldsymbol{J}^2 - \boldsymbol{J}^2\bar{H} = 0, \quad \bar{H}\boldsymbol{s}^2 - \boldsymbol{s}^2\bar{H} = 0, \quad \bar{H}\boldsymbol{L}^2 - \boldsymbol{L}^2\bar{H} = 0 \tag{5-47}$$

由 (47), 得见 $\bar{H}, J^2, s^2, L^2$ 有共同的本征函数, 其本征值为

$$W, \quad j(j+1), \quad s(s+1), \quad l(l+1) \tag{5-48}$$

由 (45),

$$2(\boldsymbol{s}\cdot\boldsymbol{L})\Phi = [j(j+1) - l(l+1) - s(s+1)]\Phi, \qquad \left(s = \frac{1}{2}\right) \tag{5-49}$$

兹以 X 代 (49) 右方之值,

$$2(\boldsymbol{s}\cdot\boldsymbol{L})\Phi = X\Phi \tag{5-50}$$

$$\nabla^2 = \frac{\partial^2}{\partial r^2} + \frac{2}{r}\frac{\partial}{\partial r} - \frac{l(l+1)}{r^2}{}^{**} \tag{5-51}$$

---

* 惟 L^2 与准确的 Dirac$H = c(a\cdot p) + \beta m_0 c$ 则不对易! 见第 2 章第 4 节.

** 轨道角动量 $\boldsymbol{L}$ 与 ∇^2 的关系, 乃

$$\boldsymbol{L}^2\hbar^2 = (xp_y - yp_x)^2 + (yp_z - zp_y)^2 + (zp_x - xp_z)^2$$

或

$$\begin{aligned}\boldsymbol{L}^2 &= -\left(x\frac{\partial}{\partial y} - y\frac{\partial}{\partial x}\right)^2 - \left(y\frac{\partial}{\partial z} - z\frac{\partial}{\partial y}\right)^2 - \left(z\frac{\partial}{\partial x} - x\frac{\partial}{\partial z}\right)^2 \\ &= r^2\left(\frac{\partial^2}{\partial r^2} + \frac{2}{r}\frac{\partial}{\partial_r} - \nabla^2 u\right)\end{aligned}$$

因 $L^2 = l(l+1)$, 故如 (51) 式.

(46) 式方之第三, 四, 五项, 皆 $\left(\frac{v}{c}\right)^2 \times \frac{p^2}{2m}$ 级之值. 如略去, 即得 Schrödinger 方程式 *

$$\left[-\frac{\hbar^2}{2m_0}\left(\frac{\mathrm{d}^2}{\mathrm{d}r^2}+\frac{2}{r}\frac{\mathrm{d}}{\mathrm{d}r}-\frac{l(l+1)}{r^2}\right)-e\phi\right]R_{(0)}(r)=WR_{(0)} \tag{5-52}$$

其解 $R_{(0)}(r)$ 即 Schrödinger 的氢原子函数. (46) 式的其他项, 可按微扰理论法计算之.

$$\begin{aligned}H_r&=-\frac{1}{2m_0c^2}(W+e\phi)^2\\&=-\frac{1}{2m_0c^2}[W^2+2We\phi+e^2\phi^2]\end{aligned} \tag{5-53}$$

项系 Sommerfeld 的相对论修正项 (电子质量随速度而变 $m=m_0\frac{1}{\sqrt{1-\beta^2}},\beta=v/c$ 的效应), 兹按量子力学 (Schrödinger 近似值) 计算之, 此计算已见《理论物理第六册: 量子力学》第 6 章第 2 节. 兹以

$$\frac{e^2}{2a}=\frac{me^4}{2\hbar^2}=13.6\text{eV} \tag{5-54}$$

为能的单位. 则在态 n,l,

$$\begin{aligned}\langle n,l|H_r|n,l\rangle&=-\alpha^2\left(\frac{Z^4}{4\lambda^2}-\frac{Z^3}{n^2}\frac{\bar{1}}{\rho}+Z^2\frac{\bar{1}}{\rho^2}\right)\\&=-\frac{\alpha^2Z^4}{n^4}\left(\frac{n}{l+\dfrac{1}{2}}-\frac{3}{4}\right)\end{aligned} \tag{5-55}$$

ρ 乃 r/a; $\frac{\bar{1}}{\rho}=\langle n,l|\frac{1}{\rho}|n,l\rangle$, 余类此.

(46) 式的末二项, 亦可按 Schrödinger 近似理论计算之如下:

$$H_{s\cdot o\cdot}=\left[1+\frac{W+e\phi}{2m_0c^2}\right]^{-2}\mu_{\mathrm{B}}^2\frac{2Z}{r^3}(\boldsymbol{L}\cdot\boldsymbol{s}), \tag{5-56}$$

$$H_{s\cdot}=-\left[1+\frac{W+e\phi}{2m_0c^2}\right]^{-2}\mu_{\mathrm{B}}^2\frac{Z}{r^2}\frac{\partial}{\partial r} \tag{5-57}$$

如 Schrödinger $R_{nl}(r)$ 函数的 $l\neq 0$, 则

当 $r\to 0, R_{nl}(r)\frac{1}{r^s}R_{nl}(r)r^2\mathrm{d}r\propto r^{2l-1}\mathrm{d}r$

故

$$1+\frac{W+e\phi}{2m_0c^2}\simeq 1 \tag{5-58}$$

* (46) 式之角变数 θ, φ 及自旋部分的本微函数, 见下文 (67) 式后.

$$\langle n,s|H_{s\cdot o\cdot}|n,l\rangle = \frac{\alpha^2 Z}{2}X\langle n,l|\frac{1}{\rho^3}|n,l\rangle \tag{5-59}$$

$$= \frac{\alpha^2 Z^4}{2n^3}\frac{j(j+1)-l(l+1)-s(s+1)}{l\left(l+\dfrac{1}{2}\right)(l+1)} \tag{5-60}$$

此结果在 $l=0$ 情形下, 成 $\dfrac{0}{0}$ 的不确定式. 惟在 $l=0$ 情形下,

$$R_{n0}\frac{1}{r^3}R_{n0}r^2\mathrm{d}r \xrightarrow{r\to 0} \frac{1}{r}\mathrm{d}r \tag{5-61}$$

故矩阵元素 (59) 乃不收敛的. 惟当 $r\to 0$ 时, (58) 的近似值已不能成立. 如以 (56) 式的 $H_{s\cdot o\cdot}$ 计算 (59), 则 $\langle n,0|\dfrac{1}{\rho^3}|n,0\rangle$ 是有限值的, 而 $X=0$. 故

$$l=0, \quad \langle n,0|H_{s\cdot o\cdot}|n,0\rangle = 0 \tag{5-62}$$

(60) 式中, j 可有两个值,

$$j=l+\frac{1}{2}, \quad j=l-\frac{1}{2} \tag{5-63}$$

故

$$\langle n,l|H_{s\cdot o\cdot}|n,l\rangle = \frac{\alpha^2 Z^4}{2n^3}\frac{1}{l\left(l+\dfrac{1}{2}\right)(l+1)}\begin{cases} l, & j=l+\dfrac{1}{2} \\ -l-1, & j=l-\dfrac{1}{2}\end{cases} \tag{5-64}$$

$$\langle n,0|H_{s\cdot o\cdot}|n,0\rangle = 0$$

(57) 式, 如作 (58) 的近似值, 则

$$\langle n,l|H_s|n,l\rangle = -Z\mu_{\mathrm{B}}^2\int_0^\infty R_{nl}\frac{1}{r^2}\frac{\mathrm{d}}{\mathrm{d}r}R_{nl}r^2\mathrm{d}r$$

$$= \frac{1}{2}Z\mu_{\mathrm{B}}^2|R_{nl}{}^{(0)}|^2$$

只当 $l=0$ 时,

$$= \frac{1}{2}\mu_{\mathrm{B}}^2 Z\frac{4Z^3}{n^3a^3}, \quad \text{c.g.s.单位} \tag{5-65a}$$

$$= \frac{\alpha^2 Z^4}{n^3}, \quad \text{(54)式单位} \tag{5-65b}$$

(65b) 的结果, 似可视为 (64) 式中 $j=l+\dfrac{1}{2}$的结果, 虽当 $l=0$ 时亦仍可用一样. H_s 只当 $l=0$ 时不等于零. 我们称之为 S 态修正项.

兹将 $H_{s\cdot 0\cdot}+H_r+H_s$ 的总修正, 由 (55), (64), (65) 即得

$$\langle n,l|H_r+H_{s\cdot 0\cdot}+H_s|n,l\rangle=-\frac{\alpha^2Z^4}{n^4}\left(\frac{n}{j+\dfrac{1}{2}}-\frac{3}{4}\right) \tag{5-66}$$

此式在 $j=l+\dfrac{1}{2}$ 与 $j=l'-\dfrac{1}{2}(l'=l+1)$两个态之值相等, 换言之, 两个态 $\left(n,l=j-\dfrac{1}{2}\right)$, $\left(n,l'=j+\dfrac{1}{2}\right)$ 是简并的 (degene-rate)*.

前 (46) 式中, Φ 原系变数 γ,θ,φ 及自旋的函数. (52) 式乃 γ 的部分. 兹将求 Φ(包括 θ,φ 及自旋) 函数如下.

由 (46) 及 (47), 曾见 $\bar{H}$ 与 J^2,S^2,L^2 互易. 此外

$$J_z=L_z+S_z \tag{5-67}$$

亦与 $\bar{H}$ 对易,**

$$\bar{H}J_z-J_z\bar{H}=0 \tag{5-68}$$

故 J_z 与 $\bar{H},J^2S^2,L^2$ 亦有共同的本征态; J_z 之本征值为 m

$$-J\leqslant m\leqslant J \tag{5-70}$$

惟 L_z 与 S_z 各别则非与 $\bar{H}$ 等对易的, 故如引入

$$\begin{gathered}-l\leqslant m_l\leqslant l\\ -\frac{1}{2}\leqslant m_s\leqslant\frac{1}{2}\end{gathered} \tag{5-71}$$

则 m_l, m_s 二者均非“准确的量子数” (exact quantum number); 只二者之和 m

$$m=m_l+m_s \tag{5-72}$$

系准确的量子数, 换言之, 定义一个态的量子数系 n, j, l, $s\left(s=\dfrac{1}{2}\right)$ 及 m.

---

* 注意: (66) 式的数值, 和 Sommerfeld 的相对论修正 (按古典力学计算) 而无电子自旋所得公式相等. 所不同者, Sommerfeld 的量子数 k(整数 $1,2,3,\cdots$) 现乃代以 $j+\dfrac{1}{2}$(亦系整数 $j+\dfrac{1}{2}=1,2,3,\cdots$).

参看《理论物理第二册: 量子论与原子结构》甲部第 5 章第 3 节; 又《理论物理第六册: 量子力学》第 8 章第 2, 3 节.

** J_z 亦与 $H_0=\dfrac{1}{2m_0}\hbar^2\nabla^2-e\phi$ 互易,

$$H_0J_z-J_zH_0=0 \tag{5-69}$$

如已知电子的 n,l 值, 则 (69) 式中的 H_0 及 j_z 的共同本征函数的一般式为 #

$$R_{nl}(r)[aY_{l,m_l}(\theta,\varphi)+bY'_{l,m_l}(\theta,\varphi)] \tag{5-73}$$

m_l, m'_s 的关系为 (72) 式

$$m_l+\frac{1}{2}=m'_l-\frac{1}{2}=m \tag{5-74}$$

系数 a,b 的比例, 则由下考虑定之：(73) 式务需同时亦系 (46) 式 $\bar{H}$ 中 $(\boldsymbol{L}\cdot\boldsymbol{S})$ 的本征态. 由

$$\begin{aligned}(\boldsymbol{L}\cdot\boldsymbol{S})=&\frac{1}{2}(\boldsymbol{L}_x+\mathrm{i}\boldsymbol{L}_y)(\boldsymbol{S}_x-\mathrm{i}\boldsymbol{S}_z)\\&+\frac{1}{2}(\boldsymbol{L}_x-\mathrm{i}\boldsymbol{L}_y)(\boldsymbol{S}_x+\mathrm{i}\boldsymbol{S}_y)+\boldsymbol{L}_z\boldsymbol{S}_z\end{aligned} \tag{5-75}$$

及

$$\begin{aligned}\langle m_l|\boldsymbol{L}_x+\mathrm{i}\boldsymbol{L}_y|m_l-1\rangle&=\langle m_l-1|\boldsymbol{L}_x-\boldsymbol{L}_y|m_l\rangle\\&=-\sqrt{(l+m_l)(l-m_l+1)}^{*}\end{aligned} \tag{5-76}$$

$$\begin{gathered}\langle m_l|\boldsymbol{L}_z|m_l\rangle=m_l\\ \langle m_s|\frac{1}{2}(S_x+\mathrm{i}S_y)|m_s+1\rangle=\langle m_s+1|\frac{1}{2}(S_x-\mathrm{i}S_y)|m_s\rangle\\ \left(m_s=-\frac{1}{2},\frac{1}{2}\right)\\ \langle m_s|S_z|m_s\rangle=m_s,\quad m_s=\pm\frac{1}{2}\end{gathered} \tag{5-77}$$

又 (50), 可得 (73) 式的条件

$$\begin{aligned}&2(\boldsymbol{L}\cdot\boldsymbol{S})\varPhi=Z\begin{pmatrix}\varPhi_1\\ \varPhi_2\end{pmatrix}\\ &=\begin{pmatrix}\left[\left(m-\frac{1}{2}\right)a-\sqrt{\left(l+\frac{1}{2}\right)^2-m^2b}\right]Y_{l,m-\frac{1}{2}}R_{nl}\\ \left[-\sqrt{\left(l+\frac{1}{2}\right)^2-m^2a}-\left(m+\frac{1}{2}\right)b\right]Y_{l},m_{+\frac{1}{2}}R_{nl}\end{pmatrix}\end{aligned} \tag{5-78}$$

此式同时亦需为 $J^2\hbar^2=j(j+1)\hbar^2$ 的本征函数. j 之值为 $l\pm\dfrac{1}{2}$, X 之值, 按 (49) 式, 乃

$$j=\begin{cases}l+\dfrac{1}{2},\\ l-\dfrac{1}{2},\end{cases}\qquad X=\begin{cases}l\\ -(l+1)\end{cases} \tag{5-79}$$

#$Y_{l,m}(\theta,\varphi)$ 见第 2 章 (2-148c).

∗ (76), (71) 等结果, 见《理论物理第六册：量子力学》第 8 章第 3 节.

相当于此两个 X 本征值, a/b 的比例之值为

$$j = l + \frac{1}{2}, \quad X = l, \quad \frac{a}{b} = -\sqrt{\frac{l+m+\frac{1}{2}}{l-m+\frac{1}{2}}} \tag{5-80a}$$

$$j = l - \frac{1}{2}, \quad X = -(l+1), \quad \frac{a}{b} = \sqrt{\frac{l-m+\frac{1}{2}}{l+m+\frac{1}{2}}} \tag{5-80b}$$

惟如 $l=0$, 则

$$j = \frac{1}{2}, \quad X = 0 \tag{5-81}$$

由 (80a,b) 及 (78), 即得"大分量" Φ(归一化后)

$$\Phi_{n,l,j=l+\frac{1}{2},m} = \begin{Bmatrix} \Phi_1 \\ \Phi_2 \end{Bmatrix} = \begin{pmatrix} \sqrt{l+m+\frac{1}{2}}Y_{l,m-\frac{1}{2}} \\ -\sqrt{l-m+\frac{1}{2}}Y_{l,m+\frac{1}{2}} \end{pmatrix} \times \frac{1}{\sqrt{2l+1}}R_{nl}(r) \tag{5-82a}$$

$$\Phi_{n,l,j=l-\frac{1}{2},m} = \begin{Bmatrix} \Phi_1 \\ \Phi_2 \end{Bmatrix} = \begin{pmatrix} \sqrt{l-m+\frac{1}{2}}Y_{l,m-\frac{1}{2}} \\ \sqrt{l+m+\frac{1}{2}}Y_{l,m-\frac{1}{2}} \end{pmatrix} \times \frac{1}{\sqrt{2l+1}}R_{nl}(r) \tag{5-82b}$$

5.4 氢原子的 Dirac 理论 —— 准确解

Dirac 方程式之准确式为 (5-8).

兹使

$$A = 0, \quad \phi = \frac{Ze}{r} \tag{5-85}$$

$$p\pm \equiv \frac{\hbar}{\mathrm{i}}\left(\frac{\partial}{\partial x} \pm \mathrm{i}\frac{\partial}{\partial y}\right) = \frac{\hbar}{\mathrm{i}}\mathrm{e}^{\pm\mathrm{i}\varphi}\left[\sin\theta\frac{\partial}{\partial r} + \cos\theta\frac{1}{r}\frac{\partial}{\partial\theta} \pm \mathrm{i}\frac{1}{r\sin\theta}\frac{\partial}{\partial\varphi}\right] \tag{5-86}$$

$$p_3 = \frac{\hbar}{\mathrm{i}}\frac{\partial}{\partial z} = \frac{\hbar}{\mathrm{i}}\left[\cos\theta\frac{\partial}{\partial r} - \sin\theta\frac{\partial}{r\partial\theta}\right] \tag{5-87}$$

如 (5-22),

$$E = W + m_0c^2 \equiv W + E_0 \tag{5-88}$$

则 (5-8) 式成

$$
\begin{aligned}
&-\left(E+\frac{Ze^2}{r}-E_0\right)\varPhi_1+cp_-\varPhi_4+p_3\varPhi_3=0\\
&-\left(E+\frac{Ze^2}{r}-E_0\right)\varPhi_2+cp_+\varPhi_3-p_3\varPhi_4=0\\
&-\left(E+\frac{Ze^2}{r}+E_0\right)\varPhi_3+cp_-\varPhi_2+p_3\varPhi_1=0\\
&-\left(E+\frac{Ze^2}{r}+E_0\right)\varPhi_4+cp_+\varPhi_1-p_3\varPhi_2=0
\end{aligned}
\tag{5-89}
$$

因

$$W+\frac{Ze^2}{r}\ll W+\frac{Ze^2}{r}+2m_0c^2 \tag{5-90}$$

故 $\varPhi_1,\varPhi_2$ 系“大分量”, $\varPhi_3,\varPhi_4$ 系“小分量” (如 E 系正能态 $E=E_+$).

(89) 式中 $\varPhi=\begin{Bmatrix}\varPhi_1\\ \varPhi_2\end{Bmatrix}$ 与 $\begin{Bmatrix}\varPhi_3\\ \varPhi_4\end{Bmatrix}$ 有交互作用, 故 (82) 式中之 Schrödinger 函数 $R_{nl}(r)$ 不再适用. 兹使, 由 (82a),

$$
j=l+\frac{1}{2}:\begin{cases}
\varPhi_1=g(r)\sqrt{\dfrac{l+m+\frac{1}{2}}{2l+1}}Y_{l,m-\frac{1}{2}}\\[2ex]
\varPhi_2=-g(r)\sqrt{\dfrac{l-m+\frac{1}{2}}{2l+1}}Y_{l,m+\frac{1}{2}}
\end{cases}
\tag{5-91}
$$

以此代入 (89) 式中之末二式, 用 (86),(87) 式, 即得 *

---

* 用下各关系:

$$
\begin{aligned}
\frac{\partial}{\partial z}(gY_{l,m})=&\sqrt{\frac{(l+m+1)(l-m+1)}{(2l+3)(2l+1)}}Y_{l+1,m}\left(\frac{\mathrm{d}g}{\mathrm{d}r}-l\frac{g}{r}\right)\\
&+\sqrt{\frac{(l+m)(l-m)}{(2l+1)(2l-1)}}Y_{l-1,m}\left(\frac{\mathrm{d}g}{\mathrm{d}r}+(l+1)\frac{g}{r}\right)\\
\left(\frac{\partial}{\partial x}+\mathrm{i}\frac{\partial}{\partial y}\right)(gY_{l,m})=&\sqrt{\frac{(l+m+2)(l+m+1)}{(2l+3)(2l+1)}}Y_{l+1,m+1}\left(\frac{\mathrm{d}g}{\mathrm{d}r}-l\frac{g}{r}\right)\\
&-\sqrt{\frac{(l-m)(l-m-1)}{(2l+1)(2l-1)}}Y_{l-1,m+1}\left(\frac{\mathrm{d}g}{\mathrm{d}r}+(l+1)\frac{g}{r}\right)\\
\left(\frac{\partial}{\partial x}-\mathrm{i}\frac{\partial}{\partial y}\right)(gY_{lm})=&\sqrt{\frac{(l-m+2)(l-m+1)}{(2l+3)(2l+1)}}Y_{l+1,m-1}\left(\frac{\mathrm{d}g}{\mathrm{d}r}-l\frac{g}{r}\right)\\
&+\sqrt{\frac{(l+m)(l+m-1)}{(2l+1)(2l-1)}}Y_{l-1,m-1}\left(\frac{\mathrm{d}g}{\mathrm{d}r}+(l+1)\frac{g}{r}\right)
\end{aligned}
\tag{5-96}
$$

$$\left(E+\frac{Ze^2}{r}+E_0\right)\varPhi_3=\frac{\hbar c}{\mathrm{i}}\sqrt{\frac{l-m+3/2}{2l+3}}\left(\frac{\mathrm{d}g}{\mathrm{d}r}-l\frac{g}{r}\right)Y_{l+1,m-\frac{1}{2}} \tag{5-92}$$

$$\left(E+\frac{Ze^2}{r}+E_0\right)\varPhi_4=\frac{\hbar c}{\mathrm{i}}\sqrt{\frac{l+m+3/2}{2l+3}}\left(\frac{\mathrm{d}g}{\mathrm{d}r}-l\frac{g}{r}\right)Y_{l+1,m+\frac{1}{2}}$$

如假设取

$$\begin{aligned}\varPhi_3&=-\sqrt{\frac{l-m+3/2}{2l+3}}\mathrm{i}f(r)Y_{l+1,m-\frac{1}{2}}\\ \varPhi_4&=-\sqrt{\frac{l+m+3/2}{2l+3}}\mathrm{i}f(r)Y_{l+1,m+\frac{1}{2}}\end{aligned} \tag{5-93}$$

则 (92) 成

$$\frac{1}{\hbar c}\left(E+\frac{Ze^2}{r}+E_0\right)f(r)=\frac{\mathrm{d}g}{\mathrm{d}r}-l\frac{g}{r} \tag{5-94}$$

如以 (93) 代入 (89) 式中之首二式, 即得两个相同的方程式

$$\frac{1}{\hbar c}\left(E+\frac{Ze^2}{r}-E_0\right)g(r)=-\frac{\mathrm{d}f}{\mathrm{d}r}-(l+2)\frac{f}{r} \tag{5-95}$$

由 (82b), 使

$$j=l-\frac{1}{2},\begin{cases}\varPhi_1=g\sqrt{\dfrac{l-m+\frac{1}{2}}{2l+1}}Y_{l,m-\frac{1}{2}},\\ \varPhi_2=g\sqrt{\dfrac{l+m+\frac{1}{2}}{2l+1}}Y_{l,m+\frac{1}{2}}\end{cases} \tag{5-97}$$

同上步骤, 可得

$$\begin{aligned}\varPhi_3&=-\sqrt{\frac{l+m-\frac{1}{2}}{2l-1}}\mathrm{i}f(r)Y_{l-1,m-\frac{1}{2}}\\ \varPhi_4&=\sqrt{\frac{l-m-\frac{1}{2}}{2l-1}}\mathrm{i}f(r)Y_{l-1,m+\frac{1}{2}}\end{aligned} \tag{5-98}$$

及

$$\begin{aligned}\frac{1}{\hbar c}\left(E+\frac{Ze^2}{r}+E_0\right)f(r)&=\frac{\mathrm{d}g}{\mathrm{d}r}+(l+1)\frac{g}{r}\\ \frac{1}{\hbar c}\left(E+\frac{Ze^2}{r}-E_0\right)g(r)&=-\frac{\mathrm{d}f}{\mathrm{d}r}+(l-1)\frac{f}{r}\end{aligned} \tag{5-99}$$

(94), (95), (99) 各式可总写作下式：使 *

$$j=\begin{cases} l+\dfrac{1}{2}: & \xi=-\left(j+\dfrac{1}{2}\right)=-(l+1) \\ l-\dfrac{1}{2}: & \xi=+\left(j+\dfrac{1}{2}\right)=+l \end{cases} \tag{5-100}$$

如是则 (94),(95),(99) 四个方程式可代以

$$\begin{aligned} &\frac{\mathrm{d}f}{\mathrm{d}r}+(1-\xi)\frac{f}{r}+\frac{1}{\hbar c}\left(E+\frac{Ze^2}{h}-E_0\right)g=0 \\ &\frac{\mathrm{d}g}{\mathrm{d}r}+(1+\xi)\frac{g}{r}-\frac{1}{\hbar c}\left(E+\frac{Ze_2}{r}+E_0\right)f=0 \end{aligned} \tag{5-101}$$

使

$$G\equiv rg(r),\quad F\equiv rf(r) \tag{5-102}$$

(101) 乃成

$$\begin{aligned} &\frac{\mathrm{d}F}{\mathrm{d}r}-\xi\frac{F}{r}=\left[\frac{m_0c}{\hbar}\left(1-\frac{E}{E_0}\right)-\alpha\frac{Z}{r}\right]G \\ &\frac{\mathrm{d}G}{\mathrm{d}r}+\xi\frac{G}{r}=\left[\frac{m_0c}{\hbar}\left(1+\frac{E}{E_0}\right)+\alpha\frac{Z}{r}\right]F \end{aligned} \tag{5-103}$$

$$\alpha=\frac{e^2}{\hbar c}=\frac{1}{137.037} \tag{5-104}$$

使

$$\epsilon=\frac{E}{E_0}=\frac{E}{m_0c^2} \tag{5-105}$$

引入一无因次的长度 ρ

$$\rho=\frac{2m_0c}{\hbar}\sqrt{1-\epsilon^2}r \tag{5-106}$$

及常数 β

$$\beta=Z\alpha \tag{5-107}$$

更引入两函数 $u(\rho),v(\rho)$

$$\begin{aligned} F(r)&=\sqrt{1-\epsilon}\mathrm{e}^{-\frac{1}{2}\rho}\rho^r(u-v) \\ G(r)&=\sqrt{1+\epsilon}\mathrm{e}^{-\frac{1}{2}\rho}\rho^r(u+v) \end{aligned} \tag{5-108}$$

* 如 $j=l+\dfrac{1}{2}$, 则 $\neq 0$. 如 $j=l-\dfrac{1}{2}$ 及 $l=0$, 则 $j=-\dfrac{1}{2}$ 是无意义的, 且由 (97), (98), 得见如 $l=0$, 则 $\varPhi_k=0, k=1,2,3,4$. 故是永 $\neq 0$ 的.

以此代入 (103), 即得下方程式

$$\begin{aligned}&\frac{\mathrm{d}u}{\mathrm{d}\rho}-\left[1-\frac{1}{\rho}\left(\gamma+\frac{\beta\epsilon}{\sqrt{1-\epsilon^2}}\right)\right]u+\frac{1}{\rho}\left(\xi+\frac{\beta}{\sqrt{1-\epsilon^2}}\right)v=0\\&\frac{\mathrm{d}v}{\mathrm{d}\rho}+\frac{1}{\rho}\left(\xi-\frac{\beta}{\sqrt{1-\epsilon^2}}\right)u+\frac{1}{\rho}\left(\gamma-\frac{\beta\epsilon}{\sqrt{1-\epsilon^2}}\right)v=0\end{aligned}\tag{5-109}$$

兹假设级数之解

$$u=\sum_{s=0}^{\infty}c_s\rho^s,\quad v=\sum_{s=0}^{\infty}d_s\rho^s\tag{5-110}$$

以此二级数代入 (109) 式, 即得

$$\begin{aligned}&-c_{s-1}+\left(s+\gamma+\frac{\beta\epsilon}{\sqrt{1-\epsilon^2}}\right)c_s+\left(\xi+\frac{\beta}{\sqrt{1-\epsilon^2}}\right)d_s=0\\&\left(\xi-\frac{\beta}{\sqrt{1-\epsilon^2}}\right)c_s+\left(s+\gamma-\frac{\beta\epsilon}{\sqrt{1-\epsilon^2}}\right)d_s=0\end{aligned}\tag{5-111}$$

由此即得指数方程式 (s=0)

$$\begin{vmatrix}\gamma+\dfrac{\beta\epsilon}{\sqrt{1-\epsilon^2}} & \xi+\dfrac{\beta}{\sqrt{1-\epsilon^2}}\\ \xi-\dfrac{\beta}{\sqrt{1-\epsilon^2}} & \gamma-\dfrac{\beta\epsilon}{\sqrt{1-\epsilon^2}}\end{vmatrix}=0\tag{5-112}$$

或, 取 γ 之正根,

$$\gamma=\sqrt{\xi^2-Z^2\alpha^2}\tag{5-113}$$

$$=\text{实数如}\quad \xi^2>\left(\frac{Z^2}{137}\right)^2\tag{5-114}$$

欲得 (103), 或 (109), 之本征值, 由 (111) 两个式, 得见如将 d_s 消去, 可得, (用 (113) 式),

$$c_s=\frac{s+\gamma-\dfrac{\beta\epsilon}{\sqrt{1-\epsilon^2}}}{(s+\gamma)^2-\gamma^2}c_{s-1}\tag{5-115}$$

欲使 u,v 级数 (110) 止于 $s=n',n'=$ 正号整数, 即

$$c_{n'}=0,$$

即得

$$n'+\gamma-\frac{Z\alpha\epsilon}{\sqrt{1-\epsilon^2}}=0\tag{5-116}$$

由此式, 得见只当

$$\epsilon = \frac{E}{m_0c^2} < 1 \tag{5-117}$$

或

$$W = E - m_0c^2 < 0$$

时, n' 为实数正整数; 换言之, $n' = 0, 1, 2, \cdots$ 时, 本征值 $E < m_0c^2$(或 $W < 0$), 本征态为稳定态.

由 (100),

$$\xi^2 = \left(j + \frac{1}{2}\right)^2$$

使

$$n \equiv n' + |\xi| = n' + j + \frac{1}{2} \tag{5-118}$$

由 (100), 得见 n' 可视为 Sommerfeld 理论中的 $n_r, |\xi|$ 为量子数 $k = l + 1$, 故 n 乃 "主量子数" (principal qu · no·). 由 (116), (117), (118), 即得 Dirac 方程式的准确本征值

$$W = m_0c^2\left[1 + \frac{Z^2\alpha^2}{\left[n - j - \frac{1}{2} + \sqrt{\left(j + \frac{1}{2}\right)^2 - Z^2\alpha^2}\right]^2}\right]^{-\frac{1}{2}} - m_0c^2 \leqslant 0 \tag{5-119}$$

如 $(Z\alpha)^2 \ll 1$, 则 (以 (54) 式的 $\dfrac{e^2}{2a}$ 为能的单位).*

$$W = -\frac{Z^2}{n^2} - \frac{Z^4\alpha^2}{n^4}\left\{\begin{array}{l} \dfrac{n}{l+1} - \dfrac{3}{4} \\ \dfrac{n}{l} - \dfrac{3}{4} \end{array}\right. + \cdots, \quad 如 \left\{\begin{array}{l} j = l + \dfrac{1}{2} \\ l = l - \dfrac{1}{2} \end{array}\right. \tag{5-120}$$

(如乘以 Rhc, 则 W 乃系 c · g · s · 单位).

兹欲求氢原子的 Dirac 函数.

由递推关系 (115) 及 (116) 式, 即得

$$\begin{aligned} c_s &= -\frac{n' - s}{s(2\gamma + s)}c_{s-1} \\ &= (-1)^s\frac{(n'-1)\cdots(n'-s)}{s!(2\gamma+1)\cdots(2\gamma+s)}c_0 \end{aligned} \tag{5-121}$$

* (119) 式与 Sommerfeld 式相同, 如代 $j + \frac{1}{2}$ 以 $k, n - j - \frac{1}{2} = n - k$ 以 n_r. 见 (66) 式下注. (120) 式亦与由 Dirac 方程式的近似式以微扰法计算结果 (66) 式相同.

故 $u(\rho)$ 乃所谓简并 (或 confluent) 超几何级数 (多项式)

$$u(\rho) = c_0 F(-n'+1, 2\gamma+1; \rho)^* \tag{5-122}$$

由 (111), 可得 (用 (116) 式),

$$\frac{d_s}{c_s} = -\frac{-\xi + \alpha Z/\sqrt{1-\epsilon^2}}{n'-s} \tag{5-123}$$

由 (123), 可得

$$\frac{d_s}{c_s} = \frac{d_0}{c_0}\frac{n'}{n'-s}$$

故由 (121),

$$d_s = (-1)^s \frac{n'(n'-1)\cdots(n'-s+1)}{s!(2\gamma+1)\cdots(2\gamma+s)} d_0 \tag{5-124}$$

故

$$v(\rho) = d_0 F(-n', 2\gamma+1; \rho) \tag{5-125}$$

由 (123)

$$\frac{d_0}{c_0} = -\frac{-\xi + \alpha Z/\sqrt{1-\epsilon^2}}{n'}$$

我们取

$$c_0 = -c\frac{n'}{[-\xi + Z\alpha/\sqrt{1-\epsilon^2}]^{1/2}} \tag{5-126}$$

$$d_0 = c[-\xi + Z\alpha/\sqrt{1-\epsilon^2}]^{1/2}$$

c 则由归一化定之 (见 (89) 式)

$$\int \left\{|\Phi_1|^2 + |\Phi_2|^2 + |\Phi_3|^2 + |\Phi_4|^2\right\} \mathrm{d}r = 1 \tag{5-127}$$

经冗长的计算后, 终乃得 (91), (93) 式中之 $f(r), g(r)$ 函数 **

---

* F 的定义为

$$F(a,b;z) = 1 + \frac{a}{b}\frac{z}{1} + \frac{a(a+1)}{b(b+1)}\frac{z^2}{2!} + \frac{a(a+1)(a+2)}{b(b+1)(b+2)}\frac{z^3}{3!} + \cdots$$

** 如使 $\alpha \to 0$(即回至非相对论情形), 则等于使

$$\xi \to l$$
$$N \to n$$
$$\epsilon \to 1$$
$$f(r) \to 0$$
$$g(r) \to \text{Schrödinger理论的结果} \tag{5-131}$$

见《理论物理第六册: 量子力学》第 4 章第 5 节. 证明 (131) 关系, 用下递推关系

$$zF(a+1, b+1; z) = bF(a+1, b; z) - bF(a, b; z)$$

$$f(r) = -\sqrt{1-\epsilon}W(r)\left\{n'F\left(-n'+1, 2\gamma+1; \frac{2Z}{Na_0}r\right)\right.$$

$$\left.+ (N-\xi)F\left(-n', 2\gamma+1; \frac{2Z}{Na_0}r\right)\right\} \tag{5-128}$$

$$g(r) = -\sqrt{1+\epsilon}W(r)\left\{-n'F\left(-n'+1, 2\gamma+1; \frac{2Z}{Na_0}r\right)\right.$$

$$\left.+ (N-\xi)F\left(-n', 2\gamma+1; \frac{2Z}{Na_0}r\right)\right\}$$

$$N = [n^2 - 2n'(\xi - \sqrt{\xi^2 - \alpha^2 Z^2})]^{1/2} \tag{5-129}$$

$$W(r) = \frac{\sqrt{\Gamma(2\gamma+n'+1)}}{\Gamma(2\gamma+1)\sqrt{n'!}} \frac{1}{\sqrt{4N(N-\xi)}} \left(\frac{2Z}{Na_0}\right)^{3/2}$$

$$\times \mathrm{e}^{-Zr/Na_0} \left(\frac{2Z}{Na_0}\right)^{\gamma-1} \tag{5-130}$$

5.5 连续谱 ——$E > m_0c^2$(即 $W > 0$) 态

相当于古典力学的 Coulomb 场 $\phi = \dfrac{Ze}{r}$中的变曲线轨道, 及 Schrödinger(非相对论的) 理论中的连续谱, Dirac 方程式 (89) 当

$$E > m_0c^2, \quad 或W = E - m_0c^2 > 0 \tag{5-132}$$

时, 亦有连续的 E 谱.

由 (174A), 以同 (46) 式法, 得见 J^2 及 J_z 与 H 对易; 故 H 与 J^2, J_z 有共同的本征函数, 换言之, (70) 式的 j, m 系准确的量子数. 每一 (E, j, m) 固定值, 有两个线性独立的函数,

$$j = l + \frac{1}{2}, \quad \varPhi_+ = \begin{pmatrix} \varPhi_1 \\ \varPhi_2 \\ \varPhi_3 \\ \varPhi_4 \end{pmatrix} 如(91)及(93)式 \tag{5-133}$$

及

$$j = l - \frac{1}{2}, \quad \varPhi_- = \begin{pmatrix} \varPhi_1 \\ \varPhi_2 \\ \varPhi_3 \\ \varPhi_4 \end{pmatrix} 如(97)及(98)式 \tag{5-134}$$

(133), (134) 方程式中之 $f(r), g(r)$ 仍满足 (101) 两方程式, 惟 $E > E_0, f(r), g(r)$ 在 $r \to \infty$ 时系周期而非如 $E < m_0c^2$ 时的按 $e^{-\frac{\rho}{2}}$ 递减 (见 (108) 式).

$f(r), g(r)$ 之计算甚繁长, 兹只述结果如下.

按相对论,

$$\begin{aligned}\epsilon &= \frac{E}{m_0c^2} = \frac{1}{m_0c}\sqrt{{m_0}^2c^2+p^2} = \frac{1}{\sqrt{1-\beta^2}}, \quad \beta = \frac{v}{c}\\ &= \frac{1}{m_0c}\sqrt{{m_0}^2c^2+\hbar k}\end{aligned} \tag{5-135}$$

使

$$\gamma_l = \sqrt{l^2-\alpha^2Z^2}$$

$$\eta = \frac{Ze^2}{\hbar v} = \frac{Z\alpha\epsilon}{\sqrt{\epsilon^2-1}}, \quad \epsilon > 1 \tag{5-136}$$

$$\eta' = \frac{Ze^2}{\hbar v}\sqrt{1-\beta^2} = \frac{Z\alpha}{\sqrt{\epsilon^2-1}}$$

$j = l - \dfrac{1}{2}$: 准确的“大分量”为

$$\begin{aligned}rg_-(r) = &N_-(2kr)^{\gamma_l}e^{-ikr}\Big\{(\gamma_l - i\eta)F(\gamma_l + i\eta, 2\gamma_l+1; 2ikr)\\ &-(l-i\eta')F(\gamma_l+1+i\eta, 2\gamma_l+1; 2ikr)\Big\}\end{aligned} \tag{5-137}$$

$$N_- = \frac{1}{2}\frac{|\Gamma(\gamma_l+1+i\eta)|}{\Gamma(2\gamma_l+1)}\frac{e^{\frac{1}{2}\pi\eta}}{\sqrt{(i\eta'-l)(\gamma_l-i\eta)}} \tag{5-138}$$

$$\lim_{r\to\infty} g_-(r) = \sin\left(kr + \eta\ln 2kr - \frac{1}{2}\pi l - \sigma_-\right), \tag{5-139}$$

$$e^{-2i_-} = \frac{l-i\eta'}{\gamma_l - i\eta}\frac{\Gamma\gamma_l+1-i\eta)}{\Gamma(\gamma_l+1+i\eta)}\exp(\pi i(l-\gamma_l)) \tag{5-140}$$

$j = l + \dfrac{1}{2}$: 准确的“大分量” $g_+(r)$ 略似 g_-, 其趋近式亦如 (139), 只

$$e^{-2i\sigma_+} = \frac{l+1+i\eta'}{\gamma_{l+1}+i\eta}\frac{\Gamma(\gamma_{l+1}-i\eta)}{\Gamma(\gamma_{l+1}+i\eta)}\exp(\pi i(l+1-\gamma_{l+1})) \tag{5-140a}$$

如取非相对论的极限 ($Z\alpha \ll 1$ 及 $E - m_0c^2 \ll m_0c^2$), 则

$$\gamma_l \to l, \quad \eta' \to \eta$$

$$\sigma_-, \sigma_+ \to \arg\Gamma\left(l+1+\mathrm{i}\frac{Z}{k}\right) \tag{5-141}$$

$$k=\sqrt{W},\quad W=\text{能},\quad \text{单位为}\frac{e^2}{2a_0}$$

$$f(r) \ll g(r) \to \text{Schrödinger解}$$

5.6 Dirac 理论视作一“多体”理论

第 2 章第 3(4) 节曾述 Klein 的计算, 指出在 Dirac 理论中, 负能态不能撇去不顾; 该章第 3(5) 节述, 为避免负能态的困扰, 乃有“洞”的理论预先有正电子的存在. 稍后, 正电子的发现, 使 Dirac 的电子的相对论方程式, 获得极强的支持.

正电子的洞的理论的获得支持, 有极基本性的涵义, 即通常的电子, 永不是单独的存在, 而是永与充满所有负能态的无限数的电子有相互作用的. 惟 Dirac 的方程式, 原来只是描述“一个”电子的.

由此, 可以见到一些矛盾: 原来只是描述“一个”电子的理论, 却引出正电子, 这便需要包括无限数多个的电子在这理论中.

这情形, 已可在上节的氢原子理论得见些迹像. 上节所得的氢原子的能的准确公式 (119),

$$\frac{E}{m_0c^2}=\left[1+\frac{(Z\alpha)^2}{\left[n-j-\frac{1}{2}+\sqrt{\left(j+\frac{1}{2}\right)^2-Z^2\alpha^2}\right]^2}\right]^{-1/2} \tag{5-119}$$

已呈现下述的问题: 如原子核的电荷 Z 继续增加, 至

$$\begin{aligned} Z &= \frac{1}{\alpha}\left(j+\frac{1}{2}\right) \\ &= 137\left(j=\frac{1}{2}\text{情形}\right) \end{aligned} \tag{5-142}$$

则 (119) 式已与 Bohr 的 Balmer 公式不同. 这还不是严重的困难. 但如 Z 超过 137,

$$Z > 137 \tag{5-143}$$

则 (119) 式的 E, 变为复数了. 这是无物理意义的.

为重新追溯这个结果, 兹由 (103) 式

$$\begin{aligned}\frac{\mathrm{d}F}{\mathrm{d}r}-\xi\frac{F}{r}&=\left[\frac{1}{\lambda}(1-\epsilon)-\frac{Z\alpha}{r}\right]G\\\frac{\mathrm{d}G}{\mathrm{d}r}+\xi\frac{G}{r}&=\left[\frac{1}{\lambda}(1+\epsilon)+\frac{Z\alpha}{r}\right]F\end{aligned}\tag{5-143}$$

$$\lambda=\frac{\hbar}{m_0c}=\frac{1}{2\pi}\times\text{Compton波长}$$

引入变数 ρ 如 (106) 式, 使

$$G(\rho)=\mathrm{e}^{-\frac{\rho}{2}}w(\rho)\tag{5-145}$$

于 (144) 式中将 F 消去, 可得下述 w 的二次方程式

$$\left(\frac{1}{2}\sqrt{\frac{1+\epsilon}{1-\epsilon}}+\frac{\alpha Z}{\rho}\right)\left(\frac{\mathrm{d}^2w}{\mathrm{d}\rho^2}-\frac{\mathrm{d}w}{\mathrm{d}\rho}+\frac{Z\alpha\epsilon}{\sqrt{1-\epsilon^2}}\frac{w}{\rho}+\frac{Z^2\alpha^2-\xi^2}{\rho^2}w\right)$$
$$+\frac{Z\alpha}{\rho^2}\left(\frac{\mathrm{d}w}{\mathrm{d}\rho}-w\right)-\frac{1}{2}\sqrt{\frac{1+\epsilon}{1-\epsilon}}\frac{\xi}{\rho^2}w=0\tag{5-146}$$

使解为下级数

$$w(\rho)=\rho^{\gamma}\sum_s a_s\rho^2\tag{5-147}$$

即得指数方程式

$$\gamma^2-\xi^2+(Z\alpha)^2=0\tag{5-148}$$

如 $Z\alpha>\xi=j+\dfrac{1}{2}$, 则 γ 为虚数. 由 a_s 的递进公式, 甚易证明当

$$Z>\frac{\xi}{\alpha}=137\xi\tag{5-149}$$

时, (147) 式级数将不止于某项, 而成一无限级数, 趋近于

$$w(\rho)\simeq\mathrm{e}^{\rho}$$

故 (145) 式之 $G(\rho)$ 趋近于 $\mathrm{e}^{\frac{\rho}{2}}$ 而成一非平方可积分的函数. 换言之, 如 $Z>137$ 如 (149) 式, 则 Dirac 理论无稳定态之解.

此项结果, 强调 Dirac 理论, 虽原系由“一个”电子的观点出发, 严格言之, 实应视为一个“多体”理论 (many-body theory) 的一近似或极限的形式: 只当外场 $\left(\text{如}\phi=\dfrac{Ze}{r}\right)$ 甚弱时, 这“一体”近似观点是有效的. 如 $Z>\dfrac{1}{\alpha}$, 则根本的不应谈

“一个”单独的电子; Dirac 方程式亦根本无意义的. 我们只能用“场”的观念来处理多体问题. 这是所谓量子电动力场理论.

Dirac 的电子方程式, 即在氢原子 $Z=1$(远小于 137) 的系统, 亦显露些微小的“多体”效应. 按 (102b) 或 (102c) 式, 得见 $(n,l,j)=\left(2,0,\frac{1}{2}\right)$ 态, $\left(2,1,\frac{1}{2}\right)$态的能相等; 换言之, $2^2S_{\frac{1}{2}}$ 与 $2^2P_{\frac{1}{2}}$ 是简并的态. 1946 年, W. E. Lamb, jr., 和他学生 Retherford 由实验发现 $2^2S_{\frac{1}{2}}$ 稍微的高于 $2^2P_{\frac{1}{2}}$ 态之上.

$$2^2S_{\frac{1}{2}}-2^2P_{\frac{1}{2}}\cong 0.0353\text{cm}^{-1},\quad (1055.77\text{Mc/sec}) \tag{5-150}$$

此所谓“Lamb 移”, 乃系来自一个在原子核近邻的电场中的一个 $2s(n=2,l=0)$ 电子, 及一个自由电子, 和真空的电磁场交互作用的两个情形的差别. 这问题是量子电动力学 (或称量子场理论)(于 1946—1948 年) 已完满计算过的. 按这量子场理论, Lamb 移显示在氢原子里的电子 —— 我们视为是“一个”电子的系统 ——, 确是和“电子海”的无限数的电子有关连的. 电场愈强 (即 $Z=2$, 氦原子离子的情形), 则 Lamb 移愈大. 这是和本节所指出的效应 (122 式, 128 式等), 同是来自“多体”的效应的.

5.7 Dirac 方程式的补充的尝试 ——Pauli 矩

本章第 1 节曾见由 Dirac 方程式 (54), 即得 (10a) 式的二次方程式

$$\sum_{\mu,\nu}\left[\pi_\mu^2+{m_0}^2c^2+\frac{\hbar e}{2\mathrm{i}c}\gamma_\mu\gamma_\nu F_{\mu\nu}\right]\Psi=0 \tag{5-151}$$

由 (17) 式, 得见

$$\sum_{\mu,\nu}\frac{\hbar e}{2\mathrm{i}c}\gamma_\mu\gamma_\nu F_{\mu\nu}=\frac{e\hbar}{c}(\boldsymbol{\sigma}\cdot\boldsymbol{H})-\mathrm{i}\frac{e\hbar}{c}\rho_1(\boldsymbol{\sigma}\cdot\boldsymbol{E}) \tag{5-151a}$$

换言之, (150) 式中含有 Dirac 矩阵 γ_μ 之项, 产生一电偶矩及磁偶矩. 兹简称 (150) 式的末项为 “Dirac 矩” 项.

惟 Dirac 方程式 (4) 可予以加添些项而仍不改变其对 Lo-rentz 变换及规范变换的不变性, 例如改 (4) 为下式 *

$$(\pi_\mu\gamma_\mu-\mathrm{i}m_0c)\Psi=g_1\left(\frac{e\hbar}{4m_0c^2}\right)\gamma_\mu\gamma_\nu F_{\mu\nu}\Psi$$

* 下文用作和的符号: $\pi_\mu\gamma_\mu=\sum\limits_{\mu=1}^{U}\pi_\mu\gamma_\mu$.

$$- g_2 \frac{e}{c} \left(\frac{\hbar}{m_0 c} \right)^2 \gamma_\mu \Box^2 A_\mu \Psi \tag{5-152}$$

g_1, g_2 系二无因次的常数. $\gamma_\mu \gamma_\nu F_{\mu\nu}$ 对 Lorentz 变换系一纯量,

$$\Box^2 A_\mu = \frac{\partial^2}{\partial x_\gamma^2} A_\mu = -\frac{4\pi}{c} j_\mu \tag{5-153}$$

j_μ 系四维电流密度. 故 $\gamma_\mu \Box^2 A_\mu$ 亦一纯量. (152) 的 g_2 项, 可以视为 (4) 式中之 A_μ, 代以

$$A_\mu + g_2 \left(\frac{\hbar}{m_0 c} \right)^2 \Box^2 A_\mu \tag{5-154}$$

兹暂取 g_1 项 (使 $g_2 = 0$).

由 (152) 式 ($g_2 = 0$), 以同于由 (9) 式导至 (17a) 式的法, 可导出下二次方程式

$$\left[{\pi_\mu}^2 + m_0^2 c^2 + (1 + g_1) \frac{e\hbar}{2\mathrm{i}c} \gamma_\mu \gamma_\nu F_{\mu\nu} \right] \Psi = \left\{ G^2 + \gamma_\sigma \pi_\sigma G - G \gamma_\sigma \pi_\sigma \right\} \Psi, \tag{5-155}$$

$$G = g_1 \left(\frac{e\hbar}{4 m_0 c^2} \right) \gamma_\mu \gamma_\nu F_{\mu\nu} \tag{5-156}$$

此 G 称为 Pauli 矩, 乃 Dirac 矩之外的另加的.

关于这“可能的”另加的 Pauli 矩 g_1 项, 有一颇重要的发展. 1946—1947 间, G.Breit(时在 Yale 大学) 与 I.I.Rabi(哥伦比亚大学) 讨论中, 建议以哥伦比亚已有的原子束 (atomic beam) 实验研究设备, 从事电子的磁回率 (gyromagnetic ratio)g 的精确度量. 按 Dirac 的方程式, $g = 2$(见 (5-42)).

如有 Pauli 的额外矩 g_1, 则应可由原子光谱测量 g 值与值“2”之差而定之. 1947 年秋, 哥伦比亚大学之 P.Kusch 乃从事此探索. 由精确度量之分析, 发现 g 值确与 Dirac 之值“2”有微差,

$$g \cong 2 \left(1 + \frac{\alpha}{2\pi} \right), \quad \alpha = \frac{e^2}{\hbar c} \simeq \frac{1}{137} \tag{5-157}$$

在此发现后而结果尚未发表前, J.Schwinger(哥伦比亚大学昔日的学生) 过哥伦比亚大学物理系造访, 哥仑比亚大学告其上述结果时, 伊谓伊的量子电动力学的研究已获的结果之一, 即上 (157) 式的关系!(其他结果, 即 Lamb 移 (150) 的理论值). 此两项实验结果 (Lamb 移及 $g = 2 \left(1 + \frac{\alpha}{2\pi} + \cdots \right)$ 予当时量子电动力学的 (Lorentz) 协变式理论发展 (所谓“重归一化”(renormalization) 的理论, 以极强的证实支持.

上述的故事 —— 实验物理学家从某一出发点, 探索一问题, 而获得意外的更重要的结果, 适足为其他理论物理学者从完全不同的理论所获得的预期结果的证实!—— 是物理学发展中"巧合"例子之一. 但如哥伦比亚大学未做这实验, Schwinger 的理论结果一经发表, 该实验亦必立即有人作 g 值的精确度量的.

场　　论

导　　言

在古典物理中，“粒子”和“场”是两个不相同且不相关的观念；它们描述不同的现象；用不同的数学方法. 粒子观念的特性是“不连续性”，而场的特性是“连续性”. 一个物理系统，可以包含有极大数目的粒子 —— 如气体的分子 —— 只要是可以数的，它的基本理论便是古典力学. 但如系统的变数是不可以数的 —— 如电磁场的强度或流体的速度场 —— 则它的基本理论是构成所谓场论的理论.

古典动力学讨论物理系统的基本理论，是牛顿的动力学，但这基本理论可以数种内涵相等而形式不同的数学方法表之. 大致言之，可以用 Lagrange 方程式或 Hamilton 方程式表之；也可以用变分法的原理形式表之.

“场”的现象和定律，可以偏微分方程式表之 —— 如流体动力学的流线，电磁场的 Maxwell 方程式等. 但这些方程式，亦可以 Lagrange 及 Hamilton 方程式表之，而这些 Hamilton 方程式，又可由一个 Lagrangian(密度) 函数以变分化原则表之. *

在古典物理中，电磁场是视为连续的函数 —— 不可数的无限数的变数. 如我们所有的现象，皆是续连性的如电磁波 (包括光波) 的传播等，则电磁场的方程式以原来 Maxwell 的形式表之，或变换成变分形式 (引入 Lagrangian 密度函数)，只是数学的形式不同，没有重大差别的意义的.

但自 1905 年爱因斯坦创立电磁场的量子化 (光子) 的理论后，电磁波确被证实具有“量子”(“粒子”) 的特性，如能及动量

$$E = h\nu, \quad p = \frac{h}{\lambda} \tag{6-01}$$

等，直接的实验证明如光电作用和 Compton 效应，原子放射及吸收线的光谱，间接的则各部门物理，随处皆有之. 我们需求一个数学的“理论”来描述一个连续的场的量子化，换言之，一个数学理论；略如量子力学之将原子、分子等系统量子化然. 将一个场量子化的方法，是由量子力学推广而来. 这理论称为“量子化场论”(theory of quantized fields).

“场”有许多种，一种是古典的场，如电磁场. 我们希望由电磁场经量子化，可以获得它的“量子”—— 即所谓光子 (photon). 这“量子化”方法，我们由粒子系统的量子化方法，得些提示，虽则场的量子化的物理观点，确早于粒子的量子化理论.

场之外的量子化，虽可溯源于 1907 年爱因斯坦应用 Planck 的量子论于固体比热的问题，但真正的量子化，是 1913 年 Bohr 的氢原子理论所引入的稳定态观念和

* 参阅《理论物理第三册：电磁学》第 7 章.

量子化条件. 这条件经 Sommerfeld 的推广, 成

$$\oint p_k \mathrm{d}q_k = n_k h \tag{6-02}$$

式. 此量子化条件, 在氢原子, Zeeman 效应等问题获得极大的成功, 且由古典动力学的 Hamilton 理论, Poincaré的积分不变量, 角及作用变数, Ehrenfest 的缓渐不变性原理等, 可获些"依据", 惟当以其应用于氢以外之原子系统时, 即遇有基本性的困难. 这些困难和其他的考虑, 卒之导致量子力学的创立.*

在量子力学中, "量子化"可追源至对易关系, 即一粒子的坐标 q 和其共轭动量 p, 需满足下关系

$$pq - qp = \frac{h}{\mathrm{i}} \tag{6-03}$$

由此可建立 Schrödinger 或 Dirac 的方程式. 量子力学的"波动方程式", 是将粒子的性质和波的性质, 同时的容纳且表出. 我们由粒子的观点出发, 引入 de Broglie 的波的观念, 后者的特性 ν, λ 和前者的特性 E, p 的关系, 为

$$\nu = \frac{E}{h}, \quad \lambda = \frac{h}{p} \tag{6-04}$$

基于 (03) 式所建立之 Schrödinger 非相对论 (non-relativistic) 量子力量, 在极大范围的问题 —— 原子、分子、原子核 —— 均得可谓十分的成功.

现如仿效粒子系统的量子化方法 (即上对易关系 (03) 式), 将电磁场量子化, 俾能兼容"波"和"粒子"的特性, 如爱因斯坦的关系 (01) 式所示, 则我们可取下述的步骤: (1) 将电磁场的定律 (如以四维势 $A_1, A_2, A_3, A_4 = \mathrm{i}\phi$ 表 Maxwell 方程式) 以 Hamilton(古典动力学的运动方程式) 形式表之; (2) 定义场的变数 (如上述的四维势) 及其正则共轭变数; (3) 引入类似 (03) 式的关系, 为"量子化"条件.

上述的方法, 如应用于所谓"自由场" (free fields) (例如 Maxwell 电磁场方程式中的电荷密度 $\rho = 0$, 电流密度 $j = 0$ 的情形), 则是容易的. 我们将于下文第 8 章第 4 节述电磁场之量子化. 其实电磁场, 因有四维向量 $(\boldsymbol{A}, \mathrm{i}\phi)$, 并非最简单的场. 如我们视 Klein-Gordon 方程式 (1-17)

$$\left[\nabla^2 - \frac{1}{c^2}\frac{\partial^2}{\partial t^2}\right]\Psi = \left(\frac{2\pi}{\lambda_c}\right)^2 \Psi \tag{6-05}$$

为一个古典场 Ψ 的方程式, 则此场 Ψ 只有一个纯量 Ψ; 它的量子化, 较电磁场更简单了. (05) 场的量子化, 亦将于第 8 章第 2 节述之.

* 关于古典动力学与量子论的关系, 可参阅《理论物理第一册: 古典动力学》乙部, 第 4, 7 章; 关于第 (03) 式的物理意义等, 可参阅《理论物理第六册: 量子力学》第 5 章.

惟“场”的种类, 不限于如电磁场的古典场. 我们需又回到粒子系统的量子化问题.

Schrödinger 的非相对论量子力学, 虽在极大的范围中有极大的成功, 但有其基本的欠缺点. 相对论 (Lorentz 不变性) 原理, 是近代物理视为基本原理之一, 故量子力学必须满足相对论原理, 而 Schrödinger 理论则否. 本册上文第 2 章的 Dirac 理论, 是符合相对论原理的“一个”电子的理论. 它有极重要的结果, 如能自然的导出电子的自旋及其磁回比率 $g = 2$, 预告稍后确被发现的正电子的存在, 及其“洞”的理论等.*

但 Dirac 理论, 有它的限制. 一是较属于“技术性”的, 即是甚难将“一个”电子理论, 推展到“数个”电子的相对论理论; 一是属于基本性的, 即是由于负能态的存在和不能撇置不理 —— 如正电子的洞的理论的成功, 即是与“一个”电子的出发观点相矛盾.** 由于负能态中的电子的存在, 我们不能不考虑电子 - 正电子成对产生 (虚的成对) 的过程. 一个在 (强的) 电磁场中的电子, 严格言之, 已不是“一个单独的”电子, 而是一个含有无限数 (且不是恒数) 的电子和正电子的系统. 故 Dirac 的“一个电子”的理论, 必须代以一个“多电子”的理论, 而这个“多电子”系统 —— 无定数且无限大数的“粒子” —— 的适宜表象是“场”, 亦犹光子的表象是电磁场然. 我们可以说, 由粒子的观点出发, 符合相对论原理的“粒子理论”, 是一个“多体”(manybody) 理论, 而这个多体理论的适当表象, 是“场”.

故问题乃系如何的建立一描述“多电子”的场. 我们将由 Dirac 的符合相对论的方程式为出发点, 将此方程式

$$\left(\gamma_\mu \frac{\hbar}{\mathrm{i}} \frac{\partial}{\partial x_\mu} + \mathrm{i} m_0 c\right) \Psi = 0 \tag{6-06}$$

(见 (2-27) 式) 视为“古典场” Ψ 的场方程式,*** 引入 Ψ 为场变数和其正则共轭变数, 更引入类似 (03) 式的对易关系为量子化条件. 这个场 Ψ, 称为“电子场”, 经量子化后, 其“粒子”即电子. 这个理论 —— 将量子力学的 Ψ 视为“场变数”而加以量子化 —— 称为第二度量子化 (Second quantization)****. 此量子化的 Ψ, 乃兼容粒子和波的二象性, 亦如量子化的电磁场, 兼容光子与波的二象性.

只有电子 —— 自由电子, 无电磁场时 —— 的场的量子化, 是没有何困难的问题. 但是电子 - 电磁场交互作用的系统, 则是极困扰 (有基本性困难) 的问题. 这部门物理称为量子电动力学 (quantum electrodynamics), 于 1930 年代初开始, 于 1940

* 见上文第 2 章第 3(5), 4 节; 第 5 章第 3, 4 节.

** 见上文第 5 章第 6 节.

*** 视 Ψ 如 Maxwell 电磁场的势 $(\boldsymbol{A}, \mathrm{i}\phi)$.

**** 场之量子化, 先创于 P.A.M.Dirac(1927 年); 继由 Jordan 及 Wigner 所展开. Davydov 以为“第二度量子化”之名不当, 因坐标: q, p 只经一次的量子化。实则 Davydov 的批评是不当的. 第二度量子化是指 Ψ 而言也.

年代中期由于日本物理学家朝永振一郎 (Tomonaga), 美国 J.Schwingr, R. Feynman F.J. Dyson(英人, 在美国) 等人的贡献, 大有进展, 完满的计算得 Lamb 移, 磁回比率 g 等观测的结果. 惟理论中有"重归一化" (renormalization) 理论, 将若干"无限大"之值"减去", 以求得有限值的微小的"修正"项. 虽云此"减去"步骤, 是一确定的且符合相对论协变性的条件的, 但有"无限大" (infinities) 存在的理论, 严格言之, 总不能认为是一个完全满意的理论.*

本章将述古典场论. 读者宜先参阅《理论物理第三册：电磁学》末章.

* 持此观点的大物理学家, 以 Dirac 氏为最.Dirac 于其著作中、只偶一流露此观点. 惟其个人始终未参与上述的"重归一化"理论的发展, 而另往各方向求一满意的理论, 惜未有成耳.

第6章 古典场论

6.1 古典场的方程式 (classical field equations)

在古典动力学, 一个有 N 个粒子的系统的“态”, 系以 N 个广义坐标 q_k 和其共轭动量 p_k 定全确定了的.

在古典场的理论, 一个场系以一个连续的实数的函数 $\psi(\boldsymbol{r},t)$ 描述的; 或数个场以数个连续的实数函数 $\phi_\alpha(\boldsymbol{r},t), \alpha=1,2,\cdots,n$, 描述的. 每种场的幅度 $\phi(\boldsymbol{r},t)$, 系一些偏微分方程式 (独立变数为 $\boldsymbol{r},t$) 之解; 这些方程式, 称为“场的方程式”.

古典电磁场, 可以四维场势 $A(A,\mathrm{i}\phi)$, 或 A_μ, 表之. 这场 A_μ(或作上式 $\psi_\mu, \mu=1,2,3,4$) 称为一向量场, 有四个分量. 这是最先研讨的场.

本册第 1 章的 Klein-Gordon 方程式, 如不看作粒子的量子力学方程式而视为一个“古典场”的方程式, 则这个场 $\psi(\boldsymbol{r},t)$ 是一个纯量场 (scalar field), 或可称为“一个分量”的场 (one component field).

古典动力学的粒子运动方程式, 可由一个变分原理导来. 如我们对一个 (波) 场采取下述的观点, 则场的方程式, 亦可由一个变分原理得之:

设将一个场看作一个有不可数的 (non-denumerable) 无限数自由度的力学系统, 其广义坐标 $q_i(t)$ 及速度 $\dot{q}_i(t)$ 系场的分量 $\psi_\alpha(\boldsymbol{r},t)$ 和对时的导数 $\dot{\psi}_\alpha(\boldsymbol{r},t)$, 设想整个三维空间 x_1,x_2,x_3 分作小室 (cell)(或, 小立方体)$\delta V^{(s)}$, 位于 x_s 点, s 为可数的指数 $s=1,2,3,\cdots$. 设使 $\delta V^{(s)}$ 渐减小, 则在每一室中的场分量 $\psi_\alpha^{(s)}=\psi_\alpha^{(s)}(x_s,t)$ 值 (在一固定时 t) 将约略无大差异. 此场可以平均值

$$\psi_\alpha^{(s)}=\psi_\alpha^{(s)}(x_s,t),\quad \alpha=1,2,3,\cdots \qquad s=1,2,3,\cdots \tag{6-1}$$

表之. 此场的坐标, 乃可数的数, 等于室 s 的数与场的分量 α 数的乘积. 在 $\delta V^{(s)}\to 0$ 的极限, 此场的自由度, 乃成一不可数的无限大数. 按这个观点, 我们可将动力学的 Lagrange 及 Hamilton 方程式的变分法推展到场方程式的问题.

兹引入 Lagrangian 密度 (density)$\mathscr{L}$ 的观念. $\mathscr{L}$ 系场幅度 ψ_α 及其对坐标 $x_1,x_2,x_3,x_4=\mathrm{i}ct$ 的微分导数 $\dfrac{\partial\psi}{\partial x_\mu}$ 的函数,

$$\mathscr{L}=\mathscr{L}(\psi_\alpha,\partial_\mu\psi_\alpha) \tag{6-2}$$

$$\partial_\mu = \frac{\partial}{\partial x_\mu}, \ \mu = 1, 2, 3, 4 \tag{6-2a}$$

又定义 Lagrangian L, 为 $\mathscr{L}$ 对整个三维空间的积分

$$L = \int \mathscr{L}(\psi_\alpha, \partial_\mu \psi_\alpha) \mathrm{d}^3 x \tag{6-3}$$

$$\mathrm{d}^3 x = \mathrm{d}x_1 \mathrm{d}x_2 \mathrm{d}x_3 \tag{6-4}$$

及作用函数 (action function)S 为 L 于时间距 $t_1 \to t_2$ 的积分,

$$S = \int_{t_1}^{t_2} L \mathrm{d}t \tag{6-5}$$

$$= \frac{1}{\mathrm{i}c} \int_{V_4} \mathscr{L}(\psi_\alpha, \partial_\mu \psi_\alpha) \mathrm{d}^4 x \tag{6-5a}$$

$$\mathrm{d}^4 x = \mathrm{d}x_1 \mathrm{d}x_2 \mathrm{d}x_3 \mathrm{d}x_4 \tag{6-6}$$

V_4 系四维空间的体积 (场所及的领域).

$\mathrm{d}^4 x$ 在 Lorentz 变换下系一不变量或纯量. 如 $\mathscr{L}$ 系一纯量, 则 S 亦系一不变量 *.设于 V_4(固定的三维空间体积 V_3 及固定的时间距 $t_2 - t_1$ 中), ψ_α 作任意的变分 $\delta\psi_\alpha$; 在 t_1 及 t_2 时 V_4 的边界面 $\sum$ 的变分 $\delta\psi_\alpha = 0$,

$$\delta\psi_\alpha = \text{任意值, 在 } V_4 \text{ 中} \tag{6-7}$$

$$\delta\psi_\alpha = 0 \text{在 } t_1, t_2 \text{ 时 } V_4 \text{ 的边界面} \textstyle\sum . \tag{6-7a}$$

兹假定变分原理;

$$\delta S = 0, \quad \delta\psi \text{如 (7) 及 (7a)} \tag{6-8}$$

或

$$\delta \int \mathscr{L} \mathrm{d}^4 x = 0 \tag{6-8a}$$

由 (2),

$$\delta \mathscr{L} = \frac{\partial \mathscr{L}}{\partial \psi_\alpha} \delta\psi_\alpha + \frac{\partial \psi_\alpha}{\partial \left(\frac{\partial \psi_\alpha}{\partial x_\mu} \right)} \delta \left(\frac{\partial \psi_\alpha}{\partial x_\mu} \right)$$

$$= \frac{\partial \mathscr{L}}{\partial \psi_\alpha} \delta\psi_\alpha + \frac{\partial \mathscr{L}}{\partial (\partial_\mu \phi_\alpha)} \delta(\partial_\mu \psi_\alpha)$$

因

$$\delta(\partial_\mu \psi_\alpha) = \partial_\mu (\delta\psi_\alpha)$$

---

* 反之, 如 S 系一 Lorentz 不变量, 则 $\mathscr{L}$ 亦系一不变量. 惟 L 则非不变量.

故

$$\delta S=\frac{1}{\mathrm{i}c}\int_{V_4}\left\{\frac{\partial\mathscr{L}}{\partial\psi_\alpha}\delta\psi_\alpha+\partial_\mu\left(\frac{\partial\mathscr{L}}{\partial(\partial_\mu\psi_\alpha)}\delta\psi_\alpha\right)-\partial_\mu\left(\frac{\partial\mathscr{L}}{\partial(\partial_\mu\psi_\alpha)}\right)\times\delta\psi_\alpha\right\}\mathrm{d}^4x$$

$\frac{\partial\mathscr{L}}{\partial(\partial_\mu\psi_\alpha)}\delta\psi_\alpha$ 系一四维向量, 故上积分中的中间一项系一四维散度. 按 Gauss 定理, 及 (7a),

$$\int_{V_4}\partial_\mu\left(\frac{\partial\mathscr{L}}{\partial(\partial_\mu\psi_\alpha)}\delta\psi_\alpha\right)\mathrm{d}^4x=\int_\Sigma\frac{\partial\mathscr{L}}{\partial(\partial_\mu\psi_\alpha)}\delta\psi_\alpha\mathrm{d}\Sigma=0$$

故 (8a) 式乃成

$$\int_{V_4}\left\{\frac{\partial\mathscr{L}}{\partial\psi_\alpha}-\partial_\mu\left(\frac{\partial\mathscr{L}}{\partial(\partial_\mu\psi_\alpha)}\right)\right\}\delta\psi_\alpha\mathrm{d}^4x=0 \tag{6-9}$$

由此即得 (8a) 变分问题的 Euler 方程式 —— 古典“自由”场的方程式

$$\frac{\partial\mathscr{L}}{\partial\psi_\alpha}-\partial_\mu\left(\frac{\partial\mathscr{L}}{\partial(\partial_\mu\psi_\alpha)}\right)=0 \tag{6-10}$$

或

$$\frac{\partial\mathscr{L}}{\partial\psi_\alpha}-\partial_k\frac{\partial\mathscr{L}}{\partial(\partial_k\psi_\alpha)}-\partial_t\frac{\partial\mathscr{L}}{\partial(\partial_t\psi_\alpha)}=0 \tag{6-10a}$$

按假定 (2),$\mathscr{L}$ 只系 ψ_α 的第一次微分导数的函数, 故场方程式 (10) 最高系二次方程式.

兹设想三维空间体积 V_3, 分作小立方室 $\delta V^{(s)}$. 故 (3) 式应代以下述的和之极限

$$L=\lim_{\delta V^{(s)}\to 0}\sum_s\mathscr{L}(\psi_\alpha^{(s)},\partial_\mu\psi_\alpha^{(s)})\delta V^{(s)} \tag{6-11}$$

式中之 $\psi_\alpha^{(s)}$ 系 (1) 式的第 s 室的 ψ_α 的平均值

兹以 $\psi_\alpha^{(s)}$ 作场的广义坐标 (如粒子的 q_k), 并定义 $\psi_\alpha^{(s)}$ 的共轭变数 p_α 及共轭动量密度 (momentum density)$\pi_\alpha^{(s)}$

$$p_\alpha=\frac{\delta L}{\delta\dot{\psi}_\alpha^{(s)}}=\frac{\partial\mathscr{L}}{\partial\dot{\psi}_\alpha^{(s)}}\delta V^{(s)} \tag{6-12}$$

$$\pi_\alpha^{(s)}\equiv\frac{p_\alpha}{\delta V^{(s)}}=\frac{\partial\mathscr{L}}{\partial\dot{\psi}_\alpha^{(s)}} \tag{6-12a}$$

亦如古典动力学, 兹定义 Hamiltonian H

$$\begin{aligned}H&=\sum p_\alpha\dot{\psi}_\alpha-L \qquad (6\text{-}13\text{a})\\&=\lim_{\delta V^{(s)}\to 0}\sum_s{\pi_\alpha}^{(s)}{\dot{\psi}_\alpha}^{(s)}\delta V^{(s)}-L\end{aligned}$$

$$= \lim_{\delta V^{(s)} \to 0} \sum_s \left\{ \pi_\alpha^{(s)} \dot{\psi}_\alpha^{(s)} - \mathscr{L} \right\} \delta V^{(s)} \tag{6-13}$$

由此可定义 Hamiltonian 密度 $\mathscr{H}$

$$\mathscr{H} = \pi_\alpha \dot{\psi}_\alpha - \mathscr{L} \tag{6-14}$$

故

$$H = \int \mathscr{H} \mathrm{d}V, \quad (\mathrm{d}V = \mathrm{d}x_1 \mathrm{d}x_2 \mathrm{d}x_3) \tag{6-15}$$

$\mathscr{H} = \mathscr{H}(\psi_\alpha, \pi_\alpha, \partial_k \psi_\alpha)$ 系 ψ_α, π_α 及 $\partial_1 \psi_\alpha, \partial_2 \psi_\alpha, \partial_3 \psi_\alpha$ 的函数, 但不含 $\partial_t \psi_\alpha$.*

兹作 $\psi_\alpha, \pi_\alpha, \partial_k \psi_\alpha$ 的变换

$$\delta H = \int \left\{ \frac{\partial \mathscr{H}}{\partial \psi_\alpha} \delta \psi_\alpha + \frac{\partial \mathscr{H}}{\partial(\partial_k \psi_\alpha)} \delta(\partial_k \psi_\alpha) + \frac{\partial \mathscr{H}}{\partial \pi_\alpha} \delta \pi_\alpha \right\} \mathrm{d}V$$

由 $\delta(\partial_k \psi_\alpha) = \partial_k(\delta \psi_\alpha)$, 经部分积分, 即得

$$\delta H = \int \left\{ \left[\frac{\partial \mathscr{H}}{\partial \psi_\alpha} - \partial_k \frac{\partial \mathscr{H}}{\partial(\partial_k \psi_\alpha)} \right] \delta \psi_\alpha + \frac{\partial \mathscr{H}}{\partial \pi_\alpha} \delta \pi_\alpha \right\} \mathrm{d}V \tag{6-16}$$

亦如第 (11) 式的将 V_3 分作 $\delta V^{(s)}$ 小室, 使 $\delta\psi_\alpha, \delta\pi_\alpha, \delta(\partial_k \psi_\alpha)$ 等变分皆限于 $\delta V^{(s)}$ 室内.

兹定义“函数的微分导数” (functional derivative) 如下：(见 (16))

$$\begin{aligned} \frac{\delta H}{\delta \psi_\alpha} &= \lim_{\delta V^{(s)} \to 0} \frac{\delta H}{\delta \psi_\alpha^{(s)} \delta V^{(s)}} \\ &= \frac{\partial \mathscr{H}}{\partial \psi_\alpha} - \partial_k \frac{\partial \mathscr{H}}{\partial(\partial_k \psi_\alpha)} \end{aligned} \tag{6-17}$$

$$\frac{\delta H}{\delta \pi_\alpha} = \frac{\partial \mathscr{H}}{\partial \pi_\alpha} \tag{6-18}$$

由 (14), 即得

$$\frac{\partial \mathscr{H}}{\partial \psi_\alpha} - \partial_k \frac{\partial \mathscr{H}}{\partial(\partial_k \psi_\alpha)} = -\frac{\partial \mathscr{L}}{\partial \psi_\alpha} + \partial_k \frac{\partial \mathscr{L}}{\partial(\partial_k \psi_\alpha)} \tag{6-17a}$$

$$\frac{\partial \mathscr{H}}{\partial \pi_\alpha} = \dot{\psi}_\alpha \tag{6-18a}$$

由 (10a) 及 (12a), (18), (18a), (17), (17a), 即得

$$\dot{\psi}_\alpha = \frac{\delta H}{\delta \pi_\alpha}, \quad \dot{\pi}_\alpha = -\frac{\delta H}{\delta \psi_\alpha} \tag{6-19}$$

---

* 此点与古典动力学的 Legendre 变换相同, 见《理论物理第一册：古典动力学》乙部, 第 3 章第 1, 2 节.

此乃场方程式的 Hamiltinian 形式.

由 (14) 式, 得见由 $-\mathscr{L}$ 函数 (密度), 可得 $\mathscr{H}$ 密度; 由 (15), 可得 H; 再由 (19), 可得场方程式.

由 (5a), 得见如代 $\mathscr{L}$ 以

$$\mathscr{L}+\partial_\mu F_\mu(\psi_\alpha) \tag{6-20}$$

F_μ 系 ψ_α 的任意四维向量 *, $\partial_\mu F_\mu$ 系四维散度, 则由

$$\delta\int(\mathscr{L}+\partial_\mu F_\mu)\mathrm{d}^4x=0 \tag{6-21}$$

所得之 Euler-Lagrange 方程式, 与 (10) 式同.

由 (15), (14), (12a), (10a), 即可证明：如

$$\frac{\partial\mathscr{L}}{\partial t}=0 \tag{6-22}$$

则 H 系一运动常数, 即

$$\frac{\mathrm{d}H}{\mathrm{d}t}=\frac{\partial\mathscr{L}}{\partial t}=0 \tag{6-22a}$$

本节上述的结果, 可以一简单的古典场申明之. 兹取一个“一分量”(或, 纯量) 的场 $\psi(\boldsymbol{r},t)$. (此场是可数或是不可数的). 设 $\phi_k(\boldsymbol{r})$ 系一全集的正交归一实数函数 (ϕ_k 是可数的, 或是不可数的, 如其系连续谱的函数), 换言之, ϕ_k 满足下关系 **

$$\begin{aligned}&\int\phi_k(\boldsymbol{r})\phi_j(\boldsymbol{r})dr=\delta_{kj},\\&\sum_k\phi_k(\boldsymbol{r})\phi_k(\boldsymbol{r}')=\delta(\boldsymbol{r}-\boldsymbol{r}')\end{aligned} \tag{6-23}$$

使 $\psi(\boldsymbol{r},t)$ 以 ϕ_k 展开

$$\psi(\boldsymbol{r},t)=\sum q_k(t)\phi_k(\boldsymbol{r}) \tag{6-24}$$

与 $q_k(t)$ 为共轭的动量 $p_k(t)$ 乃

$$\begin{aligned}p_k(t)&=\frac{\partial L}{\partial\dot{q}_k}=\int\frac{\partial\mathscr{L}}{\partial\dot{q}_k}\mathrm{d}\boldsymbol{r}\\&=\int\frac{\partial\mathscr{L}}{\partial\dot{\psi}}\frac{\partial\dot{\psi}}{\partial\dot{q}_k}\mathrm{d}\boldsymbol{r}\\&=\int\frac{\partial\mathscr{L}}{\partial\dot{\psi}}\phi_k(\boldsymbol{r})\mathrm{d}\boldsymbol{r}.\ \text{(用 (24) 式)}\end{aligned} \tag{6-25}$$

---

*F_μ 只需满足下条件: 在 V_4 的边界面 Σ(见 (7) 式) 上, $F_\mu=0$.

** 如 ϕ_k 系连续谱函数, 则 (23) 式之 $\delta_{kj},\sum_k$ 需代以 $\delta(k-j),\int\mathrm{d}k$.

与 $\psi(r,t)$ 共轭的动量密度 π 按 (12a), 乃

$$\pi(\boldsymbol{r},t)=\frac{\partial\mathscr{L}}{\partial\dot{\psi}} \tag{6-26}$$

故

$$p_k(t)=\int\pi(\boldsymbol{r},t)\phi_k(\boldsymbol{r})\mathrm{d}\boldsymbol{r} \tag{6-25a}$$

由 (3), 兹计算 (略如得 (9) 式的步骤)

$$\begin{aligned}
\frac{\partial L}{\partial q_k}&=\int\left\{\frac{\partial\mathscr{L}}{\partial\psi}\phi_k+\frac{\partial\mathscr{L}}{\partial(\partial_j\psi)}\frac{\partial(\partial_j\psi)}{\partial q_k}\right\}\mathrm{d}\boldsymbol{r},\quad (\text{对 } j\text{=1, 2, 3 之和})\\
&=\int\left\{\frac{\partial\mathscr{L}}{\partial\psi}-\partial_j\frac{\partial\mathscr{L}}{\partial(\partial_j\psi)}\right\}\phi_k(\boldsymbol{r})\mathrm{d}\boldsymbol{r}\\
\frac{\partial L}{\partial q_k}-\frac{\mathrm{d}}{\mathrm{dt}}\frac{\partial L}{\partial\dot{q}_k}&=\int\left\{\frac{\partial\mathscr{L}}{\partial\psi}-\partial_j\frac{\partial\mathscr{L}}{\partial(\partial_j\psi)}-\partial_t\frac{\partial\mathscr{L}}{\partial\dot{\psi}}\right\}\phi_k(\boldsymbol{r})\mathrm{d}\boldsymbol{r}\\
&=0\quad(\text{按 (10a) 式})
\end{aligned} \tag{6-27}$$

(27) 式即 Lagrange 方程式也.

由 (13a), (25a), (24), 得

$$\begin{aligned}
H&=\sum p_k\dot{q}_k-L\\
&=\sum\int\pi(\boldsymbol{r},t)\phi_k(\boldsymbol{r})\mathrm{d}r\int\dot{\psi}(\boldsymbol{r}',t)\phi_k(\boldsymbol{r}')\mathrm{d}\boldsymbol{r}'-L\\
&=\int\pi(\boldsymbol{r},t)\dot{\psi}(\boldsymbol{r}',t)\delta(\boldsymbol{r}-r')\mathrm{d}r\mathrm{d}\boldsymbol{r}'-\int\mathscr{L}\mathrm{d}\boldsymbol{r}\quad(\text{用 (23)})\\
&=\int\left\{\pi(\boldsymbol{r},t)\dot{\psi}(\boldsymbol{r},t)-\mathscr{L}\right\}\mathrm{d}\boldsymbol{r}
\end{aligned} \tag{6-28}$$

此结果写成下式

$$H=\int\mathscr{H}\,\mathrm{d}r$$

之 $\mathscr{H}$, 与 (14) 式相符.

6.2　正则能–动量张量

在详举些古典场的例前, 先述正则能–动量张量 $T_{\mu\nu}$ 及角动量张量 $M_{\mu\nu}$.

6.2.1 $T_{\mu\nu}$ 的定义

$$T_{\mu\nu} = \partial_\mu \psi_\alpha \frac{\partial \mathscr{L}}{\partial(\partial_\nu \psi_\alpha)} - \delta_{\mu\nu} \mathscr{L} \tag{6-29}$$

$T_{jk}, j,k = 1,2,3$ 系应力张量 (stress tensor).

$$\begin{aligned} \frac{1}{\mathrm{ic}} T_{j4} &= \partial_j \psi_\alpha \cdot \frac{\partial \mathscr{L}}{\partial \dot{\psi}_\alpha} = \pi_\alpha \partial_j \psi_\alpha{}^* \\ &= \mathscr{P}_j, \quad \text{动量向量}\mathscr{P}\text{的分量} \quad j = 1,2,3 \end{aligned} \tag{6-30}$$

$$\begin{aligned} \mathrm{i}cT_{4j} &= \dot{\psi} \frac{\partial \mathscr{L}}{\partial(\partial_j \psi_\alpha)} \\ &= \mathscr{S}_j, \quad \text{能流密度分量} \quad j = 1,2,3 \end{aligned} \tag{6-31}$$

$$\begin{aligned} T_{44} &= \dot{\psi}_\alpha \frac{\partial \mathscr{L}}{\partial \dot{\psi}_\alpha} - \mathscr{L} \\ &= \mathscr{X} \quad \text{能密度} \end{aligned} \tag{6-32}$$

由 $T_{\nu\mu}$ 张量之定义, 知 $T_{\mu\nu}$ 是不对称的,

$$T_{\mu\nu} \neq T_{\nu\mu}. \tag{6-33}$$

惟由 (20), 曾见可加一个四维散度 $\partial_\mu F_\mu$ 于 $\mathscr{L}$ 而不改场的方程式. 如使 $\partial_\mu F_\mu$ 满足下方程式

$$\left\{ \partial_\nu \psi_\alpha \frac{\partial}{\partial(\partial_\mu \psi_\alpha)} - \partial_\mu \psi_\alpha \frac{\partial}{\partial(\partial_\mu \psi_\alpha)} \right\} \partial_\beta F_\beta = 0 \tag{6-34}$$

则可使

$$T_{\mu\nu} - T_{\nu\mu} = 0 \tag{6-35}$$

兹可证下定理:

定理 如 $\mathscr{L}$ 非 x_μ 的显函数, 且

$$\partial_\nu T_{\mu\nu} = 0 \tag{6-36}$$

---

*由(30), (31), 可定义(如(15)),

$$P = \int_V \mathscr{P} \mathrm{d}r \tag{6-30a}$$

$$S = \int_V \mathscr{S} \mathrm{d}r \tag{6-31a}$$

则场满足 Euler-Lagrange 方程式 (10).

证　由 (29),

$$\begin{aligned}\partial_\nu T_{\mu\nu} &= \partial^2_{\mu\nu}\psi_\alpha \frac{\partial \mathscr{L}}{\partial(\partial_\nu\psi_\alpha)} + (\partial_\mu\psi_\alpha)\partial_\nu \frac{\partial \mathscr{L}}{\partial(\partial_\nu\psi_\alpha)}\partial_\mu \mathscr{L} \\ &= \partial^2_{\mu\nu}\psi_\alpha \frac{\partial \mathscr{L}}{\partial(\partial_\nu\psi_\alpha)} + (\partial_\mu\psi_\alpha)\partial_\nu \frac{\partial \mathscr{L}}{\partial(\partial_\nu\psi_\alpha)} \\ &= \frac{\partial \mathscr{L}}{\partial\psi_\alpha}\partial_\mu\psi_\alpha - \frac{\partial \mathscr{L}}{\partial(\partial_\nu\psi_\alpha)}\partial^2_{\nu\mu}\psi_\alpha \\ &= -\left(\frac{\partial \mathscr{L}}{\partial\psi_\alpha} - \partial_\nu \frac{\partial \mathscr{L}}{\partial(\partial_\nu\psi_\alpha)}\right)\partial_\mu\psi_\alpha \\ &= 0 \qquad \text{按假定}\end{aligned} \tag{6-36a}$$

故得 (10) 式.

第 (36) 式的物理意义可如下见之. 将 (36) 式对场所在之三维空间 V 作积分,

$$\begin{aligned}0 &= \int_V \partial_\nu T_{\mu\nu}\mathrm{d}\boldsymbol{r} \\ &= \int_V \{\partial_j T_{\mu j} + \partial_4 T_{\mu 4}\}\,\mathrm{d}\boldsymbol{r} \\ &= \int_S T_{\mu j}\cdot \mathrm{d}\boldsymbol{S}_j + \frac{d}{dx_4}\int_V T_{\mu 4}\mathrm{d}\boldsymbol{r}\end{aligned}$$

第一项为一面积分. 如 $T_{\mu j}$ 在 V 之面 S 等于 0, 则上式

$$0 = \frac{\mathrm{d}}{\mathrm{d}x_4}\int_V T_{\mu 4}\mathrm{d}\boldsymbol{r}, \quad \mu = 1,2,3,4 \tag{6-37}$$

由 (37), 即得, 由 (30), (32),

$$\frac{\mathrm{d}}{\mathrm{d}t}\int_V \mathscr{P}_j\mathrm{d}\boldsymbol{r} = 0, \quad j = 1,2,3 \tag{6-38}$$

$$\frac{\mathrm{d}}{\mathrm{d}t}\int_V \mathscr{H}\,\mathrm{d}\boldsymbol{r} = 0 \tag{6-39}$$

此乃动量及能的守恒定律也.

又由 (36) 式, 即得

$$\partial_\nu \boldsymbol{T}_{4\nu} = 0 \tag{6-40}$$

$$\partial_\nu \boldsymbol{T}_{k\nu} = 0, \quad k = 1,2,3 \tag{6-41}$$

亦即

$$\partial_j \boldsymbol{T}_{4j} + \frac{1}{\mathrm{i}c}\partial_t T_{44} = 0 \tag{6-40a}$$

$$\partial_j \boldsymbol{T}_{kj} + \frac{1}{\mathrm{i}c}\partial_t \boldsymbol{T}_{k4} = 0 \tag{6-41a}$$

或, 由 (30), (31), (32),

$$\nabla \cdot \boldsymbol{\mathscr{S}} + \frac{\partial}{\partial t}\mathscr{X} = 0 \tag{6-40b}$$

$$\partial_j \boldsymbol{T}_{kj} + \frac{\partial}{\partial t}\mathscr{P}_k = 0 \tag{6-41b}$$

(40b) 式示能之守恒: $\mathscr{S}$ 乃每秒流过与 $\mathscr{S}$ 垂直的单位面积的能. 如场系电磁场, 则 $\mathscr{S}$ 即 Poynting 向量也. (41b) 式之 $\mathscr{P}_k$, 乃动量 (向量的 k 分量) 密度; T_{kj} 乃 3×3 场应力张量.

$T_{\mu\nu}$ 可表之如下

$$T_{\mu\nu} = \left|\begin{array}{ccc:c} & 3\times 3 & & \mathrm{i}c\mathscr{P}_1 \\ & T_{jk} & & \mathrm{i}c\mathscr{P}_2 \\ \cdots & \cdots & \cdots & \mathrm{i}c\mathscr{P}_3 \\ \frac{1}{\mathrm{i}c}\mathscr{S}_1 & \frac{1}{\mathrm{i}c}\mathscr{S}_2 & \frac{1}{\mathrm{i}c}\mathscr{S}_3 & \mathscr{X} \end{array}\right| \tag{6-42}$$

如于某点 (r,t), $\mathscr{L}$ 系 x_μ 的显函数, 即

$$\frac{\partial \mathscr{L}}{\partial x_\mu} \neq 0$$

故 (36a) 式左方乃有 $\partial_\mu \mathscr{L}$ 项, 使

$$\partial_\nu T_{\mu\nu} \neq 0 \tag{6-43}$$

在这些点, 动量及能均不守恒. 此乃系此场 ψ_α 与其他外来系统相互作用所致.

6.2.2　场的角动量

由场的动量密度 $\mathscr{P}(30)$, 可定义角动量密度 $\mathscr{M}_{jj}$

$$\begin{aligned}\mathscr{M}_{jk} &= x_j\mathscr{P}_k - x_k\mathscr{P}_j \\ &= \frac{1}{\mathrm{i}c}(x_jT_{k4} - x_kT_{j4})\end{aligned} \tag{6-44}$$

场的总角动量为此密度对场的三维空间体积之积分

$$M_{jk} = \int_V \mathscr{M}_{jk}\mathrm{d}\boldsymbol{r} \tag{6-45}$$

兹使

$$m_{jk4} \equiv \mathscr{M}_{jk}, \qquad m_{\mu\nu 4} \equiv \mathscr{M}_{\mu\nu} \tag{6-46}$$

$m_{\mu\nu\rho}$ 乃一 $4 \times 4 \times 4$ 张量 (第三阶 rank 张量),

$$m_{\mu\nu\rho} = \frac{1}{\mathrm{i}c}(x_\mu T_{\nu\rho} - x_\nu T_{\mu\rho}) \tag{6-47}$$

取散度

$$\begin{aligned} \partial_\rho m_{\mu\nu\rho} &= \frac{1}{\mathrm{i}c}\partial_\rho(x_\mu T_{\nu\rho} - x_\nu T_{\mu\rho}) \\ &= \frac{1}{\mathrm{i}c}(T_{\nu\mu} + x_\mu \partial_\rho T_{\nu\rho} - T_{\mu\nu} - x_\nu \partial_\rho T_{\mu\rho}) \\ &= \frac{1}{\mathrm{i}c}(T_{\nu\mu} - T_{\mu\nu}) \quad \text{如场满足 (10) 式, 见 (36a)} \end{aligned} \tag{6-48}$$

如 $T_{\mu\nu} = T_{\nu\mu}$, 如 (35), 则

$$\partial_\rho m_{\mu\nu\rho} = 0 \tag{6-49}$$

对三维空间 V 积分, 即得

$$\begin{aligned} 0 &= \int \partial_\rho m_{\mu\nu\rho} \mathrm{d}\boldsymbol{r} \\ &= \int_V \partial_j m_{\mu\nu j} \mathrm{d}\boldsymbol{r} + \frac{1}{\mathrm{i}c}\int_V \partial_t m_{\mu\nu 4} \mathrm{d}\boldsymbol{r} \\ &= \int_S m_{\mu\nu} \mathrm{d}S + \frac{1}{\mathrm{i}c}\int_V \partial t m_{\mu\nu 4} \mathrm{d}\boldsymbol{r} \end{aligned}$$

表面 S 积分项等于 0 如在 S 面, $m_{\mu\nu} = 0$. 故由 (46),

$$\frac{\mathrm{d}}{\mathrm{d}t}\int_V \mathscr{M}_{\mu\nu} \mathrm{d}\boldsymbol{r} = \frac{\mathrm{d}}{\mathrm{d}t} M_{\mu\nu} = 0 \tag{6-50}$$

亦包括

$$\frac{\mathrm{d}}{\mathrm{d}t} M_{jk} = 0 \tag{6-51}$$

总结上结果, 如 $T_{\mu\nu} = T_{\nu\mu}$, 则角动量 $M_{\mu\nu}$ 守恒.

6.3　电磁场之 Lagrange 式

兹以 Lagrangian 形式表古典电磁场. (真空场, 或自由场)

前节之场幅度 ψ_α, 乃

$$\psi_\alpha = A_1, A_2, A_3, A_4 = \frac{\mathrm{i}}{c}\phi \tag{6-52}$$

磁场 $\boldsymbol{B}$ 及电场 $\boldsymbol{E}$ 乃由磁的 Coulomb 定律及 Faraday 定律得之:

$$\boldsymbol{B} = \nabla \times \boldsymbol{A}; \qquad \boldsymbol{E} = -\nabla\phi - \partial_t \boldsymbol{A} \tag{6-53}$$

此外，电磁场有 Ampére 定律及电之 Coulomb 定律

$$\nabla \times \boldsymbol{H} = \partial_t \boldsymbol{D}; \qquad \nabla \cdot \boldsymbol{D} = 0 \tag{6-54}$$

$$\boldsymbol{B} = \mu_0 \boldsymbol{H}, \qquad \boldsymbol{D} = \epsilon_0 \boldsymbol{E}$$

Lagrangian 密度 $\mathscr{L}$ 可取为

$$\mathscr{L} = -\frac{1}{4\mu_0}[F_{\mu\nu}F_{\mu\nu} + 2(\partial_\mu A_\mu)^2] \tag{6-55}$$

$F_{\mu\nu}$ 为 (反对称的) 电磁场张量 *,

$$F_{\mu\nu} = \partial_\mu A_\nu - \partial_\nu A_\mu = -F_{\nu\mu} \tag{6-56}$$

$$F_{k4} = -\frac{\mathrm{i}}{c}E_k$$

$$F_{kj} = \epsilon_{kjm}B_m$$

$$F_{\mu\nu} = \begin{vmatrix} 0 & B_3 & -B_2 & -\frac{\mathrm{i}}{c}E_1 \\ & 0 & B_1 & -\frac{\mathrm{i}}{c}E_2 \\ & & 0 & -\frac{\mathrm{i}}{c}E_3 \\ & & & 0 \end{vmatrix} \tag{6-57}$$

如取 Lorentz 规范 (gauge)

$$\partial_\mu A_\mu = 0 \tag{6-58}$$

则 $\mathscr{L}$ 成

$$\mathscr{L} = -\frac{1}{4\mu_0}F_{\mu\nu}F_{\mu\nu} \tag{6-59a}$$

$$= \frac{1}{2}(\boldsymbol{E}\cdot\boldsymbol{D} - \boldsymbol{H}\cdot\boldsymbol{B}) \tag{6-59b}$$

在规范变换

$$A_\mu \to A_\mu + \partial_\mu \Lambda, \quad \Lambda = \text{纯量函数} \tag{6-60}$$

下, $F_{\mu\nu}$ 有不变性, 故 (59a) 式之 $\mathscr{L}$ 亦不变.

使 Lorentz 关系 (58) 在 (60) 变换下不变的条件为

$$\partial_\mu^2 \Lambda = 0 \quad (\text{或}, \Box^2 \Lambda = 0) \tag{6-61}$$

* 参阅《理论物理第四册：相对论》(甲部), 第 4 章 (4-22a, b) 式的 $F_{\mu\nu}$;(6-21) 式的 Lorentz 关系. 为方便计, 本节末之附录, 将综集电磁场理论的重要方程式.

在任意的 Lorentz 坐标中, 永远可取一个满足 (61) 条件的 Λ 函数, 使

$$A_4 = \frac{\mathrm{i}}{c}\phi \to \frac{\mathrm{i}}{c}\phi + \frac{\partial}{\partial x_4}\Lambda = 0$$

故 (58) 式成

$$\partial_k A_k = 0 \quad (\text{即 } \nabla\cdot\boldsymbol{A} = 0) \tag{6-61a}$$

由 Lagrange 方程式 (10), 即得

$$\begin{aligned}0 &= \frac{\partial\mathscr{L}}{\partial A_\nu} - \partial_\mu\frac{\partial\mathscr{L}}{\partial(\partial_\mu A_\nu)} = -\partial_\mu\frac{\partial\mathscr{L}}{\partial(\partial_\mu A_\nu)}\\ &= -\frac{1}{\mu_0}\left\{\partial_\mu(\partial_\mu A_\nu - \partial_\nu A_\mu) + \partial_\nu\partial_\mu A_\mu\right\}\\ &= -\frac{1}{\mu_0}\partial_\mu^2 A_\nu\end{aligned}$$

或

$$\Box^2 A_\nu = 0, \quad \nu = 1,2,3,4 \tag{6-62}$$

如取下式为 $\mathscr{L}$

$$\mathscr{L} = -\frac{1}{2\mu_0}(\partial_\mu A_\nu)(\partial_\mu A_\nu) \tag{6-63}$$

则由 (10) 式, 亦得

$$\begin{aligned}0 &= -\partial_\mu\frac{\partial\mathscr{L}}{\partial(\partial_\mu A_\nu)}\\ &= -\frac{1}{\mu_0}\partial_\mu^2 A_\nu\end{aligned}$$

此亦即 (62) 式.

(62) 式在 (60), (61) 变换下不变. 惟如用 (63) 式之 $\mathscr{L}$, 则在 (60), (61) 变换下, $\mathscr{L}$ 无此不变性. 故在下文, 我们将取 (55) 式的 $\mathscr{L}$(暂不取 (58) 关系)

A_ν 的正则共轭变数 π_ν 可由 (12a) 得之

$$\begin{aligned}\pi_\mu &= \frac{\partial\mathscr{L}}{\partial\dot{A}_\mu}\\ &= -\frac{1}{\mathrm{i}c\mu_0}(F_{4\mu} + \partial_\nu A_\nu\delta_{\mu4})\end{aligned} \tag{6-64}$$

或

$$\pi_k = -\epsilon_0 E_k, \quad \pi_4 = -\frac{1}{\mathrm{i}c\mu_0}\partial_\nu A_\nu \tag{6-64a}$$

由 (14), 可得 Hamiltonian 密度

$$\mathscr{H} = \pi_\mu\dot{A}_\mu - \mathscr{L}$$

$$= \pi_\mu \dot{A}_\mu + \frac{1}{4\mu_0}[F_{\mu\nu}F_{\mu\nu} + 2(\partial_\mu A_\mu)^2] \tag{6-65}$$

由 (52), (53) 及 (64a), 可得

$$\begin{aligned} \dot{A}_k &= -E_k - \partial_k \phi \\ &= \frac{1}{\epsilon_0}\pi_k + \mathrm{i}c\partial_k A_4 \end{aligned} \tag{6-66}$$

$$\dot{A} = \frac{1}{\epsilon_0}\pi_4 - \mathrm{i}c\partial_k A_k$$

(65) 式乃成 (用 (66), (64a) 式)$\mathscr{H} = \mathscr{H}(A_\mu, \partial_k, A_\mu, \pi_\mu)$,

$$\begin{aligned} \mathscr{H} &= \frac{1}{\epsilon_0}\pi_\mu\pi_\mu + \mathrm{i}c(\pi_k\partial_k A_4 - \pi_4\partial_k A_k) + \frac{1}{4\mu_0}[F_{\mu\nu}F_{\mu\nu} + 2(\partial_\mu A_\mu)^2] \\ &= \frac{1}{2}(\boldsymbol{E}\cdot\boldsymbol{D} + \boldsymbol{H}\cdot\boldsymbol{B}) + \mathrm{i}c(\pi_k\partial_k A_4 - \pi_4\partial_k A_k) + \frac{1}{2\epsilon_0}\pi_4^2 \end{aligned} \tag{6-67}$$

兹将 $\mathscr{H}$ 对三维空间 V 积分,

$$\begin{aligned} \mathrm{i}c\int_V \pi_k\partial_k A_4 \mathrm{d}\boldsymbol{r} &= \int_V \boldsymbol{D}\cdot\nabla\phi\mathrm{d}\boldsymbol{r} \text{用(64a)} \\ &= -\int_V \phi(\nabla\cdot\boldsymbol{D})\mathrm{d}\boldsymbol{r} = 0 \end{aligned} \tag{6-68}$$

如取 Lorentz 规范 (58), 则 $\pi_4 = -\frac{1}{\mathrm{i}c\mu_0}\partial_\mu A_\mu = 0$. 由 (67), 即得电磁场的能

$$\begin{aligned} H &= \int_V \mathscr{H}\mathrm{d}\boldsymbol{r} \\ &= \int \frac{1}{2}(\boldsymbol{E}\cdot\boldsymbol{D} + \boldsymbol{H}\cdot\boldsymbol{B})\mathrm{d}\boldsymbol{r} \end{aligned} \tag{6-69}$$

电磁场之能 - 动量张量 $T_{\mu\nu}$, 由 (29) 式及 (56), (59) 式, 为

$$\begin{aligned} T_{\mu\nu} &= (\partial_\mu A_\alpha)\frac{\partial\mathscr{L}}{\partial(\partial_\nu A_\alpha)} - \delta_{\mu\nu}\mathscr{L} \\ &= \frac{1}{\mu_0}(\partial_\mu A_\alpha)F_{\alpha\nu} - \delta_{\mu\nu}\mathscr{L} \\ &= \frac{1}{\mu_0}F_{\mu\alpha}F_{\alpha\nu} + \frac{1}{\mu_0}(\partial_\alpha A_\mu)F_{\alpha\nu} - \delta_{\mu\nu}\mathscr{L} \end{aligned} \tag{6-70}$$

又

$$\partial_\nu \frac{\partial\mathscr{L}}{\partial(\partial_\nu A_\alpha)} = \frac{1}{\mu_0}\partial_\nu F_{\alpha\nu}$$

$$= \frac{1}{\mu_0}\left\{\partial_\alpha \partial_\nu A_\nu - \partial_\nu^2 A_\alpha\right\} \tag{6-71}$$
$$= 0 \qquad \text{(按 (62) 及 (58) 式)}$$

兹

$$\int_V \partial_\nu \left\{(\partial_\alpha A_\mu) F_{\alpha\nu}\right\} \mathrm{d}\boldsymbol{r} = \int_V (\partial_\nu \partial_\alpha A_\mu) F_{\alpha\nu} \mathrm{d}\boldsymbol{r}$$
$$= -\int_V (\partial_\alpha A_\mu) \partial_\nu F_{\alpha\nu} \mathrm{d}\boldsymbol{r} = 0 \tag{6-72}$$

故 (70) 式右方第二项, 在对三维空间 V 积分时无何贡献；我们可以略去此项而不影响能的积分 (场的总能) 及动量守恒定律, 连续方程式等. 换言之, 我们可取

$$T_{\mu\nu} = \frac{1}{\mu_0} F_{\mu\alpha} F_{\alpha\nu} - \delta_{\mu\nu} \mathscr{L} \tag{6-73}$$
$$= T_{\nu\mu} \tag{6-74}$$

$$T_{\mu\nu} = \left|\begin{matrix} E_1 D_1 + H_1 B_1 - \mathscr{X} & E_1 D_2 + H_1 B_2 & E_1 D_3 + H_1 B_3 & \mathrm{i}c\mathscr{P}_1 \\ E_2 D_1 + H_2 B_1 & E_2 D_2 + H_2 B_2 - \mathscr{X} & E_2 D_3 + H_2 B_3 & \mathrm{i}c\mathscr{P}_2 \\ E_3 D_1 + H_3 B_1 & E_3 D_2 + H_3 B_2 & E_3 D_3 + H_3 B_3 - \mathscr{X} & \mathrm{i}c\mathscr{P}_3 \\ \frac{1}{\mathrm{i}c}\mathscr{S}_1 & \frac{1}{\mathrm{i}c}\mathscr{S}_2 & \frac{1}{\mathrm{i}c}\mathscr{S}_3 & \mathscr{X} \end{matrix}\right|^{*} \tag{6-75}$$

$$\mathscr{S} = [\boldsymbol{E} \times \boldsymbol{H}], \quad \mathscr{P} = -\frac{1}{c^2}\mathscr{S} \tag{6-76}$$

$\mathscr{S}$ 为 Poynting 向量 (能流密度), $\mathscr{P}$ 为动量密度.(见 (30), (31) 式)

附录　电　磁　场

为方便计, 兹将电磁场理论之方程式综述如下.(下文用 m.k.s.a 制)

Faraday　定律：$\nabla \times \boldsymbol{E} = -\dfrac{\partial \boldsymbol{B}}{\partial t}$　　(6-01)

Ampere　定律：$\nabla \times \boldsymbol{H} = \boldsymbol{j} + \dfrac{\partial \boldsymbol{D}}{\partial t}, \boldsymbol{j} = \rho \boldsymbol{v},$　　(6-02)

Coulomb　定律：$\nabla \cdot \boldsymbol{B} = 0$　　(6-03)

Coulomb　定律：$\nabla \cdot \boldsymbol{D} = \rho$　　(6-04)

$$\begin{aligned} \boldsymbol{B} &= \mu_0 \boldsymbol{H} \left(\mu_0 = 4\pi \times 10^{-7} \text{henry/m}\right) \\ \boldsymbol{D} &= \epsilon_0 \boldsymbol{E} \left(\epsilon_0 = \frac{1}{36\pi} \times 10^{-9} \text{farad/m}\right) \end{aligned} \tag{6-05}$$

* $T_{\mu\nu} = T_{\nu\mu}$, (75) 式的 $\mathrm{i}c\mathscr{P}$ 竖行自可与 $\frac{1}{\mathrm{i}c}\mathscr{S}$ 横行调整.

$$\frac{1}{\sqrt{\mu_0\epsilon_0}} = c \simeq 3\times 10^8\mathrm{m/s}.$$

(01)–(04) 四式中只有两个系独立的. 由 (01), 取两方的散度, 如某瞬时 $t\nabla\cdot\boldsymbol{B} = 0$, 则即得 (03). 由 (02), 取两方的散度, 用连续方程式

$$\nabla\cdot\boldsymbol{j} + \frac{\partial\rho}{\partial t} = 0 \tag{6-06}$$

即得 (04) 式, 兹引入向量势 $\boldsymbol{A}$ 及纯量势 ϕ, 使

$$\boldsymbol{B} = \nabla\times\boldsymbol{A} \tag{6-07}$$

$$\boldsymbol{E} = -\nabla\phi - \frac{\partial\boldsymbol{A}}{\partial t} \tag{6-08}$$

即得

$$\Box^2\boldsymbol{A} = -\mu_0\boldsymbol{j} \tag{6-09}$$

$$\Box^2\phi = -\frac{1}{\epsilon_0}\boldsymbol{\rho} \tag{6-010}$$

如 $\boldsymbol{A},\phi$ 间有下述的所谓 Lorentz 关系

$$\nabla\cdot\boldsymbol{A} + \frac{1}{c^2}\frac{\partial\phi}{\partial t} = 0 \tag{6-011}$$

(011) 关系仍不足以作 $\boldsymbol{A},\phi$ 的惟一选定. 我们可以 $\boldsymbol{A}',\phi'$ 代 $\boldsymbol{A},\phi$(所谓规范变换)

$$\begin{aligned}\boldsymbol{A}' &= \boldsymbol{A} + \nabla\Lambda,\\ \phi' &= \phi - \frac{\partial\Lambda}{\partial t}\end{aligned} \tag{6-012}$$

而 (07), (08) 式之 $\boldsymbol{B},\boldsymbol{E}$ 值不变. 如使 (011) 亦不变, 则 Λ 须满足下式

$$\Box^2\Lambda = 0 \tag{6-013}$$

兹引入四维势 A_μ

$$A_\mu = \left(A_1, A_2, A_3, \frac{\mathrm{i}}{c}\phi\right) \tag{6-014}$$

及四维电流密度

$$j_\mu = (\rho v_x, \rho v_y, \rho v_z, \mathrm{i}c\rho) \tag{6-015}$$

以张量式, 则 (09), (010), (011), (012) 可表以下形式

$$\Box^2 A_\mu = -\mu_0 j_\mu,\quad \mu = 1,2,3,4 \tag{6-09,010}$$

$$\partial_\mu A_\mu = 0 \tag{6-011}$$

$$A'_\mu = A_\mu + \partial_\mu \Lambda \tag{6-012}$$

兹引入电磁场张量 $F_{\mu\nu}$

$$F_{\mu\nu} = \partial_\mu A_\nu - \partial_\nu A_\mu = -F_{\nu\mu} \tag{6-016}$$

$$= \begin{vmatrix} 0 & B_3 & -B_2 & -\frac{\mathrm{i}}{c}E_1 \\ & 0 & B_1 & -\frac{\mathrm{i}}{c}E_2 \\ & & 0 & -\frac{\mathrm{i}}{c}E_3 \\ & & & 0 \end{vmatrix} \tag{6-016a}$$

(02),(04) 式可表以下式

$$\partial_\nu F_{\mu\nu} = \mu_0 j_\mu \tag{6-017}$$

(01), (03) 两式可表以四个方程式

$$\partial_k F_{lm} + \partial_l F_{mk} + \partial_m F_{kl} = 0 \tag{6-018}$$

(k, l, m)=(1,2,3), (2,3,4), (3,4,1), (4,1,2).

(016), (017), (018) 皆在规范变换 (012) 下不变. 此不变性的来源, 是这些场方程式只系 $\partial_\nu A_\mu$ 的函数，而非 A_μ 的函数. 而场方程式之不含 A_μ 本身, 则由于电磁场的“量子”(光子) 的静止质量等于零.

由张量 $F_{\mu\nu}$ 及向量 j_μ, 可定义一向量

$$f_\mu = F_{\mu\nu} j_\nu \tag{6-019}$$

其空间三分量为

$$\begin{aligned} \boldsymbol{f} &= \rho(\boldsymbol{E} + [\boldsymbol{v} \times \boldsymbol{B}]) \\ &= \rho\boldsymbol{E} + [\boldsymbol{j} \times \boldsymbol{B}] \end{aligned} \tag{6-020}$$

系 Lorentz 力密度 (作用于单位体积的力). f_μ 的第四分量为

$$f_4 = \frac{\mathrm{i}}{c}\boldsymbol{E} \cdot \boldsymbol{j} = \frac{\mathrm{i}}{c}\rho\boldsymbol{E} \cdot \boldsymbol{v} \tag{6-021}$$

系电场对单位体积中的电荷每单位时间所做之功.

由 (019) 及 (017), 可得

$$f_\mu = \frac{1}{\mu_0} F_{\mu\nu} \partial_\lambda F_{\nu\lambda} \tag{6-022}$$

如无电荷,*

$$\rho = \boldsymbol{j} = 0 \tag{6-023}$$

则按 (012) 规范变换, 可取 $-\Lambda$, 使

$$\phi = -\mathrm{i}cA_4 = 0 \tag{6-024}$$

如是则 Lorentz 关系 (011) 成

$$\nabla \cdot \boldsymbol{A} = 0. \tag{6-025}$$

此式虽无 Lorentz 不变性, 但在任何四维坐标中, 永可取一规范 Λ, 使 $\phi = 0$ 如 (024), 故得 $\nabla \cdot \boldsymbol{A} = 0$.

故在 $\rho = 0$ 情形下, 由于 $\nabla \cdot \boldsymbol{A} = 0, A_1, A_2, A_3$ 三分量中只有两个分量系线性独立的.

兹将 $A_j(x), x = x_\mu$, 以 Fourier 积分表之:

$$A_j(x) = \frac{1}{(2\pi)^{3/2}} \int a_j(k) \mathrm{e}^{\mathrm{i}k_\mu x_\mu} \mathrm{d}^3\boldsymbol{k} \tag{6-026}$$

$$k = k_\mu, \qquad \hbar k_4 = \frac{\mathrm{i}E}{c}, \qquad E = \hbar\omega$$

$$k^2 = k_\mu k_\mu = \boldsymbol{k}^2 - \frac{\omega^2}{c^2} = 0 \tag{6-027}$$

由 (025),

$$\nabla \cdot \boldsymbol{A} = \partial_j A_j = \frac{1}{(2\pi)^{3/2}} \int k_j a_j(k) \mathrm{e}^{\mathrm{i}k_\mu x_\mu} \mathrm{d}^3\boldsymbol{k} = 0 \tag{6-028}$$

故

$$k_j a_j = \boldsymbol{k} \cdot \boldsymbol{a} = 0 \tag{6-029}$$

故 $\boldsymbol{A}$ 与电磁波的传播方向 $\boldsymbol{k}$ 垂直.

按 (08), 电场 $\boldsymbol{E}$ 的方向系 $\boldsymbol{A}$ 的方向. 故在真空 $(\rho = 0)$ 的电磁波之电场, 系与 $\boldsymbol{k}$ 垂直. 此波称为横波 (transverse 波). 惟此"横波性"并非一 Lorentz 不变性!

(010) 式之解为"延后"势 $\phi_{\mathrm{ret}}(x_\mu) = \phi_{\mathrm{ret}}(\boldsymbol{r}, t)$

$$\phi_{\mathrm{ret}}(\boldsymbol{r}, t) = \frac{1}{4\pi\epsilon_0} \int \mathrm{d}\boldsymbol{r}' \frac{\rho(\boldsymbol{r}', t')}{|\boldsymbol{r} - \boldsymbol{r}'|}^{**} \tag{6-030}$$

---

* 如 $\rho \neq 0$, 则我们不能使 $\phi = 0$, 盖如 $\phi = 0$, 则与 (010) 式矛盾也.

** $\phi_{\mathrm{ret}}(r, t)$ 之解 (030), 可加以

$$\Box^2 \phi(x) = 0$$

方程式的任意解. 下 (030a) 之 ϕ_{adv}, (037) 之 $A_{\mu,\mathrm{ret}}$, (027a) 之 $A_{\mu,\mathrm{adv}}$ 均同此理.

$$t' = t - \frac{|\boldsymbol{r} - \boldsymbol{r}'|}{c} \tag{6-031}$$

兹引用下文第 8 章 (8-40) 式的延后 Green's 函数

$$\begin{aligned} D_{\mathrm{ret}}(x_\mu) &= \frac{1}{4\pi|r|}\int \delta(x_0 - |r|) \qquad \text{(8-31)及(8-40)} \\ &= \frac{1}{2\pi}\theta(x_0)\delta(x_\mu^2) \end{aligned} \tag{6-032}$$

故

$$\begin{aligned} \phi_{\mathrm{ret}}(\boldsymbol{r}, t) &= \frac{1}{\epsilon_0}\int \mathrm{d}^4x' D_{\mathrm{ret}}(x - x')\boldsymbol{\rho}(x'), \qquad (x' = x'_\mu) \\ &= \frac{1}{4\pi\epsilon_0}\int \mathrm{d}^4x' \frac{\delta(x_0 - x'_0 - |\boldsymbol{r} - \boldsymbol{r}'|)}{|\boldsymbol{r} - \boldsymbol{r}'|}\rho(\boldsymbol{r}', t') \end{aligned} \tag{6-033}$$

以此代入 (010) 方程式, 即得

$$\frac{1}{\epsilon_0}\int \mathrm{d}^4x'[\Box^2 D_{\mathrm{ret}}(x - x')]\rho(x') = -\frac{1}{\epsilon_0}\rho(x) \tag{6-034}$$

此式之解为

$$\Box^2 D_{\mathrm{ret}}(x - x') = -\delta^4(x - x') \tag{6-035}$$

$\Box^2$ 对时 t 的逆转 $t \to -t$ 系不变式. 故由上数式可得“超前”势

$$\phi_{\mathrm{adv}}(r, t) = \frac{1}{4\pi\epsilon_0}\int \mathrm{d}\boldsymbol{r}' \frac{\rho(\boldsymbol{r}', t')}{|\boldsymbol{r} - \boldsymbol{r}'|} \tag{6-030a}$$

$$t' = t + \frac{|\boldsymbol{r} - \boldsymbol{r}'|}{c} \tag{6-031a}$$

$$\begin{aligned} D_{\mathrm{adv}}(x_\mu) &= \frac{1}{4\pi|r|}\delta(x_0 + |\boldsymbol{r}|) \\ &= \frac{1}{2\pi}\theta(-x_0)\delta(x_\mu^2) \end{aligned} \tag{6-032a}$$

$$\begin{aligned} \phi_{adv}(\boldsymbol{r}, t) &= \frac{1}{\epsilon_0}\int \mathrm{d}^4x' D_{\mathrm{adv}}(x - x')\rho(x') \\ &= \frac{1}{4\pi\epsilon}\int \mathrm{d}^4x' \frac{\delta(x_0 - x'_0 + |\boldsymbol{r} - \boldsymbol{r}'|)}{|\boldsymbol{r} - \boldsymbol{r}'|}\rho(\boldsymbol{r}', t') \end{aligned} \tag{6-033a}$$

$$\frac{1}{\epsilon_0}\int \mathrm{d}^4x'[\Box^2 D_{\mathrm{adv}}(x - x')]\rho(x') = -\frac{1}{\epsilon_0}\rho(x) \tag{6-034a}$$

$$\Box^2 D_{\mathrm{adv}}(x - x') = -\delta^4(x - x') \tag{6-035a}$$

(035),(035a) 式即 (6-42) 式.

由 (033) 及 (033a), 可得 $D_{\mathrm{ret}}(x), D_{\mathrm{adv}}(x)$ 的意义如下：$\frac{1}{\epsilon_0}D_{\mathrm{ret}}(x), \frac{1}{\epsilon_0}D_{\mathrm{adv}}(x)$ 系一个点的电荷密度 $\delta^4(x), \int \alpha^4 x \delta^4(x) = 1$ 的场 ϕ.

由 (035),(035a) 得 d'Alembert 方程式

$$\Box^2(D_{\mathrm{adv}}(x) - D_{\mathrm{ret}}(x)) = 0 \tag{6-036}$$

用同法, 可得 (09) 方程式之解

$$\Box^2 A_\mu(x) = -\mu_0 j_\mu(x), \qquad (x = x_\mu)$$

$$A_{\mu,\mathrm{ret}}(x) = \mu_0 \int \mathrm{d}^4 x' D_{\mathrm{ret}}(x - x') j_\mu(x') \tag{6-037}$$

$$t' = t - \frac{1}{c}|\boldsymbol{r} - \boldsymbol{r}'| \tag{6-031}$$

$$A_{\mu,\mathrm{adv}}(x) = \mu_0 \int \mathrm{d}^4 x' D_{\mathrm{adv}}(x - x') j_\mu(x') \tag{6-037a}$$

$$t' = t + \frac{1}{c}|\boldsymbol{r} - \boldsymbol{r}'| \tag{6-031a}$$

第 7 章　多粒子系统

上章曾指出一个场, 可视为一个不可数 (non-denumerable) 的无限数自由度的系数; 场经量子化, 将表一个无限数的“量子”—— 粒子 —— 的系统. 在量子力学中, 我们恒有数个电子的系统 —— 原子, 分子等 ——, 乃有该系统的态 (或波函数) 在作电子间的互调时的对称性的问题发生. 兹在述场的量子化前, 我们需一个“多粒子”系统的对称性理论, 和它的态的适当表象.

所谓“多粒子”系统, 乃指一个有 n 个“相同的”,“不可辨别的” (identical, indistinguishable) 粒子的系统. 所谓“相同”和“不可辨别”性, 可以定义如下: 任何物理量 Q 的算符, 如一个系统的能 (算符为 Hamiltonian H) 或电偶矩 (算符为 $\sum\limits_i e\boldsymbol{r}_i$), 在将粒子作任何的排列组合 (permutation) 变换下皆不变; 且这些物理量 Q 的平均值 (预期值, 即观察所得之值)$\langle Q\rangle$, 亦与粒子的排列变换无关. 换言之, 如以 P 表一个将粒子 1 与 5 互调, 将 4 与 6 互调, 2 与 1 互调的变换

$$P=\begin{pmatrix} 1\,2\,3\,4\,5\,6 \\ 2\,5\,3\,6\,1\,4 \end{pmatrix} \tag{7-1}$$

(表由下向上读), 则

$$PQ=Q$$

$$P\langle Q\rangle=\langle Q\rangle$$

本章将述“多粒子”系统在 P 变换下的对称性问题.

7.1　置换群 S_n(Permutation group 或称 symmetric group)

设有 n 个“粒子”. 将 n 个作各种排列组合, 其总数为 $n!$. 故有 $P_1, P_2, \cdots, P_{n!}$ 个排列变换.

每一 P, 有其反变换 P^{-1}, 其性质为

$$PP^{-1}=P^{-1}P=1(\text{“单位”变换, 即“不变”}) \tag{7-2}$$

(1) 式之 P^{-1} 显系

$$P^{-1}=\begin{pmatrix} 1\,2\,3\,4\,5\,6 \\ 5\,1\,3\,6\,2\,4 \end{pmatrix} \tag{7-3}$$

任两 P, 如 P_i, P_j 的"乘积" P_iP_j, 系 $n!$ 个 P 中的一个

$$P_iP_j = P_k \tag{7-4}$$

此 $n!$ 个 P_i, 满足"群"的定义*,故构成所谓 permutation 群, 或称 symmetric 群 S_n.

上述的 $P_1, P_2, \cdots, P_n!$ 中, 有 $\frac{1}{2}n(n-1)$ 个元素, 只包含两个粒子的互调 (transposition), 如

$$T = \begin{pmatrix} 1 & 2 & 3 & \cdots & i & \cdots & k & \cdots & n \\ 1 & 2 & 3 & \cdots & k & \cdots & i & \cdots & n \end{pmatrix} \tag{7-4}$$

一个任意的 P_j, 可以一连串的互调 T 构成之.

兹定义"奇偶性"如下: 如某个 P 系由奇数的 T 互调构成, 则该 P 称为"偶性", 以 $\delta_P = 1$ 表之; 如 P 系由奇数的 T 构成, 则称为"奇性", 以 $\delta_r = -1$ 表之.

由此定义, 即见:

7.1.1 P 与 P^{-1} 同奇偶性

$$\delta_P = \delta_{P^{-1}} \tag{7-5}$$

7.1.2 (P_iP_j) 的奇偶性为 P_i, P_j 的奇偶性的乘积

$$\delta^{P_iP_j} = \delta_{P_i}\delta_{P_j} \tag{7-6}$$

7.2 P,T 的幺正变换算符 u_P, u_T

上节所述, 乃将相同的粒子, 作排列的变换, 如

$$P(x_1, x_2, \cdots, x_n) = (x_{\alpha 1}, x_{\alpha 2}, \cdots, x_{\alpha n}) \tag{7-7}$$

乃示 P 将粒子之坐标 (包括自旋)$x_1, x_2, \cdots, x_n$, 互调至 $x_{\alpha_1}, x_{\alpha_2}, \cdots, x_{\alpha_n}$.

在量子力学中, 一个态函数 (态 ket$|\psi\rangle$ 在坐标 x 表象之表 $\langle x_1, x_2, \cdots, x_n|\psi\rangle$, 此亦即 Schrödinger 的波函数)

$$\psi(x_1, x_2, \cdots, x_n) = \langle x_1, x_2, \cdots, x_n|\psi\rangle \tag{7-8}$$

由于 P 的变换, 乃成

$$\psi(x_{\alpha_1}, x_{\alpha_2}, \cdots) = \langle x_{\alpha_1}, x_{\alpha_2}, \cdots|\psi\rangle \tag{7-9}$$

---

*P_i 有下四性质: (1)$P_iP_j = P_k$; (2)$P_i(P_jP_k) = (P_iP_j)P_k$; (2) 恒等元表 1, (2) 有 P_i^{-1}. 参阅下文第 11 章.

惟此群 $P_iP_j \neq P_jP_i$(故 S_n 系非 -abelian 群).

兹使由 (8) 至 (9) 的变换, 以算符 u_P 表之

$$\psi(x_\alpha) = u_P\psi(x) \tag{7-10}$$

此 u_P 显系线性的,

$$u_P(c_1\psi_1(x) + c_2\psi_2(x)) = c_1u_P\psi(x) + c_2u_P\psi_2(x) \tag{7-11}$$

又相当于 $P_iP_j = P_k$ 变换的算符, 显有

$$u_{P_k} = u_{P_i}u_{P_j} \tag{7-12}$$

故可证这些线性 u_P, 构成一个群.

又 u_P 系幺正算符, 其证明如下: 取微分乘积

$$\mathrm{d}x_1\mathrm{d}x_2\cdots\mathrm{d}x_n$$

显有下关系

$$\mathrm{d}x_1\mathrm{d}x_2\cdots\mathrm{d}x_n = \mathrm{d}x_{\alpha_1}\mathrm{d}x_{\alpha_2}\cdots\mathrm{d}x_{\alpha_n} \tag{7-13}$$

由 (3), 取二任意函数 $\psi(x_1, x_2, \cdots), \phi(x_1, x_2, \cdots)$, 应得

$$(\psi(x), \phi(x)) = (\psi(x_\alpha), \phi(x_\alpha)) \tag{7-14}$$

由 (10),

$$\begin{aligned} &= (u_P\psi(x), u_P\phi(x)) \\ &= (\psi(x), u_P^+u_P\phi(x)) \end{aligned}$$

故

$$u_P^+u_P = 1, 或u_P^+ = u_P^{-1} \tag{7-15}$$

故幺正 u_P 构成 P 的 symmetric 群 S_n 的一个“表象” (representation).

由 (3), 可证明 u_P 与任何物理量 Q(Hermitian 算符 Q) 皆对易. 取

$$(\psi(x), Q\psi(x)) = (\psi(x_\alpha), Q\psi(x_\alpha))$$

由 (10),

$$\begin{aligned} &= (u_P\psi(x), Qu_P\psi(x)) \\ &= (\psi(x), u_P^+Qu_P\psi(x)) \\ &= (\psi(x), u_P^{-1}Qu_P\psi(x)) \end{aligned}$$

故

$$Qu_P - u_PQ = 0 \tag{7-16}$$

或以对易符号 (commutator) 表之

$$[Q, u_P] = 0 \tag{7-16a}$$

(4) 式的 T, 系 P 群中的元素, 故亦如 (10) 式, 可引入幺正算符

$$u_T \tag{7-17}$$

此 u_T 的本征值为 ± 1, 可证明如下. 兹取粒子 $j, k; T$ 为 j, k 的互调. 故

$$\begin{aligned} u_T \psi(\cdots, x_j, \cdots, x_k, \cdots) &= \psi(\cdots, x_k, \cdots, x_j, \cdots) \\ u_T u_T \psi(\cdots, x_j, \cdots, x_k, \cdots) &= \psi(\cdots, x_j, \cdots, x_k, \cdots) \end{aligned} \tag{7-17a}$$

故 $(u_T)^2$ 之本征值为 1, u_T 之本征值为 ± 1.

故态函数 ψ 乃有二类: u_T 的本征值 ± 1 的本征函数

$$\begin{aligned} u_T \psi_s &= \psi_s \\ u_T \psi_a &= -\psi_a \end{aligned} \tag{7-18}$$

ψ_s 称为对称的, ψ_a 称为反对称的态 (函数).

由上述 P 及 T 的定义, 甚易见 T 与 T^{-1} 系同一个互调 (上例的 j, k 的互调), 故

$$u_T = u_{T^{-1}} = (u_T)^{-1} \tag{7-19}$$

由 (5),(6),(10),(12),(18) 各式, 得见下关系

$$\begin{aligned} u_P \psi_s &= \psi_s \\ u_P \psi_a &= \delta_P \psi_a \end{aligned} \tag{7-20}$$

此式中的 $\delta_P = 1$ 如 P 系由偶数的“粒子对”的互调构成的, $\delta_P = -1$ 如 P 系由奇数的“粒子对”的互调构成的. 例如

$$P_{123} = \begin{pmatrix} 1 & 2 & 3 \\ 2 & 3 & 1 \end{pmatrix}, \qquad P_{1234} = \begin{pmatrix} 1 & 2 & 3 & 4 \\ 2 & 3 & 4 & 1 \end{pmatrix}$$

则

$$\delta_{P123} = -1, \qquad \delta_{P1234} = 1$$

由 (18) 式, 我们可问下问题: 在自然界, 一个系统的态的对称性为何? 这问题只有经验性的答案, 如下:

凡自旋 (角动量, 单位为 $\hbar$) 为半整数 $\left(\text{如} \dfrac{1}{2}, \dfrac{3}{2}, \cdots\right)$ 者, 其态函数永系反对称的, ψ_a. 例如电子、质子、中子、微子等. 此等粒子称为 Fermion.

凡自旋为整数 (如 0, 1, 2, $\cdots$) 者, 其态函数永系对称的, ψ_s. 例如 π 介子, 光子, α 粒子 (及由偶数的半整数自旋粒子组成的粒子). 此等粒子称为 Boson.

7.3　n- 粒子系统的态函数：对称与反对称性；Bosons 与 Fermions

兹先取一个有 n 相同而无相互作用的粒子的系统. 设以 K 代表一个粒子的全集的量子数 *,换言之一个粒子的态为一全集的对易物理量 (算符) 的共同本征态 $|K\rangle$；此 $|K\rangle$ 态在坐标 x 表象的表 $\langle x|K\rangle$, 即 Schrödinger 函数

$$\psi_K(x_j) = \langle x_j|K\rangle \tag{7-21}$$

$|K_j\rangle$ 乃一个粒子的全集量子数为 K_j 的态. 兹假设正交及归一的 $|K\rangle$,

$$\langle K_i|K_j\rangle = \delta_{K_iK_j} \tag{7-22}$$

或可写为

$$\langle \psi_{K_i}|_{K_j}\rangle = \delta_{K_jK_i} \tag{7-22a}$$

整个系统的态函数乃下述乘积的所有排列组合之重叠.

$$\psi_{K_1}(x_1)\psi_{K_2}(x_2)\cdots\psi_{K_n}(x_n) \tag{7-21a}$$

按 (7-18), 如粒子系自旋为整数 $0,1,2,\cdots$ (Boson 系统), 则 $\Psi(x_1,\cdots,x_n)$ 系 Ψ_s,

$$\begin{aligned}\Psi^{(s)}_{K_1K_2\cdots K_n} =&\frac{1}{\sqrt{n!}}[\Psi_{K_1}(x_1)\psi_{K_2}(x_2)\cdots\psi_{K_n}(x_n)\\ &+\psi_{K_1}(x_2)\psi_{K_2}(x_1)\cdots\psi_{K_n}(x_n)+\cdots]\\ =&\frac{1}{\sqrt{n!}}\sum_P u_P\psi_{K_1}(x_1)\psi_{K_2}(x_2)\cdots\psi_{K_n}(x_n)\end{aligned} \tag{7-23}$$

此处之和, 乃对 $x_1,x_2,\cdots,x_n$ 的 $n!$ 个排列之和

如粒子系自旋为半整数 $\frac{1}{2},\frac{3}{2},\cdots$ (Fermion 系统), 则 Ψ 系反对称 Ψ_a, 可写成一行列式

$$\Psi^{(a)}_{k_1k_2\cdots k_n} = \frac{1}{\sqrt{n!}}\begin{vmatrix}\psi_{k_1}(x_1) & \psi_{k_1}(x_2) & \cdots & \psi_{k_1}(x_n)\\ \psi_{k_2}(x_1) & \psi_{k_2}(x_2) & \cdots & \psi_{k_2}(x_n)\\ \vdots & \vdots & & \vdots\\ \psi_{k_n}(x_1) & \psi_{k_n}(x_2) & \cdots & \psi_{k_n}(x_n)\end{vmatrix} \tag{7-24}$$

$$= \frac{1}{\sqrt{n!}}\sum_P(-1)^{\delta_P}\psi_{k_1}(x_1)\psi_{k_2}(x_2)\cdots\psi_{k_n}(x_n) \tag{7-24a}$$

* 例如一个在圆心对称的场的电子, K 代表 (n,l,m_l,m_s) 四个量子数, 或 (n,l,j,m).

$\delta_P = \pm 1$, 如第 (20) 式下的解释.

由 (24), 得见如有两个集 K_j 相同, 则 $\Psi = 0$. 此乃 Pauli 的“不相容原理”.

在 Ψ_s 的系统中, 则可有任何数的粒子有相同的 K 集量子数. 在此情形下, (23) 式中之项数, 可少于 $n!$, 其归一化常数亦将非 $1/\sqrt{n!}$, (见下文 (7-55)).

兹定义下列算符

$$S = \frac{1}{n!} \sum_P u_P \tag{7-25}$$

$$A = \frac{1}{n!} \sum_P \delta_P u_P \tag{7-26}$$

$$C = 1 - S - A \tag{7-27}$$

u_P 系幺正算符, 见 (10) 及 (15) 式. 此三算符皆系 Hermitian, 其证如下

由 (15),

$$u_P = u_{P^{-1}} = (u_P)^{-1} = u_P^+$$

故

$$S^+ = \frac{1}{n!} \sum u_P^+ = \frac{1}{n!} \sum u_{P^{-1}} = S \tag{7-25a}$$

$$A^+ = \frac{1}{n!} \sum \delta_P u_P^+ = \frac{1}{n!} \sum \delta_{P^{-1}} u_{P^{-1}} = A \tag{7-26a}$$

$$C^+ = 1 - S^+ - A^+ = 1 - S - A = C \tag{7-27a}$$

上式之和 $\sum$, 乃对 S_n 群 $n!$ 个 P 之和. 由 (25), (26), 即得

$$u_{P_i} S = \frac{1}{n!} \sum_P u_{P_i} u_P = \frac{1}{n!} \sum_{P_j} u_{P_j} = S \tag{7-25b}$$

$$\begin{aligned} u_{P_i} A &= \frac{1}{n!} \sum_P u_{P_i} \delta_P u_P = \frac{1}{n!} \delta_{P_i} \sum_P \delta_{P_i} \delta_P u_{P_i} u_P \\ &= \frac{1}{n!} \delta_{P_i} \sum_{P_j} \delta_{P_j} u_{P_j} \\ &= \delta_{P_i} A \end{aligned} \tag{7-26b}$$

由 (25b),(26b), 即得

$$\begin{aligned} S u_{P_i} &= S = u_{P_i} S \\ A u_{P_i} &= \delta_{P_i} A = u_{P_i} A \\ C u_{P_i} &= u_{P_i} C \end{aligned} \tag{7-28}$$

由 (25) 及 (25b),

$$S^2 = \frac{1}{n!}\sum_P u_{P_i} S = \frac{1}{n!}\sum_{P_i} S = S\frac{1}{n!}\sum^1$$
$$= S \tag{7-29}$$

又同此,

$$A^2 = A \tag{7-30}$$

(29) 及 (30) 示 S 及 A 系投射 (projection) 算符. 设 $|\Psi\rangle$ 系一任意态, u_T 系两个粒子互调的算符 (见 (18) 式). 由 (25b), (26b), (26),

$$\begin{aligned} u_T S|\psi\rangle &= S|\psi\rangle, \\ u_T A|\psi\rangle &= \delta_T A|\psi\rangle \\ &= -A|\psi\rangle \end{aligned} \tag{7-31}$$

换言之 $S|\psi\rangle$ 系将 $|\psi\rangle$ 投射于对称的态中; $A|\psi\rangle$ 是将 $|\psi\rangle$ 投射于反对称的态中.

由 (23) 及 (24), 显见 Ψ_s 与 Ψ_a 系正交的

$$\langle \Psi_s | \Psi_a \rangle = 0 \tag{7-32}$$

故

$$\langle \psi | SA | \psi \rangle = 0 \tag{7-33}$$

同此

$$\langle \Psi_a | \Psi_s \rangle = \langle \psi | AS | \psi \rangle = 0 \tag{7-33a}$$

故

$$SA = AS = 0 \tag{7-34}$$

由 (34) 及 (27), 即见

$$CS = SC = CA = AC = 0 \tag{7-35}$$

及 (29), (30),

$$C^2 = (1-S-A)(1-S-A) = 1-S-A$$
$$= C \tag{7-36}$$

故 C 亦系一投射算符.

由此, 整个 $|\psi\rangle$ 的空间, 乃分为三部

$$|\psi\rangle = S|\psi\rangle + A|\psi\rangle + C|\psi\rangle \tag{7-37}$$

$$S+A=\frac{1}{n!}\sum_P(1+\delta_P)u_P \tag{7-38}$$

兹使 P_e 表偶数的"粒子对"的互调, 即 $\delta_P=1$(见 (20) 式下), 则

$$\begin{aligned}(S+A)|\psi\rangle&=(S+A)|\psi\rangle\\&=\frac{2}{n!}\sum_{P_i}u_P\end{aligned} \tag{7-39}$$

$(S+A)\psi\rangle$ 包含所有的态, 经偶数的粒子对互调, 不变符号者 (对 T 对称的)；其余部分 $C|\psi\rangle$, 则系对 T 非对称的.

上述可以例说明之.

(1) $n=2$, 两个粒子.

$$\begin{aligned}&u_P=u_{P_{12}}=u_T\\S&=\frac{1}{2}(1+u_P),A=\frac{1}{2}(1-u_P)\\C&=0,\end{aligned} \tag{7-40}$$

一任意的 $|\psi\rangle$ 求可视为

$$\begin{aligned}|\psi\rangle&=S|\psi\rangle+A|\psi\rangle\\&=|\psi_s\rangle+|\psi_a\rangle\end{aligned} \tag{7-41}$$

(2) $n\geqslant 2,n$ 个在同一外力场而彼此间无相互作用之粒子.

此系统的态为 (21a). 此式亦可以下式表之

$$|\varPsi\rangle=|\varPsi_{k_1k_2\cdots k_n}\rangle \tag{7-42}$$

现引入另一表象；

$$|n_1,n_2,n_3,\cdots;\rangle \tag{7-43}$$

表示一个态, 有 n_1 粒子, 其量子数集为 $K_1;n_2$ 粒子, 其量子数集为 $K_2,\cdots;$*粒子 1 之坐标 (包括自旋) 为 $x_1;\cdots$ 余类推,

$$n_1+n_2+\cdots=n \tag{7-44}$$

n_i 称为居位数 (occupation numbers)；(7-43) 称为居位数表象. (43) 的 x-表象的表可表以

$$\varPsi_{n_1n_2\cdots n_n}(x_1,x_2,\cdots,x_n)$$

* 量子数集 K 有无限的数. 如原子中的电, $K=(n,l,m_l,m_s),n=1,2,3,\cdots,\infty$. 只当 K 指自旋的特殊情形时, K 之数为有限数.n 为一固定数 (可有限, 亦可无限大). 故在 (44) 式中, 有若干个 $n_i=0$ 的.

$$= \langle x_1, x_2, \cdots, x_n | n_1, n_2, \cdots, \cdots \rangle \tag{7-45}$$

由 (42) 式, 可得对称性的及反对称性的居位数表象态;

Boson 系统:

$$\begin{aligned}\Psi_{n_1 n_2 \cdots}(x_1, x_2, \cdots, x_n) &\equiv c_n S \Psi_{k_1 k_2 \cdots}(x_1, x_2, \cdots, x_n) \\ &= c_n \langle x_1, x_2, \cdots, x_n | S | n_1, n_2, \cdots \rangle,\end{aligned} \tag{7-46}$$

Fermion 系统;

$$\begin{aligned}\Psi_{n_1 n_2 \cdots}(x_1, x_2, \cdots, x_n) &\equiv c_n A \Psi_{k_1 k_2 \cdots}(x_1, x_2, \cdots, x_n) \\ &= c_n \langle x_1, x_2, \cdots, x_n | A | n_1, n_2, \cdots \rangle,\end{aligned} \tag{7-47}$$

c_n 乃归一常数.

如 (46) 式中之 $n_1, n_2, \cdots$ 皆等于 1, 则 (46) 式即系 (23) 式, $c_n = \sqrt{n!}$,

$$\langle x_1, x_2, \cdots, x_n | S | 1, 1, 1, \cdots \rangle = \frac{1}{\sqrt{n!}} \Psi_s(x_1, x_2, \cdots, x_n) \tag{7-48}$$

如 (47) 式中之 $n_1, n_2, \cdots$ 皆等于 1, 则即系 (24) 式,

$$\begin{aligned}&c_n = \sqrt{n!}, \\ &\langle x_1, x_2, \cdots, x_n | A | 1, 1, 1, \cdots \rangle = \frac{1}{\sqrt{n!}} \Psi_\alpha(x_{1,2}, \cdots, x_n)\end{aligned} \tag{7-49}$$

(43) 式之 $|n_1, n_2, \cdots n_j \cdots\rangle$, 一般言之, 可有无限数的 K, 故有无限数的 $|n_1, n_2, \cdots\rangle$, 见前注. 兹假设这些 $|n_1, n_2, \cdots\rangle$ 构成一正交归一的全集, 即

$$\langle n_1, n_2, \cdots | n_1', n_2', \cdots \rangle = \delta_{n_1 n_1'} \delta_{n_2 n_2'} \cdots \tag{7-50}$$

及

$$\sum_{\{n\}} |n_1, n_2, \cdots\rangle \langle n_1, n_2, \cdots | = 1 \tag{7-51}$$

$\{n\}$ 乃所有满足 (44) 式的 $n_1, n_2, \cdots$. 如 $|\Psi\rangle$ 为一任意态, 按 (51),

$$|\Psi\rangle = \sum_{\{n\}} |n_1, n_2, \cdots\rangle \langle n_1, n_2, \cdots | \Psi\rangle \tag{7-52}$$

兹可计算 (46), (47) 式中的 c_n

Boson 系统

由 (46)

$$(\Psi_{n_1 n_2 \cdots}, \Psi_{n_1 n_2 \cdots}) = c_n^2 (S \Psi_{K_1 K_2 \cdots}, S \Psi_{K_1 K_2 \cdots})$$

$$= c_n^2(\Psi_{K_1K_2\cdots}, S\Psi_{K_1K_2\cdots}) \quad 用\ (25a)\ 及\ (29)\ 式 \tag{7-53}$$

由 (25),

$$(\Psi_{K_1K_2\cdots}, S\Psi_{K_1K_2\cdots}) = \frac{1}{n!}\sum_P (\Psi_{K_1K_2\cdots}, u_P\Psi_{K_1K_2\cdots}) \tag{7-54}$$

$u_P\Psi_{K_1K_2\cdots}(x_1, x_2, \cdots, x_n)$ 对 $x_1, x_2, \cdots$ 排列的变换, 可代以对 $K_1, K_2, \cdots$ 的逆变换, $u_P\Psi_{K_1K_2\cdots}(x_1, x_2, \cdots) = \Psi_{P^{-1}\{K_1K_2\cdots\}}(x_1, x_2, \cdots)$.(7-54) 之和, 乃对 $n!$ 个 $x_1, x_2, \cdots, x_n$ 排列之和, 现 K_1(可能) 出现 n_1 次; $K_2 n_2$ 次,$\cdots$, 故有 $n_1!n_2!\cdots = \prod_i n_i!$ 个排列, 对 (42) 或 (21a) 函数无影响. 由正交关系 (22a) 及 (53) 式, 可得

$$c_n^2 = \frac{n!}{\prod_i n_i!} \tag{7-55}$$

$$\sum_{i=1}^{\infty} n_i = n \tag{7-56}$$

Fermion 系统

由 (47), 及 Pauli 原理

$$n_i = 0\ 或\ 1 \tag{7-57}$$

(55),(56) 两式成

$$c_n^2 = n!, \qquad \sum_{i=1}^{\infty} n_i = n \tag{7-58}$$

此结果与 (34) 相符.

7.4 Fock- 表象 (居位数 occupation number 表象)

上节已引入居位数表象的观念, (见 (43) 式下.) 为从另一观点申述此最适宜于场的理论的表象, 兹重述 Fock 的方法*.因简谐振子可视为场论建筑的砖石, 我们将以 Fock 的法应用于我们此已由矩阵力学及波动力学所熟知的问题.

兹将使 Hamiltonian 作下式

$$H = \frac{1}{2}\omega(p^2 + q^2) \tag{7-59}$$

兹假设 H 之本征值为

$$E = (\lambda + \frac{1}{2})\hbar\omega \tag{7-59a}$$

---

* 可参阅《理论物理第六册: 量子力学》甲部, 第 8 章附录戊.

故

$$\frac{1}{2\hbar}(q^2+p^2)|\lambda\rangle=\left(\lambda+\frac{1}{2}\right)\hbar|\lambda\rangle \tag{7-60}$$

兹引入两个变数 (算符)

$$\begin{aligned} b^{+}&=\frac{1}{\sqrt{2\hbar}}(q-\mathrm{i}p)\\ b&=\frac{1}{\sqrt{2\hbar}}(q+\mathrm{i}p)\end{aligned} \tag{7-61}$$

故

$$\begin{aligned} 2\hbar bb^{+}&=q^2+p^2+\mathrm{i}(pq-qp)\\ &=q^2+p^2+\hbar\\ 2\hbar b^{+}b&=q^2+p^2-\hbar\end{aligned}$$

由此及 (60), 即得

$$bb^{+}|\lambda\rangle=(\lambda+1)|\lambda\rangle \tag{7-62}$$

$$b^{+}b|\lambda\rangle=\lambda|\lambda\rangle \tag{7-63}$$

故

$$bb^{+}-b^{+}b=1 \tag{7-64}$$

复由 (62),

$$b^{+}bb^{+}|\lambda\rangle=(\lambda+1)b^{+}|\lambda\rangle$$

用前 $b^{+}b$ 式, 此式可写为

$$\frac{1}{2\hbar}(q^2+p^2)b^{+}|\lambda\rangle=\left(\lambda+\frac{3}{2}\right)b^{+}|\lambda\rangle \tag{7-65}$$

此式显示 $(b^{+}|\lambda\rangle)$ 系 H 本征值为 $\left(\lambda+\frac{3}{2}\right)\hbar\omega$ 的本征态. 换言之, b^{+} 算符将 H 的本征态 $|\lambda\rangle$, 变换为 H 的本征态 $|\lambda+1\rangle$,

$$b^{+}|\lambda\rangle=N|\lambda+1\rangle \tag{7-66a}$$

N 为归一化常数, 由 (62) 可得 *

$$b^{+}|\lambda\rangle=\sqrt{\lambda+1}|\lambda+1\rangle \tag{7-66}$$

---

*(66a) 之常数 N, 乃由 $\langle\lambda|\lambda\rangle=1$ 及 $\langle\lambda|bb^{+}|\lambda\rangle=1$ 得之. 由 (62), $N^2\langle\lambda+1|\lambda+1\rangle=\langle\lambda|bb^{+}|\lambda\rangle=(\lambda+1)$. 故 $N=\sqrt{\lambda+1}$, 同法, (68) 之 $N'=\sqrt{\lambda}$ 亦由 (63) 得之.

同法, 由 (63) 及前 bb^+ 式, 可得

$$\frac{1}{2\hbar}(q^2+p^3)b|\lambda\rangle=\left(\lambda-\frac{1}{2}\right)b|\lambda\rangle \tag{7-67}$$

$$\begin{aligned}b|\lambda\rangle&=N'|\lambda-1\rangle\\&=\sqrt{\lambda}|\lambda-1\rangle\end{aligned} \tag{7-68}$$

(66) 及 (68) 式示由一个本征态 $|\lambda\rangle$, 即可藉 b^+ 及 b 获得 $|\lambda+1\rangle,|\lambda+2\rangle,\cdots$ 及 $|\lambda-1\rangle,|\lambda-2\rangle,\cdots$. 惟一的条件乃 p^2,q^3 的平均值应系正值, 故 (59a) 之 $E>0$. 故 λ 有一最低值 $\lambda_{\min}$ 由 (68)

$$b|\lambda_{\min}\rangle=0. \tag{7-69}$$

由前 b^+b 式,

$$b^+b|\lambda_{\min}\rangle=\left(\frac{1}{2\hbar}(q^2+p^2)-\frac{1}{2}\right)|\lambda_{\min}\rangle=0$$

再由 (63) 式及 (59a) 式,

$$\lambda_m|\lambda_m\rangle=0$$

故

$$\lambda_m=0 \tag{7-70}$$

兹以 H 的最低本征值 $\left(\lambda_m+\frac{1}{2}\right)\hbar\omega=\frac{1}{2}\hbar\omega$ 的 ket$|0\rangle$ 为标准态, 由 (66) 式, 可得

$$|0\rangle\equiv|\lambda_{\min}\rangle, \tag{7-71}$$

$$|0\rangle,b^+|0\rangle,(b^+)^2|0\rangle,(b^+)^3|0\rangle,\cdots \tag{7-72}$$

乃 H 的本征值为 $\left(\lambda+\frac{1}{2}\right)\hbar\omega$ 等于

$$\frac{1}{2}\hbar\omega,\qquad \frac{3}{2}\hbar\omega,\qquad \frac{5}{2}\hbar\omega,\qquad \frac{7}{2}\hbar\omega,\qquad \cdots \tag{7-73}$$

的本征态. λ 之值, 由 $0,1,2,\cdots$ 以至无限大.

我们务须注意的, 是 (62) 式定义的 b^+,b, 与通常的 p,q 大异.p,q 系 Hermitian 算符 (或称为实数 observable)*,其本征值系实数.b^+,b 则系复数而非 Hermitian, 故非 “observables” .

b^+ 算符, 除其自身或 b^+ 的函数外, 更无其他算符 $A=A(q,p)$ 与其对易的, (即无满足 $b^+A-Ab^+=0$ 者). 故 b^+ 自身即构成一个全集的对易算符. 故我们可取

* 用 Dirac 的术语, 见伊之 Principles of Quantum Mechanics.

b^+ 的表象, 使任一函数, 皆可以 b^+ 的函数表之.(72) 式的态, 构成一全集的 ket, 一任意的态 $|P\rangle$, 可以下式表之：

$$|P\rangle = \sum_{k=0} a_k (b^+)^k |0\rangle \tag{7-74a}$$

$$\equiv \psi(b^+)|0\rangle \tag{7-74}$$

由 (72) 及 (73), 得见 (74a) 之每一项, 皆系 H 的本征态. 当我们注重的是 H 的本征态时, 此 b^+ 表象至为适当.

在 (b^+, b) 表象 (称为 Fock 表象), b^+ 算符系一个乘因子 *, 而 b 则需由 (64) 式对易关系得之. 由

$$bb^+ - b^+b = 1$$

继续的用 (62), (63) 式, 可得

$$b(b^+)^2 - (b^+)^2 b = 2b^+$$

$$b(b^+)^3 - (b^+)^3 b = 3(b^+)^2$$

$$\cdots$$

$$b(b^+)^n - (b^+)^n b = n(b^+)^{n-1} \tag{7-75}$$

由 (74)

$$b|P\rangle = b\psi(b^+)|0\rangle,$$

故用 (75),

$$(b\psi - \psi b)|0\rangle = \sum_{n=1} a_n n (b^+)^{n-1}|0\rangle$$

由 (69) 及 (72) 式 $b|0\rangle = 0$, 故得

$$b\psi(b^+)|0\rangle = \sum_n a_n n (b^+)^{n-1}|0\rangle \tag{7-76}$$

由此可得算符方程式

$$b\psi(b^+) = \frac{\partial \psi(b^+)}{\partial b^+} \tag{7-77}$$

此关系与 (67) 式对易关系相符.

设 $|0\rangle$ 已归一化

$$\langle 0|0\rangle = 1 \tag{7-78}$$

---

* 亦犹在 Schrödinger(q, p) 表象中的 q 表象, q 为一乘因子, p 则由对易关系得之；在 p 表象, p 为一乘因子而 p 则由对易关系得之.

假定 $(b^+)^n|\theta\rangle$ 的长度平方为

$$\begin{aligned}\langle 0|b^n(b^+)^n|0\rangle &= \langle 0|b^{n-1}b(b^+)^n|0\rangle \\ &= n\langle 0|b^{n-1}(b^+)^{n-1}|0\rangle, \quad \text{由 (77)} \\ &= n! \end{aligned} \tag{7-79}$$

由 (79) 或 (70),

$$\langle 0|b^m(b^+)^n|0\rangle = 0 \qquad \text{如} m \neq n \tag{7-80}$$

如

$$\begin{aligned}|Q\rangle &= (c_0 + c_1 b^+ + c_2(b^+)^2 + \cdots)|0\rangle \\ &\equiv \phi(b^+)|0\rangle \end{aligned} \tag{7-81}$$

则由 (81) 及 (74),

$$\begin{aligned}\langle Q|P\rangle &= \sum_{u,m} a_n c_m^* \langle 0|b^m(b^+)^n|0\rangle \\ &= \sum_n a_n c_n^* \langle 0|b^n(b^+)^n|0\rangle \qquad \text{(用 (80) 式)} \\ &= \sum_n a_n c_n^* n! \qquad \text{(由 (79) 式)} \end{aligned} \tag{7-82}$$

$$\begin{aligned}\langle P|P\rangle &= \sum_n |a_n|^2 n! \\ &= 1 \qquad \text{(归一化)} \end{aligned} \tag{7-83}$$

由 (83) 式, 可得下的物理意义: $|a_n|^2 n!$ 系 $|P\rangle$ 态在 H 的第 n 个激起态 (本征值为 $\left(n+\frac{1}{2}\right)\hbar\omega$) 的机率.

上述的方法, 极易的可推展到一个任何数 N 独立的简谐振子的系统. 使

$$\begin{aligned} H &= \sum H_k, \qquad H_j H_k - H_k H_j = 0 \\ H_k &= \frac{1}{2}\omega_k (q_k^2 + p_k^2) \end{aligned} \tag{7-84}$$

$$b_k^+ = \frac{1}{\sqrt{2\hbar}}(q_k - \mathrm{i}p_k), \quad b_k = \frac{1}{\sqrt{2\hbar}}(q_k + \mathrm{i}p_k) \tag{7-85}$$

则同前 (67), (70), (77), 即得

$$b_k b_j^+ - b_j^+ b_k = \delta_{jk}$$

$$b_k|0\rangle = 0, \qquad \text{所有的 } k \tag{7-86}$$
$$b_k = \frac{\partial}{\partial b_k^+}$$

此处之 $|0\rangle$ 系所有的对易 H_k 的最低本征值 $\frac{1}{2}\hbar\omega_k$ 的共同本征态, $\langle 0|0\rangle = 1$.

$$(b_1^+)^{n_1}(b_2^+)^{n_2}\cdots|0\rangle \tag{7-87}$$

乃表第 i 个振子在第 n_i 激起态 (即 H_i 的本征值为 $\left(n_i+\frac{1}{2}\right)\hbar\omega_i$), $i=1,2,\cdots$, 的态. 一个任意态 $|P\rangle$, 亦如 (74), 可表以

$$\begin{aligned}|P\rangle &= \sum_{n_1,n_2,\cdots} a_{n_1n_2\cdots}(b_1^+)^{n_1}(b_2^+)^{n_2}\cdots|0\rangle \\ &\equiv \psi(b^+)|0\rangle\end{aligned} \tag{7-88}$$

$\psi(b^+)$ 代表所有 b_k^+ 的幂数级数. 亦如 (79), (87) 式之 ket, 其长度平方系

$$n_1!n_2!n_3!\cdots$$

而如 (83),

$$|a_{n_1n_2\cdots}|^2 n_1!n_2!\cdots$$

可解释为第 i 个振子在 n_i 态, j 振子在 n_j 态, $\cdots$ 的机率.

如振子之数 N 系无限大, 我们可以此系统表一个场 —— 一个无限数自由度的系统.

7.5 产生与湮没算符 (creation 与 annihilation operator)

上节 (43) 式已引入居位数 (occupation number) 表象的态

$$|n_1, n_2, n_3, \cdots\rangle \tag{7-89}$$

此态系一个无相互作用的多粒子系统, 中有 n_i 个粒子, 它们的 (单个粒子的) 态系 $|K_i\rangle, i=1,2,3,\cdots,\infty$,(89) 系一般式. 以 Boson 系统言, n_i 可等于任何整数; 以 Fermion 系统言, u_i 只可为 0 或 1. 任何系统, 皆符合下关系

$$\sum_{i=1}^{\infty} n_i = n \tag{7-90}$$

兹将粒子代以谐振子 (这是为最便于应用于场的理论的原故). 在此问题中, K 乃谐振子的本征态 *

$$|k\rangle, \quad k=1,2,3,\cdots \tag{7-91}$$

故 (89) 代表一个态, 有 n_i 谐振子其态为 $|k_i\rangle$.

(89) 式的态, 满足下正交条件

$$\langle n_1, n_2, \cdots | n_1', n_2', \cdots \rangle = \prod_{i=1}^{\infty} \delta_{n_i n_i'} \tag{7-92}$$

(89) 式在坐标 x 表象之表为 (45) 式

$$\varPsi_{n_1 n_2 \cdots}(x_1, x_2, \cdots, x_n) = \langle x_1, x_2, \cdots, x_n | n_1, n_2, \cdots \rangle \tag{7-93}$$

7.5.1 Boson 系统: $n_i = 0, 1, 2, \cdots$

一个系统的态, 可因 n_i 数的改变而变. 兹引入算符 a_i, a_i^+, 定义如下:

$$a_i | n_1, n_2, \cdots, n_i, \cdots \rangle = \sqrt{n_i} | n_i, n_2, \cdots, n_i - 1, \cdots \rangle \tag{7-94}$$

$$a_i^+ | n_1, n_2, \cdots, n_i, \cdots \rangle = \sqrt{n_i + 1} | n_1, n_2, \cdots, n_i + 1, \cdots \rangle. \tag{7-95}$$

a_i 系使在态 $|k_i\rangle$ 的振子数由 n_i 减至 $n_i - 1$; a_i^+ 系使在态 $|k_i\rangle$ 的振子数由 n_i 增至 $n_i + 1$. 此二式与 (68) 及 (66) 式相同. a_i 称为湮没算符; a_i^+ 为产生算符.

兹用 (93) 式的表,

$$\begin{aligned}(a_i^+ \varPsi_{n_1, n_2, \cdots, n_i - 1, \cdots}, \varPsi_{n_1, n_2, \cdots, n_i, \cdots}) &= \sqrt{n_i} (\varPsi_{n_1, n_2, \cdots, n_i, \cdots}, \varPsi_{n_1, n_2, \cdots, n_i, \cdots}), \text{由 (95)}, \\ &= \sqrt{n_i} \end{aligned} \tag{7-96}$$

又

$$\begin{aligned}(\varPsi_{n_i, n_2, \cdots, n_i - 1, \cdots}, a_i \varPsi_{n_1, n_2, \cdots, n_i, \cdots}) &= \sqrt{n_i} (\varPsi_{n_1, n_2, \cdots, n_i - 1, \cdots}, \varPsi_{n_1, n_2, \cdots, n_i - 1, \cdots}) \\ &= \sqrt{n_i} \end{aligned} \tag{7-97}$$

由此二式的左方之相等, 得见 (94),(95) 所定义的 a_i^+, a_i 系互为伴符 (adjoint).

由 (94),(95) 的定义, 可得下列对易关系

$$[a_i, a_j] = 0, \quad [a_i^+, a_j^+] = 0 \tag{7-98a}$$

$$[a_i, a_j^+] = \delta_{ij} \tag{7-98b}$$

---

*$|k\rangle$ 即上节 (60) 式的 $|\lambda\rangle$, 兹以 k 代入. 故谐振子的本征值乃 $\left(k + \dfrac{1}{2}\right) \hbar\omega$.

此处 [,] 符号为

$$[A, B] = AB - BA \tag{7-99}$$

“真空态”的定义, 为所有振子皆在其基态 $|k\rangle, k = 0$. 兹以 $|0\rangle$ 表真空态,

$$|0\rangle = |0, 0, \cdots 0, \cdots\rangle \tag{7-100}$$

兹定义 N_i 算符为

$$N_i = a_i^+ a_i \tag{7-101}$$

由 (96),(97), 已见 a_i^+, a_i 互为伴符. 由

$$(\Psi_{n_1,n_2,\cdots}, a_i^+ a_i \Psi_{n_1,n_2,\cdots}) = (a_i \Psi_{n_1,n_2,\cdots}, a_i \Psi_{n_1,n_2,\cdots})$$
$$(a_i^+ a_i \Psi_{n_1,n_2,\cdots}, \Psi_{n_1,n_2,\cdots}) = (a_i \Psi_{n_1,n_2,\cdots}, a_i \Psi_{n_1,n_2,\cdots})$$

得见 $(a_i^+ a_i)$ 之伴符 $(a_i^+ a_i)^+$, 即系 $(a_i^+ a_i)$. 故

$$N_i \text{ 系 Hermitian} \tag{7-102}$$

N_i 的本征值, 可由 (94),(95) 得之

$$\begin{aligned} N_i|n_1, n_2, \cdots, n_i, \cdots\rangle &= a_i^+ \sqrt{n_i}|n_1, n_2, \cdots, n_i - 1, \cdots\rangle \\ &= \sqrt{n_i}\sqrt{n_i}|n_1, n_2, \cdots, n_i, \cdots\rangle \end{aligned} \tag{7-103}$$

故 N_i, 其本征值为 n_i, 称为“居位数算符”.

N_i, a_i^+, a_i 有下列的关系:

由

$$N_i a_i^+|\cdots, n_i, \cdots\rangle = (n_i + 1) a_i^+|\cdots, n_i, \cdots\rangle$$
$$a_i^+ N_i|\cdots, n_i, \cdots\rangle = n_i a_i^+|\cdots, n_i, \cdots\rangle$$
$$N_i a_i|\cdots, n_i, \cdots\rangle = (n_i - 1) a_i|\cdots, n_i, \cdots\rangle$$
$$a_i N_i|\cdots, n_i, \cdots\rangle = n_i a_i|\cdots, n_i, \cdots\rangle$$

即得下对易关系

$$[N_i, a_j^+] = a_i^+ - \delta_{ij} \tag{7-104}$$

$$[N_i, a_j] = -a_i \delta_{ij} \tag{7-105}$$

一再的用 (104),(105) 式, 可得

$$N_i (a_i^+)^k|\cdots, n_i, \cdots\rangle = (n_i + k)(a_i^+)^k|\cdots, n_i, \cdots\rangle \tag{7-106}$$

$$N_i(a_i)^k|\cdots,n_i,\cdots\rangle = (n_i - k)(a_i)^k|\cdots,n_i,\cdots\rangle \tag{7-107}$$

上二式中之 k, 系小于 n_i 的任意整数 $k < n_i$.

如 $k = n_i$, 则 (107) 式成

$$N_i|\cdots,0,\cdots\rangle = 0 \tag{7-108}$$

如 (108) 式系

$$N_i|\cdots,0,\cdots\rangle = 0, \quad i = 1,2,3,\cdots \tag{7-109}$$

则此乃"真空态" $|0,0,0,\cdots\rangle = |0\rangle$ 如 (100) 式.

兹使 $|n\rangle$ 代表所有 n 振子皆在 $|k\rangle$ 态的态. 则由 (95), 即得归一化的 $|n\rangle$ 如下

$$|n\rangle = \frac{1}{\sqrt{n!}}(a^+)^n|0\rangle. \tag{7-110}$$

由 (92), (94), (95), a_i^+ 及 a_i 之矩阵元素之不等于零者, 为

$$\begin{aligned}\langle n_i+1|a_i^+|n_i\rangle &= \langle n_i|a_i|n_i+1\rangle \\ &= \sqrt{n_i+1}\end{aligned} \tag{7-110}$$

此乃量子力学中简谐振动的熟知结果也.

7.5.2 Fermion 系统, $n_i = 0$ 或 1

由于 Pauli 原理, 一个 Fermion 系统, 有下述的特性：(1) 居住数 n_i 只限于 0 及 1, (2) 对任何一对相同的粒子的互调, 态向量或函数有反对称性.

为表述此二特性, 这系统的态, 可表以下式

$$|k_1,k_2,\cdots,k_i,k_j,\cdots,k_r,\cdots\rangle = a_1^+\cdots a_i^+a_j^+\cdots a_r^+\cdots|0\rangle \tag{7-111}$$

如 i,j 互调, 则

$$\begin{aligned}|k_1,\cdots,k_j,k_i,\cdots,k_r,\cdots\rangle &= a_1^+\cdots a_j^+a_i^+\cdots a_r^+|0\rangle \\ &= -|k_1,\cdots,k_i,k_j,\cdots,k_r,\cdots\rangle\end{aligned} \tag{7-112}$$

$|k\rangle$ 代表一个粒子的态.

由此反对称性及 $n_i = 0$ 或 1, 即得下结果：

$$\begin{aligned}&(a_i)^2|\varPsi\rangle = (a_i^+)^2|\varPsi\rangle = 0 \quad (\text{Pauli原理}) \\ &a_ia_j|\varPsi\rangle = -a_ja_i|\varPsi\rangle \\ &a_i^+a_j^+|\varPsi\rangle = -a_j^+a_i^+|\varPsi\rangle\end{aligned}$$

$$a_i a_j^+ |\Psi >= -a_j^+ a_i |\Psi\rangle, \quad i \neq j$$

$$(a_i a_i^+ + a_i^+ a_i)|\Psi\rangle = |\Psi\rangle$$

兹引入“反对易算符”*,

$$\{A, B\} = AB + BA \tag{7-113}$$

则上各式可综纳如下

$$\begin{aligned} &\{a_i, a_j\} = \{a_i^+, a_j^+\} = 0 \\ &\{a_i, a_j^+\} = \delta_{ij} \end{aligned} \tag{7-114}$$

对 Boson 系统的 (94), (95) 式中的 $\sqrt{n_i}, \sqrt{n_i+1}$ 常数, 在 Fermion 系统已不适用. 兹定义 a_i^+, a_i 如下

$$a_i|n_1, n_2, \cdots, n_i, \cdots\rangle = (-1)^{fi} n_i |n_1, n_2, \cdots, n_i - 1, \cdots\rangle \tag{7-115}$$

$$a_i^+|n_1, n_2, \cdots, n_i, \cdots\rangle = (-1)^{fi} (1 - n_i) |n_1, n_2, \cdots, n_i + 1, \cdots\rangle \tag{7-116}$$

$$f_i = \sum_{j=1}^{i-1} n_j \tag{7-117}$$

由 (115), 如 n_i 原系 0, 则 n_i 不能再“消灭”. 故右方之 $n_i = 0$ 示 ket 不存在. 又由 (116), 如 n_i 原系 1, 则 n_i 不能再产生 (增加), 故右方之 $n_i - 1 = 0$ 亦示 ket 不存在.

* 用反对易算符以表反对称性 (或 Pauli 原理), 系来自 P.Jordan 及 Wigner, (1927 年).

第 8 章　场的量子化 —— 自由场

8.1　不变的 Δ 函数, D 函数

取能–动量四维向量

$$p = (\boldsymbol{p}, p_4), \quad p_4 \equiv \mathrm{i}p_0 = \frac{\mathrm{i}E}{c} \tag{8-1}$$

其自乘积为

$$\begin{aligned} p^2 &\equiv p_\mu^2 = \boldsymbol{p}^2 + p_4^2 \\ &= \boldsymbol{p}^2 - \frac{E^2}{c^2} = -m_0^2c^2 \end{aligned} \tag{8-2}$$

兹引入 “波数”(wave number) 四维向量

$$k = \frac{1}{\hbar}p \tag{8-3}$$

$$\begin{aligned} k^2 = k_\mu^2 &= k^2 + k_4^2 \\ &= k^2 - k_0^2 = -\mu^2 \end{aligned} \tag{8-4}$$

$$k_0 = \mathrm{i}k_0 = \frac{\mathrm{i}}{\hbar c}E_k \tag{8-5}$$

$$\mu = \frac{m_0 c}{\hbar}, \qquad \frac{1}{\mu} = \frac{\lambda_c}{2\pi}, \qquad \lambda_c = \text{Compton 波长} \tag{8-6}$$

$$\begin{aligned} E_\kappa &= c\sqrt{\boldsymbol{p}^2 + m_0^2c^2} \\ &= \hbar c\sqrt{\boldsymbol{\kappa}^2 + \mu^2} \end{aligned} \tag{8-7}$$

使

$$E'_\kappa \equiv \frac{E_\kappa}{\hbar c} = \sqrt{\boldsymbol{\kappa}^2 + \mu^2} \tag{8-8}$$

k, E'_κ 系能-动量 4-向量及能，单位系 “自然单位”，即

$$\hbar = c = 1 \tag{8-9}$$

的单位，下文将用此单位 (不再用 $'$ 表之) 故由 (4),

$$k^2\mu^2 = \boldsymbol{\kappa}^2 + \mu^2 - k_0^2$$

$$= E_\kappa^2 - k_0^2 \tag{8-10}$$

兹以 δ 表 Dirac 的 δ-函数. 可证明 *

$$\delta(k^2+\mu^2) = \frac{1}{2E_\kappa}[\delta(k_0+E_\kappa)+\delta(k_0-E_\kappa)] \tag{8-11}$$

故 $\delta(k^2+\mu^2)$ 有两奇异点 $\pm E_\kappa$. 此外 $\delta(k^2+\mu^2)=0$.

兹定义 $\epsilon(k_0)$ 函数如下:

$$\epsilon(k_0) = \begin{cases} 1, & k_0 > 0 \\ -1, & k_0 < 0 \end{cases} \tag{8-12}$$

$\epsilon(k_0)$ 只系 k_0 的符号的函数.k_0 系 k 4- 向量的第四分量, 故在正规 (proper) Lorentz 变换 Lp 下且在光锥内

$$x^2 - c^2t^2 < 0$$

t(故 k_0) 的符号不变. 故 $\epsilon(k_0)$ 系 Lorentz 不变函数.

$k^2+\mu^2=0$ 系 Lorentz 不变值. 故 $\delta(k^2+\mu^2)$ 系 Lorentz 不变算符.

8.1.1 $\boldsymbol{\Delta(x)}$ 的定义

$$\Delta(x) = -\frac{\mathrm{i}}{(2\pi)^3}\int \mathrm{d}^4k \mathrm{e}^{ik_\mu x_k}\epsilon(k_0)\delta(k^2+\mu^2) \tag{8-13}$$

$$\mathrm{d}^4k = \mathrm{d}^3\kappa \mathrm{d}k_0$$

故 $\Delta(x)$ 系 $\epsilon(k_0)\delta(k^2+\mu^2)$ 的 Fourier 变换.

上积分实系在四维 k 空间的三维超面 $\epsilon(k_0)\delta(k^2+\mu^2)$ 的积分, 故有 $(2\pi)^3$ 而非 $(2\pi)^4$ 在分母.

---

* 由

$$\delta(ax) = \frac{\delta(x)}{|a|}$$

故得

$$\int_{-\infty}^{\infty} f(x)\delta[(x-a)(x-b)]\mathrm{d}x = \frac{f(a)+f(b)}{|a-b|}$$

又

$$\int_{-\infty}^{\infty} f(x)\frac{\delta(x-a)+\delta(x-b)}{|a-b|}\mathrm{d}x = \frac{f(a)+f(b)}{|a-b|}$$

故得下算符方程式

$$\delta(x^2-a^2) = \frac{\delta(x-a)+\delta(x-b)}{|a-b|} \tag{8-11a}$$

由 (11) 及 (12), 因 $E_\kappa > 0$,

$$\epsilon(k_0)\delta(k^2+\mu^2) = \frac{1}{2E_\kappa}[\delta(k_0 - E_\kappa) - \delta(k_0 + E_\kappa)] \tag{8-14}$$

故

$$\begin{aligned}\Delta(x) = &- \frac{\mathrm{i}}{(2\pi)^3}\int \mathrm{d}^3\boldsymbol{\kappa}\mathrm{e}^{\mathrm{i}\boldsymbol{k}\cdot\boldsymbol{r}}\frac{1}{2E_\kappa}\int_{-\infty}^{\infty}\mathrm{d}k_0\mathrm{e}^{-\mathrm{i}k_0x_0} \\ &\times[\delta(k_0 - E_\kappa) - \delta(k_0 + E_\kappa)]\end{aligned}$$

$$x_4 = \mathrm{i}x_0, \quad x_0 = ct$$

$$\Delta(x) = -\frac{1}{(2\pi)^3}\int \mathrm{d}^3k\mathrm{e}^{\mathrm{i}\boldsymbol{k}\cdot\boldsymbol{r}}\frac{\sin x_0\sqrt{\boldsymbol{k}^2+\mu^2}}{\sqrt{\boldsymbol{k}^2+\mu^2}} \tag{8-15}$$

因 $\Delta(x)$ 的定义 (13) 式中的积分下每一因子皆系 Lorentz 不变值, 故 (15) 式亦系不变值.*

$\Delta(x)$ 的特性如下:

i) 由 (15), 即见

$$\Delta(x)_{x_0=0} = 0 \tag{8-18}$$

ii) 由 (15),

$$\begin{aligned}\frac{\partial}{\partial t}\Delta(x)\,|_{t=0} &= -\frac{c}{(2\pi)^3}\int \mathrm{d}^3k\mathrm{e}^{\mathrm{i}\boldsymbol{k}\cdot\boldsymbol{r}} \\ &= -c\delta(\boldsymbol{r})\end{aligned} \tag{8-19}$$

---

* $\Delta(x)$ 的 (13) 式定义, 亦可代以

$$\Delta(x) \equiv \frac{1}{(2\pi)^4}\int_C \mathrm{d}^4k\frac{\mathrm{e}^{\mathrm{i}k_\mu x_\mu}}{k^2+\mu^2} \tag{8-16}$$

其封闭径 C 如下圆:C 为 k_0 复数面上一大圆, 绕 C 积分之值, 等于绕 C_+,C_- 之值.$k^2+\mu^2 = (E\kappa - k_0)(E\kappa + k_0)$ 积分体的两个极 (pole) 为

$$k_0 = E_\kappa, \quad k_0 = -E_\kappa$$

C_+,$C_-\beta$ 乃绕此两个极的小圆圈, 故由 (16) 即得

$$\begin{aligned}\Delta(x) =& \frac{1}{(2\pi)^4}\int \mathrm{d}^3k\mathrm{e}^{\mathrm{i}\boldsymbol{\kappa}\cdot\boldsymbol{r}} \\ &\times \int_{c_+ + c_-}\mathrm{d}k_0\frac{\mathrm{e}^{-\mathrm{i}\kappa_0x_0}}{(E_\kappa + k_0)(E_\kappa - k_0)}\end{aligned} \tag{8-17}$$

由此即得 (15) 式.

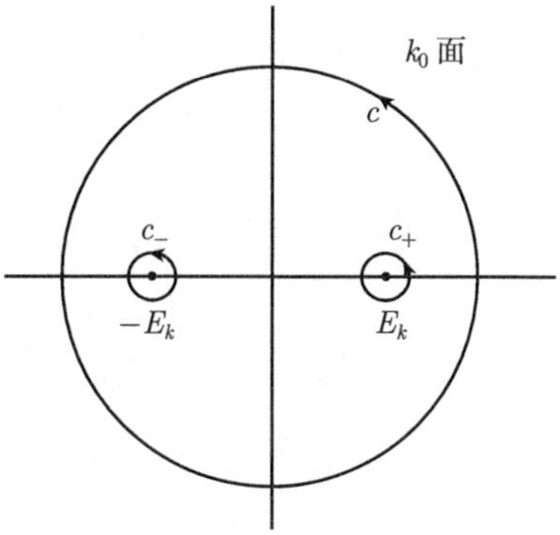

iii) $\Delta(x)$ 可写成下简化式

$$\Delta(x)=\frac{\mathrm{i}}{(2\pi)^3}\int\frac{\mathrm{d}^3k}{k_4}\sin(k_\mu x_\mu) \tag{8-20}$$

$$k_4=\mathrm{i}E_k \qquad (\text{见 (5) 式})$$

iv) $\Delta(x)$ 满足 Klein-Gordon 方程式

$$\left(\Box^2-\frac{m_0^2c^2}{\hbar^2}\right)\Delta(x)=0. \tag{8-21}$$

v) 兹引入 "一阶函数" (step function) θ

$$\theta(x_0)=\begin{cases}1, & x_0>0\\ 0, & x_0<0\end{cases} \tag{8-22}$$

按同前 (12) 式 $\epsilon(k_0)$ 的理, θ 在正规 Lorentz 变换 Lp 下不变. 由 (22) 及 (12), 可得

$$\begin{aligned}&\epsilon(x_0)=2\theta(x_0)-1\\&\epsilon^2(x_0)=1\\&\theta^2(x_0)=\theta(x_0)\\&\theta(x_0)\theta(-x_0)=0\end{aligned} \tag{8-23}$$

$$\theta(x_0)\pm\theta(-x_0)=\begin{cases}1\\ \epsilon(x_0)\end{cases}$$

$\Delta(x)$ 可表以下式

$$\begin{aligned}\Delta(x)&=-\frac{\mathrm{i}}{(2\pi)^3}\int\mathrm{d}^4k\mathrm{e}^{\mathrm{i}k_\mu x_\mu}[\theta(k_0)-\theta_0(-k_0)]\delta(\boldsymbol{k}^2+\mu^2) \qquad (8\text{-}24)\\&=\Delta_+(x)-\Delta_-(x)\\ \Delta_+(x)&=-\frac{\mathrm{i}}{(2\pi)^3}\int\mathrm{d}^4k\mathrm{e}^{\mathrm{i}k_\mu x_\mu}\theta(k_0)\delta(\boldsymbol{k}^2+\mu^2)\\&=\frac{1}{(2\pi)^4}\oint_{C+}d^4k\frac{\mathrm{e}^{\mathrm{i}k_\mu x_\mu}}{\boldsymbol{k}^2+\mu^2} \qquad (2\text{-}25\mathrm{a})\\ \Delta_-(x)&=\frac{1}{(2\pi)^4}\oint_{C-}\mathrm{d}^4k\frac{\mathrm{e}^{\mathrm{i}k_\mu x_\mu}}{\boldsymbol{k}^2+\mu^2} \qquad (8\text{-}25\mathrm{b})\end{aligned}$$

C_+ 系 k_0 平面以反时钟针方向绕 $k_0=E_k$ 奇异点的封闭径,C$_-$ 系 k_0 平面以顺时钟针方向绕 $k_0=-E_k$ 奇异的封闭径. 注意此处 C_- 的方向, 与前图不同.

8.1.2 $D(x)$ 函数

兹取光子 (photon), 其静止质量为 $m_0=0$. 由 (4) 式,(8) 式.

$$k^2=\boldsymbol{k}^2+k_4^2=\boldsymbol{k}^2-k_0^2 \tag{8-26}$$

$$=0$$

$$E_k=|\boldsymbol{k}| \quad (\text{自然单位}, \hbar=c=1) \tag{8-27}$$

兹定义 $D(x)$ 为 $\epsilon(k_0)\delta(k_2)$ 的 Fourier 变换. 由 (13) 式,

$$\begin{aligned} D(x)&=\lim_{\mu\to 0}\Delta(x)\\ &=-\frac{\mathrm{i}}{(2\pi)^3}\int \mathrm{d}^4k\mathrm{e}^{ik_\mu x_\mu}\epsilon(k_0)\delta(k^2) \end{aligned} \tag{8-28}$$

由 (14) 及 (27),

$$\epsilon(k_0)\delta(k^2)=\frac{\delta(k_0-|\boldsymbol{k}|)-\delta(k_0+|\boldsymbol{k}|)}{2|\boldsymbol{k}|} \tag{8-29}$$

得

$$D(x)=-\frac{1}{(2\pi)^3}\int \mathrm{d}^3k\mathrm{e}^{\mathrm{i}\boldsymbol{k},\boldsymbol{r}}\frac{\sin x_0|\boldsymbol{k}|}{|\boldsymbol{k}|} \tag{8-30}$$

取球极坐标 $\boldsymbol{k}(K,\theta,\varphi)$, 以 $\boldsymbol{r}$ 为坐标极轴, 使 $K=|\boldsymbol{k}|$, 则

$$\begin{aligned} D(x)&=+\frac{1}{(2\pi)^3}\int_0^\infty \mathrm{d}k\sin(x_0K)\int_0^x \mathrm{e}^{\mathrm{i}Kr\cos\theta}K\mathrm{d}\cos\theta\int_0^{2x}\mathrm{d}\varphi\\ &=-\frac{1}{2\pi^2r}\int_0^\infty \sin x_0K\sin rK\mathrm{d}K\\ &=-\frac{1}{4\pi^2r}\int_0^\infty [\cos K(x_0-r)-\cos K(x_0+r)]\mathrm{d}K\\ &=-\frac{1}{4\pi r}[\delta(x_0-r)-\delta(x_0+r)]\\ &=-\frac{1}{2\pi}\epsilon(x_0)\delta(x^2) \qquad (\text{用(29)式}) \end{aligned} \tag{8-31}$$

(31) 式之 $\delta(x^2)=\delta(r^2-x_0^2)=\delta(r^2-c^2t^2)$ 显示, 除在光锥外,

$$D(x)=0$$

$D(x)$ 函数有下列各特性:

i) 由 $D(x)$ 之定义 (28) 及 (31) 式

$$D(x) = -\frac{\mathrm{i}}{(2\pi)^3}\int \mathrm{d}^4k\mathrm{e}^{\mathrm{i}k_\mu x_\mu}\epsilon(k_0)\delta(k^2)$$

$$D(x) = -\frac{1}{2\pi}\epsilon(x_0)\delta(x^2) \tag{8-32}$$

故 $D(x)$ 系其自身的 Fourier 变换. (8-32)

ii)$D(x)$ 满足 d'Alembert 方程式

$$\Box^2 D(x) = 0 \tag{8-33}$$

此可由 (21) 式及 $m_0 = 0$ 见之.

iii)

$$D(x)\mid_{x_0=0} = 0 \tag{8-34}$$

iv)

$$\frac{\partial}{\partial t}D(x)|_{x_0=0} = -c\delta(r) \tag{8-35}$$

v) $D(x)$ 亦可以下积分定义之

$$D(x) = \frac{1}{(2\pi)^4}\int_C \mathrm{d}^4k\frac{\mathrm{e}^{\mathrm{i}k_\mu x_\mu}}{k^2}, \quad k_4 = \mathrm{i}|\boldsymbol{k}| \tag{8-36}$$

此封闭径 C 为反时针的一圆圈, 或绕两个极

$$k_0 = \pm E_{\boldsymbol{k}}(\text{或} \pm |\boldsymbol{k}|)$$

的反时针方向的二小圈.

vi) 由 (36) 积分, 可得 (30) 式

$$D(x) = -\frac{1}{(2\pi)^3}\int \mathrm{d}^3k\mathrm{e}^{\mathrm{i}\boldsymbol{k}.\boldsymbol{r}}\frac{\sin|\boldsymbol{k}|x_0}{|\boldsymbol{k}|} \tag{8-37}$$

vii)

$$D(x) = \frac{\mathrm{i}}{(2\pi)^3}\int \mathrm{d}^3k\frac{\sin kx}{k_4}, \quad \underset{k_4=\mathrm{i}|\boldsymbol{k}|, x_4=\mathrm{i}x_0}{(kx = k_\mu x_\mu)} \tag{8-38}$$

viii) 由 (23) 式之第五式,(31) 可写为

$$\begin{aligned} D(x) &= -\frac{1}{2\pi}\epsilon(x_0)\delta(x^2), \quad x = x_\mu \\ &= \frac{1}{2\pi}(\theta(-x_0) - \theta(x_0))\delta(x^2) &\text{(8-39)} \\ &\equiv D_{\mathrm{adv}}(x) - D_{\mathrm{ret}}(x) &\text{(8-40)} \end{aligned}$$

$D_{\mathrm{adv}}, D_{\mathrm{ret}}$ 称为 "超前","延后" Green 氏函数; 符合下方程式

$$\begin{aligned}\Box^2 D_{\mathrm{adv}}(x) &= -\delta^4(x) = -\delta(r)\delta(x_0)\\ \Box^2 D_{\mathrm{ret}}(x) &= -\delta^4(x) = -\delta(r)\delta(x_0)\end{aligned} \tag{8-41}$$

$D_{\mathrm{adv}}, D_{\mathrm{ret}}$ 亦可写成下式 $(r = |r|)$

$$\begin{aligned}D_{\mathrm{adv}} &= \frac{1}{4\pi r}\delta(x_0 + r)\\ D_{\mathrm{ret}} &= \frac{1}{4\pi r}\delta(x_0 - r)\end{aligned} \tag{8-42}$$

见第 6 章附录 (6-035),(6-035a) 式.

8.2 中和介子场 (neutral meson field)

8.2.1 古典场论 ——Klein-Gordon 方程式

自由场的最简单例子, 是一个实数纯量场 ψ, 满足 Klein-Gordon 方程式

$$(\Box^2 - \mu^2)\psi(x_\mu) = 0 \tag{8-42a}$$

$$\mu = \frac{m_0 c}{\hbar} = \frac{2\pi}{\lambda} = \frac{1}{x}$$

$m_0 =$ 介子静止质量; $\lambda =$ Compton 波长. 可导致 (42) 式的 Lagrangian 密度, 可取为

$$\mathscr{L}(\psi, \partial_\nu, \psi) = -\frac{c^2}{2}(\partial_\nu\psi\partial_\nu\psi + \mu^2\psi^2) \tag{8-43}$$

如 ψ 系纯量或假纯量 (pseudo-scalar), 则 ψ^2 及 $\partial_\nu\psi\partial_\nu\phi$ 系纯量,$\mathscr{L}$ 系 Lorentz 不变量.

在任一时刻 t ,

$$\begin{aligned}&\frac{\partial\mathscr{L}}{\partial\psi} = -c^2\mu^2\psi\\ &\frac{\partial\mathscr{L}}{\partial(\partial_k\psi)} = -c^2\partial_k\psi\\ &\frac{\partial\mathscr{L}}{\partial\dot{\psi}} = \dot{\psi} = \pi(r,t) \quad (\text{见 (VI-12a)})\end{aligned} \tag{8-43a}$$

由 Lagrange 方程式 (6-10), 即得 (42) 式.

由 (6-14) 式, 可得 Hamiltonian 密度 *

$$\mathscr{H}(\psi, \pi, \partial_k\psi) = \pi\dot{\Psi} - \mathscr{L}$$

---

*(43) 式的负号, 可使 $\mathscr{H}$ 成一 "正号肯定" 式.$\mathscr{L}$ 式的 $\frac{C^2}{2}$ 因子, 则系任意的. $\mathscr{H}$ 不含 $\dot{\psi}$.

$$
\begin{aligned}
&= \pi^2 + \frac{c^2}{2}(\partial_\nu\psi\partial_\nu\psi + \mu^2\psi^2) \\
&= \frac{1}{2}[\pi^2 + c^2\mu^2\psi^2 + c^2(\nabla\psi)^2]. \qquad (8\text{-}44)
\end{aligned}
$$

由 (6-29), 即得正则能 - 动量张量

$$
\begin{aligned}
T_{\mu\nu} &= -c^2\partial_\mu\psi\partial_\nu\psi - \mathscr{L}\delta_{\mu\nu} \qquad (8\text{-}45)\\
&= T_{\mu u} \qquad (8\text{-}46)
\end{aligned}
$$

由 (6-46),(6-47), 可得角动量张量守恒定律

$$
\begin{aligned}
\frac{\mathrm{d}}{\mathrm{d}t}M_{\mu\nu} &= \frac{\mathrm{d}}{\mathrm{d}t}\int_V \mathscr{M}_{\mu\nu}\mathrm{d}r \\
&= \frac{\mathrm{d}}{\mathrm{d}t}\int \frac{l}{\mathrm{i}c}(x_\mu T_{\mu 4} - x_\nu T_{\mu 4})\mathrm{d}r \\
&= 0 \quad (\text{见(6-49)式}). \qquad (8\text{-}47)
\end{aligned}
$$

由 (45) 及 (43), 即见

$$
T_{44} = \mathscr{H} \qquad (8\text{-}48)
$$

由 (6-31),(6-30),(6-40b),(6-41b), 即得 S_j,P_j 两密度

$$
\begin{aligned}
\mathscr{S} &= \mathrm{i}cT_{4j} \\
&= -c^2\dot{\psi}\partial_j\psi \\
&= -c^2\pi\partial_j\psi \qquad (8\text{-}49)\\
\mathscr{P}_j &= \frac{1}{\mathrm{i}c}T_{j4} \\
&= \dot{\psi}\partial_j\psi = \pi\partial_j\psi \\
&= \frac{1}{2}(\pi\partial_j\psi + \partial_j\psi\pi), \quad \mathscr{P}_j = \text{Hermitian} \qquad (8\text{-}50)
\end{aligned}
$$

$$
\partial_t\mathscr{H} + \nabla\cdot\mathscr{S} = 0 \qquad (8\text{-}51)
$$

$$
\partial_t\mathscr{P}_k + \partial_j T_{kj} = 0 \qquad (8\text{-}52)
$$

凡上述结果, 皆系古典场论.

8.2.2　场之量子化

兹将上述之场量子化, 取 (ψ, π) 为正则共轭变数, 故视作 Hermitian 算符. 量子化条件乃系对易关系

$$
\begin{aligned}
&[\psi(r,t), \psi(r',t)] = [\pi(r,t), \pi(r',t)] = 0 \\
&-\frac{\mathrm{i}}{\hbar}[\psi(r,t), \pi(r',t)] = \delta(r - r')
\end{aligned}
\qquad (8\text{-}53)
$$

这些式中的 t, 系指某一固定的时刻 t, 故这些式非 Lorentz 不变式. 我们宜注意末一式的 $\boldsymbol{\delta(r-r')}$. 此乃因在同一时 t 的两点 $\boldsymbol{r}$, $\boldsymbol{r}'$ 间, 无任何音讯可通也.

按量子力学的 Heisenberg 观, 算符的运动方程式为

$$\frac{\partial \pi}{\partial t} = -\frac{\mathrm{i}}{\hbar}[\pi, H], \quad (\pi = \pi(\boldsymbol{r}, t)) \tag{8-54}$$

$$\frac{\partial \psi}{\partial t} = -\frac{\mathrm{i}}{\hbar}[\psi, H], \quad (\psi = \psi(\boldsymbol{r}, t)) \tag{8-55}$$

$$H = \int \mathscr{H} \mathrm{d}\boldsymbol{r} \tag{8-56}$$

由 (44), (56), (54), 可得

$$\partial_t \boldsymbol{\pi} = -\frac{\mathrm{i}c^2}{2\hbar}\int \mathrm{d}\boldsymbol{r}'[\mathrm{d}\boldsymbol{r}'[\pi(r,t), \mu^2\psi^2(r',t) + (\nabla\psi(r',t))^2]$$

$$\frac{\mathrm{i}}{\hbar}\int \mathrm{d}\boldsymbol{r}'[\pi(\boldsymbol{r},t), \psi^2(\boldsymbol{r}',t)] = \int \mathrm{d}\boldsymbol{r}'\psi(\boldsymbol{r}',t)\delta(\boldsymbol{r}-\boldsymbol{r}') \quad (\text{用(53)式})$$
$$= \psi(\boldsymbol{r},t)$$

$$\frac{\mathrm{i}}{\hbar}\int \mathrm{d}\boldsymbol{r}'[\pi(\boldsymbol{r},t)(\nabla'\psi(\boldsymbol{r}',t)]\psi(\boldsymbol{r}',t)$$
$$= \int \mathrm{d}\boldsymbol{r}'\nabla'(\boldsymbol{r}-\boldsymbol{r}')\cdot\nabla'\psi(\boldsymbol{r}',t)$$
$$= -\nabla^2\psi(\boldsymbol{r},t)$$

式中 ∇' 乃

$$\nabla' = \frac{\partial}{\partial \boldsymbol{r}'}$$

故得

$$\partial_t \pi = c^2[\nabla^2 - \mu^2]\psi \tag{8-57}$$

同法

$$\partial_t \psi = -\frac{\mathrm{i}}{\hbar}\int \mathrm{d}\boldsymbol{r}'[\psi(\boldsymbol{r},t), \pi^2(\boldsymbol{r}',t)]$$
$$= \pi(\boldsymbol{r},t) \tag{8-58}$$

由此二式, 复得 (42) 式.

8.2.3 $\boldsymbol{a_\mu, a_\mu^+}$ 算符

Klein-Gordon 方程式之解为平面波

$$e^{\mathrm{i}k_\mu x_\mu} = E^{\mathrm{i}kr - \mathrm{i}4k_4x} \tag{8-59}$$

$$k_4 = \mathrm{i}k_0, \quad x_4 = ix_0$$

$$\begin{aligned} k^2 &= k_\mu k_\mu = \boldsymbol{k}^2 - k_0^2 \\ &= -\mu^2, \quad \left(\mu = \frac{m_0 c}{h}, \text{见}(54)\right) \end{aligned} \tag{8-60}$$

$$k_0 = \frac{E_k}{\hbar c} = \frac{\omega_k}{c} = \sqrt{\boldsymbol{k}^2 + \mu^2} \tag{8-60a}$$

E_k, ω_k 皆系 k 的函数. (59) 波的相速度 $v_{p\hbar}$ 及群速度 v_g 系

$$\begin{aligned} v_{p\hbar} &= \frac{1}{|k|}\omega_k = \frac{c}{|\kappa|}\sqrt{\kappa^2 + \mu^2} \\ v_g &= \frac{\mathrm{d}\omega_k}{\mathrm{d}k} = ck\frac{1}{\sqrt{\boldsymbol{k}^2 + \mu^2}} = \frac{c^2 p}{E_k} = v \end{aligned} \tag{8-61}$$

故

$$v_{p\hbar} v_g = c^2$$

$e^{\mathrm{i}\kappa_\mu x_\mu}$ 构成一全集的函数, 故 $\psi(r,t)$, $\pi(r,t)$ 算符可按 (59) 展开. 兹假设

$$\psi(x_\mu) = \frac{1}{(2\pi)^3}\int \mathrm{d}^4 k \delta(\boldsymbol{k}^2 + \mu^2) C a_k \mathrm{e}^{\mathrm{i}\kappa_\nu x_\nu} \tag{8-62}$$

$\delta(\boldsymbol{k}^2 + \mu^2)$ 乃限积分于符合 (60) 式的能 - 动量关系的区域. 故此积分实系在 $\delta(k^2 + \mu^2)$ 超面上的三维积分. a_k 系一 (待定的) 算符. 因 $\psi(x_\mu)$ 系一实数场, 故 $\psi(x_\mu)$ 系一 Hermitian 算符. 如改 k_μ 为 $-k_\mu$, 则 a_k 变为 a_{-k} (a_k 的伴符 a_k^+ 为

$$a_k^+ = a_{-k} \quad \text{见} \quad (8\text{-}76) \tag{8-63}$$

(62) 式示 $\psi(x_\mu)$ 系 $C a_k \delta(k^2 + \mu^2)$ 的 Fourier 变换.

由 (23) 的末式, (62) 可写为

$$\begin{aligned} \psi(x_\lambda) &= \frac{1}{(2\pi)^3}\int \mathrm{d}^4 k[\theta(k_0) + \theta(-k_0)]\delta(k^2 + \mu^2) C a_k \mathrm{e}^{\mathrm{i}k_\nu x_\nu} \\ &= \psi_+(x_\lambda) + \psi_-(x_\lambda) \end{aligned} \tag{8-64}$$

$$\begin{aligned} \psi_+(x_\lambda) &= \frac{1}{(2\pi)^3}\int \mathrm{d}^4 k \theta(k_0)\delta(k^2 + \mu^2) C a_k \mathrm{e}^{\mathrm{i}\kappa_\nu x_\nu} \\ \psi_-(x_\lambda) &= \frac{1}{(2\pi)^3}\int \mathrm{d}^4 k \theta(+k_0)\delta(k^2 + \mu^2) C a_{-k} \mathrm{e}^{-\mathrm{i}\kappa_\nu x_\nu} \end{aligned} \tag{8-65}$$

由 (60), (61), 及 (22),

$$\begin{aligned} \theta(k_0)\delta(k^2 + \mu^2) &= \theta(k_0)\delta\left(k_0^2 - \frac{\omega_k^2}{c^2}\right) \\ &= \theta(k_0)\frac{c}{2\omega_k}\left[\delta\left(k_0 - \frac{\omega_k}{c}\right) + \delta\left(k_0 + \frac{\omega_k}{c}\right)\right] \end{aligned}$$

$$= \frac{c}{2\omega_k}\delta\left(k_0 - \frac{\omega_k}{c}\right) \qquad (\text{用(22)式}) \tag{8-66}$$

故

$$\begin{aligned} \psi_+(x_\lambda) &= \frac{c}{2(2\pi)^3}\int \mathrm{d}^3k \frac{1}{\omega_k} C a^k \mathrm{e}^{\mathrm{i}(\boldsymbol{k}\cdot\boldsymbol{r}-\omega_k t)} \\ \psi_-(x_\lambda) &= \frac{c}{2(2\pi)^3}\int \mathrm{d}^3k \frac{1}{\omega_k} C a_{-k} \mathrm{e}^{-\mathrm{i}(\boldsymbol{k}\cdot\boldsymbol{r}-\omega_k t)} \end{aligned} \tag{8-67}$$

由 $\pi = \dot{\psi}$,

$$\pi(x_\lambda) = \pi_+(x_\lambda) + \pi_-(x_\lambda), \tag{8-68}$$

$$\begin{aligned} \pi_+(x_\lambda) &= -\frac{\mathrm{i}c}{2(2\pi)^3}\int \mathrm{d}^3k C a_k \mathrm{e}^{\mathrm{i}(\boldsymbol{k}\cdot\boldsymbol{r}-\omega_k t)} \\ \pi_-(x_\lambda) &= \frac{\mathrm{i}c}{2(2\pi)^3}\int \mathrm{d}^3k C a_{-k} \mathrm{e}^{-\mathrm{i}(\boldsymbol{k}\cdot\boldsymbol{r}-\omega_k t)} \end{aligned} \tag{8-69}$$

兹取

$$C = \frac{1}{c}\sqrt{2h\omega_k L^3} \tag{8-70}$$

$L^3 = V$, 等于一个大立方体的空间. 我们不必假设四壁是反光镜面; 我们假设所谓“周斯性边界条件”, 使 k_i 量子化

$$k_i = \frac{2\pi}{L}n_i, \quad i = x, y, z; n_i = \pm 1, \pm 2, \pm 3, \cdots \tag{8-71}$$

如 L 甚大, (67), (69) 之积分, 可代以 “和”

$$\frac{1}{(2\pi)^3}\int \mathrm{d}^3k \to \frac{1}{L^3}\sum_k \tag{8-72}$$

(64), (68) 乃成

$$\psi(x_\lambda) = \sqrt{\frac{\hbar}{2}} L^{-3/2} \sum_k \omega_k^{-1/2} [a_k \mathrm{e}^{\mathrm{i}(\boldsymbol{k}\cdot\boldsymbol{r}-\omega_k t)} + a_{-\kappa}\mathrm{e}^{-\mathrm{i}(\boldsymbol{k}\cdot\boldsymbol{r}-\omega_k t)}]$$

$$\pi(x_\lambda) = \mathrm{i}\sqrt{\frac{\hbar}{2}} L^{-3/2} \sum_k \omega\kappa^{1/2} [-a_k \mathrm{e}^{\mathrm{i}(\boldsymbol{k}\cdot\boldsymbol{r}-w_k)} + a_{-r}\mathrm{e}^{-\mathrm{i}(\boldsymbol{k}\cdot\boldsymbol{r}-w_k t)}]$$

上述结果, 乃系 Heisenberg 观的描述.

由 (73), 得见如 a_k, a_{-k} 等满足下式

$$[a_k, a_{\kappa'}] = [a_{-k}, a_{k'}] = 0 \tag{8-74}$$

$$[a_k, a_{-k'}] = \delta_{k,k'},$$

则 $\psi(r,t)$, $\pi(r,t)$ 等满足下关系

$$\begin{aligned} &[\psi(\boldsymbol{r},t),\psi(\boldsymbol{r}',t)]=[\pi(\boldsymbol{r},t),\pi(\boldsymbol{r}',t)]=0 \\ &-\frac{\mathrm{i}}{\hbar}[\psi(\boldsymbol{r},t),\pi(\boldsymbol{r}',t)]=\delta(\boldsymbol{r}-\boldsymbol{r}') \end{aligned} \tag{8-75}$$

然 (75) 各关系即 (53) 式之量子化条件关系也.

由 (74), 得见 a_k, a_{-k} 的特性, 与 (8-98a, b) 式的 "消减" 算符 a_k,"产生" 算符 a_k^+ 的相同, 故兹可写 a_k, a_{-k} 为 a_k, a_k^+

$$a_k \to a_k, \quad a_{-k}=a_k^+ \tag{8-76}$$

由 Heisenberg 方程式 (55),

$$\frac{\partial\psi(r,t)}{\partial t}=-\frac{\mathrm{i}}{\hbar}[\psi(x_\lambda),H]$$

及 (73), 即得

$$\begin{aligned} &\hbar\sum_k\sqrt{\omega_k}|a_k\mathrm{e}^{\mathrm{i}(\boldsymbol{k}\cdot\boldsymbol{r}-\omega_k t)}-a_k^+\mathrm{e}^{-\mathrm{i}(\boldsymbol{k}\cdot\boldsymbol{r}-\omega_k t)} \\ &\quad=\sum_k\frac{1}{\sqrt{\omega_k}}[a_k\mathrm{e}^{\mathrm{i}(\boldsymbol{k}\cdot\boldsymbol{r}-\omega_k t)}+a_k^+\mathrm{e}^{-i(\boldsymbol{k}\cdot\boldsymbol{r}-\omega_k t)},H] \end{aligned} \tag{8-77}$$

由此式, 即得

$$\begin{aligned} &[a_k,H]=\hbar\omega_k a_k \\ &[a_k^+,H]=-\hbar\omega_k a_k^+ \end{aligned} \tag{8-78}$$

(73) 式的意义如下:$\psi(x_\lambda)$ 可表为无限数的产生 a_k^+ 及消减 a_k 算符, 产生及消减一个带能 $E_k=\hbar\omega_k$, 动量 $\hbar k$ 的中和介子.

(42) 式的 $\psi(x_\lambda)$ 场, 径量子化后, 由 (73) 式表出其 "粒子" 的性质.

(75) 式之对易关系之非 Lorentz 不变式, 已如前述 (见 (53) 式下). 关于此点, 将于正文 (本节 (4)) 以所谓 Interaction picture 讨论之.

场的动量 P, 按 (6-31a) 及 (8-50), 乃

$$\begin{aligned} P_j&=\int_V\mathscr{P}_j\mathrm{d}r, \quad V=L^3 \\ &=\int_V\frac{1}{2}(\pi\partial_j\psi+\partial_j\psi\pi)\mathrm{d}\boldsymbol{r} \end{aligned} \tag{8-79}$$

由 (79), (74), (76), 可得 $\boldsymbol{P}$ 与任何 ψ,π 的函数 $F(\psi,\pi)$ 的对易关系如下

$$\bigtriangledown F=-\frac{\mathrm{i}}{\hbar}[\boldsymbol{P},F] \tag{8-80}$$

由 (73) 式及 (80), 可得

$$\sum_k \hbar k(a_k e^{i(\cdots)} - a_k^+ e^{-i(\cdots)}) = -\sum_k [\boldsymbol{P}(a_k e^{i(\cdots)} + a_k^+ e^{-i(\cdots)})] \tag{8-81}$$

式中之 $(\cdots)$ 代 $(\boldsymbol{k}\cdot\boldsymbol{r}-\omega_k t)$.

由此式, 即得 (与 (78) 关系相似的)

$$\begin{aligned}[][a_k, \boldsymbol{P}] &= \hbar \boldsymbol{k} a_k \\ [a_k^+, \boldsymbol{P}] &= -\hbar \boldsymbol{k} a_k^+\end{aligned} \tag{8-82}$$

设 $|E_0\rangle$, $|P_0\rangle$ 系 H, P 之本征态

$$\begin{aligned} H|E_0\rangle &= E_0|E_0\rangle \\ \boldsymbol{P}|\boldsymbol{P}_0\rangle &= \boldsymbol{P}_0|\boldsymbol{P}_0\rangle\end{aligned} \tag{8-83}$$

兹由计算, 可得下列各关系

$$\begin{aligned} H(a_k^+|E_0\rangle) &= (E_0+\hbar\omega_k)(a_k^+|E_0\rangle), \\ H(a_k|E_0\rangle) &= (E_0-\hbar\omega_k)(a_k|E_0\rangle),\end{aligned} \tag{8-84}$$

$$\begin{aligned} \boldsymbol{P}(a_k^+|\boldsymbol{P}_0\rangle) &= (\boldsymbol{P}_0+\hbar\boldsymbol{k})(a_k^+|\boldsymbol{P}_0\rangle), \\ \boldsymbol{P}(a_k|\boldsymbol{P}_0\rangle) &= (\boldsymbol{P}_0-\hbar\boldsymbol{k})(a_k|\boldsymbol{P}_0\rangle).\end{aligned} \tag{8-85}$$

此数式乃示 $a_k^+|E_0\rangle$, $a_k^+|\boldsymbol{P}_0\rangle$ 系 H, $\boldsymbol{P}$ 的本征值 "增加" 了 $\hbar\omega_k$, $\hbar\boldsymbol{k}$ 的本征态; $a_k|E_0\rangle$, $a_k|\boldsymbol{P}_0\rangle$ 系 H, $\boldsymbol{P}$ 的本征值 "减小" 了 $\hbar\omega_k$, $\hbar\boldsymbol{k}$ 的本征态. 故 a_k^+, a_k 的 "产生","消减" 的意义, 至为明显.

兹采用居位数表象 (occupation number representation) 如第 7 章第 4 节. a_k, a_k^+ 算符, 在此表象中的性质, 已见 (7-94),(7-95)

$$\begin{aligned} a_{k_i}|n_1,n_2,\cdots,n_i,\cdots\rangle &= \sqrt{n_i}|n_1,n_2,\cdots,n_i-1,\cdots\rangle \\ a_{k_i}^+|n_1,n_2,\cdots,n_i,\cdots\rangle &= \sqrt{n_i+1}|n_1,n_2,\cdots,n_i+1,\cdots\rangle\end{aligned} \tag{8-86}$$

$|n_1,n_2,\cdots,n_i,\cdots\rangle$ 态乃示在动量, 能为

$$\hbar k_i, E_{k_i} = c\sqrt{h^2\boldsymbol{k}_i^2+m_0^2c^2} \tag{8-87}$$

的态有 "粒子" n_i 个, $i=1,2,\cdots$.

(6-101) 式定义之 "居位数算符" 为

$$N_k = a_k^+ a_k \tag{8-88}$$

故 Hamiltonian 算符, 动量算符为

$$H=\sum_{k}E_kN_k=\sum_{k}E_ka_k^+a_k \tag{8-89}$$

$$\boldsymbol{P}=\sum_{k}\hbar\boldsymbol{k}a_k^+a_k \tag{8-90}$$

$$\begin{aligned}H|n_1,n_2,\cdots\rangle&=\sum_{k}E_kN_k|n_1,n_2,\cdots\rangle\\&=(\sum_{k}n_kE_k)|n_1,n_2,\cdots\rangle\end{aligned} \tag{9-91}$$

$$\boldsymbol{P}|n_1,n_2,\cdots\rangle=\sum_{k}n_k\hbar\boldsymbol{k}|n_1,n_2,\cdots\rangle \tag{9-92}$$

由 (84), 如 $E_2-E_1\rangle 0$,

$$H|E_2\rangle=E_2|E_2\rangle,\qquad H|E_1\rangle=E_1|E_1\rangle,$$

则

$$(E_2-E_1-E_k)\langle E_2|a_k^+|E_1\rangle=0$$

$$\begin{aligned}&\langle E_2|a_k^+|E_1\rangle\neq 0\ 如\ E_k=E_2-E_1\\&(E_2-E_1-E_k)\rangle E_2|a_k|E_1\rangle 0\end{aligned} \tag{8-93a}$$

$$\langle E_2|a_k|E_1\rangle\neq 0 如 E_k=E_1-E_2 \tag{8-93b}$$

(84), (85), (89), (90) 各式中的

$$E_k=\hbar\omega_k,\quad P=\hbar k$$

即爱因斯坦的

$$E=h\nu,\quad P=\frac{h}{\lambda}$$

关系也.

8.2.4 对易关系

前 (53) 式的对易关系, 在 Heisenberg 观 (picture), 为

$$\begin{aligned}&[\psi(\boldsymbol{r},t),\psi(\boldsymbol{r}',t)]=[\pi(\boldsymbol{r},t),\pi(\boldsymbol{r}',t)]=0\\&-\frac{\mathrm{i}}{\hbar}[\psi(\boldsymbol{r},t),\pi(\boldsymbol{r}',t)]=\delta(\boldsymbol{r}-\boldsymbol{r}')\end{aligned} \tag{8-94}$$

此只适用于某一固定时 t, 故无 Lorentz 不变性. 在 Schrödinger 观, 则 (94) 成

$$[\psi(\boldsymbol{r}),\psi(\boldsymbol{r}')]=[\pi(\boldsymbol{r}),\pi(\boldsymbol{r}')]=0$$

$$-\frac{\mathrm{i}}{\hbar}[\psi(\boldsymbol{r}),\pi(\boldsymbol{r}')=\sigma(\boldsymbol{r}-\boldsymbol{r}')] \tag{8-95}$$

亦只适用于 $t=0$ 之意.

欲得 Lorentz 不变式的对易关系, 法系用有相互作用的系统的 "相互作用观" (interaction picture) 见本节末附录.

兹作一幺正变换, 由 $t=0$ 时之 a_k, a_k^+ 得 t 时之 $a_k(t)$, $a_k^+(t)$

$$\begin{aligned} a_k(t)&=U^{-1}a_kU\\ a_k^+(t)&=U^{-1}a_k^+U \end{aligned} \tag{8-96}$$

$$U=\exp\left(-\frac{\mathrm{i}H_0t}{\hbar}\right) \tag{8-97}$$

故

$$\begin{aligned} \frac{\partial a_k(t)}{\partial t}&=\frac{\mathrm{i}}{\hbar}U^{-1}(H_0a_k-a_kH_0)U\\ &=-\frac{\mathrm{i}}{\hbar}E_ka_k(t) \qquad (\text{用(78)式}) \end{aligned} \tag{8-98}$$

$$a_k(t)=a_k\exp\left(-\frac{\mathrm{i}}{\hbar}E_kt\right) \tag{8-98a}$$

同此, 即得

$$a_k^+(t)=a_k^+\exp(\frac{\mathrm{i}}{\hbar}E_kt) \tag{8-99}$$

由 Heisenberg 观的 (73) 式, 可得 Schrödinger 观式如下:($t=0$)

$$\psi(x_\mu)=\sqrt{\frac{\hbar}{2}}L^{-3/2}\sum_k\frac{1}{\sqrt{\omega_k}}[a_k\mathrm{e}^{\mathrm{i}\boldsymbol{k}\cdot\boldsymbol{r}}+a_k^+e^{-\mathrm{i}\boldsymbol{k}\cdot\boldsymbol{r}}]$$

因 $\psi(x_\lambda)$ 系 $\boldsymbol{r},t$ 的函数, 故 a_k, a_k^+ 需代以 $a_k(t)$, $a_k(t)$,

$$\psi(x_\lambda)=\sqrt{\frac{\hbar}{2}}L^{-3/2}\sum_k\frac{1}{\sqrt{\omega_k}}[a_k(t)e^{\mathrm{i}\boldsymbol{k}\cdot\boldsymbol{r}}+a_k^+(t)\mathrm{e}^{-\mathrm{i}\boldsymbol{k}\cdot\boldsymbol{r}}] \tag{8-100}$$

由 (98a), (99), 此式可写为

$$\psi(x_\lambda)=\sqrt{\frac{\hbar}{2}}L^{-3/2}\sum_k\frac{1}{\sqrt{\omega_k}}[a_k\mathrm{e}^{\mathrm{i}k_\mu x_\mu}+a_k^+\mathrm{e}^{-\mathrm{i}k_\mu x_\mu}] \tag{8-101}$$

由 (74) 式

$$\begin{aligned} [a_k,a_k]&=[a_k^+,a_k^+]=0\\ [a_k,a_k^+]&=\delta_{kk} \end{aligned} \tag{8-102}$$

可得下对易关系

$$[\psi(x_\lambda),\psi(x'_\lambda)]=\frac{\hbar}{2}L^{-3}\sum_{k,k'}\frac{1}{\sqrt{\omega_k\omega_{k'}}}\{[a_k,a^+_{k'}]\mathrm{e}^{\mathrm{i}y}+[a^+_{k'},a_k]\mathrm{e}^{-\mathrm{i}y}\}\qquad(y\equiv k_\mu x_\mu-k'_\mu x'_\mu)$$

$$=\frac{\hbar}{2}L^{-3}\sum_{k}\frac{1}{\omega_k}[\mathrm{e}^{\mathrm{i}k_\mu(x_\mu-x_\mu)}-e^{-ik_\mu(x_\mu-x_\mu)}]\tag{8-103}$$

如 $V=L^3$ 甚大, $\frac{1}{L^3}\sum\limits_k$ 可代以 $\frac{1}{(2\pi)^3}\int\mathrm{d}^3k$. (103) 乃成

$$[\psi(x_\mu),\psi(x'_\mu)]=-\frac{\hbar}{\mathrm{i}c}\Delta(x-x')\tag{8-104}$$

由 (8-20),

$$=-\frac{\hbar}{(2\pi)^3_c}\int\mathrm{d}^3k\frac{\sin k(x-x')}{k_4}\tag{8-105}$$

$$k_4=-\frac{1}{c}\omega_k$$

(105) 系 Lorentz 不变式.

如 $x_4=x'_4$ (即 $t=t'$), $\sin k(x-x')=\sin\boldsymbol{k}\cdot(\boldsymbol{r}-\boldsymbol{r}')$ 故积分等于零.(104) 式乃化为

$$[\psi(r,t),\psi(r',t)]=0\tag{8-106}$$

此即前 (74) 式也.

同法, 可得 (用 (8-43a),$\pi=\dot{\psi}$)

$$-\frac{\mathrm{i}}{\hbar}[\psi(\boldsymbol{r}),\pi(\boldsymbol{r}')]=-\frac{\mathrm{i}}{\hbar}\partial_{t'}[\psi(x),\psi(x')]_{x_4=x'_4=0}$$

用 (104),

$$=\frac{1}{c}\partial_i\Delta(x-x')|_{x_4=x'_4=0}$$

用(19),

$$=-\delta(\boldsymbol{r}-\boldsymbol{r}')\tag{8-107}$$

此即前 (74) 式也.

(104), (106), (107) 式中 $\boldsymbol{r}-\boldsymbol{r}'$ 系一任意的 “类空间距” (spacelike interval). 按狭义相对论, 任何可传递讯息的速度, 不能超过光速. 故在同时 $t=t'$ 的两个空间点 $\boldsymbol{r}$, $\boldsymbol{r}'$ 作度量, 不可能互生干扰, 故得 (106), (107) 的结果. 如 $t\neq t'$ 而

$$(x_\mu-x'_\mu)^2>0\tag{8-108}$$

则

$$\Delta(x-x')=0\tag{8-109}$$

附录 量子力学的 Heisenberg, Schrödinger, Dirac 观 (picture)

量子力学有所谓 Heisenberg picture 及 Schrödinger picture. 前者视物理量的算符, 如 Q 等, 系随时而改变的, 其方程式为 *

$$\dot{F}(x,t) = -\frac{\mathrm{i}}{\hbar}[F, H_h] \tag{A-1}$$

H_h 系 Hamilitonian, $[F,H] = FH - HF$; 物理系统的态, 则系固定不变的.

按 Schrödinger 的观点, 物理量算符, 如 Hamiltonian $\mathrm{H_s}$ 则系不与时 t 而变的, 惟系统的态, 则随时改变, 其方程式为 *

$$-\frac{\hbar}{\mathrm{i}}\frac{\partial}{\partial t}|t\rangle = H_2|t\rangle \tag{A-2}$$

这两个观点间的关系, 只是一个幺正变换之差. 设 U 为一个幺正变换, 在 t 时的 $|t\rangle$, 乃由 $U|t_0\rangle$ 而来, $t - t_0\rangle 0$, 即

$$|t\rangle = U|t_0\rangle \tag{A-3}$$

或

$$|t_0\rangle = U^{-1}|t\rangle. \tag{A-4}$$

换言之,U^{-1} 使变动中的 $|t\rangle$, 成静止不变的 $|t_0\rangle$. 以 (A-3) 代入 (A-2) 式, 即得

$$-\frac{\hbar}{\mathrm{i}}\frac{\mathrm{d}U}{\mathrm{d}t}|t_0\rangle = H_\mathrm{s}U|t_0\rangle \tag{A-5}$$

故 U 满足下算符方程式

$$\frac{\mathrm{d}U}{\mathrm{d}t} = -\frac{\mathrm{i}}{\hbar}H_\mathrm{s}U \tag{A-6}$$

其积分为

$$U = \exp\left(-\frac{\mathrm{i}H_\mathrm{s}t}{\hbar}\right) \tag{A-7}$$

兹对 Schrödinger 观中的算符 F_s, H_s, 作幺正变换 U, 使其成为 t 的函数

$$\begin{aligned} F_h &= U^{-1}F_\mathrm{s}U \\ H_h &= U^{-1}F_\mathrm{s}U \end{aligned} \tag{A-8}$$

或

$$UF_h = F_\mathrm{s}U \tag{A-9}$$

* $H_\mathrm{h}, H_\mathrm{s}$ 的注 h, s, 系示 Heisenberg, Schrödinger 的观点之意.

对 t 微分之, 即得

$$U\dot{F}_h + \frac{\mathrm{d}U}{\mathrm{d}t}F_h = F_\mathrm{s}\frac{\mathrm{d}U}{\mathrm{d}t}$$

由 (8) 及 (6) 式即得 Heisenberg 观的 (1) 式

$$\dot{F}_h = -\frac{\mathrm{i}}{\hbar}[F_h, H_h]$$

F 算符之平均值, 在 Heisenberg 观为

$$f_h = \langle 0|F_h|0\rangle, \quad \langle 0|\text{为一固定态},$$

在 Schrödinger 观为

$$\begin{aligned} f_\mathrm{s} &= \langle t|F_\mathrm{s}|t\rangle \\ &= \langle t_0|\mathrm{e}^{\frac{\mathrm{i}H_\mathrm{s}t}{\hbar}}F_\mathrm{s}\mathrm{e}^{-\frac{\mathrm{i}H_\mathrm{s}t}{\hbar}}|t_0\rangle, \quad \text{用 (3) 及 (7) 式} \\ &= \langle t_0|F_h|t_0\rangle, \quad \text{用 (8) 式.} \end{aligned}$$

故 $f_\mathrm{s} = f_k$

如系统之 Hamiltonain H 可分为两部

$$H_\mathrm{s} = H_\mathrm{s}^0 + H_\mathrm{int} \tag{A-10}$$

H_int 表 “交互作用”(假设系统中有二部分;H_s^0 系二部彼此独立无关系的情形下的算符;H_int 则二部间之交互作用). 第 (2) 式可写为

$$-\frac{\hbar}{\mathrm{i}}\frac{\partial \Psi}{\partial t} = (H_\mathrm{s}^0 + H_\mathrm{int})\Psi. \tag{A-11}$$

兹将 H_int 作一幺正变换如 (8) 及 (7) 式

$$\mathscr{H} = U^{-1}H_\mathrm{int}U \tag{A-12}$$

同时对 Ψ 作幺正变换如 (4) 式

$$\phi = U^{-1}\Psi \tag{A-13}$$

$$U = \exp\left(-\frac{\mathrm{i}H_\mathrm{s}^0 t}{\hbar}\right) \tag{A-14}$$

则 (11) 式成

$$-\frac{\hbar}{\mathrm{i}}\frac{\partial \phi}{\partial t} = \mathscr{H}\phi \tag{A-15}$$

此式中之 $\mathscr{H}$, 只由 H_int 来, 惟经 (12) 变换前,$\mathscr{H}$ 已成 t 的函数 (即使 H_{int} 非 t 之函数). 因 (13) 变换之 U 系 H_s^0 而非 H_s 之函数, 故 ϕ 非 Heisenberg 观之固定态而系与 t 变的态. (15) 式称为 “相互作用观” (interaction picture).

兹取一 Schrödinger 观的算符 F_s, 并作 (8) 式幺正变换

$$f_{\rm int} = U^{-1}F_sU, \quad U\text{见(7)式} \tag{A-16}$$

由此式及 $H_s^0U - UH_s^0 = 0$, 即得

$$\frac{\partial f_{\rm int}}{\partial t} = -\frac{\mathrm{i}}{\hbar}[f_{\rm int}, H_s^0] \tag{A-17}$$

此式示在 "相互作用观" 中, 一算符 $f_{\rm int}$ 只由 H_s^0 定.

总结上述结果: 在相互作用观, 算符方程式 (17) 由 H^0 定; 而系统之态 ϕ 则由 $\mathscr{H} = U^{-1}H_{\rm int}U$ 定, 如 (15) 式. 如无相互作用,$H_{\rm int} = 0$, 则 ϕ = 固定态, 此乃 Heisenberg 观.

8.3 纯量复数场 (s=0) —— 带电荷 π 介子场

兹取有电荷 e, $-e$, 自旋 $s = 0$ 的 π^+,π^- 介子. 我们将采下观点: π^+,π^- 系互为电荷共轭态, (见本册第 3 章第 3 节, 电子正电子的问题); 如视 π^+ 为 "粒子", 则 π^- 系 "反粒子". *π^+,π^- 因有电荷的两个自由度, 需有两分量 (two-component) 的场. 设 $\psi_1(x_\mu)$, $\psi_2(x_\mu)$ 系两个实数场 (幅度). 下文先述古典场观点, 次乃述量子化场.

8.3.1 古典场

兹引入复数幅度

$$\begin{aligned}\Psi(x_\mu) &= \frac{1}{\sqrt{2}}[\psi_1(x_\mu) + \mathrm{i}\psi_2(x_\mu)]\\ \Psi^*(x_\mu) &= \frac{1}{\sqrt{2}}[\psi_1(x_\mu) - \mathrm{i}\psi(x_\mu)]\end{aligned} \tag{8-110}$$

$\psi_1(x_\mu), \psi_2(x_\mu)$ 系两个独立 (无相互作用的) 实数纯量场. 取 Lagrangian 密度为 (见 (8-43) 式)

$$\begin{aligned}\mathscr{L} &= -\frac{c^2}{2}[(\partial_\nu\psi_1 + \mathrm{i}\partial_\nu\psi_2)(\partial_\nu\psi_1 - \mathrm{i}\partial_\nu\psi_2) + \mu^2(\psi_1^2 + \psi_2^2)]\\ &= -\frac{c^2}{2}[\partial_\nu\psi_j\partial_\nu\psi_j + \mu^2\psi_j\psi_j] \quad (j = 1, 2\text{之和})\\ &= -c^2[\partial_\nu\Psi\partial_\nu\Psi^* + \mu^2\Psi\Psi^*] \qquad (8\text{-}111)\\ \mu &= \frac{m_0c}{\hbar}\end{aligned}$$

* 上节的场 —— 纯量 ($s = 0$),"一分量"—— 所描述者为中和 π° 介子.π° 的共轭态系其自身.

此 $\mathscr{L}$ 系实数, 且对 Ψ, Ψ^* 系对称的.ψ_1, ψ_2 将视为独立的, 故 Ψ, Ψ^* 亦将为独立的. 由 $\mathscr{L}$ 及变分原理, 即可得 Lagrange 方程式

$$\frac{\partial \mathscr{L}}{\partial \psi_j} - \partial_\lambda \frac{\partial \mathscr{L}}{\partial(\partial_\lambda \psi_j)} = 0, \quad j = 1, 2 \tag{8-112}$$

或

$$\frac{\partial \mathscr{L}}{\partial \Psi} - \partial_\lambda \frac{\partial \mathscr{L}}{\partial(\partial_\lambda \Psi)} = 0, \quad \Psi = \Psi, \Psi^* \tag{8-113}$$

由此即得 Klein-Gordon 方程式

$$(\Box^2 - \mu^2) \begin{pmatrix} \psi_1 \\ \psi_2 \end{pmatrix} = 0 \tag{8-114}$$

或

$$(\Box^2 - \mu^2) \begin{pmatrix} \Psi \\ \Psi^* \end{pmatrix} = 0 \tag{8-115}$$

ψ_1, ψ_2 的正则共轭动量 π_1, π_2 乃

$$\pi_j = \frac{\partial \mathscr{L}}{\partial \dot{\psi}_j} = \dot{\psi}_j(x_\mu), \quad j = 1, 2 \tag{8-116}$$

同此

$$\begin{aligned} \pi &= \frac{\partial \mathscr{L}}{\partial \dot{\Psi}} = \dot{\Psi}^*(x_\mu) = \frac{1}{\sqrt{2}}[\pi_1(x_\mu) - \mathrm{i}\pi_2(x_\mu)], \\ \pi^* &= \frac{\partial \mathscr{L}}{\partial \dot{\Psi}^*} = \dot{\Psi}(x_\mu) = \frac{1}{\sqrt{2}}[\pi_1(x_\mu) + i\pi_2(x_\mu)]. \end{aligned} \tag{8-117}$$

Hamiltonian 密度 $\mathscr{H} = \mathscr{H}(\Psi, \Psi^*, \pi, \pi^*, \nabla \Psi, \nabla \Psi^*,)$ 乃

$$\begin{aligned} \mathscr{H} &= \pi \dot{\Psi} + \pi^* \dot{\Psi}^* - \mathscr{L} \\ &= \pi\pi^* + c^2(\nabla \Psi \cdot \nabla \Psi^* + \mu^2 \Psi \Psi^*) \end{aligned} \tag{8-118}$$

$$H = \int_V \mathscr{H} \mathrm{d}\mathbf{r} \tag{8-119}$$

能–动量张量 (见 (6-29),(8-45) 式) 乃

$$\begin{aligned} T_{\mu\nu} &= \partial_\mu \Psi \frac{\partial \mathscr{L}}{\partial(\partial_\nu \Psi)} + \partial_\mu \Psi^* \frac{\partial \mathscr{L}}{\partial(\partial_\nu \Psi^*)} - \mathscr{L} \delta_{\mu\nu} \\ &= -c^2(\partial_\mu \Psi \partial_\nu \Psi^* + \partial_\mu \Psi^* \partial_\nu \Psi) - \mathscr{L} \delta_{\mu\nu} \\ &= T_{\nu\mu} \end{aligned} \tag{8-120}$$

兹总结 $\mathscr{L}$ 之性质如下

(i) $\mathscr{L}$ 系一实数 (函数)

(ii) $\mathscr{L}$ 系一纯量 (不变量)

(iii) 在所谓"第一种规范变换"

$$\Psi \to \Psi' = \mathrm{e}^{\mathrm{i}\alpha}\Psi, \quad \Psi^* \to \Psi^{*'} = \mathrm{e}^{-\mathrm{i}\alpha}\Psi^* \tag{8-121}$$

$$\alpha = \text{任意实数}$$

下,$\mathscr{L}$ 系不变

$$\mathscr{L}' = \mathscr{L}, \quad \text{或}\delta\mathscr{L} = 0 \tag{8-122}$$

当上式的任意实数 α 系无限小 (infinitesimal) 时,

$$\Psi(x_\mu) \to \Psi'(x_\mu) = (1+\mathrm{i}\alpha)\Psi(x_\mu)$$

$$\Psi^*(x_\mu) \to \Psi^{*'}(x_\mu) = (1-\mathrm{i}\alpha)\Psi^*(x_\mu)$$

或

$$\delta\Psi = \mathrm{i}\alpha\Psi, \quad \delta\Psi^* = -\mathrm{i}\alpha\Psi^* \tag{8-123}$$

由 (111) 及 (121), 因 $\delta(\partial_\mu\Psi) = \partial_\mu(\delta\Psi)$, 得

$$\begin{aligned}\delta\mathscr{L} = 0 =& \frac{\partial\mathscr{L}}{\partial\Psi}\delta\Psi + \frac{\partial\mathscr{L}}{\partial(\partial_\lambda\Psi)}\delta(\partial_\lambda\Psi) + \frac{\partial\mathscr{L}}{\partial\Psi^*}\delta\Psi^* \\ &+ \frac{\partial\mathscr{L}}{\partial(\partial_\lambda\Psi^*)}\delta(\partial_\lambda\Psi^*) \\ =& \left(\frac{\partial\mathscr{L}}{\partial\Psi} - \partial_\lambda\frac{\partial\mathscr{L}}{\partial(\partial_\lambda\Psi)}\right)\delta\Psi + \left(\frac{\partial\mathscr{L}}{\partial\Psi^*} - \partial_\lambda\frac{\partial\mathscr{L}}{\partial(\partial_\lambda\Psi^*)}\right)\delta\Psi^* \\ &+ \partial_\lambda\left(\frac{\partial\mathscr{L}}{\partial(\partial_\lambda\Psi)}\delta\Psi + \frac{\partial\mathscr{L}}{\partial(\partial_\lambda\Psi^*)}\delta\Psi^*\right)\end{aligned}$$

由 (113), 故

$$\partial_\lambda\left(\frac{\partial\mathscr{L}}{\partial(\partial_\lambda\Psi)}\delta\Psi + \frac{\partial\mathscr{L}}{\partial(\partial_\lambda\Psi^*)}\delta\Psi^*\right) = 0 \tag{8-124}$$

用 (123) 式, 此式成

$$\partial_\lambda\left(\frac{\partial\mathscr{L}}{\partial(\partial_\lambda\Psi)}\Psi - \frac{\partial\mathscr{L}}{\partial(\partial_\lambda\Psi^*)}\Psi^*\right) = 0 \tag{8-125}$$

或由 (111),

$$\partial_\lambda[(\partial_\lambda\Psi^*)\Psi - \Psi^*(\partial_\lambda\Psi)] = 0 \tag{8-126}$$

(iv) 兹定义四维流密度 j_λ

$$j_\lambda = -Cc^2((\partial_\lambda\Psi^*)\Psi - \Psi^*(\partial_\lambda\Psi)) \tag{8-127}$$

则在第一种规范变换 (121) 下, 可得连续方程式 (125) 式

$$\partial_\lambda j_\lambda = 0 \tag{8-128}$$

兹定四维电流密度

$$j_\lambda = \mathrm{i}\frac{ec^2}{\hbar}[(\partial_\lambda \varPsi^*)\varPsi - \varPsi^*(\partial_\lambda \varPsi)] \tag{8-129}$$

$$\begin{aligned} j^4 &= \frac{ec}{\hbar}(\varPsi\dot{\varPsi}^* - \varPsi^*\dot{\varPsi}) \\ &\equiv \mathrm{i}c\rho. \end{aligned} \tag{8-130}$$

(128) 式乃成

$$\triangle \cdot \boldsymbol{j} + \frac{\partial \rho}{\partial t} = 0 \tag{8-131}$$

由 (130), 场的总电荷为

$$Q = \int_V \rho \mathrm{d}\boldsymbol{r} = -\frac{\mathrm{i}e}{\hbar}\int(\varPsi\dot{\varPsi}^* - \varPsi^*\dot{\varPsi})\mathrm{d}r \tag{8-132}$$

下文将见此乃电荷算符式 (见 (141)—(145) 各式).

8.3.2 场之量子化

前第 2 节所述之纯量场, 其 ψ 及 π, 构成不对易之算符, 如 (8-75) 式. 本节所论之带电荷介子场, 其 ψ_1, ψ_2 与 π_1, π_2 构成不对易之 Hermitian 算符;ψ_1, π_1, 及 ψ_2, π_2 的理论, 可由上节移来 (见 (73) 式,a_{-k} 代以 a_k^+)

唯由 ψ_1, ψ_2 组成之 $\varPsi$, $\varPsi^+$

$$\varPsi(x) = \frac{1}{\sqrt{2}}[\psi_1(x) + \mathrm{i}\psi_2(x)] \tag{8-133}$$

$$\varPsi^+(x) = \frac{1}{\sqrt{2}}[\psi,(x) - \mathrm{i}\psi_2(x)], \quad x = x_\mu$$

则系非 -Hermitian 算符.

由 (73) 式 (a_k 代以 $a(\boldsymbol{k})$ 形式)

$$\begin{aligned} &\psi(x) = \sqrt{\frac{\hbar}{2}}L^{-3/2}\sum_k \frac{1}{\sqrt{\omega_k}}[a(\boldsymbol{k})\mathrm{e}^{\mathrm{i}(\cdots)} + a^+(\boldsymbol{k})\mathrm{e}^{-\mathrm{i}(\cdots)}] \\ &(\cdots) = (\boldsymbol{k}\cdot\boldsymbol{r} - \omega_k t) \\ &\psi(x) = \psi_1(x), \psi_2(x) \\ &a(\boldsymbol{k}) = a_1(\boldsymbol{k}), a_2(\boldsymbol{k}), \quad 等, \\ &[a_j(\boldsymbol{k}), a_j(\boldsymbol{k}')] = [a_j^+(\boldsymbol{k}), a_j^+(\boldsymbol{k}')] = 0, \quad 如 \quad (74) \end{aligned} \tag{8-134}$$

$$[a_j(\boldsymbol{k}), a_j^+(\boldsymbol{k}')] = \delta_{kk'}, \quad j = 1, 2$$

则 (133) 式成

$$\begin{aligned} \Psi(x) &= \sqrt{\frac{\hbar}{2}} L^{-3/2} \sum_k \frac{1}{\sqrt{\omega_k}} [a_k \mathrm{e}^{\mathrm{i}(\cdots)} + b_k^+ \mathrm{e}^{-\mathrm{i}(\cdots)}] \\ \Psi^+(x) &= \sqrt{\frac{\hbar}{2}} L^{-3/2} \sum_k \frac{1}{\sqrt{\omega_k}} [b_k \mathrm{e}^{\mathrm{i}(\cdots)} + a_k^+ \mathrm{e}^{-\mathrm{i}(\cdots)}] \end{aligned} \tag{8-135}$$

式中的 a_k, a_k^+, b_k, b_k^+ 为

$$\begin{aligned} a_k &= \frac{1}{\sqrt{2}} [a_1(\boldsymbol{k}) + \mathrm{i} a_2(\boldsymbol{k})] \\ b_k &= \frac{1}{\sqrt{2}} [a_1(\boldsymbol{k}) - \mathrm{i} a_2(\boldsymbol{k})] \\ a_k^+ &= \frac{1}{\sqrt{2}} [a_1^+(\boldsymbol{k}) - \mathrm{i} a_2^+(\boldsymbol{k})] \\ b_k^+ &= \frac{1}{\sqrt{2}} [a_1^+(\boldsymbol{k}) + \mathrm{i} a_2^+(\boldsymbol{k})] \end{aligned} \tag{8-136}$$

$$\begin{aligned} a_{-k} &= b_k^+ \\ b_{-k} &= a_k^+ \end{aligned} \qquad \text{(见(8-76)式)}$$

由 (136) 及 (134) 末数对易关系, 即得

$$\begin{aligned} &[a_k, a_{k'}^+] = [b_k, b_{k'}^+] = \delta_{kk'} \\ &[a_k, b_{k'}] = [a_k^+, b_{k'}^+] = 0 \\ &[a_k, b_{k'}^+] = [b_k, a_{k'}^+] = 0 \end{aligned} \tag{8-137}$$

同法, 由 (73), 又得

$$\begin{aligned} \pi^+(x) &= \mathrm{i}\sqrt{\frac{\hbar}{2}} L^{-3/2} \sum_k \sqrt{\omega_k} [-b_k \mathrm{e}^{\mathrm{i}(\cdots)} + a_k^+ \mathrm{e}^{-\mathrm{i}(\cdots)}] \\ \pi^+(x) &= \mathrm{i}\sqrt{\frac{\hbar}{2}} L^{-3/2} \sum_k \sqrt{\omega_k} [-a_k \mathrm{e}^{\mathrm{i}(\cdots)} + b_k^+ \mathrm{e}^{-\mathrm{i}(\cdots)}] \end{aligned} \tag{8-138}$$

我们务须注意者,Ψ,Ψ^+,π,π^+ 皆非 -Hermitian 算符 (而 ψ_1, ψ_1^+, π_1, π_1^+, ψ_2, ψ_2^+, π_2, π_2^+ 则皆 Hermitian). 此乃表

$\frac{1}{\sqrt{2}}(a_1 + \mathrm{i}a_2)$ 以 a_k

$\frac{1}{\sqrt{2}}(a_1^+ + \mathrm{i}a_2^+)$ 以 b_k^+ 而不以 a_k^+ 之故.

Ψ, Ψ^+, π, π^+ 非 -Hermitian 算符的对易关系乃如 (53) 式 (由 (135), (137), (138) 式)

$$\begin{aligned}
&[\Psi(\boldsymbol{r},t),\,\Psi^+(\boldsymbol{r}',t)]=[\pi(\boldsymbol{r},t),\pi^+(\boldsymbol{r}',t)]=0\\
&[\Psi(\boldsymbol{r},t),\pi^+(\boldsymbol{r}',t)]=[\Psi^+(\boldsymbol{r},t),\pi(\boldsymbol{r}',t)]=0\\
&-\frac{\mathrm{i}}{\hbar}[\Psi(\boldsymbol{r},t),\pi(\boldsymbol{r}',t)]=\frac{\mathrm{i}}{\hbar}[\Psi^+(\boldsymbol{r},t),\pi^+(\boldsymbol{r}',t)]\\
&\qquad=\delta(\boldsymbol{r}-\boldsymbol{r}')
\end{aligned} \tag{8-139}$$

由 (133), 即得 Lorentz 不变式的对易关系

$$[\Psi(x),\,\Psi(x')]=[\Psi^+(x),\,\Psi^+(x')]\equiv 0,\quad (x=x_\mu) \tag{8-140a}$$

用 (104) 对 $\psi_1\psi_2$ 的关系, 即得

$$[\Psi(x),\,\Psi^+(x')]=-\frac{\hbar}{\mathrm{i}c}\Delta(x-x')\quad (x'=x'_\mu) \tag{8-140}$$

(见 (105) 式下文).

由 Q 之 (132) 式, 用 (117) 并使其对称化, 即得

$$\begin{aligned}
Q&=-\frac{\mathrm{i}e}{\hbar}\int(\Psi\dot{\Psi}^*-\Psi^*\dot{\Psi})\mathrm{d}\boldsymbol{r}\\
&=-\frac{\mathrm{i}e}{2\hbar}\int(\psi\pi+\pi\psi-\psi^+\pi^+-\pi^+\psi^+)\mathrm{d}\boldsymbol{r}
\end{aligned} \tag{8-141}$$

由 (135), (137) 及 (138), 即得

$$Q=e\sum_k(a_k^+a_k-b_k^+b_k) \tag{8-142}$$

由此可得 a_k, a_k^+, b_k, b_k^+ 的意义如下:

a_k^+, a_k 乃正电荷 “粒子”(π^+ 介子) 之产生, 消灭算符.

b_k^+, b_k 乃负电荷 “粒子”(π^- 介子) 之产生, 消灭算符.

由此, 则 (137) 各式的意义已显然了.

a_k^+ a_k 乃 π^+ 的居位数算符 $N_{k(+)}$; $b_k^+b_k$ 乃 π^- 的居位数算符 $N_{k(-1)}$,

$$\begin{aligned}
N_{k(+)}&=a_k^+a_k,\quad \text{本征值}n_{k(+)}\\
N_{k(-)}&=b_k^+b_k,\quad \text{本征值}n_{k(-)}
\end{aligned} \tag{8-143}$$

$$\begin{aligned}
N_+&=\sum_k N_{k(+)}\\
N_-&=\sum_k N_{k(-)}
\end{aligned} \tag{8-144}$$

故 (142) 式成

$$Q = e\sum_k (N_{k(+)} - N_{k(-)}) = e(N_+ - N-) \tag{8-145}$$

如 $|0\rangle$ 为 "真空" 态, 则由上述 a_k, b_k 的解释, 可得

$$a_k|0\rangle = b_k|0\rangle = 0 \tag{8-146}$$

由 (142) 及 (137), 即得

$$\begin{aligned} &[a_k, Q] = ca_k, \quad &[a_k^+, Q] = -ea_k^+ \\ &[b_k, Q] = -eb_k, \quad &[b_k^+, Q] = eb_k^+ \end{aligned} \tag{8-147}$$

以 a_k, a_k^+ 与 b_k,b_k^+ 互换, 与以 e 与 $-e$ 互换相同.

Ψ, Ψ^+ 场的 (Heisenberg 观) 运动方程式为

$$\begin{aligned} \frac{\partial}{\partial t}\Psi &= -\frac{\mathrm{i}}{\hbar}[\Psi, H] \\ \frac{\partial}{\partial t}\Psi^+ &= -\frac{\mathrm{i}}{\hbar}[\Psi^+, H] \end{aligned} \qquad \text{(见(55)式)}$$

由 (80) 式,

$$\nabla\Psi = -\frac{\mathrm{i}}{\hbar}[\boldsymbol{P}, \Psi]$$

$$\nabla\Psi^+ = -\frac{\mathrm{i}}{\hbar}[\boldsymbol{P}, \Psi^+]$$

由上数式, 即得下列对易关系

$$\begin{aligned} &[a_k, H] = E_k a_k, [a_k^+, H] = -E_k a_k^+ \\ &[b_k, H] = E_k b_k, [b_k^+, H] = -E_k b_k^+ \end{aligned} \tag{8-148a}$$

$$\begin{aligned} &[a_k, \boldsymbol{P}] = \hbar\boldsymbol{k}a_k, [a_k^+, \boldsymbol{P}] = -\hbar\boldsymbol{k}a_k^+ \\ &[b_k, \boldsymbol{P}] = \hbar\boldsymbol{k}b_k, [b_k^+, \boldsymbol{P}] = -\hbar\boldsymbol{k}b_k^+ \end{aligned} \tag{8-148b}$$

如 $|0\rangle$ 为 "真空" 态,

$$H|0\rangle = 0|0\rangle = 0, \quad P|0\rangle = 0|0\rangle = 0$$

即可得

$$\begin{aligned} H &= \sum_k E_k[N_{k(+)} + N_{k(-)}] \\ &= \sum_k E_k[a_k^+ a_k + b_k^+ b_k] \end{aligned} \tag{8-149}$$

$$\begin{aligned} \boldsymbol{P} &= \sum_k \hbar\boldsymbol{k}[N_{k(+)} + N_{k(-)}] \\ &= \sum_k \hbar\boldsymbol{k}[a_k^+ a_k + b_k^+ b_k] \end{aligned} \tag{8-150}$$

8.4　电磁场之量子化

电磁场的古典场理论, 已见第 6 章第 3 节 (及该章附录). 其量子化理论, 似可将本章第 2 节中和的 π 介子场的方法, 施 i 于向量势 $\boldsymbol{A}(x_\nu)$ 的四个分量 $A_\mu(x)$. 惟兹有下述的异点:

(i) 电磁场之静止质量等于零, 而 π 介子则否.

(ii) 如无 Lorentz 规范的关系

$$\Box\cdot\boldsymbol{A}=0 \tag{8-151}$$

则四个 A_μ 系线性独立的. 因有 (151) 式, 故只有三个独立 A_μ 分量. 不仅此也, 由于规范变换 (第 6 章附录 (6-012) 式)

$$A'_\mu=A_\mu+\partial_\mu\Lambda,\quad \Lambda=\text{纯量函数}, \tag{8-152}$$

兹取 Λ 使 (在无电荷情形下,$\rho=0$) 静电势

$$\phi=-\mathrm{i}cA_i=0 \tag{8-153}$$

故 (151) 关系成

$$\nabla\cdot\boldsymbol{A}=0 \tag{8-154}$$

由此式, 只有两个 A_μ 分量系独立的.

(iii) 由于 E,B 场对规范变换 (152) 之不变性, 下文将示此与算符及电磁场系统的物理态的定义之关系.

兹先暂不采 Lorentz 规范 (151), 故 A_μ 乃独立的. 使

$$\begin{aligned}&\boldsymbol{A}(A_1,A_2,A_3),\quad A_4=\mathrm{i}A_0(x),\quad (x=x_\mu)\\&A_j,A_0\text{为Hermitian算符}\end{aligned} \tag{8-155}$$

故 $A_4(x)=\mathrm{i}A.$ 系反 Hermitian 算符, 即

$$\begin{aligned}&A_j(x)=A_j^+(x)\\&A_0(x)=A_0^+(x),\quad A_4(x)=-A_4^+(x)\end{aligned} \tag{8-156}$$

由能-动量关系

$$\begin{aligned}&k^2=\boldsymbol{k}^2-k_0^2=0\\&E_k=c\hbar|\boldsymbol{k}|=\hbar\omega_k\end{aligned} \tag{8-157}$$

得见

$$\mathrm{e}^{\mathrm{i}kx} \quad (kx = k_\mu x_\mu)$$

乃 d'Alembert 方程式之解

$$\Box^2 A_\mu(x) = 0 \tag{8-158}$$

$\mathrm{e}^{\mathrm{i}kx}$ 构成一全集, 故 $A_\mu(x)$ 可按 $\mathrm{e}^{\mathrm{i}kx}$ 展开 (如 (8-62) 式)

$$A_\mu(x) = \frac{1}{(2\pi)^3}\int \mathrm{d}^4k\delta(\boldsymbol{k}^2)Ca_\mu(\boldsymbol{k})\mathrm{e}^{\mathrm{i}kx} \tag{8-159}$$

$\delta(\boldsymbol{k}^2)$ 使凡不符合 $\boldsymbol{k}^2 = 0$ 的 $\boldsymbol{k}$ 值, 皆等于零. 故 (159) 实系一三维积分.

$$C = \sqrt{2\hbar\omega_k L^3} \qquad \text{见(8-70)} \tag{8-160}$$

由于 (156) 的 Hermitian 性的要求, 故

$$a_j(\boldsymbol{k}) = a_j^+(-\boldsymbol{k}), \quad a_0(\boldsymbol{k}) = a_0^+(-\boldsymbol{k}) \tag{8-161}$$

$$\begin{aligned}\delta(\boldsymbol{k}^2) &= \delta\left(k_0^2 - \frac{\omega_k^2}{c^2}\right)\\ &= \frac{c}{2w_k}\left[\delta\left(k_0 + \frac{\omega_k}{c}\right) + \delta\left(k_0 - \frac{\omega_k}{c}\right)\right] \quad \text{见 (8-11a)}\end{aligned} \tag{8-162}$$

故

$$\begin{aligned}A_\mu(x) =& \frac{c}{2(2\pi)^3}\int \mathrm{d}^3\boldsymbol{k}\frac{1}{\omega_k}\mathrm{e}^{\mathrm{i}\boldsymbol{k}\cdot\boldsymbol{r}}\int \mathrm{d}k_0\left[\delta\left(k_0 - \frac{\omega_k}{c}\right)\right.\\ &\left.+ \delta\left(k_0 + \frac{\omega_k}{c}\right)\right]Ca_\mu(\boldsymbol{k})\mathrm{e}^{-\mathrm{i}k_0x_0}\\ =& \frac{c}{2(2\pi)^3}\int \mathrm{d}^3\boldsymbol{k}\frac{1}{\omega_k}C[a_\mu(\boldsymbol{k})\mathrm{e}^{\mathrm{i}(\cdots)} + a_\mu^+(\boldsymbol{k})\mathrm{e}^{-\mathrm{i}(\cdots)}]\end{aligned} \tag{8-163}$$

$$\mu = 0, 1, 2, 3;\ (\cdots) = (\boldsymbol{k}\cdot\boldsymbol{r} - \omega_k t) \tag{8-164}$$

$$(a_\mu(-\boldsymbol{k})\text{代以}a_\mu^+(\boldsymbol{k})) \qquad \text{(见(8-62)式下)}.$$

兹取一大箱 $V = L^3$ 中之辐射场, 并引用周斯边界条件如 (8-71),(8-72),

$$k_i = \frac{2\pi}{L}n_i, \quad n_i = \pm1, \pm2, \cdots$$

$$\frac{1}{(2\pi)^3}\int \mathrm{d}^3k \to \frac{1}{L^3}\sum_k$$

则 (163) 成 *

$$A(x) = c\sqrt{\frac{\hbar}{2}}L^{-3/2}\sum_k\frac{1}{\sqrt{w_k}}[\boldsymbol{a}(\boldsymbol{k})\mathrm{e}^{\mathrm{i}(\cdots)} + \boldsymbol{a}(\boldsymbol{k})\mathrm{e}^{-\mathrm{i}(\cdots)}] \tag{8-165}$$

* $\boldsymbol{a}(\boldsymbol{k})$ 算符视作一 “向量” 算符; 其分量为 a_1,a_2,a_3. 余类推.

$$\equiv \boldsymbol{A}_+(x) + \boldsymbol{A}_-(x) \tag{8-166}$$

$$A_0(x) = c\sqrt{\frac{\hbar}{2}}L^{-3/2}\sum_k \frac{1}{\sqrt{w_k}}[a_0(\boldsymbol{k})\mathrm{e}^{\mathrm{i}(\cdots)} + a_0(\boldsymbol{k})e^{-i(\cdots)}] \tag{8-167}$$

$$\equiv A_{0+}(x) + A_{0-}(x) \tag{8-168}$$

$A_{\mu+}$ 的重要, 见下文 (189) 式.

由

$$\begin{aligned} &\boldsymbol{B} = \nabla \times \boldsymbol{A} \\ &\boldsymbol{E} = -c(\partial_0 \boldsymbol{A} + \nabla A_0) \\ &\partial_0 = \frac{\partial}{\partial x_0} = \frac{\partial}{c\partial t} \end{aligned} \tag{8-169}$$

即得

$$\begin{aligned} \boldsymbol{B}(x) &= \boldsymbol{B}^+(x) + \boldsymbol{B}^-(x) \\ &= \mathrm{i}\boldsymbol{k} \times [\boldsymbol{A}_+(x) - \boldsymbol{A}_-(x)] \end{aligned} \tag{8-170}$$

$$\begin{aligned} \boldsymbol{B}^+(x) &= \mathrm{i}c\sqrt{\frac{\hbar}{2}}L^{-3/2}\sum_k \frac{1}{\sqrt{\omega_\kappa}}\boldsymbol{k} \times \boldsymbol{a}(\boldsymbol{k})\mathrm{e}^{\mathrm{i}(\cdots)} \\ \boldsymbol{B}^-(x) &= -\mathrm{i}c\sqrt{\frac{\hbar}{2}}L^{-3/2}\sum_k \frac{1}{\sqrt{\omega_\kappa}}\boldsymbol{k} \times \boldsymbol{a}^+(\boldsymbol{k})\mathrm{e}^{-\mathrm{i}(\cdots)} \end{aligned} \tag{8-171}$$

$$\boldsymbol{E}(x) = \boldsymbol{E}^+(x)\boldsymbol{E}^-(x) \tag{8-172}$$

$$\begin{aligned} \boldsymbol{E}^+(x) &= \mathrm{i}c^2\sqrt{\frac{\hbar}{2}}L^{-3/2}\sum_k \frac{1}{\sqrt{\omega_k}}\{|\boldsymbol{k}|\boldsymbol{a}(\boldsymbol{k}) - \boldsymbol{k}a_0(\boldsymbol{k})\}e^{\mathrm{i}(\cdots)} \\ \boldsymbol{E}^-(x) &= -\mathrm{i}c^2\sqrt{\frac{\hbar}{2}}L^{-3/2}\sum_k \frac{1}{\sqrt{\omega_k}}\{|\boldsymbol{k}|\boldsymbol{a}^+(\boldsymbol{k}) - \boldsymbol{k}a_0^+(\boldsymbol{k})\}\mathrm{e}^{-\mathrm{i}(\cdots)} \end{aligned} \tag{8-173}$$

$a(\boldsymbol{k})$, $a_0(\boldsymbol{k})$, $a^+(\boldsymbol{k})$, $a_0^+(\boldsymbol{k})$ 算符, 满足下对易关系 (见 (8-98) 式)

$$\begin{aligned} &[a_i(\boldsymbol{k}), a_j(\boldsymbol{k}')] = [a_i^+(\boldsymbol{k}), a_j^+(\boldsymbol{k}')] = 0, \quad i,j = 1,2,3 \\ &[a_0(\boldsymbol{k}), a_0(\boldsymbol{k}')] = [a_0^+(\boldsymbol{k}), a_0^+(\boldsymbol{k}')] = 0 \\ &[a_i(\boldsymbol{k}), a_j^+(\boldsymbol{k}')] = \delta_{ij}\delta_{kk'} \\ &[a_0(\boldsymbol{k}), a_0(\boldsymbol{k}')] = -\delta_{kk'} \end{aligned} \tag{8-174}$$

[末式的 (−) 号, 乃由于 $A_4 = \mathrm{i}A_0$(见前 (155) 式). 因此负号, 故 $a_0^+(k)$ 可视为消灭算符,$a_0(k)$ 为产生算符]

由上式, 可证明下对易关系

$$[a_3(\boldsymbol{k}) - a_0(\boldsymbol{k}), a_3^+(\boldsymbol{k}) - a_0^+(\boldsymbol{k})] = 0 \tag{8-175}$$

此式中的 $a_3(\boldsymbol{k})$, 乃 $\alpha(\boldsymbol{k})$ 沿 $\boldsymbol{k}$ 方向之投射.(见 (182) 式所引入的坐标系).

由 (6-66) 及 (6-64a), 得见

$$\begin{aligned}\pi_j &= \frac{1}{\mu_0 c^2}\left(\partial_t A_j + \frac{c}{\mathrm{i}}\partial_j A_4\right), \quad j=1,2,3\\ \pi_4 &= \frac{1}{\mu_0 c^2}\partial_t A_4 - \frac{1}{\mathrm{i}\mu_0 c}\partial_j A_j\end{aligned} \tag{8-176}$$

由 (165), (167), 及 (176), 如 $a_\mu(k)$, $a_\mu^+(\boldsymbol{k})$ 等符合 (174) 关系, 则可证明 $A_\mu(x)$ 与其共轭 $\pi_\mu(x)$ 满足下列对易关系

$$\begin{aligned}&[A_\mu(\boldsymbol{r},t), A_\nu(\boldsymbol{r}',t)] = [\pi_\mu(\boldsymbol{r},t), \pi_\nu(\boldsymbol{r}',t)] = 0\\ &-\frac{\mathrm{i}}{\hbar}[A_\mu(\boldsymbol{r},t), \pi_\nu(\boldsymbol{r},t)] = \delta_{\mu\nu}\delta(\boldsymbol{r}-\boldsymbol{r}')\end{aligned} \tag{8-177}$$

末式亦可作

$$-\frac{\mathrm{i}}{\hbar c^2}[A_\mu(\boldsymbol{r},t), \partial_t A_\nu(\boldsymbol{r}',t)] = \delta_{\mu\nu}\delta(\boldsymbol{r}-\boldsymbol{r}') \tag{8-177a}$$

反之, 如 $A_\mu(x)$, $\pi_\mu(x')$, 在 $t'=t$ 时, 满足 (8-177) 对易关系, 则 (165), (167) 的 $a_\mu(\boldsymbol{k})$, $a_\mu^+(\boldsymbol{k})$ 等, 满足 (174) 式.

在上述理论中,A_μ, μ =1,2,3,4, 系视为独立的, 未受有 Lorentz 关系 $\partial_\mu A_\mu = 0$ 的限制的. 我们引入了

$$a_0(\boldsymbol{k}), a_j(\boldsymbol{k}), a_0^+(\boldsymbol{k}), a_j^+(\boldsymbol{k})$$

四对算符. $a_j(\boldsymbol{k})$, $a_0(\boldsymbol{k})$ 系消灭算符. 由此, 我们定义 “真空” 态 $|0\rangle$ 为满足下式的态

$$a_j(\boldsymbol{k})|0\rangle = 0, \quad a_0(\boldsymbol{k})|0\rangle = 0 \tag{8-178}$$

(171),(173) 的 $\boldsymbol{B}^+(x)$, $\boldsymbol{E}^+(x)$ 式, 乃由 $a_j(\boldsymbol{k})$, $a_0(\boldsymbol{k})$ 构成, 故此真空态亦可定义如下:

$$\boldsymbol{B}^+(x)|0\rangle = 0, \quad \boldsymbol{E}^+(x)|0\rangle = 0 \tag{8-179}$$

按 (171), (173), 这乃谓, 对任何的 $\boldsymbol{k}$, 皆有下关系

$$\boldsymbol{k}\times\boldsymbol{a}(\boldsymbol{k})|0\rangle = 0 \tag{8-180}$$

$$[|\boldsymbol{k}|\boldsymbol{a}(\boldsymbol{k}) - \boldsymbol{k}a_0(\boldsymbol{k})]|0\rangle = 0 \tag{8-181}$$

兹取一直角坐标系, 使 $\boldsymbol{k}$ 的方向为 x_3 轴方向. $a_1(\boldsymbol{k})$, $a_2(\boldsymbol{k})$, $a_3(\boldsymbol{k})$ 乃 $a(\boldsymbol{k})$ 在此坐标轴的投射. 由 (180) 式, 即得

$$a_1(\boldsymbol{k})|0\rangle = 0 \tag{8-182}$$

亦即

$$[\boldsymbol{n}_1 a_1(\boldsymbol{k}) + \boldsymbol{n}_2 a_2(\boldsymbol{k})]|0\rangle = 0 \tag{8-182a}$$

$\boldsymbol{n}_1$, $\boldsymbol{n}_2$ 乃沿 x_1, x_2 轴的单位向量, $\boldsymbol{a}_1(\boldsymbol{k})$ 乃 $\boldsymbol{a}(\boldsymbol{k})$ 与 $\boldsymbol{k}$ 垂直的分量, 称为 “横” (transverse) 的部分.

(181) 式的 “横” 的部分与 (182) 同. 其 “纵”(longitudinal) 的部分为

$$[a_3(\boldsymbol{k}) - a_0(\boldsymbol{k})]|0\rangle = 0 \tag{8-183}$$

按上定义 (178), 一个 “非真空态” 当由产生算符

$$a_j^+(\boldsymbol{k}), \quad a_0^+(\boldsymbol{k})$$

产生. 惟由 (175) 式,

$$[a_3(\boldsymbol{k}) - a_0(\boldsymbol{k}), a_3^+(\boldsymbol{k}) - a_0^+(\boldsymbol{k})] = 0$$

故得见

$$[a_3^+(\boldsymbol{k}) - a_0^+(\boldsymbol{k})]|0\rangle = 0 \tag{8-184}$$

又由 (174), 得

$$[a_2^+ - a_0^+, a_3^+ - a_0^+] = 0$$

故由 (184), 亦得

$$[a_2^+(\boldsymbol{k}) - a_0^+(\boldsymbol{k})]|0\rangle = 0 \tag{8-185}$$

故 (184),(185), 及

$$[a_3^+(\boldsymbol{k}) - a_0^+(\boldsymbol{k})]^n|0\rangle = 0, \quad n = 2, 3, \cdots \tag{8-184a}$$

皆系真空态.

上述的结果, 其意义如下.

$$|1\rangle \equiv a_1^+(\boldsymbol{k})|0\rangle, \quad |1\rangle = a_2^+(\boldsymbol{k})|0\rangle \tag{8-186}$$

代表 “一个光子” 其动量 $\hbar\boldsymbol{k}$ 在 x_1, x_2 轴方向的态,(谓为偏极 (polarized) 于 x_1, x_2 方向). 同此,*

$$|n, m\rangle = \frac{1}{\sqrt{n!m!}}[a_1^+(\boldsymbol{k})]^n[a_2^+(\boldsymbol{k})]^m|0\rangle \tag{8-187}$$

---

* 此两个偏极态可以一指数 $\lambda(1,2)$ 表之.(187) 式可代以

$$|n_\lambda\rangle = \frac{1}{\sqrt{n_{k\lambda}!}}[a^+(k_\lambda)]^{nk\lambda}|0\rangle \tag{8-187a}$$

系 n 个偏极于 x_1 方向,m 个偏极于 x_2 方向的光子的态.

因 $a_1^+(\boldsymbol{k})$, $a_2^+(\boldsymbol{k})$ 皆与 $a_3(\boldsymbol{k})-a_0(\boldsymbol{k})$ 对易, 故, 由 (187), 对一任意态 $|n\rangle$,

$$\begin{aligned}&\frac{1}{|\boldsymbol{k}|}[\boldsymbol{k}\cdot a(\boldsymbol{k})-|\boldsymbol{k}|a_0(\boldsymbol{k})]|n\rangle\\&=[a_3(\boldsymbol{k})-a_0(\boldsymbol{k})]|n\rangle=0\end{aligned}\tag{8-188}$$

如用 (166), (168) 式的 $A_{\mu(+)}$ 的定义,(188) 式可表作下式

$$\partial_\mu A_{\mu(+)}(x)|n\rangle=0\tag{8-189}$$

此式乃谓对任意的态 $|n\rangle$, 量子化的电磁场的 $A_{\mu(+)}$ 算符, 须符合 (189) 式的条件. 此条件称为 "附属" 条件 (subsidiary condition); 此略似而取代了古典电磁场的 Lorentz 关系

$$\partial_\mu A_\mu=0$$

电磁场算符 $A_\mu(x)$ 的运动方程式 (见 (8-55), (8-80) 式) 乃

$$\partial_t A_\mu(x)=-\frac{\mathrm{i}}{\hbar}[A_\mu(x),H],\quad (x=x_\nu)\tag{8-190}$$

$$\nabla A_\mu(x)=-\frac{\mathrm{i}}{\hbar}[\boldsymbol{P},A_\mu(x)]\tag{8-191}$$

$H,\boldsymbol{P}$ 乃 Hamiltonian 及动量. 由此二式及 $A_\mu(x)$ 之 (165), (167) 式, 可得

$$\begin{aligned}&[\boldsymbol{a}(\boldsymbol{k}),H]=E_k\boldsymbol{a}(\boldsymbol{k})\\&[\boldsymbol{a}^+(\boldsymbol{k}),H]=-E_k\boldsymbol{a}^+(\boldsymbol{k})\end{aligned}\tag{8-192}$$

$$\begin{aligned}&[a_j(\boldsymbol{k}),\boldsymbol{P}]=\hbar\boldsymbol{k}a_j(\boldsymbol{k})\\&[a_j^+(\boldsymbol{k}),\boldsymbol{P}]=-\hbar\boldsymbol{k}a_j^+(\boldsymbol{k})\end{aligned}\tag{8-193}$$

兹假定真空态 $|0\rangle$ 的能及动量为零

$$H|0\rangle=0,\quad \boldsymbol{P}|0\rangle=0\tag{8-194}$$

使居住数算符 N_1, N_2 为

$$\begin{aligned}&N_1(\boldsymbol{k})=a_1^+(\boldsymbol{k})a_1(\boldsymbol{k}),\\&N_2(\boldsymbol{k})=a_2^+(\boldsymbol{k})a_2(\boldsymbol{k})\end{aligned}\tag{8-195}$$

则 H 及 $\boldsymbol{P}$ 将成下式 *

$$\begin{aligned}&H=\sum_k \underset{k}{E}(N_1(\boldsymbol{k})+N_2(\boldsymbol{k}))\\&\boldsymbol{P}=\sum_k\hbar\boldsymbol{k}(N_1(\boldsymbol{k})+N_2(\boldsymbol{k}))\end{aligned}\tag{8-196}$$

* 见前脚注,(196) 式可表以下式

$$H=\sum_{k\lambda}\hbar\omega_k N(k\lambda),\qquad \boldsymbol{P}=\sum_{k\lambda}\hbar\boldsymbol{k}N(k\lambda).\tag{8-196a}$$

$H, \boldsymbol{P}$ 只含 “横” 的算符 a_1, a_1^+, a_2, a_2^+. 电磁场中无 “纵” 的光子, 因由 (174),

$$a_3^+ a_1 - a_1 a_3^+ = 0$$

故

$$\begin{aligned} a_1 a_3^+ |0\rangle &= a_3^+ a_1 |0\rangle \\ &= 0 \quad (\text{由(178)式}) \end{aligned}$$

故 $a_3^+|0\rangle$ 仍系 “真空态”(见下文)

兹试看电磁场的规范变换不变性的问题.

规范变换 (见 (6-60) 式) 乃

$$A_\mu \to A_\mu + \partial_\mu \Lambda, \quad \Lambda = \text{实数纯量函数} \tag{8-197}$$

$$\Box^2 \Lambda = 0 \tag{8-198}$$

(198) 乃 Lorentz 关系的要求.

如将满足 (198) 式的 $\Lambda(x)$ 表以 Fourier 积分 (亦犹 $\Box^2 A_\mu = 0$ 的 A_μ, 见 (158) 至 (167) 各式), 由 (197) 式及

$$\Lambda^*(\boldsymbol{k}) = \Lambda(-\boldsymbol{k}) \tag{8-199}$$

关系, 可得 $a(\boldsymbol{k})$ 等算符的规范变换关系

$$\begin{aligned} &\boldsymbol{a}(\boldsymbol{k}) \to \boldsymbol{a}(\boldsymbol{k}) + \mathrm{i}\boldsymbol{k}\Lambda(\boldsymbol{k}) \\ &\boldsymbol{a}^+(\boldsymbol{k}) \to \boldsymbol{a}^+(\boldsymbol{k}) - \mathrm{i}\boldsymbol{k}\Lambda^*(\boldsymbol{k}) \\ &a_0(\boldsymbol{k}) \to a_0(\boldsymbol{k}) + \mathrm{i}|\boldsymbol{k}|\Lambda(\boldsymbol{k}) \\ &a_0^+(\boldsymbol{k}) \to a_0^+(\boldsymbol{k}) - \mathrm{i}|\boldsymbol{k}|\Lambda^*(\boldsymbol{k}) \end{aligned} \tag{8-200}$$

由此式, 得见 “横” 的算符在规范变换下不变

$$\begin{aligned} &a_1(\boldsymbol{k}) \to a_1(\boldsymbol{k}), \quad a_2(\boldsymbol{k}) \to a_2(\boldsymbol{k}) \\ &a_1^+(\boldsymbol{k}) \to a_1^+(\boldsymbol{k}), a_2^+(\boldsymbol{k}) \to a_2^+(\boldsymbol{k}) \end{aligned} \tag{8-201}$$

盖 $k_1, k_2 = 0$ 也. 又

$$\partial_\mu A_\mu |n\rangle = 0 \quad \text{式}$$

及

$$\begin{aligned} &a_3(\boldsymbol{k}) - a_0(\boldsymbol{k}) \to a_3(\boldsymbol{k}) - a_0(\boldsymbol{k}) + \mathrm{i}k_3\Lambda(\boldsymbol{k}) - \mathrm{i}|\boldsymbol{k}|\Lambda(\boldsymbol{k}) \\ =&a_3(\boldsymbol{k}) - \alpha_0(\boldsymbol{k}) \quad (\text{不变}) \end{aligned} \tag{8-202}$$

亦不变. 惟 $a_3(\boldsymbol{k})$, $a_3^+(\boldsymbol{k})$, $a_0(\boldsymbol{k})$, $a_0^+(\boldsymbol{\kappa})$ 则皆非不变算符, 故不引致有物理意义的态或 Hermitian 的算符.

凡此都与 (195), (196) 式相符 —— 只有 “横” 的算符 $a_1(\boldsymbol{k})$, $a_1^+(\boldsymbol{k})$, $a_2(\boldsymbol{k})$, $a_2^+(\boldsymbol{k})$ 出现于 N_1, N_2 的定义及 H 与 $\boldsymbol{P}$ 算符.

上述的量子化场理论, 有一基本的困扰, 即每一振荡自由度有其零点能 (zero-point energy) $\dfrac{1}{2}\hbar\omega_\kappa$, 故无限数自由度的场, 其零点能系无限大的. 此困扰, 目前似仍未有完全满人意的解除理论.(参看下文第 9 章 (9-43) 式下的注).

8.5 Dirac, 或电子, 场

Dirac 的电子场幅 ψ_μ 系一个 4- 分量 “旋量”(spinor), 通常写为一个竖行矩阵. 一个自由电子的态 Ψ_μ, 系以

$$\boldsymbol{p}, \qquad E, \qquad S_z$$

定之. 每一 $\boldsymbol{p}$ 态, 有四个 $\psi^{(\alpha)}$,$E=\pm\sqrt{c^2p^2+m_0^2c^4}$ 及 $S_z=\pm\dfrac{1}{2}$ (或 $\sigma_n=\pm1$, 见第 3 章第 2 节)

如用 Majorana 表象, 则此四个 $\psi^{(\alpha)}$, $\alpha=1,2,3,4$, 分成两对.*

$$\begin{pmatrix} \Psi^{(1)} \\ \Psi^{(2)} \end{pmatrix}, \quad \begin{pmatrix} \Psi^{(3)}=\Psi^{*(1)} \\ \Psi^{(4)}=\Psi^{*(2)} \end{pmatrix}. \tag{8-203}$$

在量子场理论,$\Psi^{(1)}$. $\Psi^{*(1)}$ 及 $\Psi^{(2)}$, $\Psi^{*(2)}$ 两对复数共轭场幅, 成为伴算符; 这些伴算符乃可以产生及消灭算符 a_k^+, a_k, b_k^+, b_k 等展开. 这些算符, 满足所谓 “反对易” 关系, 与前数节所述的 Boson 场 (自旋 $S=0,1$) 的 “对易” 关系不同.

兹置电子场于一大方盒 L^3 中.$\Psi(x)$, $\Psi^*(x)$ 可按 (3-108),(3-109) 平面波 (全集) 展开, 由 (3-117),**

$$\Psi^{(s)}=u_{\mathrm{s}}\mathrm{e}^{\mathrm{i}p_\mu x_\mu}, \quad s=1,2 \tag{8-204}$$

$$\Psi^{(t)}=u_t\mathrm{e}^{-\mathrm{i}p_\mu x_\mu}, \quad t=3,4.$$

$$\Psi^{(3)}=\Psi^{*(1)}, \quad \Psi^{(4)}=\Psi^{*(2)}. \tag{8-205}$$

---

* 见第 3 章第 4 节,(3-117) 式.

** u_s,u_t 的指数 $s=1,2$; $t=3,4$ 非指 spinor 分量, 而系指四个 4- 分量的 u. 例如 u_s, $s=1$, 乃一个竖行 4- 分量 spinor.

u_{s}, u_t 之归一化已见 (3-49),(3-48) 式.

$$
\begin{aligned}
\Psi(x) &= L^{-3/2}\sum_{k}\left\{\sum_{s} a_s u_s \mathrm{e}^{\mathrm{i}(\cdots)} + \sum_{t} b_t u_t \mathrm{e}^{-\mathrm{i}(\cdots)}\right\} \\
\Psi^*(x) &= L^{-3/2}\sum_{k}\left\{\sum_{s} a_s^* u_s^* \mathrm{e}^{-\mathrm{i}(\cdots)} + \sum_{t} b_t^* u_t^* \mathrm{e}^{\mathrm{i}(\cdots)}\right\}
\end{aligned}
\tag{8-206}
$$

式中

$$
(\cdots) \equiv (\boldsymbol{k}\cdot\boldsymbol{r} - \omega_k t), \quad x = x_\mu \tag{8-207}
$$

其对 s 之和乃 $s=1,2$; 对 t 之和乃 $t=3,4$.

$$
\begin{aligned}
& u_{\mathrm{s}}^+ u_{\mathrm{s}} = 1, \quad u_t^+ u_t = 1 \\
& k^2 = k_\mu k_\mu = \boldsymbol{k}^2 - k_0^2 = -\left(\frac{m_0 c}{\hbar}\right)^2 \\
& \pm k_0 = \frac{E_k}{\hbar c} = \frac{\omega_k}{c} \\
& E_k = c\sqrt{\boldsymbol{p}^2 + m_0^2 c^2}
\end{aligned}
\tag{8-208}
$$

由 Majorana 表象的 (205) 式关系

$$
u_1, u_2, u_3 = u_1^*, \quad u_4 = u_2^* \tag{8-209}
$$

系四个竖行 4- 分量的 (矩阵)“旋量”.

(206) 式中之 a_s, a_s^*, b_t, b_t^* 皆系复数而非算符. 兹作场之量子化, 首步系将 a_s, a_s^*, b_t, b_t^* 代以消灭及产生算符，由复数幅 $\Psi(x),\Psi^*(x)$ 变为 non-Hermitian 的 Ψ, Ψ^+ 算符,

$$
\begin{aligned}
\Psi(x) &= L^{-3/2}\sum_{k}\sum_{s}\left\{a_s(\boldsymbol{k})u_s(\boldsymbol{k})\mathrm{e}^{\mathrm{i}kx} + b_s^+(\boldsymbol{k})u_s^*(\boldsymbol{k})\mathrm{e}^{-\mathrm{i}kx}\right\} \\
\Psi^+(x) &= L^{-3/2}\sum_{k}\sum_{s}\left\{a_s^+(\boldsymbol{k})u_s^+(\boldsymbol{k})\mathrm{e}^{-\mathrm{i}kx} + b_s(\boldsymbol{k})\widetilde{u}_s(\boldsymbol{k})\mathrm{e}^{\mathrm{i}kx}\right\}
\end{aligned}
\tag{8-210}
$$

式中 u_{s} 系竖行, u_{s}^* 系竖行, u_{s}^+, $\widetilde{u}_{\mathrm{s}}$ 系横行矩阵; 对 s 之和, 皆系由 1 到 2,$kx = k_\mu x_\mu$.

$$
\begin{aligned}
& a_{\mathrm{s}}(\boldsymbol{k}), a_{\mathrm{s}}^+(\boldsymbol{k})\text{系电子 (或}-e,\boldsymbol{p},E_k\text{态) 之消灭及产生算符,} \\
& b_{\mathrm{s}}(\boldsymbol{k}), b_{\mathrm{s}}^+(\boldsymbol{k})\text{系正电子 (或}+e,\boldsymbol{p},E_k\text{态) 之消灭及产生算符.}
\end{aligned}
\tag{8-211}
$$

兹使 $N_s^-(\boldsymbol{k})$, $N_s^+(\boldsymbol{k})$ 为电子, 正电子的 “居住数” 算符

$$
\begin{aligned}
N_{\mathrm{s}}^-(\boldsymbol{k}) &= a_{\mathrm{s}}^+(\boldsymbol{k})a_{\mathrm{s}}(\boldsymbol{k}) \\
N_{\mathrm{s}}^+(\boldsymbol{k}) &= b_{\mathrm{s}}^+(\boldsymbol{k})b_{\mathrm{s}}(\boldsymbol{k})
\end{aligned}
\tag{8-212}
$$

设 $|0\rangle$ 表无粒子的真空态, 即

$$a_{\mathrm{s}}(\boldsymbol{k})|0\rangle=0, \quad b_{\mathrm{s}}(\boldsymbol{k})|0\rangle=0 \tag{8-213}$$

亦即

$$N_{\mathrm{s}}^{-}(\boldsymbol{k})|0\rangle=0, \quad N_{\mathrm{s}}^{+}(\boldsymbol{k})|0\rangle=0. \tag{8-214}$$

各算符 $a_{\mathrm{s}}(k)$ 等的对易关系为下列的 "反对易关系"*

$$\begin{aligned}
&\{a_{\mathrm{s}}(\boldsymbol{k}), a_{\mathrm{s}'}(\boldsymbol{k}')\}=\{b_{\mathrm{s}}(\boldsymbol{k}), b_{\mathrm{s}'}(\boldsymbol{k}')\}=0\\
&\{a_{\mathrm{s}}^{+}(\boldsymbol{k}), a_{\mathrm{s}'}^{+}(\boldsymbol{k}')\}=\{b_{\mathrm{s}}^{+}(\boldsymbol{k}), b_{\mathrm{s}'}^{+}(\boldsymbol{k}')\}=0\\
&\{a_{\mathrm{s}}(\boldsymbol{k}), b_{\mathrm{s}'}^{+}(\boldsymbol{k}')\}=\{a_{\mathrm{s}}^{+}(\boldsymbol{k}), b_{\mathrm{s}'}(\boldsymbol{k}')\}=0\\
&\{a_{\mathrm{s}}(\boldsymbol{k}), b_{\mathrm{s}'}(\boldsymbol{k}')\}=\{a_{\mathrm{s}}^{+}(\boldsymbol{k}), b_{\mathrm{s}'}^{+}(\boldsymbol{k}')\}=0
\end{aligned} \tag{8-215}$$

$$\{a_{\mathrm{s}}(\boldsymbol{k}), a_{\mathrm{s}'}^{+}(\boldsymbol{k}')\}=\{b_{\mathrm{s}}(\boldsymbol{k}), b_{\mathrm{s}'}^{+}(\boldsymbol{k}')\}=\delta_{ss'}\delta_{k,k'}$$

由此即可得下互易关系

$$\begin{aligned}
&[N_{\mathrm{s}}^{\pm}(\boldsymbol{k}), N_{a'}^{\mp}(\boldsymbol{k}')]=0\\
&[N_{\mathrm{s}}^{-}(\boldsymbol{k}), a_{\mathrm{s}'}(\boldsymbol{k}')]=-\delta_{\mathrm{ss}'}\delta_{\boldsymbol{k}\boldsymbol{k}'}a_{\mathrm{s}}(\boldsymbol{k})\\
&[N_{\mathrm{s}}^{+}(\boldsymbol{k}), b_{\mathrm{s}'}(\boldsymbol{k}')]=-\delta_{\mathrm{ss}'}\delta_{\boldsymbol{k}\boldsymbol{k}'}b_{\mathrm{s}}(\boldsymbol{k})\\
&[N_{\mathrm{s}}^{-}(\boldsymbol{k}), a_{\mathrm{s}'}^{+}(\boldsymbol{k}')]=-\delta_{\mathrm{ss}'}\delta_{\boldsymbol{k}\boldsymbol{k}'}a_{\mathrm{s}}(\boldsymbol{k})\\
&[N_{\mathrm{s}}^{+}(\boldsymbol{k}), b_{\mathrm{s}'}^{+}(\boldsymbol{k}')]=-\delta_{\mathrm{ss}'}\delta_{\boldsymbol{k}\boldsymbol{k}'}b_{\mathrm{s}}(\boldsymbol{k})
\end{aligned} \tag{8-217}$$

如于 (210) 式中作下列的互调

$$\begin{aligned}
&a_{\mathrm{s}}(\boldsymbol{k}) \longleftrightarrow b_{\mathrm{s}}(\boldsymbol{k}), a_{\mathrm{s}}^{+}(\boldsymbol{k}) \longleftrightarrow b_{\mathrm{s}}^{+}(\boldsymbol{k})\\
&u_{\mathrm{s}}(\boldsymbol{k}) \longleftrightarrow u_{\mathrm{s}}^{+}(\boldsymbol{k})(\text{亦即}u_{\mathrm{s}}^{*}(\boldsymbol{k}) \longleftrightarrow \widetilde{u}_{\mathrm{s}}(\boldsymbol{k}))
\end{aligned} \tag{8-218}$$

则 (210) 式中的 $\psi(x)$ 与 $\psi^{+}(x)$

$$\Psi(x) \longleftrightarrow \Psi^{+}(x) \tag{8-219}$$

此即相当于电荷 $e \longleftrightarrow -e$ 的互调, 即电荷共轭变换 (charge conjugation) 变换. 以自由粒子场言 (无电磁场的交互作用时), 上述的理论对电荷共轭变换有不变性.

总结上述的理论: 复数共轭场幅 $\Psi(x)$, $\Psi^{*}(x)$, 及其非 Hermitian 算符 $\Psi(x)$, $\Psi^{+}(x)$, 系属于 "粒子" 及 "反粒子". 自旋 $s=0$ 的场, 系实数 $\Psi(x)$, 及 Hermitian 算符; 经量子化后, 其粒子亦即系其本身的反粒子.

* 参看第 7 章第 5(2) 节,(7-111)—(7-114) 各式,

$$\{A, B\}=AB+BA \tag{8-216}$$

惟一个 $s=\dfrac{1}{2}$, Hermitian 场, 量子化后其粒子即系其反粒子的情形, 则尚未发现过.

Dirac 方程式系

$$\left(\gamma_\mu\partial_\mu+\frac{m_0c}{\hbar}\right)\Psi=0 \tag{8-220}$$

其伴方程式为 (因 $\gamma_\mu^+=\gamma_\mu$)

$$(\partial_\mu\Psi)^+\gamma_\mu+\frac{m_0c}{\hbar}\Psi^+=0 \tag{8-221}$$

或

$$\partial_j\Psi^+\gamma_j-\partial_4\Psi^+\gamma_4+\frac{m_0c}{\hbar}\Psi^+=0 \tag{8-221a}$$

(220),(221) 可由下 Lagrangian 密度 $\mathscr{L}(\Psi,\Psi^+,\partial_\mu\Psi_\mu,\partial\Psi_\mu^+)$ 得之 *

$$\begin{aligned}\mathscr{L}=&-\frac{\hbar c}{2}\left\{\Psi^+\gamma_4\left[\gamma_\mu\partial_\mu+\frac{m_0c}{\hbar}\right]\Psi+\left[(\partial_\mu\Psi)^+\gamma_\mu\right.\right.\\&\left.\left.+\frac{m_0c}{\hbar}\Psi^+\right]\gamma_4\Psi\right\}.\end{aligned} \tag{8-222}$$

由第 6 章 (6-29),(6-32), 可得能 - 动量张量 $T_{\mu\nu}$ 及能密度 $T_{44}=\mathscr{H}$; 由 (6-44), 得角动量密度 $\mathscr{M}_{jk}$. 如

$$\begin{aligned}T_{44}&=\frac{\partial\mathscr{L}}{\partial\dot{\Psi}}\dot{\Psi}+\dot{\Psi}^+\frac{\partial\mathscr{L}}{\partial\dot{\Psi}^+}-\mathscr{L}\\\mathscr{H}&=\frac{\mathrm{i}\hbar}{2}(\Psi^+\dot{\Psi}-\dot{\Psi}^+\Psi).\quad(\text{用}(224)\text{式})\\H&=\int_V\mathscr{H}\mathrm{d}\boldsymbol{r},\quad V=L^3\end{aligned} \tag{8-225}$$

以 (210) 式之 Ψ, Ψ^+ 代入 $\mathscr{H}$ 式, 用 (215) 式的反对易关系, 即得

$$H=\sum_k\sum_{s=1}^2E_k[a_\mathrm{s}^+(\boldsymbol{k})a_\mathrm{s}(\boldsymbol{k})+b_\mathrm{s}^+(\boldsymbol{k})b_s(\boldsymbol{k})] \tag{8-226}$$

∗ 由 (222) 及变分方程式, 如

$$\frac{\partial\mathscr{L}}{\partial\Psi^+}-\partial_\mu\frac{\partial\mathscr{L}}{\partial(\partial_\mu\Psi^+)}=0 \tag{8-223}$$

即得

$$\begin{aligned}&-\frac{c\hbar}{2}\left\{\gamma_4\left[\gamma_\mu\partial_\mu+\frac{m_0c}{\hbar}\right]\Psi+\frac{m_0c}{\hbar}\gamma_4\Psi+\gamma_4\gamma_\mu\partial_\mu\Psi\right\}\\=&-c\hbar\gamma_4\left(\gamma_\mu\partial_\mu+\frac{m_0c}{\hbar}\right)\Psi=0\end{aligned}$$

此即 (220) 式. 同法可得 (221) 式.

如 Ψ, Ψ^+ 满足 (220),(221) 式, 则

$$\mathscr{L}=0 \tag{8-224}$$

(223) 式实系四个方程式, 对 Ψ_α, $\alpha=1,2,3,4$, 每一分量, 系一方程式.

如 $|0\rangle$ 表真空态 (见 (213),(214) 式), 则

$$H=\sum_k\sum_{s=1}^{2}E_k(N_s^-+N_s^+) \tag{8-227}$$

我们取 non-Hermitian 的 Ψ, Ψ^+ (或复数幅 Ψ, Ψ^*), 可构成一个实数的 $\mathscr{L}$ 密度 (222); 由此可定义四维流密度 *

$$j_\mu=\frac{\mathrm{i}e}{\hbar}\left(\frac{\partial\mathscr{L}}{\partial(\partial_\mu\Psi)}\Psi-\Psi^+\frac{\partial\mathscr{L}}{\partial(\partial_\mu\Psi^+)}\right)\quad 由 \tag{8-125}$$

$$=-\mathrm{i}ce\Psi^+\gamma_4\gamma_\mu\Psi \tag{8-228}$$

$$j_4=\mathrm{i}c\rho=-e\Psi^+\Psi \tag{8-229}$$

电荷算符 Q 为 (用 (210) 式之 Ψ, Ψ^+, 及 (215) 式关系)

$$Q=\int_V\rho\mathrm{d}\boldsymbol{r}$$

$$=-e\sum_k\sum_{s=1}^{2}[a_s^+(\boldsymbol{\kappa})a_s(\boldsymbol{\kappa})-b_s^+(\boldsymbol{k})b_s(\boldsymbol{k})] \tag{8-230}$$

如真空态 $|0\rangle$ 系无电子或正电子的态, 则

$$Q=-e\sum_k\sum_{s=1}^{2}[N_s^-(\boldsymbol{k})-N_s^+(\boldsymbol{k})] \tag{8-231}$$

---

* 参看本章第 3 节,(8-120)—(8-132) 各式, 又 (8-141)—(8-145) 各式.

第 9 章　量子化辐射场之理论

9.1　自发跃迁机率——Dirac 之量子化场理论

第 8 章所述, 乃系一个 “自由场” 的量子化理论, 亦即无其他与场有相互作用的粒子或场时的情形. 以电磁场言,“自由场” 即无电荷电流存在的区域的场也.

兹进而考虑下述的物理系统: 一个在电磁场中 (有一个电子的) 的原子. 在 Schrödinger 理论中, 此系统的波方程式为

$$\left(\frac{\hbar}{\mathrm{i}}\frac{\partial}{\partial t}+H\right)\Phi=0 \tag{9-1}$$

此 Hamiltonian 由电子的动能, 电子与电磁的相互作用及自由电磁场三部构成:

$$H=-\frac{\hbar^2}{2m}\nabla^2+V-\frac{e}{mc}(\boldsymbol{A}\cdot\boldsymbol{p})+H_{\mathrm{em}} \tag{9-2}$$

式中首两项为电子的动能及位能, 第三项系交互作用,H_{em} 系自由电磁场的 Hamiltonian. 由 (8-196a) 式

$$H_{\mathrm{em}}=\sum_{\kappa\lambda}\hbar\omega_{\boldsymbol{k}}a^{+}(\boldsymbol{k}\lambda)a(\boldsymbol{k}\lambda) \tag{9-3}$$

$\boldsymbol{A}$ 则见 (8-165) 式. 兹用 (8-187a) 式的偏极性及引入一单位向量 $s_\lambda(k)$ ($\lambda=1,2$ 相当于 (8-187) 式的 x_1, x_2 两轴方向), 故 (8-165) 可写作下式 *

$$\begin{aligned}\boldsymbol{A}=&\sum_{\boldsymbol{k}\lambda}c\left(\frac{2\pi\hbar}{L^3\omega_k}\right)^{1/2}s_\lambda(\boldsymbol{k})[a_\lambda(\boldsymbol{k})\mathrm{e}^{\mathrm{i}(\cdots)}+a_\lambda^{+}(\boldsymbol{k})\mathrm{e}^{-\mathrm{i}(\cdots)}]\\&\mathrm{i}(\cdots)=\mathrm{i}(\boldsymbol{k}\cdot\boldsymbol{r}-\omega_k t)\end{aligned} \tag{9-4}$$

如 (2) 式中无 $-\dfrac{e}{m}(\boldsymbol{A}\cdot\boldsymbol{p})$ 项, 则第 (1) 式之解为

$$\varPhi_j=u_j\varPsi_j \tag{9-5}$$

u 系原子中电子的波函数,$\varPsi$ 则系电磁场的态函数

$$\left(-\frac{\hbar^2}{2m}\nabla^2+V-E_j\right)u_j=0 \tag{9-6}$$

---

* 此式乃取 (8-70) 式的 C 为 $\dfrac{1}{c}\sqrt{8\pi\hbar\omega_k L^3}$ 得来. 故 (8-165) 式的 A, 应乘以 $\sqrt{4\pi}$.

$$\begin{aligned} a_\lambda^+(\boldsymbol{k})\,\Psi_{\ldots,n_{k\lambda},\ldots} &= \sqrt{n_{\boldsymbol{k}\lambda+1}}\,\Psi_{\ldots,n+1,\ldots} \\ a_\lambda(\boldsymbol{k})\,\Psi_{\ldots,n_{k\lambda},\ldots} &= \sqrt{n_{\boldsymbol{k}\lambda}}\,\Psi_{\ldots,n_{k\lambda}-1,\ldots} \end{aligned} \tag{9-7}$$

(见第 7 章 (7-94),(7-95) 式).

兹将

$$H_1 \equiv -\frac{e}{m}(\boldsymbol{A}\cdot\boldsymbol{p}) \tag{9-8}$$

项之 A 按 (4) 式展开.

$$\begin{aligned} H_1 = &-\frac{e}{m}\left(\frac{2\pi\hbar}{L^3}\right)^{1/2}\sum_{\boldsymbol{k}\lambda}\frac{1}{\sqrt{\omega_k}}(\boldsymbol{S_\lambda}\cdot\boldsymbol{p})[a_\lambda(\boldsymbol{k})\mathrm{e}^{\mathrm{i}(\cdots)} \\ &+a_\lambda^+(\boldsymbol{k})\mathrm{e}^{-\mathrm{i}(\cdots)}] \end{aligned} \tag{9-9}$$

故 $\varPhi$ 已非稳定态, 而系时间 t 的函数.

兹以 Dirac 的微扰法解第 (1) 式, 视 H_1 为微扰.*

使

$$\begin{aligned} \varPhi &= \sum_j c_j(t)\exp(-\mathrm{i}E_jt/\hbar)u_j\,\Psi_j \\ &= \sum_j c_j(t)\exp(-\mathrm{i}E_jt/\hbar)\,\varPhi_j \end{aligned} \tag{9-10}$$

由第 (1) 式即得

$$\frac{\mathrm{d}c_l}{\mathrm{d}t} = -\frac{\mathrm{i}}{\hbar}\sum_j(\varPhi_l, H_1\varPhi_j)\exp(\mathrm{i}\omega_{lj}t)c_j(t) \tag{9-11}$$

$$\hbar\omega_{lj} = E_l - E_j \tag{9-12}$$

兹为清晰肯定故, 考虑下一情形: 开始时, 原子的态为 u_α, 辐射场的态为

$$\Psi_{\ldots,mk,\ldots} \tag{8-13}$$

换言之, 即

$$c_a(0)=1,\quad c_j(0)=0,\quad j\neq a \tag{9-13a}$$

如 c_l 乃 (10) 式中

$$u_l\exp(-\mathrm{i}E_lt/h)\,\Psi_{\ldots,n_k+1,\ldots} \tag{9-14}$$

项的系数, 则由 (9),(4),(5),(7) 各项, 即得 **

$$(\varPhi_l, H_1\varPhi_a) = \frac{e}{m}\sqrt{\frac{2\pi\hbar}{L^3}}\sqrt{\frac{n_k+1}{\omega_k}}(u_l,(s_\lambda\cdot\boldsymbol{p})\mathrm{e}^{-\mathrm{i}\boldsymbol{k}\cdot\boldsymbol{r}u_a})\mathrm{e}^{\mathrm{i}wkl} \tag{9-15}$$

* 见本书第六册量子力学 (甲部) 第 7 章第 1 节.

** 第 (4) 式的 a^+ 项, 及第 (7) 式.

故该系统 —— 原子与辐射场 —— 当时 t, 在态 (14) 的机率 $|c_l(t)|^2$, 可由 (11) 式的积分得之. 由 (15) 及 (13a), 及

$$|c_j(t)|^2 \leqslant 1(\text{当}t\text{不甚大时})$$

可得

$$\begin{aligned}|c_l(t)|^2 &= \left(\frac{2\pi e}{m}\right)^2 \frac{n_k+1}{hL^3\omega_\kappa}\left|(u_l, (\boldsymbol{s}_\lambda \cdot \boldsymbol{p})e^{-i\boldsymbol{k}\cdot\boldsymbol{r}}u_a)\right|^2 \\ &\times \frac{\sin^2 x}{x^2}.\left(\frac{t^2}{2\pi}\right) \\ x &= \frac{1}{2}(\omega_{la}+\omega_k)t\end{aligned} \tag{9-16}$$

(16) 式中的 $\left(\dfrac{\sin x}{x}\right)^2$ 函数, 有下述的性质

$$\frac{1}{\pi}\int_{-\infty}^{\infty}\frac{\sin^2 x}{x^2}\mathrm{d}x = 1$$

及只当 x 值甚小时, $\dfrac{\sin^2 x}{x^2}$ 之值不甚小. 故兹代

$$\begin{aligned}\frac{1}{\pi}\cdot\frac{\sin^2 x}{x^2}\text{以}\delta(x) &= \delta(\frac{(\omega_{la}+\omega_k)t}{2}) \\ &= \frac{t}{2}\delta(\omega_{la}+\omega_k)\end{aligned} \tag{9-17}$$

兹取

$$E_a - E_l = \hbar\omega_{al} > 0 \tag{9-18}$$

(16) 式的 $|a_l(t)|^2$, 乃系原子由态 u_a 跃迁至一较低的能态 u_l, 同时辐射场由 (13) 增加了一个光子 $\hbar\omega_k$ 至 (14) 式的态 Ψ, 于时间 t 中的跃迁机率. 故每秒的跃迁机率为

$$W_{a\leftarrow l} = \frac{1}{t}\sum_{k\lambda}|c_l(t)|^2 \tag{9-19}$$

此处之和, 乃对两偏极 λ 及 $\boldsymbol{k}$ 的方向 $d\Omega$ 及值 $|\boldsymbol{k}|$ 的和. 如 L^3 极大, 则对 $\boldsymbol{k}$ 之和, 可代以一个积分

$$\sum_k \to \left(\frac{L}{2\pi}\right)^3 \mathrm{d}\Omega\int k^2\mathrm{d}k \tag{9-20}$$

$$k = |\boldsymbol{k}| = \frac{\omega_{\boldsymbol{k}}}{e}$$

第 (15) 式中之 e^{ikr}, 将代以 1. 此乃当辐射波长 $\lambda = \dfrac{2\pi}{k} \gg$ 原子的大小 (即原子中的电子波函波 $u(r)$ 的距程之意) 时, 可作的近似式 (此称为双极 (dipole) 近似式). 故 *

$$\begin{aligned}(u_l, \boldsymbol{p}e^{i\boldsymbol{k}\cdot\boldsymbol{r}}u_a) &\simeq (u_l, \boldsymbol{p}u_a)\\ &= im\omega_{la}(u_l, ru_a)\end{aligned} \tag{9-21}$$

为计算作偏极 λ 之和, 取 s_1 单位向量于 $\boldsymbol{k}$ 与 $\boldsymbol{r}$ 所作的平面, s_2 与此平面垂直. 如 $\boldsymbol{k}$ 与 $\boldsymbol{r}$ 的夹角为 θ, 则

$$\begin{aligned}(\boldsymbol{s}_1 \cdot \boldsymbol{p}) &= \sin\theta p\\ (\boldsymbol{s}_2 \cdot \boldsymbol{p}) &= 0\end{aligned} \tag{9-22}$$

第 (16) 式中有 (n_k+1). 其有 n_k 的一项, 系示跃迁机率 $W_{a\to l}$ 与辐射场 $\hbar\omega_k$ 光子数 n_k 成正比 (亦即与辐射场能密度 $\rho(\omega_k)d\omega_k$ 成正比). 故此项即爱因斯坦 (1917 年) 理论中的受激放射 (induced emission) (或称 negative absorption). 此项可由通常的量子力学微扰理论计算得之 **, 不必用此处的量子化场方法的. 此项之计算, 将留作一习题给读者.

(16) 式中与 n_k 无关的一项, 乃系爱因斯坦的自发放射 (spontaneous emission). 此项与辐射场强度无关, 故不能直接由量子力学的微扰理论法计算之, 而必须用量子化场的方法 (如上 (16) 式) 得之. 上述方法, 系首由 Dirac (1927 年) 得来. 量子化场理论, 旋由 P. Jordan 及 E.P. Wigner (1928 年) 推展至 Fermion 场,(见第 8 章第 2,3,5 各节的特例)

兹计算此自发放射的跃迁率. 以 (17) 代入 (16), 以 (16), (20),(21),(22) 代入 (19), 即得

$$\begin{aligned}W_{a\to l} =& \frac{e^2\omega_{al^2}}{2\pi\hbar c^3}\int d\Omega \sin^2\theta \int \omega_k d\omega_k \delta(\omega_{al}-\omega_k)\\ & \times |(u, \boldsymbol{r}u_a)|^2 \qquad (9\text{-}23a)\\ =& \frac{4\omega_{al^3}}{3\hbar c^3}|(u_l, \boldsymbol{r}u_a)|^2 \qquad (9\text{-}23)\end{aligned}$$

此即系爱因斯坦的自发放射系数 $A_{a\to l}$

$$A_{a\to l} = \frac{4\omega_{al}^3}{3\hbar c^3}|(u_{cc}, \boldsymbol{r}u_a)|^2 \tag{9-24}$$

* 见《理论物理第六册: 量子力学》(甲部) 第 7 章第 2 节.

** 见《理论物理第六册: 量子力学》(甲部) 第 7 章第 2 节, $B^{a}_{\downarrow l}$, $B^{a}_{\uparrow l}$ 的计算. 注意: 该章所用的辐射场能密度, 系以 $\rho(\nu)d\nu$ 表的; 下文乃用 $\rho(\omega)d\omega$ 表的, 故下文的 B 系数, 与该章的 B 系数, 有 2π 之因子差别.

此结果与由平衡态条件所得的关系 (见前脚注)

$$A_{a\to l} = \frac{\hbar\omega^3}{\pi^2 c^3} B_{a\to l} \tag{9-25}$$

及由量子力学微扰理论计算的 $B_{a\to l}$ 所得的结果相同.

9.2 光谱线之自然宽度 (natural width)

由上节 (23) 式, 我们即得一个原子由态 a 跃迁至态 l 所放射出的光谱线的能, 在光谱 (频率) 上的分布

$$\begin{aligned} W_{a\to l}(k)h\omega_k \mathrm{d}\omega_k = & \frac{e^2\omega_{al}^2}{2\pi c^3}|(u_l, ru_a)|^2 \\ & \times \sin^2\theta \mathrm{d}\Omega\omega_k^2\delta(\omega_{al}-\omega_k)\mathrm{d}\omega_k \end{aligned} \tag{9-26}$$

由于 $\delta(\omega_{al}-\omega_k)$ 因子, 此成一无限窄的光谱线 $\omega_k = \omega_{al}$.

但此结论是不正确的. 理由如下: 我们所以获得 (23) 式及 (26) 式者, 是由于 (13a) 的开始条件

$$c_a(0) = 1, \quad c_l(0) = 0, \quad l \neq a. \tag{9-13a}$$

惟由此, 乃得 (16) 乃 (23).(23) 式乃示如 t 不甚长时,

$$|c_l(t)|^2 = W_{a\to l}t \tag{9-27}$$

按 (10) 式的归一条件,

$$|c_a(t)|^2 + \sum_{l\neq a} c_l(t)^2 = 1 \tag{9-28}$$

故当 $t > 0$ 时,

$$|c_a(t)|^2 < 1 \tag{9-29}$$

解 (11) 方程式的开始条件, 不应以 (13a) 而可试以下式

$$c_a(t) = \exp\left(-\frac{1}{2}\gamma t\right) \tag{9-30}$$

γ 为一常数, 可如下定之.

设原子开始时之态为 E_a, u_a; 其终止态为基态 E_g, u_g, 使

$$E_a - E_g \equiv \hbar\omega_0. \tag{9-31}$$

由于原子作上述的跃迁, 辐射场产生了一个光子 $\hbar\omega_k$, 使 $c_k(t)$ 为 (10) 式中 Ψ_k 的幅度.

由 (11)—(22) 各式, 可得

$$\frac{\mathrm{d}c_k(t)}{\mathrm{d}t}=-\frac{\mathrm{i}}{\hbar}\left[-\frac{e}{m}\left(\frac{2\pi\hbar}{L^3}\right)^{\frac{1}{2}}\frac{im\omega_0}{\sqrt{\omega_k}}(\boldsymbol{s}_k\cdot(u_g,\boldsymbol{r}u_a))\right]\mathrm{e}^{\mathrm{i}(\omega_k-\omega_0)t}c_a(t)$$
$$\equiv-\frac{\mathrm{i}}{\hbar}W_{ka}\mathrm{e}^{\mathrm{i}(\omega_k-\omega_0)t}c_a(t) \tag{9-32}$$

此处 s_k 乃 (22) 式中之 s_1, 系与 $\boldsymbol{r}$, $\boldsymbol{k}$ 所成的平面垂直的一单位向量 (偏极). 引入 (30) 式, 积分之, 即得

$$c_k(t)=W_{ka}\frac{\exp\left[\mathrm{i}(\omega_k-\omega_0)t-\frac{1}{2}\gamma t\right]-1}{\hbar(\omega_k-\omega_0)-\frac{\mathrm{i}}{2}\gamma\hbar} \tag{9-33}$$

当 $\gamma t\gg 1$ 时, 放射的光子的分布机率为

$$|c_k(\infty)|^2=\frac{1}{\hbar^2}|W_{ka}|^2\frac{1}{(\omega_0-\omega_k)^2+\frac{1}{4}\gamma^2} \tag{9-34}$$

在 ω 与 $\omega+d\omega$ 间的间的光子分布机率为

$$n(\omega)\mathrm{d}\omega=\left(\frac{L}{2\pi}\right)^3k^2\mathrm{d}k\int\mathrm{d}\Omega|ck(\infty)|^2 \tag{9-35}$$
$$\omega=ck$$

由 (32),(34), 可得

$$n(\omega)\mathrm{d}\omega=\left\{\frac{e^2\omega_0^3}{2\pi\hbar c^3}\int|(\boldsymbol{s_k}\cdot(u_l,\boldsymbol{r}\boldsymbol{u}_a))|^2\mathrm{d}\Omega\right\}\frac{\omega}{2\pi\omega_0}\frac{\mathrm{d}\omega}{(\omega_0-\omega)^2+\frac{1}{4}\gamma^2}$$
$$=W_{a\to l}\frac{\omega}{\omega_0}\frac{1}{2\pi}\frac{\mathrm{d}\omega}{(\omega_0-\omega)^2+\frac{1}{4}\gamma^2} \tag{9-36}$$

此处 $W_{a\to l}$ 即 (23a) 式.

(28) 式的归一条件现乃成

$$\mathrm{e}^{-\gamma t}+\sum_k|c_k(t)|^2=1 \tag{9-37}$$

当 $t\to\infty$ 时, 此成

$$\sum_k|c_k(\infty)|^2=1 \tag{9-38}$$

由 (35), 及 (20), 乃得

$$\int_0^\infty n(\omega)\mathrm{d}\omega = 1 \tag{9-39}$$

因 $\gamma \ll \omega_0$, 以 (36) 代入此积分, 可得

$$\begin{aligned}\int_0^\infty \frac{\omega}{\omega_0}\frac{\mathrm{d}\omega}{(\omega_0-\omega)^2+\frac{1}{4}\gamma^2} &\simeq \int_{-\infty}^\infty \frac{\mathrm{d}\omega}{(\omega_0-\omega)^2+\frac{1}{4}\gamma^2}\\ &= \frac{2\pi}{\gamma}\end{aligned} \tag{9-40}$$

故由 (36) 式, 即得

$$1 = W_{a\to i}\frac{1}{\gamma} \tag{9-41}$$

或

$$\gamma = \text{自发放射机率 (每秒)}W_{a\to l}\text{(见 (23) 式)}.$$

此结果似甚合理, 惟 (30) 式之 $c_0(t)=\exp\left(-\frac{1}{2}\gamma t\right)$ 系一假定而非 Schrödinger 方程式 (1) 之正确解. 按理, $\delta(t)$ 应由下式 (见 (32) 式) 定之

$$\frac{\mathrm{d}c_a(t)}{\mathrm{d}t} = -\frac{\mathrm{i}}{\hbar}W_{ak}\mathrm{e}^{\mathrm{i}(\omega_0-\omega_k t)}c_k(t). \tag{9-42}$$

如解此式, 则得一复数之 γ,

$$\gamma = W_{a\to l} + \mathrm{i}\zeta \tag{9-43}$$

$W_{a\to l}$ 与 (41) 相符, 惟 ζ 则系一不收敛的积分 *. 此困难与场的无限大零点能的困难有密切关系, 系仍未完全解除的困难. H.A.Kramers (1945 年) 引入所谓电子质量的重归一化 (mass remormalization) 的观念, 可在形式上免去此无限大 (infinity) 的出现. 此重归一化方法是稍后量子电动力学的重归一化的先河.

上文第 (36) 式的结果, 与古典电动力学 (电子论) 的相似. 由 (36) 及 (41) 式, 可得光谱线的能的分布 (γ 见 (23) 式)

$$W_{a\to l}\frac{\omega}{\omega_0}\frac{1}{2\pi}\frac{\mathrm{d}\omega}{(\omega_0-\omega)^2+\frac{1}{4}\gamma^2} \simeq \frac{\gamma}{2\pi}\frac{\mathrm{d}\omega}{(\omega_0-\omega)^2+\frac{1}{4}\gamma^2}. \tag{9-44}$$

由古典电动力学, 一个振荡子由于其放射辐射能, 其灭幅常数 γ 为

$$\gamma = \frac{2e^2\omega^2}{3\pi mc^3}\text{(gauss 制)} \tag{9-45}$$

---

* 见 V.Weisskopf 与 E.P.Wigner, Zeits.f.Physik 63, (1930) 一文, 及 W.Heitler,Quantum Theory of Radiation, 第三版, 第 181 页.Kramers 的理论及此问题的讨论, 见 J.M.Jauch 与 F.Rohrlich, The Thtory of Photons and Electrons 书.

其放射能的分布为所谓 Lorentzian 形 *

$$\frac{\gamma}{2\pi}\frac{1}{(\omega_0-\omega)^2+\frac{1}{4}\gamma^2} \tag{9-46}$$

由 (36) 或 (44) 式, 光谱线的强度, 由最高值降至半值时的所谓 “半宽度”(half-width)$\Delta\omega=|\omega_0-\omega|$, 乃

$$\Delta\omega=\frac{1}{2}\gamma. \quad \gamma=W_{a-l}, \text{见(23)式} \tag{9-47}$$

设 u_j,u_k 为原子的两个激起态. 按本节的理论, 可证明此二态的 γ 为

$$\begin{aligned}\gamma_j&=\sum_l W_{j\to l}, \quad E_j>E_l\\ \gamma_k&=\sum_l W_{k\to l}, \quad E_k>E_l\end{aligned} \tag{9-48}$$

由 u_j 态跃迁至 u_k 态的光谱线的宽度, 系

$$\gamma_j+\gamma_k=\sum_l W_{j\to l}+\sum_l W_{k\to l} \tag{9-49}$$

---

* 可参阅《理论物理第三册: 电磁学》第 6 章第 5 节 (6-76) 式. 式中 $\epsilon_0=\frac{1}{4\pi}$(gauss 制单位),$\gamma$ 如 (45) 式;$2mb^2\omega^2=W$, 见该章 (6-54) 式及 (6-55) 式之 a, 乃 (6-63) 式中的 b 的二倍,$a=2b$.

旋量及群论引论

第10章 旋量引论

10.1 旋量代数

前在第 4 章第 5 节末, 曾见在 Lorentz 变换下, Dirac 的 Ψ 的变换, 与通常的向量张量不同. $\Psi(\psi_1,\psi_2,\psi_3,\psi_4)$ 可视为两对的 (u_1,u_2), (u_3,u_4), 每对变换如下

$$\begin{pmatrix} u_1' \\ u_2' \end{pmatrix} = \begin{pmatrix} a & b \\ c & d \end{pmatrix} \begin{pmatrix} u_1 \\ u_2 \end{pmatrix} \tag{10-1}$$

$$ad-bc=1 \tag{10-2}$$

此变换与张量的变换不同处, 乃在旋转 (空间的或时空的) 的角度为 θ 时, 此变换系数 a,b,c,d 皆以 $\frac{1}{2}\theta$ 出现. 故周期为 4π 而非 2π. (u_1,u_2) 按 (1), (2) 式变换, 称为 “二分量旋量” (two-component spinor, of the first rank).

Lorentz 变换

$$x_\mu' = a_{\mu\nu}x_\nu$$

的矩阵 $a_{\mu\nu}$, 只系 Lorentz 群的表现的一特例. 第 (1) 式的矩阵, 始系 Lorentz 群的一般表现. a,b,c,d 四个复数间有第 (2) 式关系, 故有 8−2=6 参数. 所有的矩阵如 (1) 者, 构成一个 6- 参数的单位模群 (unimodular group). 旋量 (u_1,u_2) 的空间系一个二维复数空间. 此群称为 SC_2 群, 与 Lorentz 变换群同态 (homomorphic). 故研讨满足相对论要求的态函数变换性质, 用此 SC_2 群正是恰当. 本节将述旋量的性质. 群论则将于下数章详述之.

定义 二维复数空间的二数 u_1,u_2, 其变换为

$$\begin{pmatrix} u_1' \\ u_2' \end{pmatrix} = \begin{pmatrix} a & b \\ c & d \end{pmatrix} \begin{pmatrix} u_1 \\ u_2 \end{pmatrix} \tag{10-1a}$$

$$ad-bc=1 \tag{10-2a}$$

称为第一阶旋量 (spinor of the first rank).

设以 $u_{\dot 1},u_{\dot 2}$ 表 u_1,u_2 的共轭复数 *. u_1,u_2 的变换定律乃

---

* 在此处,

$$u_1=(u_1)^*, \quad u_2=(u_2)^* \tag{10-6}$$

惟文献中亦有以 $u_{\dot 1},u_{\dot 2}$ 表与 u_1,u_2 独立无关的旋量的. 如是则 u_1,u_2,u_1,u_2 谓为构成一 bispinor.

$$\begin{pmatrix} u'_{\dot{1}} \\ u'_{\dot{2}} \end{pmatrix} = \begin{pmatrix} a^* & b^* \\ c^* & d^* \end{pmatrix} \begin{pmatrix} u_{\dot{1}} \\ u_{\dot{2}} \end{pmatrix} \tag{10-3}$$

$$a^* d^* - b^* c^* = 1 \tag{10-4}$$

由 (1) 及 (3), 可得

$$\begin{pmatrix} u_1 \\ u_2 \end{pmatrix} = \begin{pmatrix} d & -b \\ -c & a \end{pmatrix} \begin{pmatrix} u'_1 \\ u'_2 \end{pmatrix} \tag{10-5}$$

$$\begin{pmatrix} u_{\dot{1}} \\ u_{\dot{2}} \end{pmatrix} = \begin{pmatrix} d^* & -b^* \\ -c^* & a^* \end{pmatrix} \begin{pmatrix} u'_{\dot{1}} \\ u'_{\dot{2}} \end{pmatrix} \tag{10-5a}$$

定理

$$u_1 v_2 - u_2 v_1 = \text{不变量} \tag{10-7}$$

此定理的证明, 由 (2) 即得之.

定义　一个第二阶旋量 $u_{11}, u_{12}, u_{21}, u_{22}$, 按下变换定律定义之

$$\begin{vmatrix} u'_{11} \\ u'_{12} \\ u'_{21} \\ u'_{22} \end{vmatrix} = \begin{bmatrix} a & b \\ c & d \end{bmatrix} \times \begin{bmatrix} a & b \\ c & d \end{bmatrix} \begin{vmatrix} u_{11} \\ u_{12} \\ u_{21} \\ u_{22} \end{vmatrix} \tag{10-8}$$

同此,

$$\begin{vmatrix} u'_{1\dot{1}} \\ u'_{1\dot{2}} \\ u'_{2\dot{1}} \\ u'_{2\dot{2}} \end{vmatrix} = \begin{bmatrix} a & b \\ c & d \end{bmatrix} \times \begin{vmatrix} a^* & b^* \\ c^* & d^* \end{vmatrix} \begin{vmatrix} u_{1\dot{1}} \\ u_{1\dot{2}} \\ u_{2\dot{1}} \\ u_{2\dot{2}} \end{vmatrix} \tag{10-9}$$

$$\begin{vmatrix} u'_{\dot{1}\dot{1}} \\ u'_{\dot{1}\dot{2}} \\ u'_{\dot{2}\dot{1}} \\ u'_{\dot{2}\dot{2}} \end{vmatrix} = \begin{vmatrix} a^* & b^* \\ c^* & d^* \end{vmatrix} \times \begin{vmatrix} a^* & b^* \\ c^* & d^* \end{vmatrix} \begin{vmatrix} u_{\dot{1}\dot{1}} \\ u_{\dot{1}\dot{2}} \\ u_{\dot{2}\dot{1}} \\ u_{\dot{2}\dot{2}} \end{vmatrix} \tag{10-10}$$

上式中的直乘积 (direct product) 的意义为 *

$$\begin{vmatrix} a & b \\ c & d \end{vmatrix} \times \begin{vmatrix} a & b \\ c & d \end{vmatrix} = \begin{vmatrix} aa & ab & ba & bb \\ ac & ad & bc & bd \\ ca & cb & da & db \\ cc & cd & dc & dd \end{vmatrix} \tag{10-11}$$

---

* 参阅下文第 13 章 (13-86)—(13-88).

定理 如将一个旋量的指数的“点”与“无点”互易，则得该旋量的共轭复数，例如

$$(u_{\dot{a}b})^* = u_{a\dot{b}}$$

$$(u_{a\dot{b}\dot{c}})^* \doteq (u_{\dot{a}bc}) \tag{10-12}$$

此定理可由 (7) 及 (9) 式见之.

定义 旋量 $u_{\dot{a}b}$ 的移项 (transpose)，系将横行指数 a 与竖行指数 b 互易，惟指数上之点则不变，

$$(u_{\dot{a}b}) = u_{\dot{b}a} \tag{10-13}$$

定义 Hermitian 旋量的定义系

$$u_{a\dot{b}} = u_{\dot{b}a} \tag{10-14}$$

换言之，

$$u_{a\dot{b}} = \widetilde{(u_{a\dot{b}})}^* = (u_{b\dot{a}})^* = u_{\dot{b}a} \tag{10-15}$$

由 (14)，得见 Hermitian 性的定义，与通常矩阵的同. 一个第二阶 Hermitian 旋量，为四个实数构成.

逆变旋量 $(u^1, u^2), (u^{\dot{1}}, u^{\dot{2}})$.

兹先取一简单的定义：

$$\begin{pmatrix} u^1 \\ u^2 \end{pmatrix} = \begin{pmatrix} 0 & 1 \\ -1 & 0 \end{pmatrix} \begin{pmatrix} u_1 \\ u_2 \end{pmatrix}, \quad \begin{pmatrix} u_1 \\ u_2 \end{pmatrix} = \begin{pmatrix} 0 & -1 \\ 1 & 0 \end{pmatrix} \begin{pmatrix} u^1 \\ u^2 \end{pmatrix} \tag{10-16}$$

$$\begin{pmatrix} u^{\dot{1}} \\ u^{\dot{2}} \end{pmatrix} = \begin{pmatrix} 0 & 1 \\ -1 & 0 \end{pmatrix} \begin{pmatrix} u_{\dot{1}} \\ u_{\dot{2}} \end{pmatrix}, \quad \begin{pmatrix} u_{\dot{1}} \\ u_{\dot{2}} \end{pmatrix} = \begin{pmatrix} 0 & -1 \\ 1 & 0 \end{pmatrix} \begin{pmatrix} u^{\dot{1}} \\ u^{\dot{2}} \end{pmatrix} \tag{10-16a}$$

或

$$u^1 = u_2, \quad u^2 = -u_1, \quad u^1 = u_2, \quad u^2 = -u_1 \tag{10-17}$$

如使

$$\epsilon^{ab} = \begin{pmatrix} 0 & 1 \\ -1 & 0 \end{pmatrix} = -\epsilon^{ba}, \tag{10-18}$$

$$\epsilon_{ab} = \begin{pmatrix} 0 & -1 \\ 1 & 0 \end{pmatrix} = -\epsilon_{ba} \tag{10-19}$$

为首的指数表横行，末指数表竖行，则 (16)，(16a) 变换可表以下式 (下文将用作和符号，即是作重复指数之和)

$$u^a = \epsilon^{ab} u_b, \quad u_a = \epsilon_{ab} u^b, \tag{10-20}$$

$$= -u^b \epsilon_{ba}$$

故

$$\epsilon^{ab}\epsilon_{cb} = -\delta^a{}_c = -\begin{pmatrix} 1 & 0 \\ 0 & 1 \end{pmatrix} \tag{10-21}$$

定理　在单位模变换 (1), (2) 下,

$$u_a v^a = \text{不变量}. \tag{10-22}$$

$u_a v^a$ 系协变旋量 u_a 与逆变旋量 v^a 的内乘积. 此定理的证明如下:

$$\begin{pmatrix} v^{1'} \\ v^{2'} \end{pmatrix} = \begin{pmatrix} 0 & 1 \\ -1 & 0 \end{pmatrix}\begin{pmatrix} v_1{}' \\ v_2{}' \end{pmatrix} = \begin{pmatrix} 0 & 1 \\ -1 & 0 \end{pmatrix}\begin{pmatrix} a & b \\ c & d \end{pmatrix}\begin{pmatrix} v_1 \\ v_2 \end{pmatrix}$$
$$= \begin{pmatrix} 0 & 1 \\ -1 & 0 \end{pmatrix}\begin{pmatrix} a & b \\ c & d \end{pmatrix}\begin{pmatrix} 0 & -1 \\ 1 & 0 \end{pmatrix}\begin{pmatrix} v^1 \\ v^2 \end{pmatrix} \tag{10-23}$$

由 (1),

$$(u_1{}', u_2{}') = (u_1, u_2)\begin{pmatrix} a & c \\ b & d \end{pmatrix} \tag{10-24}$$

$$(u_1{}', u_2{}')\begin{pmatrix} v^{1'} \\ v^{2'} \end{pmatrix} = (u_1, u_2)\begin{pmatrix} a & b \\ c & d \end{pmatrix}\begin{pmatrix} 0 & 1 \\ -1 & 0 \end{pmatrix}\begin{pmatrix} a & b \\ c & d \end{pmatrix}\begin{pmatrix} 0 & -1 \\ 1 & 0 \end{pmatrix}\begin{pmatrix} v_1 \\ v_2 \end{pmatrix}$$
$$= (u_1, u_2)\begin{pmatrix} v^1 \\ v^2 \end{pmatrix} \quad \text{q.e.d.}$$

同法, 可得

$$u_{\dot a} v^{\dot a} = \text{不变量} \tag{10-25}$$

定理

$$u_a v^a + u^a v_a = 0 \tag{10-26}$$

$$u_{\dot a} v^{\dot a} + u^{\dot a} v_{\dot a} = 0 \tag{10-27}$$

(26) 式的证, 可由 (20) 式得之:

$$u_a \epsilon^{a\beta} v_\beta + \epsilon^{a\beta} u_\beta v^a = u_a \epsilon^{a\beta} v_\beta + \epsilon^{\beta a} u_a v^\beta = 0$$

(27) 式同此.

于 (26) 式中使 $u = v$. 则得

定理

$$u_a u^a = 0 \tag{10-28}$$

同此,

$$u_{\dot{a}} u^{\dot{a}} = 0 \tag{10-29}$$

(28), (29) 式谓一个奇阶数的旋量 u_a 或 $u_{\dot{a}}$, 其绝对值 (或长度) 等于零.

定理 任何一个奇阶数的旋量的长度等于零, 如

$$u_{abc}u^{abc} = 0, \quad u_{a\dot{b}}u^{a\dot{a}} = 0 \tag{10-30}$$

定义 基本旋量 *γ^{ab}, γ_{ab}.

此取一较 (16), (16a) 为一般性的变换. 由 u^a, 此定义一协变旋量 u_a 如下

$$u_b = u^a \gamma_{ab} \equiv -\gamma_{ba} u^a \tag{10-31}$$

$$u^{\dot{b}} = u^{\dot{a}} \gamma_{\dot{a}b} \tag{10-32}$$

$$\gamma_{\dot{a}\dot{b}} = (\gamma_{ab})^* \tag{10-33}$$

由 (31), 即得

$$u_b v_c = u^a \gamma_{ab} v^d \gamma_{dc}$$

故如代 $u_b v_c$ 以 γ_{bc}, $u^a v^d$ 以 γ^{ad}, 则上变换关系乃成

$$\begin{aligned}\gamma_{bc} &= \gamma^{ad}\gamma_{ab}\gamma_{dc} \\ &= -\gamma_{ba}\gamma^{ad}\gamma_{dc}\end{aligned} \tag{10-34}$$

由此, 可得

$$\begin{aligned}\gamma^{ad}\gamma_{dc} &= -\delta^a_c = -\begin{pmatrix} 1 & 0 \\ 0 & 1 \end{pmatrix} \\ \gamma_{ba}\gamma^{ad} &= -\delta^d_b = -\begin{pmatrix} 1 & 0 \\ 0 & 1 \end{pmatrix}\end{aligned} \tag{10-35}$$

故兹可定义“基本旋量”γ^{ab} 为

$$\begin{aligned}\gamma_{ab} &= \begin{pmatrix} 0 & +\gamma_{12} \\ -\gamma_{12} & 0 \end{pmatrix} \\ \gamma^{ab} &= \begin{pmatrix} 0 & 1/\gamma_{12} \\ -1/\gamma_{12} & 0 \end{pmatrix}\end{aligned} \tag{10-36}$$

---

* 基本旋量 (fundamental spinor) 的意义, 略与张量分析中的基本 (度规) 张量同, $g_{\mu\nu}g^{\nu\sigma} = \delta^\sigma_\mu, g^\nu_\mu = \delta^\nu_\mu, g^\mu_\nu = \delta^\mu_\nu$. 见下文 (80) 式下, 所以定义 $\gamma_{ab} = -\gamma_{ba}$ 的原因.

使其满足 (35) 式. 故 γ_{ab}, γ^{ab} 旋量, 可以一个复数 γ_{12} 定之. $\gamma_{12}\gamma_{\dot{1}\dot{2}}$ 系一实数 γ

$$\gamma_{12}\gamma_{\dot{1}\dot{2}} = \gamma$$

文献中有用下式者

$$\gamma_{ab} = \begin{pmatrix} 0 & 1 \\ -1 & 0 \end{pmatrix} \sqrt{\gamma}\mathrm{e}^{\mathrm{i}\theta}, \quad \gamma^{ab} = \begin{pmatrix} 0 & 1 \\ -1 & 0 \end{pmatrix} \frac{1}{\sqrt{\gamma}}\mathrm{e}^{-\mathrm{i}\theta} \tag{10-37}$$

定理

(1)

$$\gamma^{ab} = -\gamma^{ba} \tag{10-38}$$

(2)

$$\gamma^{ab}\gamma^{cd} + \gamma^{bc}\gamma^{ad} + \gamma^{ca}\gamma^{bb} = 0 \tag{10-39}$$

(3)

$$\gamma^{ab}u_{abc} + \gamma^{ab}u_{cab} + \gamma^{ab}u_{bca} = 0 \tag{10-40}$$

$$u^{\mu} = \gamma^{\mu\lambda}u_{\lambda} = -u_{\lambda}\gamma^{\lambda\mu}$$

(40) 式中的 u_{abc} 系任意的第三阶旋量. (38), (39), (40) 各式可以 γ^{ad} 的数值 (37) 代入证验之.

同此三式, 亦可得

$$\gamma^{\dot{a}\dot{b}}, \quad \gamma_{ab}, \quad \gamma_{\dot{a}\dot{b}}$$

相似的方程式.

定义 收缩 (contraction) 如下:

$$\begin{aligned} u^{\dot{a}b}v_{\dot{c}b\dot{d}}{}^{f} &= W^{\dot{a}}{}_{\dot{c}\dot{d}}{}^{f} \\ u^{\dot{a}b}v_{\dot{a}b\dot{d}}{}^{f} &= W^{f}_{\dot{d}} \end{aligned} \tag{10-41}$$

定理

$$u_a v^a = -v_b u^b; \quad u_{\dot{a}} v^{\dot{a}} = -v_{\dot{b}} u^{\dot{b}} \tag{10-42}$$

证

$$u_a v^a = u_a \gamma^{ab} v_b = -\gamma^{ba} u_a v_b = -u^b v_b \tag{10-43}$$

此定理乃 (26), (27) 的推广.

定理 任一奇阶数的旋量的长度 (绝对值) 等于零,

$$\begin{aligned} u_a u^a &= -u_a u^a = 0 \\ u_{\dot{a}} u^{\dot{a}} &= 0 \end{aligned} \tag{10-44}$$

见 (29) 的特殊情形.

定理 一个对称旋量的收缩等于零 ($u_{ab} = u_{ba}$).

$$u_a^a = \gamma^{ab} u_{ab} = -\gamma^{ab} u_{ab} = -\gamma^{ba} u_{ba} = -u_b^b = 0 \tag{10-45}$$

定理 一个反对称旋量 ($u_{ab} = -u_{ba}$) 的收缩

$$u_{ab} - u_{ba} = u_c^c \gamma_{ab} \tag{10-46}$$

由 (36),

$$u_a^a = \gamma^{ab} u_{ab} = \frac{1}{\gamma_{12}}(u_{12} - u_{21}) = \frac{2}{\gamma_{12}} u_{12} = -\frac{2}{\gamma_{12}} u_{21}$$

故得 (46). (46) 式于对称旋量亦成立, 见 (45) 式.

定理

$$u_{ac}^{ac} + u_{ab}^{ba} + u_{bc}^{cb} = 0 \quad (\text{由}(39)) \tag{10-47}$$

$$u_a v^a w_c + u_c v_a w^a + u^a v_c w_a = 0 \quad (\text{由}(40)) \tag{10-48}$$

$$u_{ac}^a + u_{ca}^a + u_{ca}^a = 0 \tag{10-49}$$

10.2 旋量 (spinors) 与张量 (tensors)

下文将采用实数时间 $x_0 = ct$ 表现 *, 引入

$$\begin{aligned} &\text{协变坐标} \quad x_0, x_1, x_2, x_3 = ct, -x, -y, -z \\ &\text{逆变坐标} \quad x^0, x^1, x^2, x^3 = ct, x, y, z \end{aligned} \tag{10-50}$$

将限于正规 Lorentz 变换 (proper Lorentz transformation), 即系不包括空间反投 (spatial inversion) 或时间逆转 (time reversal),

$$a_\mu{}^\nu = \left|\begin{matrix} \gamma & \beta\gamma & 0 & 0 \\ \beta\gamma & \gamma & 0 & 0 \\ 0 & 0 & 1 & 0 \\ 0 & 0 & 0 & 1 \end{matrix}\right|, \quad \bar{a}_\mu^\nu = \left|\begin{matrix} \gamma & -\beta\gamma & 0 & 0 \\ -\beta\gamma & \gamma & 0 & 0 \\ 0 & 0 & 1 & 0 \\ 0 & 0 & 0 & 1 \end{matrix}\right| \tag{10-51}$$

$$\beta = v/c, \quad \gamma = \frac{1}{\sqrt{1-\beta^2}}, \quad |a_\mu{}^\nu| = |\bar{a}_\mu^\nu| = 1 \tag{10-51a}$$

$$\bar{a}_\mu^\nu a_\nu{}^\sigma = a^\mu{}_\nu \bar{a}_\sigma^\nu = \delta_{\mu\sigma} \tag{10-51b}$$

---

* 参阅《理论物理第四册：相对论》甲部, 第 1 章第 3 节, 及第 4 章第 5 节.

$$\begin{aligned} x_\mu &= a_\mu{}^\nu x_\nu{}' = x_\nu{}' a_\mu{}^\nu \\ x_\mu{}' &= \bar{a}_\mu^\nu x_\nu = x_\nu \bar{a}_\mu^\nu \\ x^\mu &= \bar{a}_\nu^\mu x'^\nu = x'^\nu \bar{a}_\nu^\mu, \quad \mu = 0,1,2,3 \\ x'^\mu &= a^\mu{}_\nu x^\nu = x^\nu a_\nu{}^\mu \end{aligned} \tag{10-51c}$$

(50) 式的规度 (metric) 张量为

$$g^{00} = g_{00} = 1, \quad g^{kl} = g_{kl} = -\delta_{kl}, \quad k,l = 1,2,3 \tag{10-52}$$

一般的, 逆变与协变向量的关系为一基本规度张量 $g^{\mu\nu}$, $g_{\mu\nu}$

$$A^\mu = g^{\mu\nu} A_\nu, \quad A_\mu = g_{\mu\nu} A^\nu \tag{10-52a}$$

$$\begin{aligned} g^{\mu\nu} = g^{\nu\mu}, &\quad g_{\mu\nu} = g_{\nu\mu} \\ g^{\mu\sigma} g_{\sigma_\nu} &= \delta^\mu_\nu \\ |g_{\mu\nu}| &= |g^{\mu\nu}| = 1 \end{aligned} \tag{10-52b}$$

$$\begin{aligned} g'^{\mu\nu} &= a^\mu_\rho a^\nu_\sigma g^{\rho\sigma} = g^{\mu\nu} \\ g'_{\mu\nu} &= \bar{a}^\rho_\mu \bar{a}^\sigma_\nu g_{\rho\sigma} = g_{\mu\nu} \end{aligned} \tag{10-53}$$

由 (51c), 即得

$$\begin{aligned} x_\mu x^\mu &= \text{不变量} \\ \mathrm{d}s^2 = \mathrm{d}x_\mu \mathrm{d}x^\mu &= \text{不变量} \end{aligned} \tag{10-54}$$

$$\begin{aligned} &\left(\frac{\partial}{\partial x^0}, \frac{\partial}{\partial x^1}, \frac{\partial}{\partial x^2}, \frac{\partial}{\partial x^3},\right) \text{系一协变向量} \\ &\left(\frac{\partial}{\partial x_0}, \frac{\partial}{\partial x_1}, \frac{\partial}{\partial x_2}, \frac{\partial}{\partial x_3},\right) \text{系一逆变向量} \end{aligned} \tag{10-55a}$$

$$u^\mu = \frac{\mathrm{d}x^\mu}{\mathrm{d}s}, \quad \text{逆变四维速度 (无因次的)}$$

$$u_\mu = \frac{\mathrm{d}x_\mu}{\mathrm{d}s}, \quad \text{协变四维速度 (无因次的)}$$

$$\begin{aligned} m_0 c u_\mu &= \gamma m_0 \left(c, -\frac{\mathrm{d}x}{\mathrm{d}t}, -\frac{\mathrm{d}y}{\mathrm{d}t}, -\frac{\mathrm{d}z}{\mathrm{d}t}\right) \\ &= \left(\frac{mc^2}{c}, -p_x, -p_y, -p_z\right), \quad \text{协变能-动量向量} \end{aligned} \tag{10-55}$$

兹采用下列的四维向量 (电磁势) 的符号：*

$$\begin{aligned} &\text{逆变} \quad \phi^\mu(-V, -A_1, -A_2, -A_3) \\ &\text{协变} \quad \phi_\mu(-V, A_1, A_2, A_3) \end{aligned} \tag{10-56}$$

---

* 由于此符号的选择, (57) 式的 $F^{\mu\nu}, F_{\mu\nu}$ 与本书第四册, 相对论, 第 70 页 (4-159) 式中的 $F^{\mu\nu}, F_{\mu\nu}$, 恰有一个负号之差别.

及张量 $F^{\mu\nu}, F_{\mu\nu}$

$$\begin{aligned}
&\text{逆变}\quad F^{\mu\nu}=\frac{\partial\phi^\nu}{\partial x_\mu}-\frac{\partial\phi^\mu}{\partial x_\nu}=\left|\begin{matrix}0 & E_x & E_y & E_z\\ & 0 & H_z & -H_y\\ & & 0 & H_x\\ & & & 0\end{matrix}\right|=-F^{\nu\mu}\\
&\text{协变}\quad F_{\mu\nu}=\frac{\partial\phi_\nu}{\partial x^\mu}-\frac{\partial\phi_\mu}{\partial x^\nu}=\left|\begin{matrix}0 & -E_x & -E_y & -E_z\\ & 0 & H_z & -H_y\\ & & 0 & H_x\\ & & & 0\end{matrix}\right|=-F_{\nu\mu}
\end{aligned}\tag{10-57}$$

Maxwell 电磁场方程式 (用 Gauss 单位制)

$$\left.\begin{aligned}\nabla\times\boldsymbol{E}+\frac{1}{c}\frac{\partial\boldsymbol{H}}{\partial t}&=0\\ \nabla\cdot\boldsymbol{H}&=0\end{aligned}\right\}\tag{10-58a}$$

$$\left.\begin{aligned}\nabla\times\boldsymbol{H}-\frac{1}{c}\frac{\partial\boldsymbol{E}}{\partial t}&=\frac{4\pi}{c}\boldsymbol{j}\\ \nabla\cdot\boldsymbol{E}&=\frac{4\pi}{c}\rho\end{aligned}\right\}\tag{10-59a}$$

可表作张量式

$$\partial_\lambda F_{\mu\nu}+\partial_\mu F_{\nu\lambda}+\partial_\nu F_{\lambda\mu}=0\tag{10-58}$$

$$\partial_\lambda F^{\mu\lambda}=\frac{4\pi}{c}j^\mu\tag{10-59}$$

(58a), (59a)8 个方程式, 因有连续方程式

$$\partial_\mu j^\mu=0\tag{10-60}$$

之存在, 故实只有 6 个独立的方程式.*

Lorentz 规范关系为

$$\partial_\mu\phi^\mu=0\tag{10-61}$$

(59) 式可表以 ϕ^μ 的微分导数

$$\partial_\lambda F^{\mu\lambda}=\partial_\lambda g^{\mu\rho}g^{\lambda\sigma}F_{\rho\sigma}$$

* 参阅《理论物理第三册：电磁学》第 4 章第 3 节. 本处及下文的 ∂_μ 乃

$$\partial_\mu\equiv\frac{\partial}{\partial x^\mu}$$

$$= g^{\mu\rho}g^{\lambda\sigma}\partial_\lambda(\partial_\rho\phi_\sigma - \partial_\sigma\phi_\rho)$$
$$= g^{\mu\rho}\partial_\rho\partial_\lambda\phi^\lambda - g^{\lambda\sigma}\partial_\lambda\partial_\sigma\phi^\mu$$

由 (61) 式, 故 (59) 式乃成

$$g^{\lambda\sigma}\partial_\lambda\partial_\sigma\phi^\mu = -\frac{4\pi}{c}j^\mu \tag{10-62}$$

兹使 $q =$ 电荷. 由 (55), (56), 定义

$$P_\mu = mcu_\mu - \frac{q}{c}\phi_\mu, \quad \mu = 0, 1, 2, 3 \tag{10-63}$$

由 (54),

$$g^{\mu\nu}(mcu_\mu)(mcu_\nu) = m^2c^2 \tag{10-64}$$

故得

$$g^{\mu\nu}\left(P_k + \frac{q}{c}\phi_\mu\right)\left(P_\nu + \frac{q}{c}\phi_\nu\right) = m^2c^2 \tag{10-65}$$

由于规度 (50), (51) 之选择, 并因欲得 Klein-Gordon 方程式

$$\left[\sum\left(\frac{\hbar}{\mathrm{i}}\frac{\partial}{\partial x} - \frac{e}{c}A_x\right)^2 - \left(\frac{\hbar}{\mathrm{i}c}\frac{\partial}{\partial t} + \frac{e}{c}\phi\right)^2\right]\varPsi = -m^2c^2\varPsi \tag{10-66}$$

兹使

$$P_x = -\frac{\hbar}{\mathrm{i}}\frac{\partial}{\partial x^k} = -\frac{\hbar}{\mathrm{i}}\partial_k, \quad P_0 = -\frac{\hbar}{\mathrm{i}}\frac{\partial}{c\partial t} = -\frac{\hbar}{\mathrm{i}}\partial_0 \tag{10-67}$$

则 (65) 式成 Klein-Gordon 方程式

$$g^{\mu\nu}\left(\mathrm{i}\hbar\partial_\mu + \frac{q}{c}\phi_\mu\right)\left(\mathrm{i}\hbar\partial_\nu + \frac{q}{c}\phi_\nu\right)\psi = m^2c^2\psi \tag{10-68}$$

按本册第 2 章 Dirac 的理论, 我们务须用第一次微分方程式, 如

$$\varGamma^\mu\left(\partial_\mu - \frac{\mathrm{i}q}{\hbar c}\phi_\mu\right)\varPsi = \frac{mc}{\hbar}\varPsi \tag{10-69}$$

$\varGamma^\mu$ 需满足

$$\varGamma^\mu\varGamma^\nu + \varGamma^\nu\varGamma^\mu = -2g^{\mu\nu}1 \tag{10-70}$$

如取

$$\sigma^0 = \frac{1}{\sqrt{2}}\begin{pmatrix} 0 & 1 \\ -1 & 0 \end{pmatrix}, \quad \sigma^1 = \frac{1}{\sqrt{2}}\begin{pmatrix} -1 & 0 \\ 0 & 1 \end{pmatrix}, \quad \sigma^2 = \frac{1}{\sqrt{2}}\begin{pmatrix} \mathrm{i} & 0 \\ 0 & \mathrm{i} \end{pmatrix}$$
$$\sigma^3 = \frac{1}{\sqrt{2}}\begin{pmatrix} 0 & 1 \\ 1 & 0 \end{pmatrix} \tag{10-71}$$

$$\Gamma^\mu = \sqrt{2}\begin{pmatrix} 0 & \sigma^\mu \\ \sigma^{*\mu} & 0 \end{pmatrix}, \quad \mu = 0,1,2,3 \tag{10-72}$$

则此 Γ^μ 满足 (70) 式. $\sigma^{*\mu}$ 系 σ^μ 的共轭复数. (71) 式的 σ^μ 满足下关系

$$\sigma^{*\mu}\sigma^\nu = \sigma^{*\nu}\sigma^\mu = -g^{\mu\nu}1 \tag{10-73}$$

设写 (69) 式之 Ψ 成下式

$$\Psi = \begin{vmatrix} \psi_1 \\ \psi_2 \\ \psi_3 \\ \psi_4 \end{vmatrix} \equiv \begin{pmatrix} u \\ v \end{pmatrix} \tag{10-74}$$

并以 (72) 式代入 (69) 式, 则 (69) 式成一对联立方程式

$$\begin{aligned} \sqrt{2}\sigma^\mu\left(\partial_\mu - \frac{\mathrm{i}q}{\hbar c}\phi_\mu\right)v &= \frac{mc}{\hbar}u \\ \sqrt{2}\sigma^{*\mu}\left(\partial_\mu - \frac{\mathrm{i}q}{\hbar c}\phi_\mu\right)u &= \frac{mc}{\hbar}v \end{aligned} \tag{10-75}$$

此系四个方程式. 我们要求这个系统在 Lorentz 变换下有协变性.

我们可采两个不同的观点:

(一) 因 $\partial_\mu - \dfrac{\mathrm{i}q}{\hbar c}\phi_\mu$系一个协变向量, 如视 $\sigma^\mu, \mu = 0,1,2,3$, 为一个逆变向量, 则 (75) 式的 $\sigma^\mu\left(\partial_\mu - \dfrac{\mathrm{i}q}{hc}\phi_\mu\right)$系不变量按此观点, (75) 四个方程式在各 Lorentz 坐标中的形式将不同.

(二) 视 σ^μ(及其共轭复数矩阵 $\sigma^{*\mu}$) 为固定的矩阵, 而使 u, v 随 Lorentz 变换作一种变换以保持 (75) 方程式的协变性.

符合此要求的 u, v 变换, 称为自旋变换 (spin transformation); u, v 则称为"旋量" (spinor).

上文第 1 节已从纯代数的观点, 述旋量 (u_1, u_2) 的变换 (10-1); (u_1, u_2) 的变换 (10-3), (u^1, u^2) 和 (u_1, u_2) 的关系 (10-16), 及若干定理 (10-22)-(10-49).

兹仿张量的变换 (见 (51a), (51b) 式), 表 $(v_1, v_2)(u^1, u^2)$ 的变换, 俾 (v_1, v_2) 变换如"协变", (u^1, u^2) 变换如"逆变"

$$\begin{aligned} u'^l &= \Lambda^l{}_k u^k, \quad u^l = \bar{\Lambda}^l_k u'^k {}^* \\ v'_l &= v_k \bar{\Lambda}^k_l, \quad v_l = v'_k \Lambda^k{}_l \end{aligned} \tag{10-76}$$

俾

$$v'_l u'^l = v_l u^l = 不变量 \tag{10-77}$$

---

*

$$\bar{\Lambda}^1_1 = \Lambda^2_2, \quad \bar{\Lambda}^1_2 = \Lambda^1_2, \quad \bar{\Lambda}^2_1 = -\Lambda^2_1, \quad \bar{\Lambda}^2_2 = \Lambda^1_1 \tag{10-76\#}$$

故 ${\Lambda^l}_k, \bar{\Lambda}^l_k$ 需满足

$$
{\Lambda^l}_k \bar{\Lambda}^k_m = {\delta^l}_m \tag{10-78}
$$

兹定义 (u_1, u_2), (v^1, v^2) 的共轭复数旋量 $(u_{\dot{1}}, u_{\dot{2}})$, $(v^{\dot{1}}, v^{\dot{2}})$, 其变换为

$$
\begin{aligned}
u'^{\dot{l}} &= \Lambda^{\dot{l}}_{\dot{k}} u^{\dot{k}}, \quad u^{\dot{l}} = \bar{\Lambda}^{\dot{l}}_{\dot{k}} u'^{\dot{k}}, \\
v'_{\dot{l}} &= v_{\dot{k}} \bar{\Lambda}^{\dot{k}}_{\dot{l}}, \quad v_{\dot{l}} = v'_{\dot{k}} \Lambda^{\dot{k}}_{\dot{l}}
\end{aligned} \tag{10-76a}
$$

$$
\Lambda^{\dot{l}}_{\dot{l}} = (\Lambda^l_k)^* \tag{10-76b}
$$

$$
v_{\dot{i}} u^{\dot{i}} = \text{不变量} \tag{10-77a}
$$

$$
\Lambda^{\dot{l}}_{\dot{k}} \bar{\Lambda}^{\dot{i}}_{\dot{m}} = {\delta^{\dot{l}}}_{\dot{m}} \tag{10-78a}
$$

兹仿张量的关系 (52), (52a), (53) 等, 引入一类似 $g_{\mu\nu}$ 的“基本规度旋量” γ_{kl},

$$
\begin{aligned}
u_k &= u^l \gamma_{lk}, \quad u^k = u_l \gamma^{lk} \\
u_{\dot{k}} &= u^{\dot{l}} \gamma_{\dot{l}\dot{k}}, \quad u^{\dot{k}} = u_{\dot{l}} \gamma^{\dot{l}\dot{k}}
\end{aligned} \tag{10-79}
$$

使 γ_{lk} 等在单位模变换下

$$
|{\Lambda^l}_k| = |{\Lambda^{\dot{l}}}_{\dot{k}}| = 1 \tag{10-80}
$$

不变, 换言之, 按 (76), (76#)

$$
\begin{aligned}
{\gamma'}_{lk} &= \gamma_{mn} \bar{\Lambda}^m_l \bar{\Lambda}^n_k = \gamma_{lk} \\
{\gamma'}^{lk} &= \gamma^{mn} {\Lambda^l}_m {\Lambda^k}_n = \gamma^{lk}
\end{aligned} \tag{10-81}
$$

兹可证明 (81) 式条件, 可取

$$
\gamma_{lk} = \begin{pmatrix} 0 & \gamma_{12} \\ -\gamma_{12} & 0 \end{pmatrix}, \quad \gamma^{lk} = \begin{pmatrix} 0 & \gamma^{12} \\ -\gamma^{12} & 0 \end{pmatrix} \tag{10-82}
$$

$$
\gamma_{\dot{l}\dot{k}}, \gamma^{\dot{l}\dot{k}} \text{亦类此}
$$

满足之. 例如由 (81)

$$
\gamma'_{11} = \gamma_{12}(\bar{\Lambda}^1_1 \bar{\Lambda}^2_1 - \bar{\Lambda}^2_1 \bar{\Lambda}^1_1) = 0
$$

$$
\gamma'_{12} = \gamma_{12}(\bar{\Lambda}^1_1 \bar{\Lambda}^2_2 - \bar{\Lambda}^2_1 \bar{\Lambda}^1_2) = \gamma_{12} \quad (\text{由}(80))
$$

为清楚计, 兹总结上文要点如下:

(i) 一质点 (静止质量 m, 电荷 q) 的 Dirac 方程式为 (75)

$$\begin{aligned}\sqrt{2}\sigma^{\mu}(\partial_{\mu}+\mathrm{i}\epsilon\phi_{\mu})v&=\frac{1}{\lambda}u\\ \sqrt{2}\sigma^{*\mu}(\partial_{\mu}+\mathrm{i}\epsilon\phi_{\mu})u&=\frac{1}{\lambda}v\end{aligned} \tag{10-75a}$$

$$\epsilon=-\frac{q}{hc},\quad \lambda=\frac{\hbar}{mc}$$

$$u=\begin{pmatrix}\psi_1\\ \psi_2\end{pmatrix},\quad v=\begin{pmatrix}\psi_3\\ \psi_4\end{pmatrix}$$

$$\partial_{\mu}+\mathrm{i}\epsilon\phi_{\mu}\text{系一协变向量}$$

(ii) 在 Lorentz 变换下, u,v 作单位模自旋变换 (unimod-ular spin transformation)(76), (80).

$$u_a(u_1,u_2),v^b(v^1,v^2)\text{称为旋量(spinor)}$$

(iii)u_k,u^k 间的关系为 (79); γ_{lk},γ^{lk}(类似 $g_{\mu\nu},\gamma^{\mu\nu}$) 称为基本规度旋量.

(iv) 兹采 γ_{lk},γ^{lk} 为一反对称矩阵如 (82). 如是则在单位模自旋变换 $\Lambda^{l}{}_{k}(76)$ 下, γ_{lk},γ^{lk} 不变.

(v) 在 $\partial_{\mu}+\mathrm{i}\epsilon\phi_{\mu}$ 的 Lorentz 变换及 u,v 的单位模自旋变换下, 一般言之, σ^{μ} 亦随之作变换. *

(vi) 兹求 u,v 的单位模变换 Λ, 使 σ^{μ} 在 Lorentz 及同时的 Λ 变换下不变.

第 (v), (vi) 两点, 有关 Λ 和 Lorentz 变换的关系, 将在下节申述之.

10.3 旋量变换与 Lorentz 变换的关系

上节对 (75) 式所采的观点 (二), 乃系求 u,v 旋量的变换, 使 (75) 式有 Lorentz 协变性. 本节将求旋量变换如 Lorentz 变换的关系. 我们将得旋量分析的最基本重要结果, 即每一个单位模旋量变换, 相应一个 Lorentz(正规) 变换, 而每一个 Lorentz 变换则相应两个旋量变换.

先取下简单的例, 申述此结果.

按 (10-14) 式, 取第二阶 Hermitian 旋量

$$\begin{aligned}&u_{\dot{1}1},\quad u_{\dot{1}2},\quad u_{\dot{2}1},\quad u_{\dot{2}2}\\ &u_{\dot{1}1},\quad u_{\dot{2}2}=\text{实数},\quad u_{\dot{1}2}=u_{2\dot{1}}\end{aligned} \tag{10-83}$$

---

* 见下文第 (117) 式.

使此 $u_{\dot{k}l}$ 与一向量 $A^\mu(A^0, A^1, A^2, A^3)$ 或 $A_\mu(A_0, -A_1, -A_2, -A_3)$ 成下列关系：

$$\begin{aligned}
&\frac{1}{2}(u_{\dot{2}1} + u_{\dot{1}2}) = A^2 = -A_2\\
&\frac{1}{2_i}(u_{\dot{2}1} - u_{\dot{1}2}) = A^3 = -A_3\\
&\frac{1}{2}(u_{\dot{1}1} - u_{\dot{2}2}) = A^1 = -A_1\\
&\frac{1}{2}(u_{\dot{1}1} + u_{\dot{2}2}) = A^0 = A_0
\end{aligned} \tag{10-84}$$

各式左方均系实数, 故右方亦系实数. 由 (84), 即得

$$\begin{aligned}
u_{\dot{1}1} &= A^0 + A^1 = A_0 - A_1\\
u_{\dot{2}2} &= A^0 - A^1 = A_0 + A_1\\
u_{21} &= A^2 + \mathrm{i}A^3 = -A_2 - \mathrm{i}A_3\\
u_{12} &= A^2 - \mathrm{i}A^3 = -A_2 + \mathrm{i}A^3
\end{aligned} \tag{10-85}$$

兹取 (10-9) 式的一特殊旋量变换

$$\bar{a} = a, \quad \bar{d} = d, \quad \bar{b} = b = \bar{c} = d = 0$$

$$ad = 1 \tag{10-86}$$

由 (9), (84), (85), 即得下变换

$$\begin{aligned}
A^{2'} &= A^2\\
A^{3'} &= A^3\\
A^{0'} &= \frac{1}{2}(a^2 + d^2)A^0 + \frac{1}{2}(a^2 - d^2)A^1\\
A^{1'} &= \frac{1}{2}(a^2 - d^2)A^0 + \frac{1}{2}(a^2 + d^2)A^1
\end{aligned} \tag{10-87}$$

由 (87), (51) 及 (51c), 即得

$$a^2 = (1+\beta)\gamma, \quad d^2 = (1-\beta)\gamma \tag{10-88}$$

$$\begin{aligned}
A^{0'} &= \frac{1}{\sqrt{1-\beta^2}}(A^0 + \beta A^1)\\
A^{1'} &= \frac{1}{\sqrt{1-\beta^2}}(\beta A^0 + A^1)\\
A^{2'} &= A^2\\
A^{3'} &= A^3
\end{aligned} \tag{10-89}$$

此即 Lorentz 变换 (51c) 也.

兹使

$$\gamma = \cosh\theta, \quad \beta\gamma = \sinh\theta \tag{10-90}$$

则 (88) 式成

$$a = \pm \mathrm{e}^{\theta/2}, \quad d = \pm \mathrm{e}^{-\theta/2} \tag{10-91}$$

故一个 Lorentz 变换 (89), 乃有两个旋量变换 (86), *

$$\begin{pmatrix} {u_1}' \\ {u_2}' \end{pmatrix} = \pm \begin{pmatrix} \mathrm{e}^{\theta/2} & 0 \\ 0 & \mathrm{e}^{-\theta/2} \end{pmatrix} \begin{pmatrix} u_1 \\ u_2 \end{pmatrix} \tag{10-92}$$

上述只系一个特殊的 Lorentz 变换如 (51) 式的. 此如取另一个特殊 Lorentz 变换, ——x_1—x_2 平面的转动

$$\begin{pmatrix} {x_1}' \\ {x_2}' \end{pmatrix} = \begin{pmatrix} \cos\theta & \sin\theta \\ -\sin\theta & \cos\theta \end{pmatrix} \begin{pmatrix} x_1 \\ x_2 \end{pmatrix} \tag{10-93}$$

则由同上的计算, 可得旋量变换如下

$$\begin{pmatrix} {u_1}' \\ {u_2}' \end{pmatrix} = \begin{pmatrix} \pm \mathrm{e}^{-\mathrm{i}\theta/2} & 0 \\ 0 & \pm \mathrm{e}^{\mathrm{i}\theta/2} \end{pmatrix} \begin{pmatrix} u_1 \\ u_2 \end{pmatrix} \tag{10-94}$$

此变换矩阵乃系幺正的.**但我们在此宜注重者, 则系每一 Lorentz 变换, 有两个旋量变换.

旋量分析的最重要点是 Lorentz 变换群 (包括所有的空间转动及 Minkowski 四维空间转动) 的表象, 不是通常的张量, 而是旋量; 张量只是 Lorentz 群的表象的一种; 用所有的旋量 (阶), 始可得所有的表象.

旋量与向量的关系, 已见 (84) 式: 第二阶旋量和第一阶张量的关系为 (84). 由 (85) 式, 可得

$$\begin{aligned} -u_{\dot{2}2}u_{\dot{2}1} &= u^{\dot{1}1}u^{\dot{1}2} \\ &= A^1A^2 - A^0A^2 - \mathrm{i}(A^1A^3 - A^0A^3) \end{aligned} \tag{10-95}$$

此式可视为一个第四阶旋量与第二阶张量的关系

$$-u_{\dot{2}\dot{2}21} = u^{\dot{1}\dot{1}12}$$

* (92) 及 (94) 系两个 Lorentz 变换的特例. 一般性的结果, 将见下文 (120) 式

** Lorentz 变换群的所谓正规 (proper) 变换, 其表现为本节所述的 SC_2 群 —— 二维空间的单位模群. 三维空间之转动群. 其表现则系二维空间的单位模幺正矩阵, 例如 (68). 这些矩阵称为 SU_2 群. 凡此皆于下文第 11 章中详述之.

$$= T^{12} - T^{02} + \mathrm{i}(T^{03} - T^{13}) \tag{10-96}$$

同此, 可得

$$\begin{aligned} u_{\dot{2}\dot{2}11} &= u^{\dot{1}\dot{1}22} \\ &= T^{22} - T^{33} + \mathrm{i}(T^{23} + T^{32}) \end{aligned} \tag{10-97}$$

下表列第五阶以下的旋量:

$$\begin{array}{c} u \\ u_k \quad u_{\dot{m}} \\ u_{kl} \quad u_{\dot{m}l} \quad u_{\dot{m}\dot{n}} \\ u_{klt} \quad u_{\dot{m}lt} \quad u_{\dot{m}\dot{n}t} \quad u_{\dot{m}\dot{n}\dot{r}} \\ u_{klt\dot{v}} \quad u_{\dot{m}lt\dot{v}} \quad u_{\dot{m}\dot{n}t\dot{v}} \quad u_{\dot{m}\dot{n}\dot{r}} \quad u_{\dot{m}\dot{n}\dot{r}l} \end{array} \tag{10-98}$$

u 为一纯量 (常数), $u_{\dot{m}l}, u_{\dot{m}\dot{n}l\dot{v}}$ 偶阶数旋量与张量的关系已见 (84), (96), (97) 各式, 一般的言, 偶阶数旋量 (第二, 四 $\cdots$ 阶), 与阶数为其半数 (第一, 二 $\cdots$ 阶) 的张量有关. 惟有对称性的旋量, 则与同其阶数的张量有关的.

(84) 或 (85) 式表一个第二阶 Hermitian 旋量 (由四个实数构成) 和一个 (实数的) 四维向量的关系. 此以下式表 (85).

$$u_{kb} = \sigma^{\mu}{}_{\dot{a}b} A_{\mu} \tag{10-99}$$

此杂量 $\sigma^{\mu}_{k\dot{b}}$ 有下述的性质: 因 u_{kb} 系 Hermitian, 故 σ^{μ}_{kb} 对自旋变换亦必须系 Hermitian,

$$\sigma^{\mu}_{\dot{a}b} = \sigma^{\mu}_{b\dot{a}} \tag{10-100}$$

又如 (99) 关系在 Lorentz 变换下不变, 则 $\sigma^{\mu}_{\dot{a}b}$ 务必作逆变向量的变换.

在相对论中, 二次方不变式 $g^{\mu\nu} A_\mu A_\nu$ 的 signature 为

$$+ - - - \text{(见(52)式)} \tag{10-101}$$

Hermitian 旋量 $u_{\dot{a}b}$ 的不变量, 将表以下式

$$u^{\dot{a}b} u_{\dot{a}b} = \gamma^{\dot{a}\dot{c}} \gamma^{bd} u_{\dot{a}b} u_{\dot{c}d} = \frac{2}{\gamma} \begin{vmatrix} u_{\dot{1}1} & u_{\dot{1}2} \\ u_{2\dot{2}} & u_{\dot{2}2} \end{vmatrix} .\text{用(36)式} \tag{10-102}$$

按 (100), 可使 $\alpha, \beta, \gamma, \delta$ 实数表 $u_{\dot{a}b}$ 如下

$$u_{\dot{1}1} = \alpha + \beta, \quad u_{\dot{2}2} = \alpha - \beta, \quad u_{\dot{1}2} = \gamma + \mathrm{i}\delta, \quad u_{\dot{2}1} = \gamma - \mathrm{i}\delta,$$

故

$$u_{\dot{1}1}u_{\dot{2}2} - u_{\dot{1}2}u_{\dot{2}1} = \alpha^2 - \beta^2 - \gamma^2 + \delta^2 \tag{10-103}$$

之 Signature 亦同 (101).

兹按 (101) 及 (103) 的特性, 我们作一假设, 视 (102) 式为基本规度 $g^{\mu\nu}A_\mu A_\nu$,

$$\begin{aligned} g^{\mu\nu}A_\mu A_\nu &= \gamma^{\dot{a}\dot{c}}\gamma^{bd}u_{\dot{a}\dot{b}}u_{\dot{c}d} \\ &\overset{(99)}{=} \gamma^{\dot{a}\dot{c}}\gamma^{bd}\sigma^{\mu}{}_{\dot{a}b}A_{\dot{\mu}}\sigma_{\dot{c}d}A_\nu \end{aligned} \tag{10-104}$$

故

$$\gamma^{\dot{a}\dot{c}}\gamma^{bd}\sigma^{\mu}{}_{\dot{a}b}\sigma^{\nu}{}_{\dot{c}d} = g^{\mu\nu} \tag{10-105a}$$

或

$$\sigma^{\mu}{}_{\dot{a}b}\sigma^{\nu\dot{a}b} = g^{\mu\nu} \tag{10-105}$$

此 10 个方程, 乃 σ^{μ}_{ab} 的 16 个实数所需满足者.

由 (99) 式, 可得

$$\begin{aligned} \sigma^{\nu\dot{a}b}u_{\dot{a}b} &= \sigma^{\nu\dot{a}b}\sigma^{\mu}_{\dot{a}b}A_\mu \\ &\overset{(105)}{=} g^{\mu\nu}A_\mu = A^\nu \end{aligned} \tag{10-106}$$

此乃第二阶 Hermitian 旋量 $u_{\dot{a}b}$ 与第一阶 (实数) 向量的关系.

(106) 式与 (99) 式要求

$$u_{\dot{a}b} = \sigma^{\mu}_{\dot{a}b}g_{\mu\nu}\sigma^{\nu\dot{c}d}u_{\dot{c}d}$$

故

$$g_{\mu\nu}\sigma^{\mu}_{\dot{a}b}\sigma^{\nu\dot{c}d} = \delta^{\dot{c}}_{\dot{a}}\delta^{d}_{b} = \gamma^{\dot{c}}_{\dot{a}}\gamma^{d}_{b}. \tag{10-107}$$

或

$$g_{\mu\nu}\sigma^{\mu\dot{a}b}\sigma^{\nu\dot{c}d} = \gamma^{\dot{a}\dot{c}}\gamma^{bd}$$

由 (102), (104), 仍用 (105), 即得

$$\begin{aligned} u^{\dot{a}b}v_{\dot{a}b} &= \gamma^{\dot{a}\dot{c}}\gamma^{bd}u_{\dot{a}b}v_{\dot{c}d} \\ &= g^{\mu\nu}A_\mu B_\nu = A^\nu B_\nu \end{aligned} \tag{10-108}$$

由 (99), 一个第四阶旋量可与一个第二阶张量连续如下:

$$\tau^{\dot{a}b\dot{c}d} = \sigma^{\mu\dot{a}b}\sigma^{\nu\dot{c}d}T_{\mu\nu}$$

或

$$\tau_{\dot{a}b\dot{c}d}\sigma^{\mu\dot{a}b}\sigma^{\nu\dot{c}d}=T^{\mu\nu} \tag{10-109}$$

兹取下式

$$F(c,d)\equiv\gamma_{\dot{a}b}(\sigma^{\mu\dot{a}c}\sigma^{\nu\dot{b}d}+\sigma^{\nu\dot{a}c}\sigma^{\mu\dot{b}d}). \tag{10-110}$$

如将 c,d 互易, 则可见此式对 c,d 为反对称的,

$$\begin{aligned}F(d,c)&=\gamma_{\dot{a}\dot{b}}(\sigma^{\mu\dot{b}c}\sigma^{\nu\dot{a}d}+\sigma^{\nu\dot{b}c}\sigma^{\mu\dot{a}d})\\&=\gamma_{\dot{b}\dot{a}}(\sigma^{\mu\dot{a}c}\sigma^{\nu\dot{b}d}+\sigma^{\nu\dot{a}c}\sigma^{\mu\dot{b}d})\\&=-\gamma_{\dot{a}\dot{b}}(\sigma^{\mu\dot{a}c}\sigma^{\nu\dot{b}d}+\sigma^{\nu\dot{a}c}\sigma^{\mu\dot{b}d})\\&=-F(c,d).\end{aligned}$$

按此可使 $F(c,d)$ 与 γ^{cd} 成正比, 或

$$F(c,d)=h^{\mu\nu}\gamma^{cd} \tag{10-110a}$$

兹乘此式以 γ_{dc}, 由 (109) 即得

$$\sigma^{\mu\dot{a}c}\sigma^{\nu}_{\dot{a}e}+\sigma^{\nu\dot{a}c}\sigma^{\mu}_{\dot{a}e}=h^{\mu\nu}\delta^{c}_{e} \tag{10-111}$$

使 $e=c$ 并作对 c 之和, 即得

$$\sigma^{\mu\dot{a}c}\sigma^{\nu}_{\dot{a}c}+\sigma^{\nu\dot{a}c}\sigma^{\mu}_{ac}=2h^{\mu\nu}$$

以此与 (105) 比较, 可得

$$h^{\mu\nu}=g^{\mu\nu} \tag{10-112}$$

故 (111) 式成

$$\sigma^{\nu\dot{a}c}\sigma^{\mu}_{\dot{a}e}+\sigma^{\mu\dot{a}c}\sigma^{\nu}_{\dot{a}e}=g^{\mu\nu}\delta^{c}_{e}$$

由 (100) 式, 此可写为

$$\sigma^{\nu c\dot{a}}\sigma^{\mu}_{\dot{a}e}+\sigma^{\mu c\dot{a}}\sigma^{\nu}_{\dot{a}e}=g^{\mu\nu}\delta^{c}{}_{e} \tag{10-113}$$

或

$$\sigma^{*\nu\dot{c}a}\sigma^{\mu}_{\dot{a}e}+\sigma^{*\mu\dot{c}a}\sigma^{\nu}_{\dot{a}e}=g^{\mu\nu}\delta^{c}{}_{e} \tag{10-113a}$$

上 (105), (107a), (113) 各式, 皆系 (99) 式所引入的 $\sigma^{\mu}_{\dot{a}b}$ 和自旋变换及 Lorentz 变换的关系.

欲求 $\sigma^{\mu}_{\dot{a}b}$, 兹采 γ^{ab},γ_{ab} 的简单形式

$$\gamma_{ab}=\begin{pmatrix}0&1\\-1&0\end{pmatrix},\quad\gamma^{ab}=\begin{pmatrix}0&1\\-1&0\end{pmatrix} \tag{10-114}$$

见 (36), (37), (81) 等式, 并采 (52) 式之 $g_{\mu\nu}$.

如使

$$\begin{aligned}
\sigma^{0\dot{a}b} &= \frac{1}{\sqrt{2}}\begin{pmatrix} 1 & 0 \\ 0 & 1 \end{pmatrix} \\
\sigma^{1\dot{a}b} &= \frac{1}{\sqrt{2}}\begin{pmatrix} 0 & 1 \\ 1 & 0 \end{pmatrix} \\
\sigma^{2\dot{a}b} &= \frac{1}{\sqrt{2}}\begin{pmatrix} 0 & -\mathrm{i} \\ \mathrm{i} & 0 \end{pmatrix} \\
\sigma^{3\dot{a}b} &= \frac{1}{\sqrt{2}}\begin{pmatrix} 1 & 0 \\ 0 & -1 \end{pmatrix}
\end{aligned} \tag{10-115}$$

$$\begin{aligned}
\sigma^{0}_{\dot{a}b} &= \frac{1}{\sqrt{2}}\begin{pmatrix} 1 & 0 \\ 0 & 1 \end{pmatrix} \\
\sigma^{1}_{\dot{a}b} &= \frac{1}{\sqrt{2}}\begin{pmatrix} 0 & -1 \\ -1 & 0 \end{pmatrix} \\
\sigma^{2}_{\dot{a}b} &= \frac{1}{\sqrt{2}}\begin{pmatrix} 0 & \mathrm{i} \\ -\mathrm{i} & 0 \end{pmatrix} \\
\sigma^{3}_{\dot{a}b} &= \frac{1}{\sqrt{2}}\begin{pmatrix} -1 & 0 \\ 0 & 1 \end{pmatrix}
\end{aligned} \tag{10-116}$$

则 (105), (107a), (113) 各关系, 皆可满足.

由 (115) 及 (114), 即得

$$\begin{aligned}
\sigma^{0a}_{b} &= \frac{1}{\sqrt{2}}\begin{pmatrix} 0 & 1 \\ -1 & 0 \end{pmatrix} \\
\sigma^{1a}_{b} &= \frac{1}{\sqrt{2}}\begin{pmatrix} -1 & 0 \\ 0 & 1 \end{pmatrix} \\
\sigma^{2a}_{b} &= \frac{1}{\sqrt{2}}\begin{pmatrix} \mathrm{i} & 0 \\ 0 & \mathrm{i} \end{pmatrix} \\
\sigma^{3a}_{b} &= \frac{1}{\sqrt{2}}\begin{pmatrix} 0 & 1 \\ 1 & 0 \end{pmatrix}
\end{aligned} \tag{10-117}$$

(117) 式的 $\sigma^0, \sigma^1, \sigma^2, \sigma^3$ 恰正是前节 (71) 式的 σ^μ. (见第 2 节末, 第 (v) 段).

又 (113a) 式恰正是前节 (73) 式.

兹乃可回述上文第 2 节末的第 (vi) 段的问题: 对一个 Lorentz 变换, 求联附的单位模变换 Λ, 使 (75) 式中的 σ^μ 固定的矩阵 (不变).

设 Lorentz 变换为 (51c), 自旋变换为 (76), (76#)

$$A'^{\mu} = a^{\mu}_{\nu} A^{\nu}, \tag{10-118}$$

$$\begin{aligned} u'^{l} &= \Lambda^{l}_{k} u^{k}, \\ v'_{l} &= v_{k} \bar{\Lambda}^{k}_{l} \end{aligned} \tag{10-119}$$

故

$$\sigma'^{\mu\dot{l}}_{k} = a^{\mu}_{\nu} \Lambda^{\dot{l}}_{\dot{m}} \sigma^{\nu\dot{m}}_{n} \bar{\Lambda}^{n}_{k} \tag{10-120}$$

$\sigma'^{\mu\dot{l}}_{k}$ 在 $a^{\mu}_{\nu}, \Lambda^{l}_{k}$ 变换下不变的条件乃 *

$$\sigma'^{\mu\dot{l}}_{k} = \sigma^{\mu\dot{l}}_{k} \tag{10-121}$$

亦即, 由 (78a),

$$\bar{\Lambda}^{\dot{m}}_{\dot{l}} \sigma^{\mu\dot{l}}_{k} \Lambda^{k}_{n} = a^{\mu}{}_{\nu} \sigma^{\nu\dot{m}}_{n} \tag{10-120a}$$

兹采 $\sigma^{\mu\dot{l}}_{k}$ 如 (117) 式. 对一任意正规 Lorentz 变换 a^{μ}_{ν}(由六个参数构成的), 由 (120a) 式及 (80) 式

$$|\Lambda^{l}_{k}| = |\bar{\Lambda}^{\dot{l}}_{\dot{k}}| = |\Lambda^{\dot{i}}_{\dot{k}}| = |\bar{\Lambda}^{\dot{i}}_{\dot{k}}| = 1 \tag{10-80}$$

即可得 8−2=6 个实数参数的 Λ^{l}_{k}.

因 (120a) 及 (80) 式皆系 Λ^{l}_{k} 的二次方式, 故其解有

$$\pm \Lambda^{l}_{k} \tag{10-122}$$

故对每一个正规 Lorentz 变换, 必将有 $\pm\Lambda^{l}_{k}$ 两个旋量变换, 可满足 $\sigma^{\mu l}_{k}$ 不变的条件 (121). 此系旋量理论的最重要定理.

兹以数个特殊 Lorentz 变换为例, 阐明 (120a) 或 (120b) 的旋量变换和 Lorentz 变换的关系.

(i) 特殊 Lorentz 变换

$$\begin{aligned} x'^{0} &= \gamma x^{0} + \beta\gamma x^{1} \\ x'^{1} &= \beta\gamma x^{0} + \gamma x^{1} \\ x'^{2} &= x^{2}, \quad x'^{3} = x^{3} \end{aligned} \tag{10-123}$$

$$\gamma = \frac{1}{\sqrt{1-\beta^{2}}} \equiv \cosh\theta, \quad \beta\gamma \equiv \sinh\theta$$

* 由于 γ_{lk}, γ^{lk} 对单位模变换的不变性 (81), (120) 的不变关系, 亦适用于 $\sigma^{\mu\dot{i}k}$ 及 $\sigma^{\mu}_{\dot{i}k}$ 如

$$\sigma^{\mu\dot{i}k} = a^{\mu\nu} \Lambda^{\dot{i}}_{\dot{m}} \sigma^{\dot{m}\dot{n}} \Lambda^{k}_{n} \tag{10-120b}$$

此乃表 (x^μ) 坐标系以速度 $v=\beta c$ 沿 x^1(亦 x'^1) 方向, 对 (x'^μ) 坐标系运行.

以 (123) 式之 a^μ_ν 及 (115) 式之 $\sigma^{\mu\dot{a}b}$ 代入 (12b) 式, 即可得 ${\Lambda^l}_k$ 如下

$$\Lambda^l_k=\pm\begin{pmatrix}\cosh\frac{\theta}{2} & -\sinh\frac{\theta}{2}\\ -\sinh\frac{\theta}{2} & \cosh\frac{\theta}{2}\end{pmatrix} \tag{10-124}$$

(ii) 绕三维空间 z 轴的转动

$$x'^0=x^0,\quad x'^3=x^3$$

$$\begin{pmatrix}x'^1\\ x'^2\end{pmatrix}=\begin{pmatrix}\cos\theta & \sin\theta\\ -\sin\theta & \cos\theta\end{pmatrix}\begin{pmatrix}x^1\\ x^2\end{pmatrix} \tag{10-125}$$

由 (125) 式的 a^μ_ν, (115) 式的 $a^{\mu\dot{a}b}$ 及 (120b), 即得

$$\Lambda^l_k=\pm\begin{pmatrix}\mathrm{e}^{-\frac{\mathrm{i}}{2}\theta} & 0\\ 0 & \mathrm{e}^{\frac{\mathrm{i}}{2}\theta}\end{pmatrix} \tag{10-126}$$

(iii) 数个正规 Lorentz 变换.*

由 (120a 或 b) 至 (122), 已见第一个正规 Lorentz 变换 ${a^\mu}_\nu$, 皆有 $\pm\Lambda^l_k$ 两个单位模旋量变换与之相应, 如

$$a^\mu_\nu\to\Lambda^l_k,\quad b^\rho_\sigma\to\Omega^m_n,\quad \text{除类推} \tag{10-127}$$

惟 Lorentz 变换构成一个群 (group); $({a^\mu}_\nu)({b^\rho}_\sigma)$ 构成另一 Lorentz 变换

$$a^\mu_\nu b^\rho_\sigma=c^\alpha_\beta \tag{10-128}$$

与此 c^α_β 变换相应的单位模旋量变换 (矩阵), 即系 Λ, Ω 两矩阵的乘积,

$$a^\mu_\nu b^\rho_\sigma\to\Lambda^l_k\Omega^m_n$$

这些单位模矩阵 ${\Lambda^k}_l$(有 6 个实数参数) 构成一个群, 这个群 (称为 SC_2 群); 这个群和正规 Lorentz 群 ${a^\mu}_\nu$ 有同态 (homomorphism) 性质, 故我们可取 SC_2 群 (单位模矩阵) 为 Lorentz 群的表现 (representation). 关于群论, 将于下一章详述之.

设先作 a^μ 变换, 次作 b^ρ_σ 变换, 则两变换成为一变换 $b^\mu_\rho a^\rho_\nu$, 其单位模矩阵为 $\Omega^l_m\Lambda^m_k$**

---

* 文中一再著重“正规”(proper)Lorentz 变换者, 乃示与 improper 变换 (包含反投, $|a^\mu_\nu|=-1$) 的分别. 见下文第 4 节.

** 因转动群的各变换次序不可颠倒 (两矩阵的乘亦不可互易次序), 故须注意次序.

$$b^{\mu}_{\rho}a^{\rho}_{\nu} \to \Omega^{l}_{m}\Lambda^{m}_{k} \tag{10-129}$$

故 (120)+(121) 式乃成

$$\sigma^{\mu\dot{l}}_{k} = (b^{\mu}_{\rho}a^{\rho}_{\nu})(\Omega^{\dot{l}}_{\dot{m}}\Lambda^{\dot{m}}_{\dot{n}})\sigma^{\nu\dot{n}}_{s}(\bar{\Lambda}^{s}_{t}\bar{\Omega}^{t}_{k}) \tag{10-130}$$

兹取三维空间的三个转动为例

(1) 绕 z 轴旋转一角 ψ. (x 轴转至 k 轴)*

由 (126) 式,

$$\Lambda(\psi) = \pm\begin{pmatrix} e^{-\frac{i}{2}\psi} & 0 \\ 0 & e^{\frac{i}{2}\psi} \end{pmatrix} \tag{10-131}$$

(2) 绕 k 轴转一角 θ. (z 轴转一角 θ)

由 (120)

$$\Lambda(\theta) = \pm\begin{pmatrix} \cos\frac{\theta}{2} & -i\sin\frac{\theta}{2} \\ -i\sin\frac{\theta}{2} & \cos\frac{\theta}{2} \end{pmatrix} \tag{10-132}$$

(3) 绕新 z 轴转一角 φ.

由 (126) 式,

$$\Lambda(\psi) = \pm\begin{pmatrix} e^{-\frac{i}{3}\varphi} & 0 \\ 0 & e^{\frac{i}{3}\varphi} \end{pmatrix} \tag{10-133}$$

(4) 按 ψ,θ,φ 次序所作之三个转动之单位模变换矩阵乃

$$\Lambda^{l}{}_{k} = \Lambda(\varphi)\Lambda(\theta)\Lambda(\psi) = \pm\begin{pmatrix} \alpha & \gamma \\ \beta & \delta \end{pmatrix}^{**} \tag{10-134}$$

$$\alpha = \cos\frac{\theta}{2}e^{-i(\psi+\varphi)/2}, \quad \beta = -i\sin\frac{\theta}{2}e^{i(\psi-\varphi)/2}$$

$$\gamma = -i\sin\frac{\theta}{2}e^{-i(\psi-\varphi)/2}, \quad \delta = \cos\frac{\theta}{2}e^{i(\psi+\varphi)/2} \tag{10-135}$$

$$\alpha\delta - \beta\gamma = 1$$

---

* 参阅《理论物理第一册：古典动力学》甲部第 7 章第 82 页. 又见下文第 12 章 (7-36) 式.

** ψ,θ,φ 乃 Euler 角. 此处 (134), (135) 即第 4 章 (87), (86), (85) 各式; 又见下文第 12 章 (12-36), (12-37) 式.

又 (131) 式的 $\Lambda_z(\psi)$, 与第 4 章 (4-79a) 式的 $S_{-w}(z)$ 相同; (132) 式的 $\Lambda_x(0)$ 与第 4 章 (4-82a) 式的 $S_{-w}(x)$ 相同.

10.4 旋量变换与反投 (inversion)Lorentz 变换

前二节中, 我们一再的著重“正规的”(proper)Lorentz 变换, 即 a^μ_ν 的行列式的值为 +1 的变换. 如

$$\det|a| \equiv |a^\mu_\nu| = -1 \tag{10-136}$$

则变换称为“非正规”(improper). 所有的 Lorentz 变换, 构成一个群. $\det|a| = +1$ 的变换, 构成该群的一个子群 (subgroup), 称为 L_p 群. L_p 的单位 (或恒等) 变换为

$$a^\mu_\nu = \begin{pmatrix} 1 & 0 & 0 & 0 \\ 0 & 1 & 0 & 0 \\ 0 & 0 & 1 & 0 \\ 0 & 0 & 0 & 1 \end{pmatrix}, \quad \det|a| = +1 \tag{10-137}$$

单位模旋量变换之单位 (或恒等) 变换为

$$\Lambda^l{}_k = \begin{pmatrix} 1 & 0 \\ 0 & 1 \end{pmatrix} \equiv 1 \tag{10-138}$$

(138) 与 (137) 相应. L_p 有无限小 (infinitesemal) 变换可藉连续的参数变换由 (137) 达致之. 每一无限小 L_p 变换, 与一无限小单位模 $\Lambda^l{}_k(SC_2$ 群) 相应.

$\det|a| = -1$ 的 Lorentz 变换, 不能藉连续的参数变换由 (137) 达致; 故非正规 Lorentz 变换, 无单位模 (SC_2) 矩阵与之相应.

例如取下举的非正规变换 (时向的反转)

$$a^\mu_\nu = \begin{pmatrix} 1 & 0 & 0 & 0 \\ 0 & 1 & 0 & 0 \\ 0 & 0 & 1 & 0 \\ 0 & 0 & 0 & -1 \end{pmatrix}, \quad \det|a| = -1 \tag{10-139}$$

由 (120b),

$$\sigma^{\mu l k} = a^\mu_\nu \Lambda^l_{\dot{m}} \sigma^{y\dot{m}n} \Lambda^k_n \tag{10-140}$$

及 (115) 各式, 即得下列互相矛盾的关系

$$\begin{gathered} (\Lambda^1_1)^2 + (\Lambda^1_2)^2 = 1, \quad (\Lambda^2_1)^2 + (\Lambda^2_2)^2 = 1 \\ \Lambda^1_1\Lambda^2_2 + (\Lambda^2_2)^2 = 1, \quad \Lambda^1_2\Lambda^2_1 + \Lambda^1_1\Lambda^2_2 = 1 \\ \Lambda^1_2\Lambda^2_1 - \Lambda^1_1\Lambda^2_2 = -1 \end{gathered} \tag{10-141}$$

$$-(\Lambda_1^1)^2+(\Lambda_2^1)^2=1,\quad -(\Lambda_1^2)^2+(\Lambda_2^2)^2=-1$$

故无 ${\Lambda^l}_k$ 之解存在.

然为研讨 Dirac 方程式 (75) 对反射变换如

$$\text{对}x-z\text{面反射}c_\nu^\mu=\begin{pmatrix}1&0&0&0\\0&1&0&0\\0&0&-1&0\\0&0&0&0\end{pmatrix},\quad \det|a|=-1 \tag{10-142}$$

的协变性, 我们务须得与此非正规 Lorentz 变换相应的旋量变换, 俾 $\sigma_k^{\mu l}$ 有不变性 (见 (121) 式).

对任一旋量, 如 $v_{n\dot{s}}^m$, 兹引入一新旋量 $v_{n\dot{s}}^{cm}$, 其变换空律与 $v_{n\dot{s}}^m$ 同, 其每分量为 $v_{n\dot{s}}^m$ 的相应分量之共轭复数, 换言之

$$\begin{aligned}&v_{n\dot{s}}^{cm}\text{的分量同}v_{n\dot{s}}^m\\&(v_{n\dot{s}}^{cm})c=v_{n\dot{s}}^{\dot{m}}\end{aligned} \tag{10-143}$$

由 (117),

$$\begin{aligned}&\sigma_k^{0\dot{l}}=\frac{1}{\sqrt{2}}\begin{pmatrix}0&1\\-1&0\end{pmatrix},\quad \sigma_k^{1\dot{l}}=\frac{1}{\sqrt{2}}\begin{pmatrix}-1&0\\0&1\end{pmatrix}\\&\sigma_k^{2\dot{l}}=\frac{1}{\sqrt{2}}\begin{pmatrix}\mathrm{i}&0\\0&\mathrm{i}\end{pmatrix},\quad \sigma_k^{3\dot{l}}=\frac{1}{\sqrt{2}}\begin{pmatrix}0&1\\1&0\end{pmatrix}\end{aligned} \tag{10-117}$$

故即得

$$\begin{aligned}(c_\nu^\mu\sigma_k^{\nu\dot{l}})^c&\equiv(c_\nu^\mu\sigma_k^{\nu\dot{l}})\\&=\sigma_k^{\mu\dot{l}}\quad \mu=0,1,2,3\end{aligned} \tag{10-144}$$

同法, 由 (115), (116), 亦得

$$(c_\nu^\mu\sigma^{\nu\dot{l}})^c=\sigma^{\mu\dot{l}k} \tag{10-144a}$$

$$(c_\nu^\mu\sigma_{\dot{l}k}^\nu)^c=\sigma_{\dot{l}k}^\mu \tag{10-144b}$$

一个任意的反投变换, 可表为一个正规变换 $|a_\nu^\mu|=1$ 与 (142) 的乘称

$$a_c^\mu c_\nu^c,\quad \det|ac|=-1 \tag{10-145}$$

故对一任意的反投变换, 只需先对旋量作 (143) 的 C 变换, 再随之以相应于 a_ν^μ 的单位模旋量变换 Λ_k^l. 由于 (144) 各式, $a_k^{\mu l}$ 将不变.

兹试察藉 c 变换以保持 Dirac 方程式 (及其他含有张量 (向量) 和旋量的方程式) 对有反投的变换的协变性.

(i) (106) 式为一个实数向量 A^ν 与一个 Hermitian 旋量 u_{ab} 的关系

$$A^\nu = \sigma^{\nu\dot{a}b}u_{\dot{a}b} \tag{10-146}$$

在 (142) 反投下,

$$\begin{aligned}A'^\nu &= C^\nu_\mu A^\mu \\ &= C^\nu_\mu \sigma^{\mu\dot{a}b}u_{\dot{a}b} \\ &= \sigma^{C\nu\dot{a}b}u_{\dot{a}b}(\text{按}(144\text{a})\text{式})\end{aligned}$$

兹对上式两方作 c 变换 (143), 因 A^ν 系实数向量, 故得

$$A'^\nu = \sigma^{\nu\dot{a}b}u^c{}_{\dot{a}b} \tag{10-147}$$

此式乃谓经 C^μ_ν 变换的向量, A'^ν, 与经 c 变换的旋量 $u^C_{\dot{a}b}$, 间的关系, 为同原来的 $\sigma^{\nu\dot{a}b}$; 此关系 (147) 的形式与原来 C^μ_ν 变换前的 (146) 不变.

(ii) Dirac 方程式 (75) 为

$$\begin{aligned}\sqrt{2}\sigma^\mu(\partial_\mu + \mathrm{i}\epsilon\phi_\mu)v &= \frac{1}{\lambda}u \\ \sqrt{2}\sigma^{*\mu}(\partial_\mu + \mathrm{i}\epsilon\phi_\mu)u &= \frac{1}{\lambda}v\end{aligned} \tag{10-148}$$

由 (117) 式, 此乃成

$$\sqrt{2}\sigma^{\mu\dot{a}}_{b}(\partial_\mu + \mathrm{i}\epsilon\phi_\mu)v^b = \frac{1}{\lambda}u_{\dot{a}} \tag{10-149a}$$

$$\sqrt{2}\sigma^{\mu a}_{\dot{b}}(\partial_\mu + \mathrm{i}\epsilon\phi_\mu)u^{\dot{b}} = \frac{1}{\lambda}v^a \tag{10-149b}$$

在 (142) 反投下,

$$\partial_\mu + \mathrm{i}\epsilon\phi_\mu = c^\nu_\mu(\partial'_\nu + \mathrm{i}\epsilon\phi'_\nu) \tag{10-150}$$

以此代入 (149a), (149b), 并用 (144) 式关系, 即得

$$\sqrt{2}\sigma^{c\nu\dot{a}}_{b}(\partial'{}_\nu + \mathrm{i}\epsilon\phi'{}_\nu)v^b = \frac{1}{\lambda}u^{\dot{a}} \tag{10-151a}$$

$$\sqrt{2}\sigma^{c\nu a}_{\dot{b}}(\partial'{}_\nu + \mathrm{i}\epsilon\phi'{}_\nu)u^{\dot{b}} = \frac{1}{\lambda}v^a \tag{10-151b}$$

对两方作 c 变换如 (143) 式, 此二式乃成

$$\sqrt{2}\sigma^{\nu\dot{a}}_{b}(\partial'{}_\nu - \mathrm{i}\epsilon\phi'{}_\nu)v^{cb} = \frac{1}{\lambda}u^{c\dot{a}}$$

$$\sqrt{2}\sigma^{\nu a}_{\dot{b}}(\partial'_\nu - \mathrm{i}\epsilon\phi'_\nu)u^{c\dot{b}} = \frac{1}{\lambda}v^{ca}$$

再作两方的共轭复数,

$$\sqrt{2}\sigma^{\nu a}_{b}(\partial'_\nu + \mathrm{i}\epsilon\phi'_\nu)v^{c\dot{b}} = \frac{1}{\lambda}u^{ca} \tag{10-152a}$$

$$\sqrt{2}\sigma^{\nu\dot{a}}_{b}(\partial'_\nu + \mathrm{i}\epsilon\phi'_\nu)v^{cb} = \frac{1}{\lambda}v^{c\dot{a}} \tag{10-152b}$$

以此与 (149a,b) 比较, 得见反投 (142) 的结果, 乃系引致下列的变换而已

$$v^b \to u^{cb}, \quad u^a \to v^{ca}. \tag{10-153}$$

故 Dirac 方程式 (149) 对反投 (142) 有协变性.

10.5 Maxwell 电磁场方程式之旋量形式

兹欲以旋量表 Maxwell 电磁场方程式.

在 Lorentz 变换下, 协变梯度 $\dfrac{\partial}{\partial x^\mu}$ 之变换为

$$\partial'_\mu = \bar{a}^\nu_a \partial_\nu \quad (见(51c)式) \tag{10-154}$$

兹取

$$T = \frac{1}{\sqrt{2}}\begin{vmatrix} 1 & 0 & 0 & -1 \\ 0 & -1 & \mathrm{i} & 0 \\ 0 & -1 & -\mathrm{i} & 0 \\ 1 & 0 & 0 & 1 \end{vmatrix}, \quad T^{-1} = \frac{1}{\sqrt{2}}\begin{vmatrix} 1 & 0 & 0 & 1 \\ 0 & -1 & -1 & 0 \\ 0 & -\mathrm{i} & \mathrm{i} & 0 \\ -1 & 0 & 0 & 1 \end{vmatrix} \tag{10-155}$$

则

$$T\begin{vmatrix} \partial_0 \\ \partial_1 \\ \partial_2 \\ \partial_3 \end{vmatrix} = \frac{1}{\sqrt{2}}\begin{vmatrix} \partial_0 - \partial_3 \\ -\partial_1 + \mathrm{i}\partial_2 \\ -\partial_1 - \mathrm{i}\partial_2 \\ \partial_0 + \partial_3 \end{vmatrix} \tag{10-156}$$

故

$$\begin{aligned} T\partial'_\mu &= T\bar{a}^\nu_\mu \partial_\nu \\ &= T\bar{a}_{\mu\nu}T^{-1}T\partial_\nu \end{aligned} \tag{10-157a}$$

或

$$\begin{vmatrix} \partial'_0 - \partial'_3 \\ -\partial'_1 + \mathrm{i}\partial'_2 \\ -\partial'_1 - \mathrm{i}\partial'_2 \\ \partial'_0 + \partial'_3 \end{vmatrix} = T\bar{a}^\nu_\mu T^{-1}\begin{vmatrix} \partial_0 - \partial_3 \\ -\partial_1 + \mathrm{i}\partial'_2 \\ -\partial'_1 - \mathrm{i}\partial'_2 \\ \partial'_0 + \partial_3 \end{vmatrix} \tag{10-157}$$

$$T\bar{a}^{\nu}_{\mu}T^{-1} = \left|\begin{array}{cccc} a^0_0 - a^3_0 - (a^0_3 - a^3_3) & -(a'_0 + \mathrm{i}a^2_0) + a'_3 + \mathrm{i}a^2_3 & -a'_0 + \mathrm{i}a^2_0 + a'_3 - \mathrm{i}a^2_3 & a^0_0 + a^3_0 - a^0_3 - a^3_3 \\ -a^0_1 + a^3_1 + \mathrm{i}(a^0_2 - a^3_2) & a'_1 + \mathrm{i}a'^2_1 - \mathrm{i}(a^1_2 + \mathrm{i}a^2_2) & a^1_1 - \mathrm{i}a^2_1 - \mathrm{i}(a^1_2 - \mathrm{i}a^2_2) & -a^0_1 - a^3_1 + \mathrm{i}(a^0_2 + a^3_2) \\ -a^0_1 + a^3_1 - \mathrm{i}(a^0_2 - a^2_2) & a'_1 + \mathrm{i}a^2_1 + \mathrm{i}(a^1_2 + \mathrm{i}a^2_2) & a'_1 - \mathrm{i}a^2_1 + \mathrm{i}(a'_2 - \mathrm{i}a^2_2) & -a^0_1 - a^3_1 - \mathrm{i}(a^0_2 + a^3_2) \\ a^0_0 - a^3_0 + a^0_3 - a^3_3 & -a'_0 - \mathrm{i}a^2_0 - a^1_3 - \mathrm{i}a^2_3 & -a'_0 + \mathrm{i}a^2_0 - a^3_3 + \mathrm{i}a^2_3 & a^0_0 + a^3_0 + a^0_3 - a^3_3 \end{array}\right|^{*} \equiv A \tag{10-158}$$

(158) 式的矩阵 A, 得见有下列性质

$$\begin{aligned} A_{12} &= A_{13}*, \quad A_{42} = A_{43}* \\ A_{21} &= A_{31}*, \quad A_{24} = A_{34}* \\ A_{22} &= A_{33}*, \quad A_{32} = A_{23}* \end{aligned} \tag{10-159}$$

此性质与第 (10-9), (10-10) 的同,**

$$\left|\begin{array}{cc} a^* & b^* \\ c^* & d^* \end{array}\right| \times \left|\begin{array}{cc} a & b \\ c & d \end{array}\right| = \left|\begin{array}{cccc} a^*a & a^*b & b^*a & b^*b \\ a^*c & a^*d & b^*c & b^*d \\ c^*a & c^*b & d^*a & d^*b \\ c^*c & c^*d & d^*c & d^*d \end{array}\right| \tag{10-160}$$

故 (156) 式之 $T\partial_\mu$, 按 (157) 式, 其变换有如一个第二阶旋量 (见第 (10-9) 式).

兹定义一个第二阶旋量, 其变换定律为 (157):

$$\begin{pmatrix} \partial_{11} & \partial_{12} \\ \partial_{21} & \partial_{22} \end{pmatrix} \equiv \frac{1}{\sqrt{2}} \begin{pmatrix} \partial_0 - \partial_3 & \partial_1 + \mathrm{i}\partial_2 \\ -\partial_1 - \mathrm{i}\partial_2 & \partial_0 + \partial_3 \end{pmatrix} \tag{10-161}$$

此定义可证明与用 (116) 式的 ${\sigma^\mu}_{ab}$ 按下式

$$\partial_{\dot{a}b} \equiv \sigma^\mu_{\dot{a}b}\partial^\mu, \quad \mu = 0,1,2,3\text{之和} \tag{10-162}$$

定义相同.

兹定义旋量 $J^{\dot{a}b}, \varphi^{\dot{a}b}$ 如下:

$$J^{\dot{a}b} \equiv \sigma^{\mu\dot{a}b} j_\mu \tag{10-163}$$

* 为简便计, 矩阵中 $\bar{\alpha}^\nu_\mu$ 上的横书皆略去.

** 可参看下文第 13 章第 6 节 SC_2 群的表现 $D^{\frac{1}{2}} \times D^{*\frac{1}{2}}$ 与 $L_p = |\bar{\alpha}^\nu_\mu|$ 的关系.

$$\varphi^{\dot{a}b} \equiv \sigma^{\mu\dot{a}b}\phi_\mu \tag{10-164}$$

$\sigma^{\mu\dot{a}b}$ 乃 (115) 式的杂量 (μ 乃 Lorentz 变换指数, $\dot{a}, b$ 乃旋量变换指数); j_μ, ϕ_μ 乃协变电流及势 (见 (56) 式).

由 (99), (106), (108) 及 (162) 式,

$$\begin{aligned} &u_{\dot{a}b} = \sigma^\mu{}_{\dot{a}b}A_\mu, \quad A^\nu = \sigma^{\nu\dot{a}b}u_{\dot{a}b} \\ &A^\mu B_\mu = u^{\dot{a}\dot{b}}v_{\dot{a}b} \end{aligned} \tag{10-165}$$

即得

$$g^{\mu\nu}\partial_\mu\partial_\nu = \partial_\mu\partial^\mu = \partial_{\dot{a}b}\partial^{\dot{a}b} \tag{10-166}$$

由 (109), 一个第二阶张量 $F^{\mu\nu}$, 可表以第四阶旋量

$$F^{\mu\nu} = \sigma^{\mu\dot{a}b}\sigma^{\nu\dot{c}d}\xi_{\dot{a}b\dot{c}d} \tag{10-167}$$

惟电磁场张量乃反对称的, 故

$$\xi_{\dot{a}b\dot{c}d} = -\xi_{\dot{c}d\dot{a}b}. \tag{10-168}$$

又 $\sigma^{\mu\dot{a}b}, \sigma^{\nu\dot{c}d}$ 系 Hermitian(即 $\sigma^{\mu\dot{a}b} = \sigma^{\mu b\dot{a}}$, 等), 故

$$\begin{aligned} F^{\mu\nu} &= \sigma^{\mu b\dot{a}}\sigma^{\nu d\dot{c}}\xi_{\dot{a}b\dot{c}d} \\ &= \sigma^{\mu\dot{a}b}\sigma^{\nu\dot{c}d}\xi_{b\dot{a}d\dot{c}} \end{aligned}$$

故

$$\xi_{\dot{a}b\dot{c}d} = \xi_{b\dot{a}d\dot{c}} \tag{10-169}$$

故

$$\begin{aligned} \xi_{\dot{a}b\dot{c}d} &\overset{(168)}{=} \frac{1}{2}(\xi_{\dot{a}b\dot{c}d} - \xi_{\dot{c}d\dot{a}b}) \\ &\overset{(169)}{=} \frac{1}{2}(\xi_{\dot{a}b\dot{c}d} - \xi_{\dot{a}d\dot{c}b}) + \frac{1}{2}(\xi_{d\dot{a}b\dot{c}} - \xi_{d\dot{c}b\dot{a}}) \end{aligned} \tag{10-170}$$

兹引用定理 (46) 式

$$u_{ab} - u_{ba} = u_a^a\gamma_{ab} \tag{10-171}$$

(170) 式乃成

$$\begin{aligned} &\xi_{\dot{a}b\dot{c}d} = \frac{1}{2}(\xi_{\dot{a}\dot{c}}\gamma_{bd} + \xi_{bd}\gamma_{\dot{a}\dot{c}}) \\ &\xi_{\dot{a}\dot{c}} \equiv \xi^m_{\dot{a}m\dot{c}}, \quad \xi_{bd} \equiv \xi^{\dot{n}}_{d\dot{n}b} \end{aligned} \tag{10-172}$$

兹可证明此第二阶旋量 ξ_{ac}, ξ_{bd} 皆系对称的.

$$\xi_{db} = \xi_{d\dot{n}b}{}^{\dot{n}} \overset{(31)}{=} -\xi_{d\dot{n}b\dot{k}}\gamma^{\dot{n}\dot{k}} \tag{10-173a}$$

$$\begin{aligned}&\overset{(168)}{=} \xi_{b\dot{k}d\dot{n}}\gamma^{\dot{k}\dot{n}} \overset{(31)}{=} -\xi_{b\dot{k}d\dot{n}}\gamma^{\dot{k}\dot{n}}\\&\overset{(173a)}{=} \xi_{b\dot{k}d}{}^{\dot{k}} = \xi_{bd}\end{aligned} \tag{10-173}$$

同法,

$$\xi_{\dot{a}\dot{c}} = \xi_{\dot{c}\dot{a}} \tag{10-173a}$$

又可证

$$2F_{\mu\nu}F^{\mu\nu} = \xi_{bd}\xi^{bd} + \xi_{\dot{a}\dot{c}}\xi^{\dot{a}\dot{c}} \tag{10-174}$$

兹用上述结果于电磁场方程式.

由 (57) 式,

$$\begin{aligned}F_{\mu\nu} &= \partial_\mu\phi_\nu - \partial_\nu\phi_\mu\\F^{\mu\nu} &= \sigma^{\mu\dot{a}b}\sigma^{\nu\dot{c}d}(\partial_{\dot{a}b}\varphi_{\dot{c}d} - \partial_{\dot{c}d}\varphi_{\dot{a}b})\end{aligned} \tag{10-175}$$

由 (167), 得见

$$\xi_{\dot{a}b\dot{c}d} = \partial_{\dot{a}b\dot{c}d} - \partial_{\dot{a}d}\varphi_{\dot{a}b}$$

由 (172), 用 (169), 可得

$$\begin{aligned}\xi_{bd} &= \partial_{b\dot{n}}\varphi_d{}^{\dot{n}} - \partial_d{}^{\dot{n}}\varphi_{b\dot{n}}\\&= \partial_{b\dot{n}}\varphi_d{}^{\dot{n}} + \partial_{d\dot{n}}\varphi_b{}^{\dot{n}}\end{aligned} \tag{10-176}$$

用 (171) 式及 Lorentz 关系 $\partial_{\dot{a}b}\varphi^{\dot{a}b} = 0$(见 (99) 及 (108), (162), (164) 各式), 可得

$$\begin{aligned}\partial_{b\dot{n}}\varphi_d{}^{\dot{n}} - \partial_{d\dot{n}}\varphi_b{}^{\dot{n}} &= \partial_{m\dot{n}}\varphi^{m\dot{n}}\gamma_{bd}\\&= 0\end{aligned}$$

故

$$\xi_{bd} = 2\partial_{b\dot{n}}\varphi_d{}^{\dot{n}} \tag{10-177}$$

由上述各结果, 兹可以旋量式表电磁场方程式如下: 连续方程式 (60):

$$\partial_\mu j^\mu = 0, \quad \partial_{\dot{a}b}J^{\dot{a}b} = 0 \tag{10-178}$$

Lorentz 关系 (61):

$$\partial_\mu\phi^\mu = 0, \quad \partial_{\dot{a}b}\varphi^{\dot{a}b} = 0 \tag{10-179}$$

Ampere 及 Coulomb 定律 (62):

$$g^{\mu\nu}\partial_\mu\partial_\nu\phi^\lambda = -\frac{4\pi}{c}j^\lambda, \quad \partial_{\dot{a}b}\partial^{\dot{a}b}\varphi_{\dot{a}b} = -\frac{4\pi}{c}J_{\dot{a}b} \tag{10-180a}$$

或

$$\partial_\nu F^{\mu\nu} = \frac{4\pi}{c} j^\mu, \quad \partial^c_{\dot{a}} \xi_{cb} = -\frac{4\pi}{c} J^*_{\dot{a}b} \tag{10-180b}$$

电磁场张量 (57)：

$$F_{\mu\nu} = \partial_\mu \phi_\nu - \partial_\nu \phi_\mu, \quad \xi_{ab} = 2\partial_{a\dot{n}} \varphi_b{}^{\dot{n}} \tag{10-181}$$

10.6 Dirac 方程式的旋量形式

Dirac 方程式 (149a, b) 可写为 **

$$\sqrt{2}\sigma^\mu_{\dot{a}b}(\partial_\mu + \mathrm{i}\epsilon\phi_\mu)v^b = \frac{1}{\lambda}u_{\dot{a}}$$

$$\sqrt{2}\sigma^{\mu c\dot{d}}(\partial_\mu + \mathrm{i}\epsilon\phi_\mu)u_{\dot{d}} = -\frac{1}{\lambda}v^c \tag{10-182}$$

由 (161), (164), 此二式乃成

$$\sqrt{2}(\partial_{\dot{a}b} + \mathrm{i}\epsilon\varphi_{\dot{a}b})v^b = \frac{1}{\lambda}u_{\dot{a}}$$

$$\sqrt{2}(\partial^{c\dot{d}} + \mathrm{i}\epsilon\varphi^{c\dot{d}})u_{\dot{d}} = \frac{1}{\lambda}v^c \tag{10-183}$$

或

$$\sqrt{2}(\partial_{\dot{a}b} + \mathrm{i}\epsilon\varphi_{\dot{a}b})v^b = \frac{1}{\lambda}u_{\dot{a}}$$

$$\sqrt{2}(\partial_{c\dot{d}} + \mathrm{i}\epsilon\varphi_{c\dot{d}})u^{\dot{d}} = \frac{1}{\lambda}v_c \tag{10-184}$$

由

---

*(180b) 式的证明如下：

由 (177),

$$\partial^b_{\dot{a}} \xi_{bd} = 2\partial^b_{\dot{a}} \partial_{b\dot{n}} \varphi^{\dot{n}}_d$$

因

$$\partial^b_{\dot{a}} \partial_{b\dot{n}} \varphi^{\dot{n}}_d = -\partial_{b\dot{a}} \partial^b_{\dot{n}} \varphi^{\dot{n}}_d$$

故

$$2\partial^b_{\dot{a}} \partial_{b\dot{n}} \varphi^{\dot{n}}_d = (\partial_{b\dot{n}} \partial^b_{\dot{a}} - \partial_{b\dot{a}} \partial^b_{\dot{n}}) \varphi^{\dot{n}}_d$$
$$\overset{(171)}{=} \partial_{b\dot{k}} \partial^{b\dot{k}} \varphi_{d\dot{a}} = \partial_{b\dot{k}} \partial^{b\dot{k}} \varphi_{\dot{a}d}, \quad \text{用(180a).}$$

**

$$\text{用(31)式} \quad u_{\dot{a}} = -\gamma_{\dot{a}\dot{b}} u^{\dot{b}}, \qquad \text{(42)式} u_{\dot{d}} v^{\dot{d}} = -u^{\dot{d}} v^{\dot{d}} \tag{10-187}$$

$$\partial_{\dot{a}b} = (\partial_{a\dot{b}})^*, \quad \partial_{\dot{a}\dot{b}} = \partial_{\dot{b}\dot{a}} \quad 等, \tag{10-185}$$

故 (184) 可写成下四个方程式 $\left(M \equiv \dfrac{mc}{\sqrt{2}\hbar}\right)$

$$\begin{array}{l|cccc} & (甲) & (乙) & (丙) & (丁) \\ (\partial_{\dot{d}c} + \mathrm{i}\epsilon\varphi_{\dot{d}c})u^{\dot{d}} - Mv_c = 0 & u^c & u^c & v^c & v^c \\ (\partial_{\dot{a}b} + \mathrm{i}\epsilon\varphi_{\dot{a}b})v^b - Mu_{\dot{a}} = 0 & v^{\dot{a}} & -v^{\dot{a}} & -u^{\dot{a}} & -u^{\dot{a}} \\ (\partial_{\dot{a}b} + \mathrm{i}\epsilon\varphi_{\dot{a}b})u^b - Mv_{\dot{a}} = 0 & u^{\dot{a}} & u^{\dot{a}} & -v^{\dot{a}} & v^{\dot{a}} \\ (\partial_{\dot{d}c} + \mathrm{i}\epsilon\varphi_{\dot{d}c})v^{\dot{d}} - Mu_c = 0 & v^c & -v^c & u^c & -u^c \end{array} \tag{10-186}$$

乘 (186) 四个方程式以 (甲) 行的旋量, 作四个方程式之和, 即得见 (用 (187) 式第二个关系)

$$\partial_{\dot{a}b}(u^{\dot{a}}u^b + v^{\dot{a}}v^b) = 0 \tag{10-188}$$

如定义四维电流

$$\begin{aligned} j^\mu &= q\sigma^{\mu\dot{a}b}(u_{\dot{a}}u_b + v_{\dot{a}}v_b) \equiv \sigma^{\mu\dot{a}b}J_{\dot{a}b} \\ &= q\sigma^\mu{}_{\dot{a}b}(u^{\dot{a}}u^b + v^{\dot{a}}v^b) \equiv \sigma^\mu{}_{\dot{a}b}J^{\dot{a}b} \end{aligned} \tag{10-189}$$

则由 (178) 及 (189) 式,

$$\begin{aligned} \partial_\mu j^\mu &= \partial^{\dot{a}b}J_{\dot{a}b} = \partial_{\dot{a}b}J^{\dot{a}b} \\ &= 0 \end{aligned} \tag{10-190}$$

此即连续方程式也.

次以 (乙) 行各旋量乘 (186) 式四方程式并作和, 即得

$$\partial_{\dot{a}b}(u^{\dot{a}}u^b - v^{\dot{a}}u^b) + \frac{2mc}{\sqrt{2}\hbar}(u_c v^c + u_{\dot{a}}v^{\dot{a}}) = 0 \tag{10-191}$$

再以 (丙), (丁) 两行的旋量, 先后乘 (186) 四方程式, 并作加及减, 即可得 *

$$v^b(\partial_{\dot{a}b}u^{\dot{a}}) - u^{\dot{a}}(\partial_{\dot{a}b}v^b) = 0 \tag{10-192}$$

$$u^b(\partial_{\dot{a}b}v^{\dot{a}}) - v^{\dot{a}}(\partial_{\dot{a}b}u^b) = 0 \tag{10-193}$$

由 (44) 式 $u_a u^a = 0, u, v$ 旋量之二次不变式不等于零者只有下二式

$$\psi_a \nu^a, \quad u_{\dot{a}}v^{\dot{a}} \tag{10-194}$$

* $u_a v^a = 0, (44)$.

兹可证明

$$J_{\dot{a}b}J^{\dot{a}b} = (u_{\dot{a}}u_b + v_{\dot{a}}v_b)(u^{\dot{a}}u^b + v^{\dot{a}}v^b)$$
$$= \alpha u_a v^a u_{\dot{a}} v^{\dot{a}} \tag{10-195}$$

兹定义

$$m_{ab} = -\frac{\hbar}{mc}(v_a u_b + v_b u_a) \tag{10-196}$$

$$m_{\dot{a}\dot{b}} = \frac{\hbar}{mc}(v_{\dot{a}}u_{\dot{b}} + v_{\dot{b}}u_{\dot{a}}) \tag{10-197}$$

则由此即得

$$m_{\dot{a}\dot{b}}m^{\dot{a}\dot{b}} = 2\left(\frac{\hbar}{mc}\right)^2 (u_{\dot{a}}v^{\dot{a}})^2 \tag{10-198}$$

$$m_{ab}m^{ab} = 2\left(\frac{\hbar}{mc}\right)^2 (u_a v^a)^2 \tag{10-199}$$

Dirac 方程式之旋量式, 亦如其通常协变式, 可由一变分原理导来.

兹使 Lagrangian L 为

$$\begin{aligned} L =& \mathrm{i}\{v^a\partial_{a\dot{b}}v^{\dot{b}} - u^a\partial_{a\dot{b}}u_{\dot{b}} - v_{\dot{b}}\partial^{\dot{b}a}v_a + u_{\dot{b}}\partial^{\dot{b}a}u_b\} \\ &+ \sqrt{2}\frac{mc}{\hbar}\mathrm{i}(-v^a u_a + v^{\dot{a}}u_{\dot{a}}) + 2\epsilon\varphi^{\dot{b}a}(v_{\dot{b}}v_a + u_{\dot{b}}v_a) \\ &- \frac{1}{16\pi\hbar}\Big\{(\partial^b_{\dot{a}}\varphi^{c\dot{a}} + \partial^c_{\dot{a}}\varphi^{b\dot{a}})(\partial^{\dot{d}}_b\varphi_{c\dot{d}} + \partial^{\dot{d}}_c\varphi_{b\dot{d}}) \\ &+ (\partial^{\dot{b}}_a\varphi^{\dot{c}a} + \partial^{\dot{c}}_a\varphi^{\dot{b}a})(\partial^d_{\dot{b}}\varphi_{\dot{c}d} + \partial^d_{\dot{c}}\varphi_{\dot{b}d})\Big\} \end{aligned} \tag{10-200}$$

作 v_a 变分, 则 Euler 方程式

$$\partial^a_{\dot{b}}\left\{\frac{\partial L}{\partial(\partial^c_{\dot{b}}v_c)}\right\} - \frac{\partial L}{\partial v_a} = 0 \tag{10-201}$$

即系 (184) 之

$$\sqrt{2}(\partial_{a\dot{b}} + \mathrm{i}\epsilon\varphi_{a\dot{b}})u^{\dot{b}} = \frac{mc}{\hbar}v_a$$

作 u_b 变分, 则得

$$\partial^b_a\left\{\frac{\partial L}{\partial(\partial^{\dot{c}}_a u^{\dot{c}})}\right\} - \frac{\partial L}{\partial u_{\dot{b}}} = 0$$

即系 (184) 之

$$\sqrt{2}(\partial_{\dot{a}b} + \mathrm{i}\epsilon\varphi_{\dot{a}b})v^b = \frac{mc}{\hbar}u_{\dot{a}}$$

作 v_b, u_a 的变分, 则得 (184) 两方程式的共轭复数 (即 (186) 式的第三, 四两方程式).

作 φ_{cd} 的变分, 则得

$$\partial^d_{\dot{a}}\left\{\frac{\partial L}{\partial(\partial_{\dot{a}e}\varphi^e_c)}\right\}-\frac{\partial L}{\partial\varphi_{\dot{c}d}}=0$$

此式即系

$$\begin{aligned}\partial^d_{\dot{a}}(\partial^{\dot{a}}_e\varphi^{\dot{b}e}+\partial^{\dot{b}}_e\varphi^{\dot{a}e}) &= 2J^{\dot{b}d}\\ &= 2(u^{\dot{b}}u^d+v^{\dot{b}}v^d)\end{aligned}$$

此乃 Maxwell 电磁场方程式 (180a) 而有 Dirac 的四维电流的方程式也.

参 考 文 献

旋量 (spinor) 可早溯至 (法国)E. Cartan(1913 年) 一文, 及 H.Weyl(1928 年) Gruppentheorie und Quantenmechanik 一书 (第 3 章, 8c 节). 旋量的数学基础, 已建于此. 1929 年, B. L. van der Waerden(荷兰数学家) 经 P. Ehrenfest 的鼓舞, 将旋量推展成旋量 Calculus, (如张量分析然). 故其在 Göttingen Nachrichten, Math. -Phys. Kl. 100(1929) 一文, 乃重要文献之一. 其 1932 年的 Die gruppentheoretische Methode in der Quantenmechanik 书中亦有旋量的叙述.

将旋量应用于 Maxwell 电磁场方程式及 Dirac 方程式的最早文献, 乃 O. Laporte 与 G. E. Uhlenbeck 于 1931 年 Phys. Rev. 37, 1380, 1552 的文.

本章多根据 Laporte-Uhlenbeck 文; 及 W. L. Bade 与 H. Jehle, Reviews of Mod, Phys. 25, 714(1953) 文.

第 11 章　群 论 引 论

物理定律, 乃观察者对一个物理系统的现象的描述. 由于物理系统及现象的性质 (所谓“对称性”), 若干定律, 在某些观察动作 (即定律在某些数学“变换”) 下, 有不变性. 例如:

运作	对称性	数学的群
物理系统在自由空间作平移	定律有平移对称性及平移不变性	平移群
晶体在几何运作如反射、转动等	定律有晶体对称性	晶体群
物理系统在自由空间作旋转	定理有转动对称性及转动不变性	(三维空间) 转动群 R_{3p}
物理现象在两个以等速作相对运动的坐标系的描述,	物理定律有不变性 (即狭义相对论) 称为 Lorentz不变性	(四维空间) 转动群, 或称Lorentz 群 L_p
系统中相同 (不可辨) 的粒子的互换运作	物理定律有对称性或反对称性	置换群 (亦称 symmetric群)

对称性在物理定理上的重要, 可以宇称定律申述之. 由于日常的经验及电磁现象 (包括光谱分析) 所得的知识、物理学家, 皆认为宇称是自然的定律. 1956 年, 李政道与杨振宁二氏, 基于某些介子衰变的分析的难按一般理论解释, 建议一新理论, 谓“弱作用”(包括 β 衰变等) 不遵守“宇称不变”的假设定律, 并建议几个实验试证之. 此新建议旋由吴健雄等的实验证实: 即在“弱作用”下, 物理过程 (如 β 衰变等) 无宇称对称性.

数学的群论, 乃研讨有某些对称性系统的现象的最适宜有力工具. 在量子场论中, Lorentz 变换系相对论的数学表示方式: 故 Lorentz 群乃系一自然工具. 在量子力学中, 处理一个函有多个电子 (或其他不可辨别的相同粒子) 的系统, 乃系一基本且常遇的问题. 所谓转换群 (permutation group, 又称 symmetric group) 乃系自然的工具. 下数章将略述 Lorentz 群及置换群, 表现论 (representation) 和其应用.

11.1　群 (group) 的观念

数学中的群, 是一极一般性广义性的观念. 群的理论, 是数学中一极重要的部门; 它的在物理 —— 尤其是相对论和量子力学 —— 的应用, 亦极重要. 本章将对群论作简单的介绍: 下章将略述其与相对论量子力学的关系, 惟在述抽象群的定义, 理论等前, 可以例子介绍群的观念.

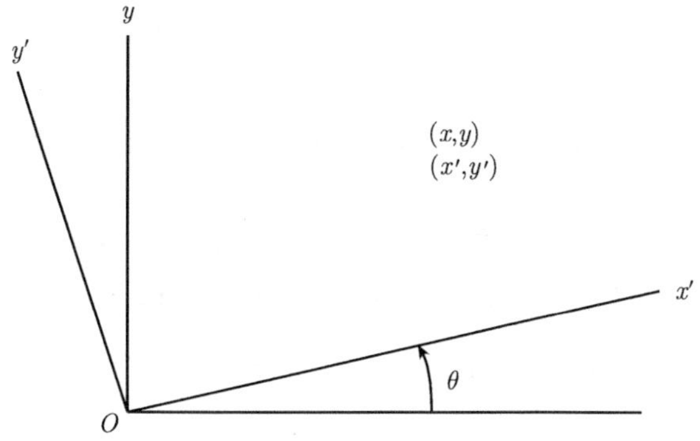

兹取在平面的转动 (rotation).

x-y 坐标系为固定的; x'-y' 坐标系乃相对 x-y 系作一 θ 角的转动的. 一向量在此两坐标系的分量的“变换”关系乃 *

$$\begin{aligned} x' &= \cos\theta x + \sin\theta y \\ y' &= -\sin\theta x + \cos\theta y \end{aligned} \tag{11-1}$$

或以矩阵式表之,

$$r' = R_{2\theta} r \tag{11-3a}$$

$$\begin{pmatrix} x' \\ y' \end{pmatrix} = \begin{pmatrix} \cos\theta & \sin\theta \\ -\sin\theta & \cos\theta \end{pmatrix} \begin{pmatrix} x \\ y \end{pmatrix} \tag{11-3b}$$

兹以 $R_{2\theta}$ 表上图的转动, 由上图, 可见如先经 θ_1 角再经 θ_2 角的转动, 二者的总结果是一个 $\theta_2+\theta_1$ 角的转动; 如先经 θ_2 角再经 θ_1 角的转动, 则总结果为一个 $\theta_1+\theta_2$ 角转动; 故可以下关系表之

$$R_{2\theta_2} R_{2\theta_1} = R_{2,\theta_2+\theta_1} = R_{2,\theta_1+\theta_2} = R_{2\theta_1} R_{2\theta_2} \tag{11-4}$$

又如先作 θ 角转动, 随之以 $-\theta$ 角转动, 其结果为还原; 又按 (4), 可得

$$R_{2,-\theta} R_{2,\theta} = R_{2,0} = 1 = R_{2,\theta} R_{2,-\theta} \tag{11-5}$$

---

* 关于转动变换, 在两个观点, 一是视一个向量 r, 绕一固定坐标系的中心, 作 θ 角的转动而至 r' 的位置. 故

$$x' = \cos\theta x - \sin\theta y, \quad y' = \sin\theta x + \cos\theta y \tag{11-2}$$

另一观念, 则系一个固定的向量 r, 在两个坐标系 (如上图的) 的坐标 (或分量) 间的关系, 如 (11-1). 我们将采后一观点.

或

$$R_{2,-\theta} = (R_{2,\theta})^{-1} \tag{11-6}$$

且

$$(R_{2\theta})^{-1}(R_{2\theta}) = (R_{2\theta})(R_{2\theta})^{-1} = 1 \tag{11-6a}$$

又由上图, 得见经数个转动 $\theta_1, \theta_2, \theta_3$, 其效应满足下述的结合律 (associative law)

$$\begin{aligned} R_{2\theta_3} R_{2\theta_2} R_{2\theta_1} &= R_{2\theta_3}(R_{2\theta_2} R_{2\theta_1}) = R_{2\theta_2} R_{2,\theta_2+\theta_1} \\ &= (R_{2\theta_2} R_{2\theta_2}) R_{2\theta_1} = R_{2,\theta_3+\theta_2} R_{2\theta_1} \end{aligned} \tag{11-7}$$

上述 (4), (6a), (7) 结果, 乃可纯由几何观点得来的. 兹再以 $R_{2\theta}$ 表 (3a), (3b) 式中的矩阵.

由矩阵的乘法, 即可直接得出结果

$$R_{2\theta_1} R_{2\theta_2} = R_{2,\theta_1+\theta_2} = R_{2\theta_2} R_{2\theta_1} \tag{11-8}$$

$$(R_{2,\theta})^{-1} = R_{2,-\theta} \tag{11-9}$$

$$R_{2\theta_3}(R_{2\theta_2} R_{2\theta_1}) = (R_{2\theta_3} R_{2\theta_2}) R_{2\theta_1} \tag{11-10}$$

与 (4), (6), (7) 相符.

由上述的一个特例 —— 二维空间的转动 $R_{2\theta}$, 或第 (3) 式中的 2×2 矩阵 —— 的共同性质 (如 (4), (6), (7), 或 (8), (9), (10)), 我们一般化的引入群的观念. 兹以 $R_{2\theta_1}, R_{2\theta_2}, \cdots$, 等构成一个集 (set); 每一个 $R_{2\theta}$ 称为集中的一个元 (element); 两个元间, 定义一个组合运作 (composition), 这运作称为“乘法” (multiplication), 运作的结果称为“乘积” (product).* 群的定义, 乃集中的元, 在已定义的“乘法”下, 满足下列的条件:

(i) 如 $R_{2\theta_1}, R_{2\theta_2}$, 系该集的二元, 则二者的“乘积” $R_{2\theta_1}, R_{2\theta_2}$ 亦系该集的一元

(ii) 各元的乘积, 满足第 (4) 式的结合律 (associative)

(iii) 该集中有一个幺元, $R_{2\theta} = 1$ 满足下关系

$$R_{2\theta} R_{2\theta} = R_{2\theta} R_{2\theta} = R_{2\theta}, R_{2\theta}\text{任一元}.$$

(iv) 该集对每一元 $R_{2\theta}$, 皆有一 $(R_{2,\theta})^{-1}$ 元, 满足

$$R_{2\theta}(R_{2,\theta}{}^{-1}) = (R_{2,\theta})^{-1} R_{2\theta} = R_{2\theta} = 1$$

---

* 此处所谓“乘法”系指一个“运作”, 在不同的“群”亦不同, 见下文“置换群” (permutotion group) 的另一例.

此四项性质, 将采作“群” (group) 的定义. 所有的矩阵 $R_{2\theta}$, 所有的 θ(正负值的 θ), 构成一个群. 同时, 所有的转动, 构成一个群.

由上述, 我们得下列的结果:

1) 二维空间的转动群 R_2, 系一连续群; 群的参数, 即转动角 $\theta;\theta$ 系一连续参数.

2) R_2 群系“交换群” (commutative group), 即

$$R_{2\theta_1}R_{2\theta_2}=R_{2\theta_2}R_{2\theta_1} \tag{11-11}$$

此亦称 abelian 群.

3) 矩阵 R_2

$$R_2=\begin{pmatrix} \cos\theta & \sin\theta \\ -\sin\theta & \cos\theta \end{pmatrix} \tag{11-12}$$

成一个线性变换群. R_2 的行列式之值为 1

$$det\begin{vmatrix} \cos\theta & \sin\theta \\ -\sin\theta & \cos\theta \end{vmatrix}=1 \tag{11-12a}$$

故 R_2 谓为单位模变换群 (unimodular group)

又 R_2 的伴矩阵 ${R_2}^+=\tilde{R}_2^*$ 等于 ${R_2}^{-1}$, 因

$${R_{2\theta}}^{-1}=\begin{pmatrix} \cos\theta & \sin(-\theta) \\ -\sin(-\theta) & \cos\theta \end{pmatrix},\quad {R_{1\theta}}^{+}=\begin{pmatrix} \cos\theta & -\sin\theta \\ \sin\theta & \cos\theta \end{pmatrix} \tag{11-13}$$

故 $R_{2\theta}$ 系幺正矩阵. 故 $R_{2\theta}$ 系二维空间单位模幺正群 (unimodular unitary group in two dimensions).

我们引入 $SU(2)$, 或 SU_2, 的名称, S 表单位模 special 之意, U 表幺正, 2 则二维之意.

4) 上述的转动群 R_2 和 SU_2 矩阵群, 有相同的性质: R_2 群的每一个元素 $R_{2\theta}$ 和 SU_2 群的一个元素 (12), 有“1 与 1”的相应性 (one-one correspondence). 此相同性, 称为“同构” (isomorphism). *见下文第 2 节 9.

$$R_2\approx SU_2 \tag{11-14}$$

5) 由上述的同构或同态观念, 我们引入另一极重要观念 —— 即所谓表现 (representation) 的观念. 我们取 SU_2 群为 R_2(二维转动群) 的表现, 将研讨转动群 R_2 的问题, 代以研讨 2×2 矩阵群 SU_2—— 一个远为简单的问题. 故群之表现理论, 在应用于物理问题, 至为有用.

* 如一个群 A 的数个元, 与另一个群 B 的一个元相应, 则此两个群谓为“同态” (homomorphic); 或 $A\sim B$. (11-14a)

6) 上文同时的以二维转动及 2×2 单位模幺正矩阵介绍群的观念. 但数学中的群的观念, 是一极一般性抽象性的观念, 只基于上述的 (i), (ii), (iii), (iv) 四个条件为定义, 而系与"转动"或"矩阵"无关的. 在述抽象群之前, 我们将再学群的另一个例, 申述此点.

置换 (permutation) 群*

设有 1, 2, 3, 4, 5 物体, 其排列为

$$1, 2, 3, 4, 5 \tag{11-15}$$

设此五个物体的另一排列为

$$3, 2, 5, 1, 4 \tag{11-16}$$

我们将由 (15) 变换成 (16) 式的排列的变换, 表以下式

$$P = \begin{pmatrix} 1 & 2 & 3 & 4 & 5 \\ 3 & 2 & 5 & 1 & 4 \end{pmatrix} \tag{11-17}$$

5 个物体, 有 5! 个排列组合. 如先作一排列变换

$$P_1 = \begin{pmatrix} 1 & 2 & 3 & 4 & 5 \\ 3 & 1 & 5 & 2 & 4 \end{pmatrix}$$

继之以一排列变换

$$P_2 = \begin{pmatrix} 1 & 2 & 3 & 4 & 5 \\ 5 & 1 & 4 & 3 & 2 \end{pmatrix}$$

则两个变换的"乘积"为

$$P_2 P_1 = \begin{pmatrix} 1 & 2 & 3 & 4 & 5 \\ 5 & 1 & 4 & 3 & 2 \end{pmatrix} \begin{pmatrix} 1 & 2 & 3 & 4 & 5 \\ 3 & 1 & 5 & 2 & 4 \end{pmatrix} \tag{11-18a}$$

$$= \begin{pmatrix} 1 & 2 & 3 & 4 & 5 \\ 4 & 5 & 2 & 1 & 3 \end{pmatrix} \tag{11-18}$$

此 (4　5　2　1　3) 显系 5! 排列中之一.

(17) 式的 P, 有其反变换, 显系由上下行倒置得之：

$$P^{-1} = \begin{pmatrix} 1 & 2 & 3 & 4 & 5 \\ 4 & 2 & 1 & 5 & 3 \end{pmatrix} \tag{11-19}$$

* 可参看本册第 7 章第 1 节, 及下文本章第 2 节, 13). permutation 称"置换", 亦称"排列".

故

$$P^{-1}P = PP^{-1} = \begin{pmatrix} 1 & 2 & 3 & 4 & 5 \\ 1 & 2 & 3 & 4 & 5 \end{pmatrix} \tag{11-20}$$
$$= I \quad \text{“幺”变换}$$

$$IP = PI = P \tag{11-21}$$

又由 (18 变) 式的“乘积”定义, 得见 P 满足结合律

$$P_3(P_2P_1) = (P_3P_2)P_1 \tag{11-22}$$

惟由 (18a),

$$P_1P_2 = \begin{pmatrix} 1 & 2 & 3 & 4 & 5 \\ 4 & 3 & 2 & 5 & 1 \end{pmatrix} \neq P_2P_1 \tag{11-23}$$

此 5! 个排列变换 (元) 构成一个群, 盖其满足上文 (i), (ii), (iii), (iv) 四个条件也.

这个群称为置换群 (permatation group), 亦称为 symmetric 群, 以符号 S_n 表之.

S_n 群与上 R_2 群的不同处有二:

S_n 群	R_2 群
不连续的	连续的
非abelian的	abelian的

(11-24)

S_n 群将再于下文述之

循环群 (Cyclic group)

设 $a, a^2, a^3, \cdots, a^{m-1}, a^m = e,\quad e$ 为幺元, m 为最低的正整数. 则下列 m 个元

$$e, a, a^2, \cdots, a^{m-1} \tag{11-25}$$

满足一个群的四个条件. 此群称为 m 级循环群 (cyclic group of order m). 此系一个 abelian 群的最简单例子.

V_6 群

设 E, A, B, C, D, F 为六个元, 其“乘法”的定义为下“乘法表”*

	E	A	B	C	D	F
E	E	A	B	C	D	F
A	A	E	D	F	B	C
B	B	F	E	D	C	A
C	C	D	F	E	A	B
D	D	C	A	B	F	E
F	F	B	C	A	E	D

(11-26)

* 与第 14 章 C_{3h} 群 (14-1) 表比较.

如 *

$$AB = D, \quad CD = A, \quad FA = B$$
$$BA = F, \quad DC = B, \quad AF = C \tag{11-26a}$$
$$E = 么元$$
$$AA = BB = CC = E$$
$$DF = E, \quad FD = E, \quad 余类推.$$

此群系非 —abelian. 其符号系 V— 群. 上例系 V_6.

由上述的群的定义及数个实例, 我们可得若干群的观念. 兹将略述较一般性的, 数学性的群的定义和理论.

11.2 抽象群 G(abstract groups): 定义及例

我们对抽象群, 作如下的定义:

如有 $a, b, c, \cdots$ 一个集, 任何两元 a, b 间有先已定义的组合或 "乘法" 律 (composition, 或 "multiplication" rule), 使 "乘积" ab 有确定的意义, 并满足下条件者,

(i) 如 a, b 系集中的两个元, ab 亦系该集的一元,

(ii) "乘法" 满足 "结合律" (associative law), 即

$$a(bc) = (ab)c$$

(iii) 集合有一元 e, 称 "左么元" (left identity), 使对任一元 a, 皆有下性质

$$ea = a \tag{11-27}$$

(iv) 每一 a, 皆有一元 b, 使

$$ba = e, \quad e为左么 \tag{11-28}$$

此 b 称为 a 的对 e 的左反么元 (left inverse with respect to the left identity e),

* 上 V_6 群可由三个元简化之如下 (参阅下文 (11-69))

$$E = e, \quad F = a, \quad D = a^2, \quad (a^3 = e), \quad A = b, \quad C = ba, \quad B = ba^2$$
$$(b^2 = e, \quad ba \quad ba = e, \quad ba^2 \quad ba^2 = e)$$

谓为一个抽象群 G.*

兹作下列的定义：

(1) 一个抽象群的“乘法”律 (两元的“乘积”的定义), 确定一个抽象群的“结构”(structure),

(2) 一个抽象群的实例, 称为该群的一个现实 (realization),

(3) abelian 群, 乃当任二元 a, b 的“乘积”与次序无关

$$ab = ba$$

abelian 群的“乘法”, 常以 + 号表之：故 ab 乃表以

$$a + b\text{或}b + a$$

么元以 0 表之; a 的反元 (inverse) 表以 $-a$.

(4) 一个群的元的数目, 称曰群的“级”(order)

(5) 循环群 (cyclic group). 第 (25) 式的

$$\begin{gathered} a^0 = e, a^1, a^2, a^3, \cdots, a^{n-1}, \\ a^n = e \end{gathered} \tag{11-29}$$

系 n 级群 (group of order n).

(6) 一级群只有一个元, 即么元 $e, e^2 = e$, 余类推.

(7) 二级群有两个元, e 及 $a; a$ 务有下性质

$$a^2 = e, \quad a^{-1} = a \tag{11-30}$$

(8) 二级群有下列的不同的实例 (或现实)

① 两个元为 0, 1 整数; “乘法”定律为该两个整数中任二个之和, 以 2 除之, 取其剩除 (尾) 数.

$$0 + 0 = 0, \quad 0 + 1 = 1 + 0 = 1, \quad 1 + 1 = 0$$

② 于 (30) 式中, 以 e 为么元 (恒等) 变换, 以 a 为对 $Y - Z$ 坐标平面反射变换, 使坐标

$$x, y, z \to -x, y, z$$

---

* 兹由 (27), 可证明 ae 亦等于 a. 假设 ae 不等于 a, 使 $ae = b$. 则 $aea = ba$. 惟由 (27), 即得 $aea = aa$. 如 $b \neq a$, 则得矛盾 $aea \neq aea$. 故 $b = a$.

同法, 由 (28), $ba = e$. 如 $ab' = e$, 则 $bab' = be = b$ 故 $eb' = b$. 故 $b' = b$. 故 (iii), (iv) 可代以下二条件:

(iii)′ 集有一么元 (identity), 使任一元皆满足

$$ae = ea = a \tag{11-27a}$$

(iv)′ 每元 a 皆有一元 b, 使

$$ba = ab = e \tag{11-28a}$$

b 将以 a^{-1} 表之.

③ 以 e 为幺元 (恒等) 变换, 以 a 为对坐标原点 0 的反投变换

$$x, y, z \to -x, -y, -z$$

④ 以 e 为幺元 (恒等) 变换, 以 a 为绕一个 (如 Z) 坐标轴作 180 度角转动变换,

⑤ 以 e 为幺元 (恒等) 变换, 以 a 为对单位半径球面的倒影变换,

$$r, \theta, \varphi \to \frac{1}{r}, \theta, \varphi$$

⑥ 元素为 1 与 −1 两整数, "乘法" 乃通常的 "乘法".

⑦ 两个元乃对两物体 1, 2 的两个排列变换,

$$e = \begin{pmatrix} 1 & 2 \\ 1 & 2 \end{pmatrix}, \quad a = \begin{pmatrix} 1 & 2 \\ 2 & 1 \end{pmatrix}$$

(9) 同构 (Isomorphism) 观念

上述由 (1) 至 (7) 各群, 皆有同一结构 (structure), 称为同构, 设群 G 的元 g_1, g_2 与群 G' 的元 g_1', g_2' 相当, 如与 $g_1 g_2$ 相当的 $(g_1 g_2)'$ 有下关系

$$(g_1 g_2)' = g_1' g_2' \tag{11-31}$$

则 G, G' 谓为同构 *. g_1' 与 g_1 互为 "影像" (image).

例如上文 (8) 的第 (1), (6), (7) 个群, 系同构:

$$\begin{array}{llll}
\text{群(1)}: & 0 & 1 & 1+1 \quad\ \ = 0 \\
\text{群(6)}: & 1 & -1 & (-1)(-1) = 1 \\
\text{群(7)}: & \begin{pmatrix} 1 & 2 \\ 1 & 2 \end{pmatrix} & \begin{pmatrix} 1 & 2 \\ 2 & 1 \end{pmatrix} & \begin{pmatrix} 12 \\ 21 \end{pmatrix}\begin{pmatrix} 12 \\ 21 \end{pmatrix} = \begin{pmatrix} 1 & 2 \\ 1 & 2 \end{pmatrix}
\end{array}$$

其他的例, 见下文第 3 节子群

(10) 三级群

$$e, a, b \text{元有下性质}: a^2 = b, \quad a^3 = c$$

此即 (5) 的循环群 $n = 3$. 此群的实例为

① 在等边三角形平面的 $\theta = \frac{1}{3} 2\pi$ 角转动

* 同构的符号如下: (见 (11-14))

$$G \approx G' \tag{11-32}$$

② 在三维空间绕 Z 轴作 $0, \frac{2\pi}{3}, \frac{4\pi}{3}$ 角转动

③ 1 的三次方根, “乘法” 即通常的乘法.

(11) 四级群

四级群只有下述两不同结构：

① 循环群 $n=4.a, a^2, a^3, a^4=e=a^0$

② V_4

	E	A	B	C
E	E	A	B	C
A	A	E	C	B
B	B	C	E	A
C	C	B	A	E

定理 四级群必系 abelian 群.

定理 非 abelian 群 $\mathscr{G}_n$ 之最低级数 n 为 $n=6$.

(12) 无限级群 (group of infinite order) 例：

① 所有正、负整数, 包括 0;“乘法”为通常的加法 $\cdots -4, -3, -2, -1, 0, 1, 2, 3, \cdots$; 0 为幺元.

② 所有有理的数 (rational numbers); “乘法” 为通常的加法,

③ 所有复数, “乘法” 为通常的加法,

④ 所有正、负偶数, 包括 0; “乘法” 为通常的加法. 如视群 (1) 的元 (n) 与群 (4) 的元 $(2n)$ 相当, 则可见群 (1) 与群 (4) 系同构.

⑤ 集的元为

$$\cdots, a^{-3}, a^{-2}, a^{-1}, a^0, a^1, a^2, \cdots$$

以通常乘法为“乘法律”, 则显见系一与群 (1) 有同构关系.

⑥ 有理数, 除去 0, 以通常乘法为“乘法律”,

⑦ 实数, 除去 0, 以通常乘法为“乘法律”,

⑧ 复数, 除去 0, 以通常乘法为“乘法律”.

(13) 置换群 S_n(symmetric group)

n 个物体, 有 $n!$ 个排列组合 P(permutation), 此 $n!$ 个 P 构成一个 $n!$ 级群, 前 (15)—(23) 各式已述此群的一些性质.

兹取一 P 如下

$$P=\begin{pmatrix} 1 & 2 & 3 & 4 & 5 & 6 & 7 & 8 \\ 2 & 3 & 1 & 5 & 4 & 7 & 6 & 8 \end{pmatrix}$$

此 P 中 1, 2, 3 作循环; 4, 5 互换; 6, 7 互换; 8 不变. 我们引入循环 (cycle) 的符号, 以下式表 P

$$\begin{aligned} P &= \begin{pmatrix} 1 & 2 & 3 \\ 2 & 3 & 1 \end{pmatrix}\begin{pmatrix} 4 & 5 \\ 5 & 4 \end{pmatrix}\begin{pmatrix} 6 & 7 \\ 7 & 6 \end{pmatrix}\begin{pmatrix} 8 \\ 8 \end{pmatrix} \\ &\equiv \begin{pmatrix} 1 & 2 & 3 \end{pmatrix}\begin{pmatrix} 4 & 5 \end{pmatrix}\begin{pmatrix} 6 & 7 \end{pmatrix}\begin{pmatrix} 8 \end{pmatrix} \end{aligned} \tag{11-33}$$

各循环中皆无共同的物体 (符号 1, 2 等), 故系各为独立的, 其次序无关, 如

$$P = \begin{pmatrix} 4 & 5 \end{pmatrix}\begin{pmatrix} 1 & 2 & 3 \end{pmatrix}\begin{pmatrix} 6 & 7 \end{pmatrix}\begin{pmatrix} 8 \end{pmatrix} \tag{11-34}$$

又每一 P 的各竖行的次序, 显系无关的,

$$\begin{pmatrix} 1 & 2 & 3 \end{pmatrix} = \begin{pmatrix} 1 & 2 & 3 \\ 2 & 3 & 1 \end{pmatrix} = \begin{pmatrix} 2 & 3 & 1 \\ 3 & 1 & 2 \end{pmatrix} = \begin{pmatrix} 2 & 3 & 1 \end{pmatrix} \tag{11-35}$$

定义

一个只含两个符号的循环, 如 $\begin{pmatrix} 1 & 2 \end{pmatrix}$, 称为互调 (transposition).

此 P 将以 T 表之

由此定义, 可得

$$\begin{aligned} \begin{pmatrix} 1 & 2 & 3 \end{pmatrix} &= \begin{pmatrix} 1 & 3 \end{pmatrix}\begin{pmatrix} 1 & 2 \end{pmatrix} \\ \begin{pmatrix} 1 & 2 & 3 & 4 \end{pmatrix} &= \begin{pmatrix} 1 & 4 \end{pmatrix}\begin{pmatrix} 1 & 3 \end{pmatrix}\begin{pmatrix} 1 & 2 \end{pmatrix} \end{aligned} \tag{11-36}$$

定理　任一循环 P, 可视为互换 T 的乘积

$$(1 \quad 2 \quad 3 \cdots n) = (1 \quad n)(1 n-1)\cdots(1 \quad 3)(1 \quad 2) \tag{11-36}$$

第 (36) 式右方的循环, 如 $(1 \quad 3)(1 \quad 2)$, 有共同的符号 1, 故两循环 $(1 \quad 3)(1 \quad 2)$ 非独立的. 反之, 第 (34) 式的各循环无共同的符号, 故系独立的.

兹取第 (34) 式, 略去 (8) 不计. 故此 P 有 7 个符号而有 3 个独立循环. 兹定义 P 的 decrement$\varDelta$ 为

$$\begin{aligned} \varDelta &= P\text{中符号数} - \text{独立循环数} \\ &= 7 - 3 = 4(\text{第 (34) 式的}P) \end{aligned} \tag{11-37}$$

定理

$$\text{如}P\text{的}\varDelta = \begin{pmatrix} \text{偶数} \\ \text{奇数} \end{pmatrix}, \text{则}P\text{为}\begin{pmatrix} \text{偶数} \\ \text{奇数} \end{pmatrix}\text{的}T\text{因子}. \tag{11-38}$$

定义

$$P\text{的}\varDelta\text{为}\begin{pmatrix}\text{偶}\\ \text{奇}\end{pmatrix}\text{数者,称为}\begin{pmatrix}\text{偶}\\ \text{奇}\end{pmatrix}P \tag{11-39}$$

定理

$$\text{如乘}P\text{以}T,\text{则}\varDelta\text{的改变为}\pm 1 \tag{11-40}$$

证明如下：如 $T=(a\quad b)$ 的 a,b 同出现一个循环之内,
如

$$(1\quad 3)(1\quad 2\quad 3\quad 4)=(1\quad 2)(3\quad 4)$$

或

$$(a\quad b)(a\cdots xb\cdots y)=(a\cdots x)(b\cdots y) \tag{11-41}$$

则显然 $\triangle$ 的改变为 -1. 反之, 如 (ab) 的 a,b 分别出现于两个循环, 如

$$\begin{aligned}(ab)(a\cdots x)(b\cdots y)&=(ab)(ab)(a\cdots xb\cdots y)\\ &=(a\cdots xb\cdots y)\end{aligned} \tag{11-41a}$$

故 $\triangle$ 的改变为 $+1$.

定理

两个偶 (或奇)P 的乘积, 系一偶 P. 一个偶与一个奇 P 的乘积为一奇 P.

定理

$$\begin{pmatrix}\text{偶}\\ \text{奇}\end{pmatrix}P\text{的}(P)^{-1},\text{系一}\begin{pmatrix}\text{偶}\\ \text{奇}\end{pmatrix}P$$

定义

$$S_n\text{群的偶 }P\text{ 元构成一个级数为}\frac{1}{2}n!\text{的子群}^*.$$

此子群称曰交错群 (alternating group), 符号为 $\mathscr{A}$.

$$\begin{aligned}\text{例：}S_3:&\quad e,(1\quad 2\quad 3),(1\quad 3\quad 2),(1\quad 2),(1\quad 3),(2\quad 3)\\ \mathscr{A}_3:&\quad e,(1\quad 2\quad 3),(1\quad 3\quad 2)\end{aligned} \tag{11-42}$$

(14) 非奇异的 (nonsingular)$n\times n$ 矩阵, 其“乘法”为矩阵之乘法, 构成一个群.

(15) 非奇异的, 单位模 (unimodular, 即行列式 $=\pm1$) 的 $n\times n$ 矩阵, 构成一个群.

(16) 非奇异的, 特殊单位模 (special unimodular, 即行列式 $=+1$) 的 $n\times n$ 矩阵, 构成一个群.

---

* 子群的定义, 见下文, 第 3 节.

11.3 子群 (subgroup); 同构 (isomorphism)

设于一个群 G 中, 取一子集 (subset)$\mathscr{H}$

$$\mathscr{H} \subset G$$

如按与 G 同一的“乘法”律, $\mathscr{H}$ 子集亦构成一个群, 则 $\mathscr{H}$ 称为 G 的一个子群. $\mathscr{H}$ 成一个子群的条件为 *

(i) $\mathscr{H}$ 中任两元的乘积亦在 $\mathscr{H}$,

(ii) $\mathscr{H}$ 包含其每元的反元 (inverse).

一般情形下, 此二条件是不可少的. 举例言之; 所有的正负整数构成一个群 G. 所有的正整数, 就满足 (i) 而不满足 (ii), 故不构成一个子群.

惟一个有限群 (finite group) 的一个元 a, 务有一个有限整数 m, 使 $a^m = e$. 故 (i) 条件已足, 由 (i) 即可满足 (ii).

每一个群 G_n, 皆有两个子群, 一为么元 e, 一为 G_n 本身. 这两个子群, 称为“无关的子群” (improper subgroup). 级数 $n = 1, 2, 3$ 的 (抽象) 群 $\mathscr{G}_n$, 除其本身 $\mathscr{G}_n$ 及么元 e 外, 更无其他的 proper 子群. 此结论的证明至显然.

子群的例, 如 (42) 式的 S_3 群, 其交错群 $\mathscr{A}_3$ 即系一个子群, 盖 $(123)(132) = e$

$$(1\quad 2\quad 3)^2 = (1\quad 3\quad 2); \quad (1\quad 3\quad 2)^2 = (1\quad 2\quad 3) \tag{11-43}$$

求一个群 $\mathscr{G}_n$ 所有的 proper 子群, 乃群论的主题之一.

兹取第 2 节 (12)(1) 的**无限群** G

$$G: \quad \cdots -3, -2, -1, 0, 1, 2, 3, \cdots \tag{11-44a}$$

由 G, 可得子群 $\mathscr{H}$ 如下 (以 2^1 乘 G 的元)

$$\mathscr{H}: \quad \cdots -6, -4, -2, 0, 2, 4, 6, \cdots \tag{11-44b}$$

由 $\mathscr{H}$, 更可得 $\mathscr{H}$ 的子群 K 如下 (以 2^2 乘 G, 或以 2^2 乘 $\mathscr{H}$)

$$K: \quad \cdots -12, -8, -4, 0, 4, 8, 12, \cdots \tag{11-44c}$$

余类推, 故

$$G \supset \mathscr{H} \supset K \supset \cdots \tag{11-45}$$

---

* 因 G 系一个群, 故结合律于 $\mathscr{H}$ 自然满足. 又 G 有么元 e, 按 (i), (ii), $\mathscr{H}$ 包含此 e.

各子群皆与 G 同构, (见 (14), (32))

$$G \approx \mathscr{H} \approx K \approx \cdots \tag{11-46}$$

兹取第 (43) 的群 S_3 及其子群, $\mathscr{A}_3$ 及 $\mathscr{A}_3$ 的子群 e

$$S_3 \supset \mathscr{A}_3 \supset e \tag{11-47}$$

又 S_3 亦有子群

$$\begin{aligned} &\mathscr{H}_1: \quad e,(23); \quad \mathscr{H}_2: \quad e,(31); \quad \mathscr{H}_3: \quad e,(12) \\ &S_3 \supset \mathscr{H}_1 \supset e; \quad S_3 \supset \mathscr{H}_2 \supset e; \quad S_3 \supset \mathscr{H}_3 \supset e \end{aligned} \tag{11-48}$$

惟 $S_e, \mathscr{A}_3, e$ 无 (46) 的关系. $\mathscr{H}_1, \mathscr{H}_2, \mathscr{H}_3$ 与 S_3 亦无 (46) 式的关系. 在**有限群**G, 其子群 $\mathscr{H}$ 不可能与 G 有 (46) 式关系.

一个群 G', 可以和另一个 G 的子群 (一个或数个) 有 (48) 式关系. 例如 S_2 : $e = \begin{pmatrix} 1 & 2 \\ 1 & 2 \end{pmatrix}, (1 \quad 2) = \begin{pmatrix} 1 & 2 \\ 2 & 1 \end{pmatrix}$ 与 S_3 的 $\mathscr{X}_1, \mathscr{X}_2, \mathscr{X}_3$(48) 均为同构

$$S_2 \approx \mathscr{X}_1, \quad S_2 \approx \mathscr{X}_2, \quad S_2 \approx \mathscr{X}_3 \tag{11-49}$$

故

$$\mathscr{X}_1 \approx \mathscr{X}_2 \approx \mathscr{X}_3 \tag{11-50}$$

一般的,

$$S_{n-1} \approx S_n\text{的}n\text{个子群} \tag{11-51}$$

兹引入两个群的交接 (intersection)D 的观念. 设 F_1, F_2 为 G 的两个子群. 设两个子群的共同元为 $e, a, b, \cdots$, 成一集 D.

定理 两个子群的共同元 D, 构成另一个子群.

我们将证明一个极重要的定理, 称为 Cayley 定理的. 设 $\mathscr{G}_n$ 为一级数 n 的群. 其元素为

$$\mathscr{G}_n: \quad a_1, a_2, \cdots, a_n \tag{11-52a}$$

兹取其中的任一元, b, 由左乘每个元, 即得

$$\mathscr{G}_n: \quad ba_1, ba_2, \cdots, ba_n \tag{11-52}$$

按群的定义, 此集与 (52a), 只有一个排列 (置换, permutation) 之差. ($ba_i \neq ba_j$, 否则 $a_i = a_j$, 是矛盾的). 故由 (52a) 至 (52), 可视作一个置换

$$P_b = \begin{pmatrix} a_1 & a_2 & \cdots & a_n \\ ba_1 & ba_2 & \cdots & ba_n \end{pmatrix} \tag{11-53}$$

我们可视 P_b 与 $\mathscr{G}$ 群的 b 元有 1−1 相应 (1−1 correspondence) 的关系. 因此, 另取 $\mathscr{G}$ 的一元 c, 构成 $ca_1, ca_2, \cdots ca_n$, 此 c 与 P_c 相应

$$P_c = \begin{pmatrix} a_1 & a_2 & \cdots & a_n \\ ca_1 & ca_2 & \cdots & ca_n \end{pmatrix} \tag{11-54}$$

仍同法, 以 cb 乘 (52a), 则 cb 与 P_{cb} 相应

$$P_{cb} = \begin{pmatrix} a_1 & a_2 & \cdots & a_n \\ cba_1 & cba_2 & \cdots & cba_n \end{pmatrix} \tag{11-55}$$

按 (11-35), P 式与各竖行的次序无关. 因 (52) 只与 (52a) 有置换之别, 故恒等置换可表以下各式

$$P_e = \begin{pmatrix} a_1 & a_2 \cdots a_n \\ a_1 & a_2 \cdots a_n \end{pmatrix} = \begin{pmatrix} ba_1 & ba_2 & \cdots & ba_n \\ ba_1 & ba_2 & \cdots & ba_n \end{pmatrix} \tag{11-56}$$

故 (54) 亦可写作下式

$$P_c = \begin{pmatrix} ba_1 & ba_2 & \cdots & ba_n \\ cba_1 & cba_2 & \cdots & cba_n \end{pmatrix} \tag{11-53}$$

故与 $\mathscr{G}$ 的 cb 乘积相应的, 乃

$$\begin{aligned} P_cP_b &= \begin{pmatrix} ba_1 & ba_2 & \cdots & ba_n \\ cba_1 & cba_2 & \cdots & cba_n \end{pmatrix} \begin{pmatrix} a_1 & a_2 & \cdots & a_n \\ ba_1 & ba_2 & \cdots & ba_n \end{pmatrix} \\ &= \begin{pmatrix} a_1 & a_2 & \cdots & a_n \\ cba_1 & cba_2 & \cdots & cba_n \end{pmatrix} = P_{cb}\text{按}(55). \end{aligned} \tag{11-57}$$

我们可证明 (53)–(55) 等 P_b, P_c, P_e, 构成一个群.

(1) P_e 为么元

(2) P_a 有 $P_{a^{-1}}$ 的元素, 使 $P_{a^{-1}}P_a = P_e$(见 (57))

(3) $P_cP_b = P_{cb} = P_d, d = cb$.

这些 P_b, 构成一个群 ——S_n 群的一个 n 级子群 $\mathscr{H}$.

Cayley 氏定理

每个 n 级群, 与 S_n 置换群的一个 n 级子群 $\mathscr{H}_n$ 同构

$$\mathscr{G}_n \approx \mathscr{H}_n.$$

此定理极为重要. 因 S_n 系一有限群, 故只可有有限数的子群, 因 n 级群 G 务必与此有限数的子群成同构关系, 故彼此非同构的 n 级 G 的数目是有限的. 这大大的简单化了寻求独立结构的 G 群的问题, 这是 Cayley 定理的结果之一.

兹以 $n=4$ 群为例. V_4 群

由第 2 节 (11), V_4 群结构见下表

$$\begin{array}{c|cccc} & e & a & b & c \\ \hline e & e & a & b & e \\ a & a & e & c & b \\ b & b & c & e & a \\ c & c & b & a & e \end{array}, \quad e=\text{单位} \tag{11-58}$$

由 (53, 54, 55, 56), 即得

$$\begin{aligned} P_a &= \begin{pmatrix} e & a & b & c \\ a & e & c & b \end{pmatrix} = \begin{pmatrix} e & a \end{pmatrix}\begin{pmatrix} b & c \end{pmatrix} \\ P_b &= \begin{pmatrix} e & a & b & c \\ b & c & e & a \end{pmatrix} = \begin{pmatrix} e & b \end{pmatrix}\begin{pmatrix} a & c \end{pmatrix} \\ P_c &= \begin{pmatrix} e & a & b & c \\ c & b & a & e \end{pmatrix} = \begin{pmatrix} e & c \end{pmatrix}\begin{pmatrix} a & b \end{pmatrix} \\ P_e &= \begin{pmatrix} e & a & b & c \\ e & a & b & c \end{pmatrix} \end{aligned} \tag{11-59}$$

V_4 与此 S_4 的子群成同构

$$V_4 \approx P \tag{11-60}$$

由 (53)—(56)(及其特例 (58)—(59) 各式, 可得下述各结果:

(A) 由上述步骤所得的 P_a 等, 除 P_e 外, 皆将所有的 $a_1, a_2, \cdots, a_n$ 皆改变. (B) 这些 P_a 构成置换群 S_n 的一个 n 级子群.

S_n 的级数 (元素数) 为 $n!$ 故不是 S_n 所有的元素皆符合上二条件. 其符合该二条件的置换, 称为正规置换 (regular permutations). 其所构成的 n 级子群将称为 regular 子群.*

这正规置换的特性如下:

(1) 不可能有两个不同的 P_a, P_b, 同将 a_i 变换为 a_j, 盖如可能, 则 $(P_b)^{-1}P_a$ 将使 a_i 不变. 惟 $(P_b)^{-1}P_a$ 务必系子群中的一个元, 两按上 (A), 则除幺元 P_e 外, 将有矛盾.

(2) 如每一个正规置换 简化为独立的循环的乘积时 (见 (11-33), (11-59), 各循环必皆有相同的“长度”.

$$\text{例: } P_a = (1 \quad 2)(3 \quad 4 \quad 5 \quad 6)$$

* 将不译为正规子群, 以免与下文 (11-78) 的 normal 子群相混.

$P_a, (P_a)^2, (P_a)^3, (P_a)^4$ 皆系子群的元素. 惟 $(P_a)^2$ 使 1, 2 变而 3, 4, 5, 6 皆不变. 故 P_a 不满足前述的 (A) 条件.

(3) 由 (2) 乃引到 $n=$ 质数的问题.

如各循环之长度相同, 则长度必为 n 的因子. 惟当 n 系质数时, 则各循环的长度只能系 1 或 n. 换言之, 如 $\mathscr{G}$ 的级数 n 系质数, 则 $\mathscr{G}$ 必系与循环群同结构 (见下文 (68)).

(4) 例, $n=4.S_4$ 群的正规置换 (即符合上 (A), (B) 者) 为

(i) 4– 循环

$$P=(1\quad 2\quad 3\quad 4),\quad P^2=(1\quad 3)(2\quad 4),\quad P^3=(3\quad 4\quad 1\quad 2)$$

$$P^4=e=\text{么元}=(4\quad 1\quad 2\quad 3) \tag{11-61}$$

(ii) 两个二循环

$$(1\quad 2)(3\quad 4),\quad (1\quad 3)(2\quad 4),\quad (1\quad 4)(2\quad 3),\quad e \tag{11-62}$$

(iii) 么元, 亦即

$$(1)\quad (2)\quad (3)\quad (4)$$

11.4　旁　集 (coset)

设 $\mathscr{G}$ 表一个群, $\mathscr{H}$ 为 $\mathscr{G}$ 的一个子群

$$\mathscr{H}(e, H_2, H_3, \cdots, H_h) \tag{11-63}$$

兹在 $\mathscr{G}$ 中取一个不属于 $\mathscr{H}$ 的任意元 G_1, 并以 G_1 乘 $\mathscr{H}$ 的所有各元, 所得一集, 称为 $\mathscr{H}$ 的一个旁集

$$G_1\mathscr{H}(G_1e, G_1H_2, \cdots, G_1H_h) \tag{11-64}$$

此集各元各不相同, 且皆不在 $\mathscr{H}$ 中, 盖如 $G_1H_i=H_j$, 则 $G_1=H_jH_i{}^{-1}$ 属于 $\mathscr{H}$ 子群, 与原假设矛盾也.

兹在 $\mathscr{G}$ 中, 取一个不属于 $\mathscr{H}+G_1\mathscr{H}$ 的任意元 G_2, 同上的构成另一旁集

$$G_2\mathscr{H}(G_2e, G_2H_2, \cdots, G_2H_h)$$

同上理, 此旁集各元, 皆不属于 $\mathscr{H}+G_1\mathscr{H}$.

继续的在 $\mathscr{G}$ 中取 $\mathscr{H}+G_1\mathscr{H}+G_2\mathscr{H}$ 之外的一任意元 G_3 而构成一旁集 $G_3\mathscr{G}, \cdots$. 继续下去, 直至无 $\mathscr{G}$ 之元剩余为止; 换言之, $\mathscr{G}$ 的集为 $\mathscr{H}$ 及其所有的旁集之和

$$\mathscr{G}=\mathscr{H}+G_1\mathscr{H}+G_2\mathscr{H}+\cdots+G_{m-1}\mathscr{H} \tag{11-65}$$

$\mathscr{G}$ 的分解成 (65) 式, 是惟一的, 换言之, 在右方, $\mathscr{G}$ 之每一元, 只出现一次!* m 称为 $\mathscr{H}$ 子群的指数 (index).

由上述, 只 $\mathscr{H}$ 有么元 e; 故旁集 $G_k\mathscr{H}$ 皆不构成一子群.

如取 $G_1{}'$, 与 $\mathscr{H}$ 构成一集

$$\mathscr{H}G_1{}'(G_1, H_2G_1, \cdots, H_hG_1) \tag{11-66}$$

如前的继续取 G_2 等, 则可得

$$\mathscr{G} = \mathscr{H} + \mathscr{H}G_1{}' + \mathscr{H}G_2{}' + \cdots + \mathscr{H}G_{m-1}{}' \tag{11-67}$$

$G_k\mathscr{H}$ 称为左旁集; $\mathscr{H}G_k$ 称为右旁集. (见下文 (11-78)).

定理 (Lagrange)

如 $\mathscr{G}$ 为 n 级群, 子群 $\mathscr{H}$ 为 h 级群, 则 $\mathscr{H}$ 之指数 m 为

$$mh = n. \tag{11-68}$$

此定理谓 $\mathscr{H}$ 及每一旁集皆有 h 个元 (意即谓 $\mathscr{H}$ 子群的 h 个元素, 每个与 $(m-1)$ 个 G 的乘积, 必属于 $\mathscr{G}$). 此定理在求一个群的可能的结构, 甚为有用. 兹举数例如下.

例 $\mathscr{G}_n$:

(1) $n = 1, 2, 3$, 见 (11-43) 式上文.

(2) $n = 4$

循环群 $\mathscr{G} : e, a, a^2, a^3 (a^4 = e)$

$\mathscr{H} : e, a^2, (m = 2)$

V_4 群 $V_4 : e, a, b, c$(见11-58)

$\mathscr{H} : e, a; e, b; e, c, (m = 2)$

(3) $n = 5, 7, 11, 13, \cdots$ 质数 (见上第 3 节 (4))$\mathscr{G}$ 皆系循环群

(4) $n = 6$

(i) 循环群$\mathscr{C}_6 : e, a, a^2, a^3, a^4, a^5 (a^6 = e)$

子群$\mathscr{H} : e, a^3, (m = 3)$

由左旁集, $\mathscr{C}_6 : \mathscr{H} + a\mathscr{H} + a^2\mathscr{H}$

(ii) S_3群 : $e, (1\quad 2\quad 3), (1\quad 3\quad 2), (1\quad 2), (1\quad 3), (2\quad 3)$

---

* 如 $G_2H_i = G_1H_j$, 则 $G_2 = G_1H_jH_i{}^{-1} = G_1H_k$, 故 $G_2 \in G_1\mathscr{H}$, 又 $G_2H_iH_j{}^{-1} = G_1$, 故 $G_1 = G_2H_l$, 或 $G_1 \in G_2\mathscr{H}$. 如是则与原采 G_2 时的假设矛盾. 故 (65) 式各旁集, 无 $\mathscr{G}$ 任何元之重复出现.

子群$\mathscr{H}_1: e, (12)\ (m=3)$
由左旁集, $S_3 = \mathscr{H}_1 + (1\quad 3)\mathscr{H}_1 + (2\quad 3)\mathscr{H}_1$
由右旁集, $= \mathscr{H}_1 + \mathscr{H}_1(1\quad 3) + \mathscr{H}_1(2\quad 3)$.
另一子群 $\mathscr{H}_2 : e, (1\quad 2\quad 3), (1\quad 3\quad 2), (m=2)$

$$\begin{aligned} S_3 &= \mathscr{H}_2 + (1\quad 2)\mathscr{H}_2 \\ &= \mathscr{H}_2 + \mathscr{H}_2(1\quad 2) \end{aligned}$$

$\mathscr{H}_2$ 即 (43) 式的 $\mathscr{A}$ 群.
(iii) V_6 群, (11-26), 与 S_3 群, 有同构关系,

$$V_6 \approx S_3$$

此可由下比较见之：使 (11-26) 表中的元与 S_3 的元作下认同：

$$\begin{aligned} &E=e, \quad A=(23), \quad B=(12), \quad C=(13) \\ &\qquad D=(132), \quad F=(123) \end{aligned} \tag{11-69}$$

又下乘法表的群, 亦与 V_6, S_3 同构

	e	a	a^2	b	ba	ba^2
e	e	a	a^2	b	ba	ba^2
a	a	a^2	e	ba^2	b	ba
a^2	a^2	e	a	ba	ba^2	b
b	b	ba	ba^2	e	a	a^2
ba	ba	ba^2	b	a^2	e	a
ba^2	ba^2	b	ba	a	a^2	e

$$\begin{aligned} &E=e, \quad A=b \\ &B=ba^2, \quad C=ba \\ &D=a^2, \quad F=a \end{aligned} \tag{11-70}$$

定理

左旁集之数目与右旁集之数目相等.

证明如下.

取 (65) 式中两个不同的旁集的元 G_aH_i, G_bH_i. 取二者的

$$\begin{aligned} (G_aH_i)^{-1} &= H_i{}^{-1}G_a{}^{-1} \quad & (G_aH_i)^{-1} &= H_i{}^{-1}G_i{}^{-1} \\ (G_bH_i)^{-1} &= H_jG_a{}^{-1} & &= H_jG_b{}^{-1} \end{aligned} \tag{11-71}$$

兹使 i 取由 1 至 h 各值如 (63), 则 H_j 将取 $\mathscr{H}$ 中的 (63) 式各元. (71) 式两集不可能有共同的元, 盖如有之, 如

$$H_jG_a{}^{-1} = H_kG_b{}^{-1}$$

则

$$\begin{aligned} {G_a}^{-1}G_b &= {H_j}^{-1}H_k \\ &= H_iH_k \\ &= H_l \end{aligned}$$

故

$$G_b = G_aH_l$$

此即谓 $G_b \subset G_a\mathscr{H}$, 与原始假定矛盾也. 故 (71) 式两集, 构成两个旁集. (67) 式可取 ${G_a}' = {G_a}^{-1}$ 而成

$$\mathscr{G} = \mathscr{H} + \mathscr{H}{G_1}^{-1} + \mathscr{H}{G_2}^{-1} + \cdots + \mathscr{H}G_{m-1}^{-1}. \tag{11-72}$$

兹以 S_n 群为例, (42) 式的交错群 $\mathscr{A}$ 乃 S_n 的子群, 其元素系偶 P 构成. 兹取 $\mathscr{A}$ 子群外的 S_n 的一个元, 如一奇 P

$$P_1 = (1 \quad 2) = \begin{pmatrix} 1 & 2 \\ 2 & 1 \end{pmatrix}$$

则

$$\begin{aligned} S_n &= \mathscr{A} + \mathscr{A}P_1 \\ &= \mathscr{A} + P_1\mathscr{A} \end{aligned}$$

按 Lagrange 定理 (68), $\mathscr{A}$ 系 S_n 的指数为 $m = 2$ 的子群.

11.5 班 (classes), 正规子群 (normal subgroup)

设 a 为群 $\mathscr{G}$ 的一个元素, u 为另一元素, 则 uau^{-1} 务必系 $\mathscr{G}$ 的一个元素, b.

$$b = uau^{-1} \tag{11-73}$$

b 称为 a 的共轭元素.

按此定义, 得见

(1) 单位元素 (么元)e 系其自身的共轭元素.

(2) 由 (73), $a = u^{-1}bu$, 故 a 亦系 b 的共轭.

(3) 如 b, c 系 a 的共轭, 则 b 与 c 亦互为共轭,

$$b = uau^{-1}, \quad c = vav^{-1}$$

$$b = uv^{-1}cvu^{-1} = (uv^{-1})c(uv^{-1})^{-1}\text{g.e.d.}$$

定义

群 $\mathscr{G}$ 中, 其互为共轭的元素构成的集, 称为 $\mathscr{G}$ 的班 (class)*.

(1) 按此定义, 由任一元素 G_t, 则取 $G_iG_tG_i^{-1}$ 所有的元素 $G_1, \cdots, G_n$ 所得的集, 即系一个班.

(2) 么元 $G_1 = e$ 自成一个班.

(3) 一个 Abelian 群的每个元素, 皆自成一个班.

(4) 同一班的元素, 其“级数”皆相同.

所谓“级数” m, 乃 $a^m = e$ 式的 m 值. 如 a, b 同一班, 则

$$\begin{aligned} b^m &= (ua\,u^{-1})^m = (ua\,u^{-1})(ua\,u^{-1})\cdots(ua\,u^{-1}) = ua^m u^{-1} \\ &= ue\,u^{-1} = e \end{aligned}$$

(5) 一个班 $G_iG_tG_i^{-1}, i = 1, 2, \cdots, n$, 的不相同的元素数目, g_t, 为 $g_t \leqslant n, n$ 为 $\mathscr{G}$ 的级数 (元素数).

(6) 兹取置换群 S_n 的置换元素 P_a 的共轭元素 $P_bP_a(P_b)^{-1}$.

$$P_a = \begin{pmatrix} 1 & 2 & \cdots & n \\ a_1 & a_2 & \cdots & a_n \end{pmatrix}$$

$$\begin{aligned} P_b &= \begin{pmatrix} 1 & 2 & \cdots & n \\ b_1 & b_2 & \cdots & b_n \end{pmatrix} \\ &= \begin{pmatrix} a_1 & a_2 & \cdots & a_n \\ a_{b_1} & a_{b_2} & \cdots & a_n \end{pmatrix}. \quad \text{由(11-56)} \end{aligned}$$

故

$$\begin{aligned} P_bP_a(P_b)^{-1} &= \begin{pmatrix} a_1 & \cdots & a_n \\ a_{b_1} & \cdots & a_{b_n} \end{pmatrix}\begin{pmatrix} 1 & \cdots & n \\ a_1 & \cdots & a_n \end{pmatrix}\begin{pmatrix} b_1 & \cdots & b_n \\ 1 & \cdots & n \end{pmatrix} \\ &= \begin{pmatrix} b_1 & \cdots & b_n \\ a_{b_1} & \cdots & a_{b_n} \end{pmatrix} \end{aligned} \tag{11-74}$$

例如

$$P_a = \begin{pmatrix} 1 & 2 & 3 & 4 \\ 4 & 3 & 2 & 1 \end{pmatrix}, \quad P_b = \begin{pmatrix} 1 & 2 & 3 & 4 \\ 2 & 1 & 3 & 4 \end{pmatrix}$$

则

* 本书暂采“班”作 Class 的名称.

$$P_bP_a(P_b)^{-1}=\begin{pmatrix}2&1&3&4\\4&3&1&2\end{pmatrix}=\begin{pmatrix}1&2&3&4\\3&4&1&2\end{pmatrix}$$

班的例如下：

S_3 及与其同构之 V_6 群, 由 (11-42) 及 (11-69) 式, 得见其有三个不同之班 *.

(i) 一级 $(m=1):E$

(ii) 二级 $(m=2):A,B,C$ (11-75)

(iii) 三级 $(m=3):D,F$

与班观念有密切关系的, 是“正规子群”(normal subgroup) 的观念 **.

设 H_a 系 $\mathscr{G}$ 的子群 $\mathscr{H}$ 的任一元素, G_1 系 $\mathscr{G}$ 的任一元素, 下的集

$$G_1H_aG_1{}^{-1},\quad a=1,2,\cdots,h,h\text{为}\mathscr{H}\text{群的级} \tag{11-76}$$

满足群所有的条件, 如

$$\begin{aligned}(G_1H_aG_1{}^{-1})(G_1H_bG_1{}^{-1})&=G_1H_aH_bG_1{}^{-1}\\&=G_1H_cG_1{}^{-1},\quad\text{等}\end{aligned}$$

如 $G_1\subset\mathscr{H}$, 则 (76) 式的群亦即 $\mathscr{H}$ 子群,

$$G_1H_aG_1{}^{-1}\in\mathscr{H} \tag{11-77}$$

如 $G\not\subset\mathscr{H}$, 则 $G_1H_aG_1{}^{-1}$ 子群可能异于 $\mathscr{H}$.

定义 “正规子群” $\mathscr{H}$ 乃满足下条件者

$$G_j\mathscr{H}G_j{}^{-1}=\mathscr{H},\text{所有的}j \tag{11-78}$$

或

$$G_j\mathscr{H}=\mathscr{H}G_j,\text{所有的}j \tag{11-78a}$$

按此定义, 任一 $\mathscr{G}$ 皆有两个无大趣味的正规子群, 即么元 e 及 $\mathscr{G}$ 本身是也.

例 S_3 群的 $\mathscr{A}$ 子群, 系一正规子群, 级为 2.

由 (11-26), (11-42) 及 (11-69),

$$\begin{aligned}&S_3:e,(1\quad 2\quad 3),(1\quad 3\quad 2),(1\quad 2),(1\quad 3),(2\quad 3)\\&\mathscr{A}:e,(1\quad 2\quad 3),(1\quad 3\quad 2)\end{aligned}$$

* 第 14 章第 1 节的 C_{3h} 群, 与 V_6 同构. 班的意义, 与几何对称性的关系, 可参阅该章 (14-1) 式下脚注.

** 正规子群, 亦称 invariant 子群, 正规约数子群 (normal divisor) 或自轭子群 (self-conjugate subgroup).

凡 Abelian 群的子群, 皆系正规子群　　(11-79)

设 $\mathscr{H}$ 为 $\mathscr{G}$ 的一个正规子群; 为简单计, 设 $\mathscr{H}$ 的指数为 m, 按 (11-65) 可表 $\mathscr{G}$ 以下式

$$\mathscr{G} = \mathscr{H} + G_1\mathscr{H} + \cdots + G_{m-1}\mathscr{H} \tag{11-80}$$

因 $\mathscr{H}$ 系正规子群, 故按 (78a)

$$G_j\mathscr{H} = \mathscr{H}G_j, \text{所有的} j \tag{11-78b}$$

换言之, 如 $\mathscr{H}$ 系正规子群, 则左旁集与右旁集相同.

$$\text{如}\mathscr{H}\text{系}\mathscr{G}\text{的一正规子群}, G \subset \mathscr{G}, H \subset \mathscr{H}$$
$$GHG^{-1} \subset \mathscr{H}$$

换言之, 含有 H 的班 $\subset \mathscr{H}$.

反之, 设一子群有下述性质; $\mathscr{H}$ 的任一元素 H 的班皆属于 $\mathscr{H}$, 则 $\mathscr{H}$ 必系一正规子群.

定理　正规子群 $\mathscr{H}$ 的两个不同的旁集的乘积, 构成另一个旁集 *.

证　取 $G_jH_aG_kH_b$ 的乘积

$$\begin{aligned} G_j(H_aG_k)H_b &= G_jG_kH_cH_b \quad (\text{用}(78\text{a})) \\ &= G_jG_kH_d \end{aligned} \tag{11-81}$$

故 $G_j\mathscr{H}G_k\mathscr{H}$ 构成 $G_jG_k\mathscr{H}$ 旁集

兹取 (80) 式中的各集 $\mathscr{H}, G_1\mathscr{H}, G_2\mathscr{H}, \cdots, G_{m-1}\mathscr{H}$, 为 m 个新元素, $\mathscr{H}$ 为么元. ($\mathscr{H}$ 系 $\mathscr{G}$ 的一个正规子群).

按 (81) 式的乘法结果, 此集 (m 个元素)

$$\mathscr{H}, G_1\mathscr{H}, G_2\mathscr{H}, \cdots, G_{m-1}\mathscr{H} \tag{11-82}$$

满足一个群的条件. 此群乃 m 级群, 定义为因子群 (factor group) 或商数群 (quotient group).

兹总合数个定义如下:

(1) 共轭子群 (conjugated subgroup)

如 $\mathscr{H}$ 乃 $\mathscr{G}$ 的一个子群, $\mathscr{H}$ 之共轭子群乃

$$G\mathscr{H}G^{-1}, \quad (G \in \mathscr{G})$$

* 按上第 5 节班所定义, GHG^{-1} 的共轭元素系在 $\mathscr{H}$ 内.

(2) 正规子群 (normal subgroup), 乃 $\mathscr{H}$ 满足下条件者

$$G\mathscr{H}G^{-1} = \mathscr{H}(G \in \mathscr{G})$$

(3) 因子群

如 $\mathscr{H}$ 乃 $\mathscr{G}$ 的正规子群, $G_k\mathscr{H}$ 乃旁集, 则

$$\mathscr{H}, G_1\mathscr{H}, \cdots, G_{m-1}\mathscr{H}$$

乃因子群, 其级数乃 $\mathscr{H}$ 的指数 m, 其符号为 $\mathscr{G}/\mathscr{H}$.

(4) 无正规子群的 $\mathscr{G}$, 谓为“简单”(simple)

(5) 凡 $\mathscr{G}$ 的正规子群皆非 abelian 者, 谓为“半简单”(semi-simple)

例 循环群 $\mathscr{G}, n = 4$,

$$\mathscr{G} : e, a, a^2, a^3, a^4 = e, \quad 系\text{abelian}$$

正规子群 $\mathscr{H} : e, a^2$, 见 (11-79)

因子群 $\mathscr{G}/\mathscr{H} : E = (e, a^2), A = (a, a^3), (A^2 = E)$

11.6 同态 (Homomorphism)

第 2 节 (31) 已定义同构 (isomorphism) 为两个群 $\mathscr{G}$ 与 $\mathscr{G}'$ 的元素 $G_i, G_i{}'$ 有 1–1 相应的性质.

如群 $\mathscr{G}$ 的数个元素皆与群 $\mathscr{G}'$ 的同一个元素相应, 则 $\mathscr{G}$ 与 $\mathscr{G}'$ 谓为同态, 符号为

$$\mathscr{G} \sim \mathscr{G}' \quad 见(11-14\text{a})$$

例: 循环群 $\mathscr{C}_4 : e, a, a^2, a^3(a^4 = e)$, 与 $\mathscr{G}_2' : e', b'(b^{'2} = e')$ 为同态, 因 $\mathscr{G}_2'$ 的每一元素 b, 与 $\mathscr{C}_4$ 的两个元素相应, 如下

$$(e, a^2) \leftrightarrow e'$$

$$(a, a^3) \leftrightarrow b'$$

如 $\mathscr{G}$ 的 $(a_j, a_2, \cdots, a_n)$ 与 $\mathscr{G}'$ 的公元 e' 相应, b 系 $\mathscr{G}$ 的另一个元素, $\mathscr{G}'$ 的 b' 系与 b 相应, 则

$$(ba_1, ba_2, \cdots, ba_n) \leftrightarrow (b'e') = b'$$

此乃谓 $\mathscr{G}'$ 的每一个元素, 皆和同一个数目 h 的 $\mathscr{G}$ 的元素相应.

如 $\mathscr{G}$ 的 $a \leftrightarrow \mathscr{G}'$ 的 e', 则由 $a^{-1}a \leftrightarrow e'$, 显见 a^{-1} 亦与 e' 相应.

如 $\mathscr{G}$ 的 $a \leftrightarrow e'$, 则 a 同一班的所有元素亦与 e' 相应,

$$(ua\,u^{-1})' = u'a'(u^{-1})' = u'a'u'^{-1} = e'$$

此乃谓与 e' 相应的 $\mathscr{G}$ 的元素, 构成一个正规子群 $\mathscr{H}$.

由

$$b \leftrightarrow b'$$

正规子群

$$\mathscr{H} \leftrightarrow e'$$

故旁集

$$b\mathscr{H} \leftrightarrow b'e' = b'$$

由此可得

定理 如 $\mathscr{G} \sim \mathscr{G}'$, 则

$$\mathscr{G}' \approx 因子群\mathscr{G}/\mathscr{H} \tag{11-82a}$$

按 Lagrange 定理 (11-68), 如 $\mathscr{H}$ 的级数为 h, 则 $\mathscr{H}$ 的指数为 $m = n/h$.

兹举数例, 以阐明同态及本节所引入的数个观念.

(一) 取 $\mathscr{G}$ 为三维空间实数正交变换 (见下文第 12 章第 1 节之 R_3 群, $\det R_3 = \pm 1$).

此 $\mathscr{G}$ 各元之行列式值为 $+1$ 及 -1. 兹以 $+1, -1$ 及通常的乘法构成一个群 $\mathscr{G}'$. 此 $\mathscr{G}'$ 群显与 $\mathscr{G}$ 同态

$$\mathscr{G}' \sim \mathscr{G}$$

$\mathscr{G}'$ 的么元 $+1$ 与 $\mathscr{G}$ 的三维空间转动相应. 此等转动成一个正规子群.

此正规子群的因子群的级数为 2. 此因子群乃一循环群.

(二) 取 xy 一平面的等边三角形

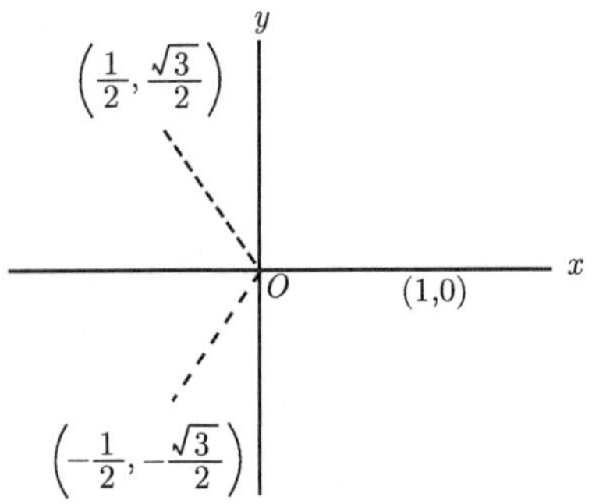

使

$$E=\begin{vmatrix}1 & 0\\ 0 & 1\end{vmatrix}$$

$$F=\begin{vmatrix}-\dfrac{1}{2} & -\dfrac{1}{2}\sqrt{3}\\ \dfrac{1}{2}\sqrt{3} & -\dfrac{1}{2}\end{vmatrix} \tag{11-83a}$$

$$D=\begin{vmatrix}-\dfrac{1}{2} & \dfrac{1}{2}\sqrt{3}\\ -\dfrac{1}{2}\sqrt{3} & -\dfrac{1}{2}\end{vmatrix}$$

表将 xy 一面绕原点转 $0°, 120°, 240°$ 的变换; 使

$$A=\begin{vmatrix}1 & 0\\ 0 & -1\end{vmatrix},\quad B=\begin{vmatrix}-\dfrac{1}{2} & -\dfrac{1}{2}\sqrt{3}\\ \dfrac{1}{2}\sqrt{3} & \dfrac{1}{2}\end{vmatrix}$$

$$C=\begin{vmatrix}-\dfrac{1}{2} & -\dfrac{1}{2}\sqrt{3}\\ -\dfrac{1}{2}\sqrt{3} & \dfrac{1}{2}\end{vmatrix} \tag{11-83b}$$

表下述变换: 先作对 $y=0$ 面反映, 继之作 $0°, 120°, 240°$ 的转动.

如定义 A, B, C, D, E, F 的乘法为矩阵乘法, 则我们甚易见 (83) 的矩阵, 满足第 (11-26) 表及 (11-26a) 的关系, 换言之, (83a), (83b) 的变换, 与 (26) 的 V_b 群相应. 又由 (11-43) 及 (11-70), 得见 (83a), (83b) 的 $A, B, \cdots, F$ 与置换群 S_3 有下式关系

$$E,\quad A=(2\quad 3),\quad B=(1\quad 2),\quad C=(1\quad 3),\quad D=(1\quad 3\quad 2)$$
$$F=(1\quad 2\quad 3) \tag{11-84}$$

换言之, (83a), (83b) 的群, 与 S_3 同构. 置换群 S_3 兹乃代表等边三角形的三个顶点的排列 (置换), 这些置换构成一个群, 和 (83a), (83b) 的变换构成的群, 有同构关系.

(三) $\mathscr{G}$ 为一个群. 兹拟构成一置换群 S, 使之与 $\mathscr{G}$ 同态.

设 $\mathscr{H}$ 为 $\mathscr{G}$ 的任一子群, 其指数为 m; G_j 为 $\mathscr{H}$ 之外的 $\mathscr{G}$ 一个元; 使 $\mathscr{H}$ 之旁集为 $\mathscr{H}G_1, \mathscr{H}G_2, \cdots, \mathscr{H}G_{m-1}$. 如 (从右方) 乘

$$\mathscr{H}, \mathscr{H}G_1, \cdots, \mathscr{H}G_{m-1} \tag{11-85}$$

以 $\mathscr{G}$ 的任一元 G_i. 其结果乃系

$$\mathscr{H}G_i, \mathscr{H}G_1G_i, \cdots, \mathscr{H}G_{m-1}G_i \tag{11-86}$$

此仅与 (85) 各旁集差了一个置换 (排列). 这个置换 (86), 相应于 $\mathscr{G}$ 群的 G_i 元. 我们可如 (86), 构成一个与 $\mathscr{G}$ 同态的置换群 $\mathscr{G}'$

$$\mathscr{G}' \sim \mathscr{G} \tag{11-87}$$

如欲使 G_i 于 (86) 使每一旁集皆不变, 换言之, 使 $\mathscr{G}'$ 群的么元相应于 G_i, 其必要及充足条件乃

$$H_\alpha G_i = H_\beta, \quad H_\alpha G_k G_i = H_\gamma G_k$$
$$k = 1, 2, \cdots, m-1 \tag{11-88}$$

$H_\alpha, H_\beta, H_\gamma$ 系 $\mathscr{H}$ 的元. 上条件可写作下式

$$G_i = {H_\alpha}^{-1} H_\beta, \quad G_i = ({G_k}^{-1} H_\alpha G_k)^{-1} ({G_k}^{-1} G_\gamma G_k) \tag{11-89}$$

此乃谓 G_i 同时属于 $\mathscr{H}$ 及所有的共轭子群 $G^{-1}{}_k \mathscr{H} G_k$,

$$G_i \in \mathscr{H}, \quad G_i \in {G_k}^{-1} \mathscr{X} G_k, \quad k = 1, 2, \cdots, m-1 \tag{11-90}$$

如 $\mathscr{X}$ 系 $\mathscr{G}$ 的正规子群 (即 $G^{-1} \mathscr{X} G = \mathscr{X}$), 则 (90) 隐示 G_i 属于 $\mathscr{X}$, 见 $\mathscr{G}'$ 与因子群

$$\mathscr{X}, \mathscr{X} G_1, \cdots, \mathscr{X} G_{m-1} \tag{11-91}$$

同构, 即

$$\mathscr{G}' \approx \frac{\mathscr{G}}{\mathscr{H}} \tag{11-92}$$

如 $\mathscr{X}$ 群只由么元构成, 则 $\mathscr{G}$ 与下置换群 $\mathscr{G}'$ 同构:

$$\mathscr{G}' : G_1 G_j, G_2 G_j, \cdots, G_n G_j, \quad j = 1, 2, \cdots, n \tag{11-93}$$

即

$$\mathscr{G} \approx \mathscr{G}' \tag{11-94}$$

(93) 的 $\mathscr{G}'$, 只与 $\mathscr{G}$ 有一个置换之差而已.*

11.7　直乘积 (direct product)

设 $\mathscr{G}, \mathscr{G}'$ 乃二任意 n, n' 级群

$$\mathscr{G} : G_0 = e, G_1, \cdots, G_{n-1} \tag{11-95}$$

* 下文第 13 章将述如何构成一个线性变换, 俾与一个群同构的问题 —— 表现论.

$$\mathscr{G}' : G_0' = e', G_1', \cdots, G'_{n-1}$$
$$G_i G_j' = G_j' G_i \tag{11-96}$$

兹作下 nn' 个元素, 构成一集, 表以

$$\begin{aligned}\mathscr{G} \times \mathscr{G}' : & ee', G_1 e', \cdots, G_{n-1} e'; \\ & eG'_1, G_1 G_1', \cdots, G_{n-1} G_1{}'; \cdots \\ & eG'_{n'-1}, G_1 G'_{n'-1}, \cdots, G_{n-1} G'_{n'-1}\end{aligned} \tag{11-97}$$

由

$$\begin{aligned}(G_i G_j')(G_k G_l') &= (G_i G_k)(G_j' G_l') \\ &= G_m G_n'\end{aligned}$$

$$(G_i G_j')^{-1} = G_j{}'^{-1} G_i = G_i G_j{}'^{-1} = G_i G_k'$$

故 $\mathscr{G} \times \mathscr{G}'$ 满足群的条件, 称为 $\mathscr{G}$ 与 $\mathscr{G}'$ 的直乘积.

如 $\mathscr{G}$ 有子群 $\mathscr{X}_1, \mathscr{X}_2, \cdots, \mathscr{X}_k$, 且除么元 e 外, 各子群无其他共同元素. 按 (97), $\mathscr{X}_j$ 的直乘积构成一个群 G

$$G = \mathscr{X}_1 \times \mathscr{X}_2 \times \cdots \times \mathscr{X}_k \tag{11-98}$$

$\mathscr{X}_j$ 称为 G 的直因子 (direct factor)

例 循环群 $n = 6, a, a^2, a^3, a^4, a^5, a^6 = e$

$$\begin{aligned}G : & \mathscr{X}_1(e, a^2, a^4) \\ & \mathscr{X}_2(e, a^3)\end{aligned}$$

$$G = \mathscr{X}_1 \times \mathscr{X}_2$$

第 12 章　线性变换群

12.1　线性正交变换群 O_n

第 11 章 (11-1) 表一个二维实数空间 (平面) 的线性变换之一种 —— 一个转动. 此物理的运作, 构成一个群, R_2 此变换的矩阵, 2×2 单位模幺正矩阵, 亦构一个群 SU_2 此两个群的"结构"相同. 此谓二群为同构 (isomorphic)

$$R_2 \approx SU_2$$

由此乃可应用群的表现理论于物理的问题, 此将于 13 章述之. 在本章中, 我们将述若干物理中所遇的线性变换的数学问题, 和这些变换与群论的关系.

兹取复数三维空间的线性正交变换

$$\boldsymbol{x}' = O_3\boldsymbol{x},\ 或\ x_i' = \alpha_{ij}x_j \tag{12-1}$$

$$O_3 = \begin{pmatrix} \alpha_{11} & \alpha_{12} & \alpha_{13} \\ \alpha_{21} & \alpha_{22} & \alpha_{23} \\ \alpha_{31} & \alpha_{32} & \alpha_{33} \end{pmatrix},\quad \det|Q_3| \neq 0 \tag{12-1a}$$

此复数空间的向量的长度, 系一复数. 此长度经 O_3 变换不变的条件为*

$$x_i'x_i' = (\alpha_{ij}x_j)(\alpha_{ik}x_k) = x_jx_j \tag{12-2}$$

或

$$\alpha_{ij}\alpha_{ik} = \delta_{jk},\quad j,k = 1,2,3 \tag{12-3}$$

由 (1), $\boldsymbol{x} = {O_3}^{-1}\boldsymbol{x}'$,

$$({O_3}^{-1})_{ij} = (O_3)_{ji} \tag{12-4}$$

故 (2) 条件的式 (3) 成为

$$\alpha_{ji}\alpha_{ki} = \delta_{jk} \tag{12-3a}$$

(3) 及 (3a) 乃所谓正交条件.

* 此处及下文, 皆采用取和的符号: 凡一指数如 i, 于一项中重复出现时, 即示对该指数 i 作 $i = 1,2,3,\cdots$ 之和.

兹继续作两个 O_3 变换, 由 x 至 x', 再由 x' 至 x''.

$$x'' = O_3' x', \quad x' = O_3 x$$

$$x'' = O_3' O_3 x \tag{12-5}$$

$$\equiv {O_3}'' x \tag{12-5a}$$

则直交条件

$$\begin{aligned} \alpha_{ij}'' \alpha_{ik}'' &= (\alpha_{im}' \alpha_{mj})(\alpha_{in}' \alpha_{nk}) \\ &= \delta_{mn} \alpha_{mj} \alpha_{nk} = \delta_{jk} \end{aligned}$$

又

$$\alpha_{ji}'' \alpha_{ki}'' = \delta_{jk} \tag{12-6}$$

与 (3), (3a) 同.

O_3 矩阵的 9 个 α_{ij} 间有 6 个正交关系 (3) 或 (3a). 故有 3 个独立复数参数, 或 6 个实数参数.

同理, 在四维复数空间, 线性正交变换

$$x' = O_4 x$$

O_4 为 4×4 矩阵. (4) 式兹成

$${O_3}^{-1} = \tilde{O}_3$$

(3) 成

$$\alpha_{ij} \alpha_{ik} = \delta_{jk}, \quad j, k = 1, 2, 3, 4$$

同理, O_n 乃 $n-$ 维复数空间线性正交变换.

$$\det|\tilde{O}_n| \det|O_3| = 1$$

或

$$(\det O_3)^2 = 1$$

故

$$\det O_3 = \pm 1 \tag{12-7}$$

行列式 $= \pm 1$ 的矩阵称为单位模矩阵; 行列式为 $+1$ 者为特殊单模 (special unimodular) 矩阵.

由上述 (5), (6), (7) 等结果, 得见:

$$O_n\text{构成一群 —— 单位模}n \times n\text{矩阵群} \tag{12-8}$$

O_3, O_4 的具有行列式 $= \pm 1$ 者, 乃 O_3, O_4 群的子群, 其符号为 SO_3, SO_4.

O_n 矩阵之具有行列式 $=-1$ 者, 因无单位元素, 故不构成一子群.

幺正矩阵 U_n

取 $n \times n$ 幺正矩阵 U_n(或 V_n)

$$U_n^+ = U_n^{-1} \tag{12-9}$$

故单位矩阵 1, $V_n U_n, U_n^{-1}$ 均系幺正矩阵. 故 U_n, V_n 幺正矩阵成一个群.

U_n, 亦如 O_n, 表一个线性变换, 其与 O_n 不同者, 乃

$$(U_n^{-1})_{ij} = (U_n{}^*)_{ji} \tag{12-10}$$

而非 (4) 式, 故 $\boldsymbol{x}$ 经 U_n 变换, $x_i{}^* x_i =$ 不变,

$$\begin{aligned} x_i^{*\prime} x_i' &= \beta_{ij}^* x_j^* \beta_{ikxk} = \beta_{ji}^{-1} \beta_{ik} x_j^* x_k \\ &= \delta_{jk} x_j^* x_k \\ &= x_j^* x_j \end{aligned} \tag{12-11}$$

U_n 群与 O_n 群的交接部分 (intersection), 有第 (10) 式与第 (4) 式二者的特性, 故

$$(O_n)_{ji} = (O_n^*)_{ji}, \quad \text{或}\tilde{O}_n = O_n^+, \tag{12-12}$$

换言之, 此交接部分的 O_n 矩阵元素系实数. 这些矩阵, 表 n 维实数空间的线性正交变换, 或 n 维实数空间的转动. 兹以 R_n 表此等矩阵.

$$\det R_n = \pm 1 \tag{12-13}$$

R_n 矩阵构成一个群, 称为 n 维单位模幺正群 (unimodular unitary group, in n dimensions)

R_n 群中的

$$\det R_n = 1 \tag{12-14}$$

$n \times n$ 幺正矩阵, 构成一个子群, 此表以 SR_n, 或 R_{np}. S 乃特殊 (special) 之意 ($\det R_n = 1$); p 乃正规 (proper) 之意.

R_n 群中的元, 其行列式等于负 1 者,

$$\det R_n = -1 \tag{12-15}$$

因无么元, 故不构成一子群. 兹以 $n=3$ 为例.

R_3 群中, R_{3p} 为一子群, 表三维实数空间的正规转动. 下式之 T

$$T=\begin{vmatrix}-1 & 0 & 0\\ 0 & -1 & 0\\ 0 & 0 & -1\end{vmatrix},\quad \det T=-1 \tag{12-15a}$$

系 R_3 群的一元素, TR_{3p}(或 $R_{3p}T$) 成一旁集. R_{3p} 乃 R_3 的一个正规子群, (R_{3p}, TR_{3p}) 系一因子群.* TR_{3p} 旁集中任二元的乘积的行列式 =1, 此可表以

$$(TR_{3p})^2=R_{3p}$$

故 (R_{3p}, TR_{3p}) 二元因子群亦系一循环群, 其级数为 2.

12.2 SC_2, SU_2 群, 转动群 R_{3p}

12.2.1 SC_2, SU_2 群

兹取二维复数空间. 两向量的变换, 表以下单位模矩阵式

$$\boldsymbol{x}'(u_1', u_2'),\quad \boldsymbol{x}(u_1, u_2)$$

$$\boldsymbol{x}'=\begin{pmatrix}a & b\\ c & d\end{pmatrix}\boldsymbol{x}^{**} \tag{12-16}$$

$$\det\begin{pmatrix}a & b\\ c & d\end{pmatrix}=1,\quad 或 ad-bc=1 \tag{12-17}$$

此变换不满足正交条件 (即 $u_1^2+u_2^2=$ 不变的条件). 惟此矩阵有其反矩阵

$$\begin{pmatrix}a & b\\ c & d\end{pmatrix}^{-1}=\begin{pmatrix}d & -b\\ -c & a\end{pmatrix}$$

又两个 (16) 矩阵之积, 亦系一单位模矩阵,

$$\det\begin{pmatrix}a & b\\ c & d\end{pmatrix}\begin{pmatrix}a' & b'\\ c' & d'\end{pmatrix}=\det\begin{pmatrix}aa'+bc' & ab'+bd'\\ ca'+dc' & cb'+dd'\end{pmatrix}$$
$$=1 \tag{12-18}$$

* 见第 11 章第 5 节末段.

** 参阅前文第 10 章第 1 节.

故 (16) 的单位模 2×2 矩阵构成一个群, 如 a,b,c,d 为复数则独立参数之数为 8−2=6. 此群称为 SC_2 群. 此群的参数的数, 与 Lorentz 群 Lp 的数同.

SC_2 群的一个子群, 可作下要求得之：如使 (16) 式矩阵为幺正的

$$\begin{pmatrix} a & b \\ c & d \end{pmatrix}^{+} = \begin{pmatrix} a & b \\ c & d \end{pmatrix}^{-1}$$

即

$$\begin{pmatrix} a^* & b^* \\ c^* & d^* \end{pmatrix} = \begin{pmatrix} d & -b \\ -c & a \end{pmatrix}$$

即得

$$a^* = d, \quad -b^* = c, \quad aa^* + bb^* = 1$$

此行列式等于 1 的幺正矩阵乃称为幺正单位模矩阵, 以 SU_2 表之

$$[SU_2] = \begin{pmatrix} a & b \\ -b^* & a^* \end{pmatrix} \tag{12-19}$$

$$\det[SU_2] = 1 \Rightarrow aa^* + bb^* = 1 \tag{12-20}$$

此矩阵乃有三个独立实数参数.

在 SU_2 变换下,

$$\begin{pmatrix} u_1' \\ u_2' \end{pmatrix} = \begin{pmatrix} a & b \\ -b^* & a^* \end{pmatrix}\begin{pmatrix} u_1 \\ u_2 \end{pmatrix}$$

$x(u_1,u_2)$ 的长度不变

$$u_1'u_1'^* + u_2'u_2'^* = u_1u_1^* + u_2u_2^* \tag{12-21}$$

(19) 的 $[SU_2]$ 有幺元 $a=a^*=1, b=b^*=0$; 有

$$\begin{bmatrix} a & b \\ -b^* & a^* \end{bmatrix}^{-1} = \begin{bmatrix} a^* & -b \\ b^* & a \end{bmatrix} \tag{12-22}$$

由 (18), 显见两矩阵的乘积, 有 $\det[SU_2]=1$ 性. 故 SU_2 构成一个群 ——SU_2 的一个子群.

SU_2 群乃一个 3- 参数群, 有 (21) 特性. SU_2 群的重要性, 乃因其和 R_{3p} 群, 同有三个参数, 故和 R_{3p} 有关. 见下文.

12.2.2 转动群 R_{3p}

兹以 Euler 角 ψ, θ, φ 示图 12.1 的转动.

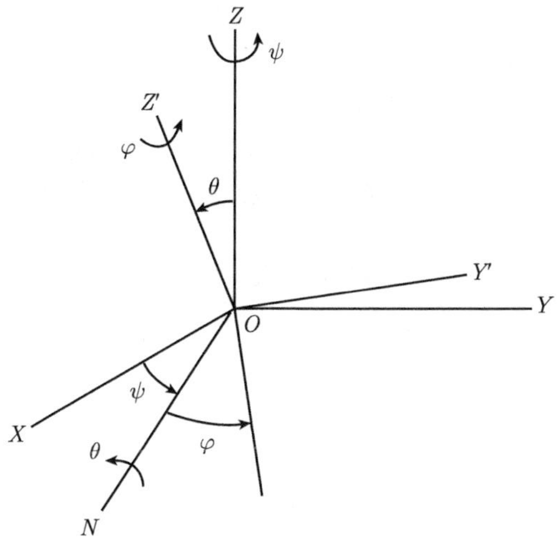

图 12.1

ZYX 为一固定坐标系; $X'Y'Z'$ 为一随着一转动的物体而转动的坐标系. 使 x, y, z 为一点 (在转动前) 的坐标; 使 x', y', z' 为该点 (随 $Z'Y'X'$ 轴转动后) 的坐标 (仍系对 ZYX 坐标系言).

任何的转动, 可以下述三个转动表出: (一) 绕 OZ 转角 ψ, 故 OX 乃由 OX 转至 ON 线, 继 (二) 绕 ON 转角 θ, 使原在 OZ 的 OZ' 轴转至 OZ'; 再 (三) 绕 OZ' 转角 φ, 使原在 ON 线的 OX' 轴转至 OX'(见图 12.1).

上述的三个转动的每一个转动, 各个别的引致下列的坐标变换:

$$R_\psi(Z)\begin{pmatrix} x' \\ y' \\ z' \end{pmatrix} = \begin{pmatrix} \cos\psi & -\sin\psi & 0 \\ \sin\psi & \cos\psi & 0 \\ 0 & 0 & 1 \end{pmatrix}\begin{pmatrix} x \\ y \\ z \end{pmatrix} \tag{12-23}$$

$$R_\theta(X)\begin{pmatrix} x' \\ y' \\ z' \end{pmatrix} = \begin{pmatrix} 1 & 0 & 0 \\ 0 & \cos\theta & -\sin\theta \\ 0 & \sin\theta & \cos\theta \end{pmatrix}\begin{pmatrix} x \\ y \\ z \end{pmatrix} \tag{12-24}$$

$$R_\varphi(Z)\begin{pmatrix} x' \\ y' \\ z' \end{pmatrix} = \begin{pmatrix} \cos\varphi & -\sin\varphi & 0 \\ \sin\varphi & \cos\varphi & 0 \\ 0 & 0 & 1 \end{pmatrix}\begin{pmatrix} x \\ y \\ z \end{pmatrix} \tag{12-25}$$

上述三个转动, 乃绕不同的轴的转动, 故我们需作下述步骤:

(1) 首作绕 OZ 的转动, 其角为 ψ,

$$R_\psi \tag{12-26}$$

OX 乃移至 OX'(沿 ON 线).

(2) 次作绕 $OX'(ON)$, 其角为 θ:

兹欲用 (24) 式. 故先作 $(R_\psi)^{-1}$, 使转动轴由 ON 回至 OX; 继作 R_θ 如 (24); 再作 R_ψ, 使 OX 轴绕 OZ 回至 ON. 故绕 ON 作 θ 角转动乃表以

$$R_\psi R_\theta (R_\psi)^{-1} \tag{12-27}$$

第 (26), (27) 两个转动, 乃表以

$$R_\psi R_\theta {R_\psi}^{-1} R_\psi = R_\psi R_\theta \tag{12-28}$$

(3) 兹绕 OZ', 作角 φ 的转动.

先作 $(R_\psi R_\theta)^{-1}$, 使转动轴由 ON 回至 OZ; 继作 (25) 式的 R_ψ, 绕 OZ 转角 φ; 再作 $R_\psi R_\theta$, 使转动轴由 OZ 回到 ON. 故绕 OZ' 作 φ 角转动乃表以

$$R_\psi R_\theta R_\varphi (R_\psi R_\theta)^{-1} \tag{12-29}$$

(4) 三个 ψ, θ, φ Euler 角的转动, 乃表以

$$R_\psi R_\theta R_\varphi (R_\psi R_\theta)^{-1} R_\psi R_\theta = R_\psi R_\theta R_\varphi \tag{12-30}$$

由 (23), (24), (25), 即得 *

$$R_{3p} = R_\psi R_\theta R_\varphi = \begin{pmatrix} c\psi c\varphi - s\psi s\varphi c\theta & -c\psi s\varphi - s\psi c\varphi c\theta & s\psi s\theta \\ +s\psi c\varphi + c\psi s\varphi c\theta & -s\psi s\varphi + c\psi c\varphi c\theta & -c\psi s\theta \\ s\varphi s\theta & +c\varphi s\theta & c\theta \end{pmatrix} \tag{12-31}$$

$$c \equiv \cos, \quad s \equiv \sin$$

兹引入 Cayley-Klein 参数

$$a = \cos\frac{\theta}{2}\mathrm{e}^{-\frac{\mathrm{i}}{2}(\psi+\varphi)}, \quad b = -\mathrm{i}\sin\frac{\theta}{2}\mathrm{e}^{-\frac{\mathrm{i}}{2}(\psi-\varphi)} \tag{12-32}$$

$$aa^* + bb^* = 1 \tag{12-32a}$$

---

* (31) 式见《理论物理第一册: 古典动力学》甲部第 7 章第 1 节 (7-10) 式. (33) 式见该处 (7-8) 式, 如 $\alpha, \beta, \gamma, \delta$ 改写为 a, b 如下 (32) 式. 注意: (23)–(25) 式的变换为 $x' = x\cos\psi - y\sin\psi$, $y' = x\sin\psi + y\cos\psi$.

$$R_{3p}=\begin{pmatrix} \frac{1}{2}[a^2+a^{*2}-b^2-b^{*2}] & -\frac{\mathrm{i}}{2}[a^2-a^{*2}+b^2-b^{*2}] & -[ab+a^*b^*] \\ \frac{\mathrm{i}}{2}[a^2-a^{*2}-b^2+b^{*2}] & \frac{1}{2}[a^2+a^{*2}+b^2+b^{*2}] & -\mathrm{i}[ab-a^*b^*] \\ ab^*+a^*b & -\mathrm{i}[ab^*-a^*b] & aa^*-bb^* \end{pmatrix} \tag{12-33}$$

R_{3p} 有 a,b 两个复数参数, 二者有 (32a) 式关系, 故有三个实数参数. 此与 SU_2 矩阵 (19) 及 (20) 关系同,

$$SU_2=\begin{vmatrix} a & b \\ -b^* & a^* \end{vmatrix}, \quad aa^*+bb^*=1 \tag{12-34}$$

我们现可觅三个 SU_2 矩阵, 相应于 (23)—(35) 三个转动于 (32), (33) 式中, 即得

$$\begin{aligned} &R_\psi(\theta=\varphi=0), \quad a=\mathrm{e}^{-\frac{\mathrm{i}}{2}\psi}, \quad b=0, \\ &R_\theta(\varphi=\psi=0), \quad a=\cos\frac{\theta}{2}, \quad b=-\mathrm{i}\sin\frac{\theta}{2} \\ &R_\varphi(\theta=\psi=0), \quad a=\mathrm{e}^{-\frac{\mathrm{i}}{2}\varphi}, \quad b=0 \end{aligned} \tag{12-35}$$

故转动 $R_\psi, R_\theta, R_\varphi$ 与幺正单位模矩阵 SU_2 的关系, 乃如下表

	R_ψ	R_θ	R_φ
SU_2	$\begin{vmatrix} \mathrm{e}^{-\mathrm{i}\psi/2} & 0 \\ 0 & \mathrm{e}^{\mathrm{i}\psi/2} \end{vmatrix}$	$\begin{vmatrix} \cos\frac{\theta}{2} & -\mathrm{i}\sin\frac{\theta}{2} \\ -\mathrm{i}\sin\frac{\theta}{2} & \cos\frac{\theta}{2} \end{vmatrix}$	$\begin{vmatrix} \mathrm{e}^{-\mathrm{i}\psi/2} & 0 \\ 0 & \mathrm{e}^{\mathrm{i}\psi/2} \end{vmatrix}$ *

(12-36)

$$\begin{aligned} SU_2(\psi)SU_2(\theta)SU_2(\varphi) &= \begin{vmatrix} \cos\frac{\theta}{2}\mathrm{e}^{\frac{-\mathrm{i}}{2}(\varphi+\psi)} & -\mathrm{i}\sin\frac{\theta}{2}\mathrm{e}^{\frac{\mathrm{i}}{2}(\varphi-\psi)} \\ -\mathrm{i}\sin\frac{\theta}{2}\mathrm{e}^{\frac{\mathrm{i}}{-2}(\varphi-\psi)} & \cos\frac{\theta}{2}\mathrm{e}^{\frac{\mathrm{i}}{2}(\varphi+\psi)} \end{vmatrix} \\ &= \begin{vmatrix} a & b \\ -b^* & a^* \end{vmatrix} \end{aligned} \tag{12-37}$$

---

* 此处的幺正矩阵 $SU_2(\psi), SU_2(\theta), SU_2(\varphi)$ 可以 Pauli 的四个 2×2 矩阵之:

$$\sigma_1=\begin{pmatrix} 0 & 1 \\ 1 & 0 \end{pmatrix}, \quad \sigma_2=\begin{pmatrix} 0 & -\mathrm{i} \\ \mathrm{i} & 0 \end{pmatrix}, \quad \sigma_3=\begin{pmatrix} 1 & 0 \\ 0 & -1 \end{pmatrix}, \quad \sigma_4=\begin{pmatrix} 0 & 1 \\ 1 & 0 \end{pmatrix}$$

$$\begin{aligned} SU_2(\psi)&=\cos\frac{\psi}{2}\sigma_4+\mathrm{i}\sin\frac{\psi}{2}\sigma_3 \\ SU_2(\theta)&=\cos\frac{\theta}{2}\sigma_4+\mathrm{i}\sin\frac{\theta}{2}\sigma_3 \\ SU_2(\varphi)&=\cos\frac{\varphi}{2}\sigma_4+\mathrm{i}\sin\frac{\varphi}{2}\sigma_3 \end{aligned} \tag{12-38}$$

见本册第 4 章 (4-79, 82, 84) 各式.

以此与 (31), (33) 比较, 得见 SU_2 群与 R_{3p} 皆系 3- 参数群, 且皆系非交换群 (non-abelian).

上述的 SU_2 群与 R_{3p} 群的关系, 有一极重要点, 务宜注意. (33) 式的 R_{3p} 中的参数 a, b, 皆作二次方, 故每一个 R_{3p} 矩阵, 与两个 SU_2 相应,

$$R_{3p}(a,b)\text{相应于}SU_2 = \begin{vmatrix} a & b \\ -b^* & a^* \end{vmatrix} \text{及} \begin{vmatrix} -a & -b \\ b^* & -a^* \end{vmatrix} \tag{12-39}$$

或以 θ, φ, ψ 角表之, 则当

$$\theta, \varphi, \psi\text{变为}\theta + 2\pi, \varphi + 2\pi, \psi + 2\pi$$

时,

$$\begin{vmatrix} a & b \\ -b^* & a^* \end{vmatrix} \text{变为} \begin{vmatrix} -a & -b \\ b^* & -a^* \end{vmatrix}$$

而

$$R_{3p}(\theta, \varphi, \pi)\text{或}R_{3p}(a, b)\text{不变}$$

故 R_{3p} 与 SU_2 系同态而非同构的

$$R_{3p} \sim SU_2 \tag{12-40}$$

R_{3p} 和 SU_2 只是同态而不是同构的关系, 在前第 10 章第 3 节述旋量 (spinor) 时已曾见到. 读者此时可重读该章 (10-122)—(10-134) 各式. (10-126)—(10-134) 各式, 和上 (12-39) 相同.

13 章第 4 节末, (13-69) 式将见 $[SU_2]$ 的 D^1 表现, 即系 (12-33) 式.

12.2.3 SC_2 群

由 (12-16), (12-17) 式, SC_2 矩阵

$$\begin{vmatrix} a & b \\ c & d \end{vmatrix}, \quad \det \begin{vmatrix} a & b \\ c & d \end{vmatrix} = ad - bc = 1$$

有 6 个实数参数. 我们将见 SC_2 群和所谓正规 (proper)Lorentz 群 L_p 有同态关系

$$SC_2 \sim L_p$$

12.3 节将先述 Lorentz 群 L 和他的子群 L_p 的性质.

12.3 Lorentz 群;L,L_p

O_4 群 —— 四维复数空间线性正交变换群 —— 的一特例乃 Lorentz 变换群. 兹采 Minkowski 的四维复数空间, x_1, x_2, x_3 为实数, x_4 为虚数 *

$$x_1, x_2, x_3, x_4 = ict \tag{12-41}$$

按 (2), (3) 条件,

$$x_1^2 + x_2^2 + x_3^2 + x_4^2 = \text{不变值}$$

乃成

$$x^2 + y^2 + z^2 - c^2t^2 = \text{不变值} \tag{12-42}$$

(41), (42) 条件对 L 变换, $L = L(a_{\mu\nu})$,

$$x' = Lx \tag{12-43}$$

所加的条件乃

$$\begin{aligned} &a_{jk}, a_{44} = \text{实数}, \quad (i, k = 1, 2, 3) \\ &a_{j4}, a_{4j} = \text{虚数} \end{aligned} \tag{12-44}$$

由于 (2) 的条件

$$a_{\lambda\mu} a_{\lambda\nu} = \delta_{\mu\nu} \tag{12-45}$$

16 个数 $a_{\mu\nu}$ 中只有 6 个独立数 (参数). 故 L 群乃系四维空间 6 个实数参数的单位模 4×4 矩阵群.

$$\det L = \pm 1 \tag{12-46}$$

由于 (44) 的条件, 第 (45) 式中取 $\mu = \nu = 4$ 之条件乃

$$\begin{aligned} &a_{\lambda 4} a_{\lambda 4} = a_{14}^2 + a_{24}^2 + a_{34}^2 + a_{44}^2 = 1 \\ &a_{14}^2, a_{24}^2, a_{34}^2 < 0 \end{aligned} \tag{12-47a}$$

$$a_{44}^2 \geqslant 1 \tag{12-47b}$$

由 (47-b), 可得下列两情形:

$$a_{44} \geqslant 1, \text{相当于时间 } t \text{ 与 } t' \text{ 同向} \tag{12-48}$$

---

* 参阅《理论物理第四册: 相对论》甲部第 3 章. 下文将用希腊字母表四维空间的指数 $\mu, \nu = 1, 2, 3, 4$; 拉丁字母则表 1, 2, 3.

$$a_{44} \leqslant -1, \text{相当于时间 } t \text{ 与 } t' \text{ 的反向} \tag{12-49}$$

由于 (46) 关系, L 群可分为下列四个子集:

$$\begin{aligned}
&(1)L_+(\uparrow): a_{44} \geqslant 1, \quad \det L = +1, \quad (L_p)\\
&(2)L_+(\downarrow): a_{44} \leqslant -1, \quad \det L = +1,\\
&(3)L_-(\uparrow): a_{44} \geqslant 1, \quad \det L = -1,\\
&(4)L_-(\downarrow): a_{44} \leqslant -1, \quad \det L = -1.
\end{aligned} \tag{12-50}$$

$L_+(\uparrow)$ 构成所谓正规 (proper)Lorentz 变换下, 以 L_p 表之. 此子群的一特例, 乃通常的特殊 Lorentz 变换. 此 L_p 系一连续群 (可有无限小 infinitesimal 变换; 参数 $v \to 0$).

$L_+(\uparrow) + L_+(\downarrow)$ 构成一个子群, 以 L_f 表之; 此 L_f 已非连续群.

$L_+(\uparrow) + L_-(\uparrow)$ 构成一个子群, $L(\uparrow)$; 此子群乃非连续群, 因行列式变号, 包含空间的反投 $\boldsymbol{r} \to -\boldsymbol{r}$ 或映射 $x_1 \to -x_1$ 也.

$L_-(\uparrow)$ 因无么元, 不构成一个子群.

$L_+(\downarrow) + L_-(\downarrow)$ 亦无么元, 不构成一个子群

$L_-(\downarrow)$ 同理亦不构成一个子群. $L_-(\downarrow)$ 的一特例为 $t \to -t$

$$a_{j\mu} = \delta_{j\mu}, \quad a_{44} = -1$$

兹取 L_p 群 $(= L_+(\uparrow))$ 的一特殊子群 L_s

$$x' = L_s x, \quad x = L^{-1}x' \tag{12-51}$$

$$L_s = \begin{pmatrix} \gamma & 0 & 0 & \mathrm{i}\gamma\beta \\ 0 & 1 & 0 & 0 \\ 0 & 0 & 1 & 0 \\ -\mathrm{i}\gamma\beta & 0 & 0 & \gamma \end{pmatrix}, \quad L_s^{-1} = \tilde{L}_s \tag{12-52}$$

$$\gamma = \frac{1}{\sqrt{1-\beta^2}}, \quad \beta = \frac{v}{c} \tag{12-53}$$

$$\det L_s = \det {L_s}^{-1} = 1 \tag{12-54}$$

L_s 系 O_4 的一个子群. 由参数 v_1, v_2 的先后两个变换,

$$\gamma_1, \beta_1; \quad \gamma_2, \beta_2, \quad \beta_1 = \frac{v_1}{c}\text{余类推}$$

即得

$$\begin{pmatrix} \gamma_2 & 0 & 0 & \mathrm{i}\gamma_2\beta_2 \\ 0 & 1 & 0 & 0 \\ 0 & 0 & 1 & 0 \\ -\mathrm{i}\gamma_2\beta_2 & 0 & 0 & \gamma_2 \end{pmatrix} \begin{pmatrix} \gamma_1 & 0 & 0 & \mathrm{i}\gamma_1\beta_1 \\ 0 & 1 & 0 & 0 \\ 0 & 0 & 1 & 0 \\ -\mathrm{i}\gamma_1\beta_1 & 0 & 0 & \gamma_1 \end{pmatrix} \tag{12-55}$$

兹使

$$v_3 \equiv \frac{v_1 + v_2}{1 + \beta_1\beta_2}, \quad \beta_3 \equiv \frac{v_3}{c}, \quad \gamma_3 = \frac{1}{\sqrt{1 - \beta_3^2}} \tag{12-56}$$

则

$$\gamma_1\gamma_2(1 + \beta_1\beta_2) = \gamma_3$$

而 (55) 式成

$$\begin{pmatrix} \gamma_3 & 0 & 0 & \mathrm{i}\gamma_3\beta_3 \\ 0 & 1 & 0 & 0 \\ 0 & 0 & 1 & 0 \\ -i\gamma_3\beta_3 & 0 & 0 & \gamma_3 \end{pmatrix} \tag{12-55a}$$

而此乃 $v = v_3$ 的 Lorentz 变换 (52) 也. 故 (55a) 式显示 L_s 满足群的条件; 同时亦得 (56) 式的"速度之和"关系.

一个任意 L_p 矩阵, 可证明由下乘积构成

$$L_p = L_{r'} L_s L_{r''} \tag{12-57}$$

L_s 乃上 (52) 式, $L_{r'}, L_{r''}$ 乃下只包含三维实数空间的转动的两个 Lorentz 变换.

$$L_r = \begin{pmatrix} a_{11} & a_{12} & a_{13} & 0 \\ a_{21} & a_{22} & a_{23} & 0 \\ a_{31} & a_{32} & a_{33} & 0 \\ 0 & 0 & 0 & 1 \end{pmatrix}, \quad \det L_r = +1 \tag{12-58}$$

$$a_{\lambda\mu} a_{\lambda\nu} = \delta_{\mu\nu}$$

一个任意的 Lorentz 变换, 则可由 L_p 及下列的特殊变换的乘积得之

$$L = L_p L_T; L_p L_I; L_p L_T L_s \tag{12-59}$$

$$L_T = \begin{pmatrix} 1 & 0 & 0 & 0 \\ 0 & 1 & 0 & 0 \\ 0 & 0 & 1 & 0 \\ 0 & 0 & 0 & -1 \end{pmatrix}, \quad L_I = \begin{pmatrix} -1 & 0 & 0 & 0 \\ 0 & -1 & 0 & 0 \\ 0 & 0 & -1 & 0 \\ 0 & 0 & 0 & 1 \end{pmatrix} \tag{12-60}$$

由 (52), 得见 L_s(及 L_p) 非幺正矩阵, 而只系单位模 (行列式 =1) 矩阵.

兹可证明 L_p 群与 SC_2 群有同态关系如下. 由 (45) 及 (50) 的第一式, L_p 的矩阵 $a_{\lambda\mu}$ 有下述特性

$$a_{\lambda\mu} a_{\lambda\nu} = \delta_{\mu\nu} \quad (\text{故有 6 个独立参数})$$

$$\det|a_{\lambda\mu}| = 1 \tag{12-61}$$

兹取下述的矩阵

$$A = \begin{pmatrix} a_1 & a_2 & -a_3 & a_4 \\ -a_2 & a_1 & a_4 & a_3 \\ a_3 & -a_4 & a_1 & a_2 \\ -a_4 & -a_3 & -a_2 & a_1 \end{pmatrix} \tag{12-62}$$

其 a_1, a_2, a_3, a_4 皆系复数, 满足下关系

$$a_1^2 + a_2^2 + a_3^2 + a_4^2 = 1 \tag{12-63}$$

由 (62), (63), 得见 A 有 6 个独立实数参数, 且满足 (61) 式的条件,

$$\det A = 1 \tag{12-64}$$

A 有 A^{-1} 存在,

$$A^{-1} = \begin{vmatrix} a_1 & -a_2 & a_3 & -a_4 \\ a_2 & a_1 & -a_4 & -a_3 \\ -a_3 & a_4 & a_1 & -a_2 \\ a_4 & a_3 & a_2 & a_1 \end{vmatrix} = \tilde{A}, \quad \det A^{-1} = 1 \tag{12-65}$$

兹取 B 矩阵如下 ($a_i{}^*$ 为 a_i 的共轭复数, $i = 1, 2, 3, 4$)

$$B = \begin{vmatrix} a_1^* & a_2^* & -a_3^* & -a_4^* \\ -a_2^* & a_1^* & a_4^* & -a_3^* \\ a_3^* & -a_4^* & a_1^* & -a_2^* \\ a_4^* & a_3^* & a_2^* & a_1^* \end{vmatrix}, \quad \begin{gathered} a_1^{*2} + a_2^{*2} + a_3^{*2} + a_4^{*2} = 1 \\ \det B = 1 \end{gathered} \tag{12-66}$$

由 (64) 及 (66), 即得

$$\begin{aligned} &\det(AB) = \det A \det B = 1 \\ &(AB)_{jk}\text{皆实数}(j, k = 1, 2, 3) \\ &(AB)_{j4}, (AB)_{4j}\text{皆虚数}(j = 1, 2, 3) \\ &(AB)_{44} = |a_1|^2 + |a_2|^2 + |a_3|^2 + |a_4|^2 = 1 \end{aligned}$$

(67) 各关系, 恰和 (44), (45)Lorentz 群 L_p 相符. 故 L_p 群的各元素皆可以 AB 矩阵表之.

兹使

$$
\begin{aligned}
c_+ &\equiv a_1 + \mathrm{i}a_2, \quad c_- \equiv a_1 - \mathrm{i}a_2, \\
d_+ &\equiv a_3 + \mathrm{i}a_4, \quad d_- \equiv a_3 - \mathrm{i}a_4.
\end{aligned}
\tag{12-68}
$$

引入 2×2 矩阵 M 如下

$$
M \equiv \begin{vmatrix} c_+ & -\mathrm{i}d_+ \\ -\mathrm{i}d_- & c_- \end{vmatrix} = \text{单位模矩阵} \tag{12-69}
$$

并构成下直乘积 (direct product)

$$
\begin{aligned}
[M\times 1] &= \begin{pmatrix} c_+ & -\mathrm{i}d_+ \\ -\mathrm{i}d_- & c_- \end{pmatrix} \times \begin{pmatrix} 1 & 0 \\ 0 & 1 \end{pmatrix} \\
&= \begin{pmatrix} c_+\begin{pmatrix} 1 & 0 \\ 0 & 1 \end{pmatrix} & -\mathrm{i}d_+\begin{pmatrix} 1 & 0 \\ 0 & 1 \end{pmatrix} \\ -\mathrm{i}d_-\begin{pmatrix} 1 & 0 \\ 0 & 1 \end{pmatrix} & c_-\begin{pmatrix} 1 & 0 \\ 0 & 1 \end{pmatrix} \end{pmatrix}
\end{aligned}
\tag{12-70}
$$

$$
[1\times M^*] = \begin{vmatrix} \begin{pmatrix} c_+^* & +\mathrm{i}d_+^* \\ -\mathrm{i}d_-^* & c_-^* \end{pmatrix} & 0 \\ 0 & \begin{pmatrix} c_+^* & \mathrm{i}d_+^* \\ \mathrm{i}d_-^* & c_-^* \end{pmatrix} \end{vmatrix} \tag{12-71}
$$

又定义幺正矩阵 U

$$
U = \frac{1}{\sqrt{2}}\begin{pmatrix} 0 & 1 & -1 & 0 \\ 0 & \mathrm{i} & \mathrm{i} & 0 \\ -\mathrm{i} & 0 & 0 & \mathrm{i} \\ 1 & 0 & 0 & 1 \end{pmatrix},
$$

$$
U^{-1} = U^+ = \frac{1}{\sqrt{2}}\begin{pmatrix} 0 & 0 & \mathrm{i} & 1 \\ 1 & -\mathrm{i} & 0 & 0 \\ -1 & -\mathrm{i} & 0 & 0 \\ 0 & 0 & -\mathrm{i} & 1 \end{pmatrix} \tag{12-72}
$$

由此即可证明

$$
\begin{aligned}
U[M\times 1]U^{-1} &= A, \quad \text{(62)式} \\
U[1\times M^*]U^{-1} &= B, \quad \text{(66)式}
\end{aligned}
\tag{12-73}
$$

或

$$
\begin{aligned}
U^{-1}AU &= M\times 1 \\
U^{-1}BU &= 1\times M^*
\end{aligned}
\tag{12-74}
$$

换言之, A, B 经幺正变换 U 即成 SC_2 群 M, M^* 与 1 的直乘积.

由 (74), 得见

$$U^{-1}ABU = [M \times 1][1 \times M^*]$$

更由 (70), (71),

$$\begin{aligned} &= M \times M^* \\ &= \begin{bmatrix} a_1 + \mathrm{i}a_2 & a_1 - \mathrm{i}a_2 \\ a_3 + \mathrm{i}a_4 & a_3 - \mathrm{i}a_4 \end{bmatrix} \times \begin{bmatrix} a_1^* - \mathrm{i}a_2^* & a_1^* + \mathrm{i}a_2^* \\ a_3^* - \mathrm{i}a_4 & a_3^* + \mathrm{i}a_4 \end{bmatrix} \end{aligned} \qquad 12\text{-}75$$

由 (67), 已见 AB 乘积与 L_p 矩阵相应. 兹由 (75), 得见 AB 经一幺正变换, 可表为 SC_2 矩阵 M, M^* 的直乘积. 故 L_p 与 (单位模)SC_2 群有同态性, (homomorphism)

$$L_p \sim SC_2 \qquad (12\text{-}76)$$

第 13 章　群的表现论

13.1　定　　义

群的表现 (representation) 论的基础概念, 是群的同态 (homomorphism) 和同构 (isomorphism) 性. 同态和同构的概念和例子, 已属于前二章述及.* 在述表现理论前, 我们将于本节中先述若干定义和定理

13.1.1　同构与忠实的表现 (faithful representation)

设 $\mathscr{G}$ 为一个群, 其元为 G_1, G_2,$\cdots$,$\mathscr{F}$ 为另一个群, 其元 F_1, F_2, $\cdots$, 每一 F_j 与一 G_j 有 1-1 的相应关系, 换言之,$\mathscr{G}$ 与 $\mathscr{F}$ 系同构

$$\mathscr{G} \approx \mathscr{F}$$

如是, 则 $\mathscr{F}$ 谓为 $\mathscr{G}$ 的一个 "忠实的表现".$\mathscr{G}$ 群与 $\mathscr{F}$ 群的级数 (order) 相同.

13.1.2　以线性变换群 $\mathscr{L}_n$ 作 $\mathscr{G}$ 群的表现

设 $\mathscr{L}_n$ 的元为矩阵 L_0, L_1, L_2,$\cdots$; $\mathscr{G}$ 的元为 G_1,G_2,$\cdots$.
兹

$$\mathscr{L}_n \approx \mathscr{G}$$

$\mathscr{G}$ 的么元与单位矩阵相应,

$$G_0 = \begin{pmatrix} 1 & & & & 0 \\ & 1 & & & \\ & & 1 & & \\ & & & 1 & \\ 0 & & & & \ddots \end{pmatrix} = L_0$$

13.1.3　同态; 因子群同构

设 $\mathscr{G}$ 群有 h 个元皆与 $\mathscr{L}$ 群的么元 L_0 相应,

$$G_{\alpha_1}, G_{\alpha_2}, \cdots, G_{\alpha_h} = L_0 (= \text{单位矩阵})$$

---

* 为便于检阅计, 兹将指引参考处如下:

(1) 同构, 同态, 第 11 章 (11-14,14a) 式;(11-32);

(2) 同构, 例, 第 11 章第 2,(9),(11) 节; 第 3 节 (11-46);

(3) *Cayley* 定理 (同构), 第 11 章第 3 节; 例 $V_6 \approx S_3$ 见 (12-69,70);

(4) 同态, 同构, 第 11 章第 6 节;

(5) 同态,$R_{3p} \sim SU_2$, 第 12 章第 2(2) 节,(12-40);

(6) 同态,$L_p \sim SC_2$, 第 12 章第 3 节,(12-76).

此情形于下述 $\mathscr{G}_h$ 群发生:$G_{\alpha_1},\cdots,G_{\alpha_h}$ 构成一个子群 $\mathscr{H}$,

$$\mathscr{H} = L_0 \tag{13-1}$$

按第 11 章第 5 节 (11-78), 此子群系一个正规子群, 盖 $G_i\mathscr{H} = L_iL_0 = L_i$, $\mathscr{H}G_i = L_0L_i = L_i$, 故 $G_i\mathscr{H} = \mathscr{H}G_i$ 也.

又按第 11 章第 5(3) 节,$\mathscr{H}$ 与其旁集构成一个因子群, 其级数乃 $\mathscr{H}$ 在 $\mathscr{G}$ 的指数 $m = \dfrac{n}{h}$.

故线性变换群 $\mathscr{L}$ 系与 $\mathscr{G}$ 同态, 而与 $\mathscr{H}$ 之因子群同构

$$\mathscr{L} \sim \mathscr{G}$$

$$\mathscr{L} \approx \mathscr{G}/\mathscr{H} \tag{13-2}$$

在此情形下,$\mathscr{H}$ 的每一个旁集所有的元 $\mathscr{H}G_i$, 皆与同个 L_i 矩阵相应.

如我们觅得对一个正规子群 $\mathscr{H}$ 的因子群 $\mathscr{G}/\mathscr{H}$ 的一个表现, 则我们自然地也有了整个 $\mathscr{G}$ 群的一个表现.

13.1.4 表现的对角和 (characters)

上节用矩阵 $\mathscr{L}$ 群为 $\mathscr{G}$ 群的表现. 兹欲求一个表现的一些内在特性, 我们定义一个表现的对角元之和为表现 $\mathscr{L}$ 的 L 的对角和 (character), 符号 $\chi(L)$

$$\chi(L) = \sum_j \mathscr{L}_{jj}(L) \tag{13-3}$$

因一个矩阵的对角和 (trace 或 spur) 不因相似变换而变, 故相等的表现的 χ 值, 皆相同.(见下节)

13.1.5 相等的表现 (equivalent representations)

设 S 为一非奇异 (non-singular) 矩阵 (与 L_j 同行数 n). 兹作一相似 (similarity) 变换

$$L_j = SL_jS^{-1}, \quad j = 0, 1, 2, \cdots \tag{13-4}$$

故

$$L_jL_k = SL_jS^{-1}SL_kS^{-1} = SL_jL_kS^{-1}$$

如 $\mathscr{L}(L_j)$ 系 $\mathscr{G}$ 的一个表现, 则 L_0, L_1, L_2,$\cdots$ 显亦 $\mathscr{G}$ 的一个表现. 换言之, 由 $\mathscr{L}_n$ 经相似变换的 $S\mathscr{L}_nS^{-1}$ 群, 系 $\mathscr{G}$ 的 “相等表现”.

设 $\boldsymbol{x}(x_1, \cdots, x_n)$ 系 n-维空间 *的一向量,L_j 系一线性变换

$$\boldsymbol{x}' = L_j\boldsymbol{x} \tag{13-5}$$

* 称为 L_j 等变换的 carricr 空间.

兹另取一坐标系轴, 使 $\boldsymbol{x}$ 的新分量 $\boldsymbol{y}(y_1,\cdots,y_n)$ 与 $\boldsymbol{x}(x_1,\cdots,\cdots,x_n)$ 间的关系为

$$\boldsymbol{y}=S\boldsymbol{x}, \tag{13-6}$$

$$\boldsymbol{y}'=S\boldsymbol{x}'=SL_j\boldsymbol{x}=(SL_jS^{-1})\boldsymbol{y} \tag{13-7}$$

由 (5) 及 (7), 得见 "相等的表现"SL_jS^{-1}, 乃系由 L_j 的 carrier 空间作一坐标变换 (6) 得来.

13.1.6 可约的 (reducible) 与不可约的 (irreducible) 表现

设 A_i 系 $l\times l$ 矩阵,B_j 系 $m\times m$ 矩阵,C_k 系 $n\times n$ 矩阵;A, B, C 系群出的三个表现

兹定义矩阵的直和 (direct sum) 为下列的准对角 (quasi-diagonal) 矩阵:

$$A+B+C=\begin{vmatrix} A & 0 & 0\\ 0 & B & 0\\ 0 & 0 & C\end{vmatrix} \tag{13-8}$$

如 A', B', C' 系 $l\times l$,$m\times m$, $n\times n$ 的矩阵, 准对角矩阵乘积的定义为

$$\begin{vmatrix} A & 0 & 0\\ 0 & B & 0\\ 0 & 0 & C\end{vmatrix}\begin{vmatrix} A' & 0 & 0\\ 0 & B' & 0\\ 0 & 0 & C'\end{vmatrix}=\begin{vmatrix} AA' & 0 & 0\\ 0 & BB' & 0\\ 0 & 0 & CC'\end{vmatrix} \tag{13-9}$$

按 (9), 如 A, B, C 各系 $\mathscr{G}$ 的一个表现, 则 (8) 式的准对角矩阵亦系一个表现, 盖如 A_j, A'_k 构成一个群,B_j, B'_k;C_j, C'_k 各构成一个群,(8) 的矩阵满足 (9) 式的乘法, 则 (8) 式的准矩阵亦构成一个群也.

兹以 D_k 代表 (8) 式矩阵

$$D_k\equiv\begin{vmatrix} A_k & 0 & 0\\ 0 & B_k & 0\\ 0 & 0 & C_k\end{vmatrix} \tag{13-10}$$

按上节,D_k 经一个相似变换 S, 亦系 $\mathscr{G}$ 的一个表现,

$$D'_k=SD_kS^{-1} \tag{13-11}$$

惟 (10) 式的准对角性, 一般言之, 经 S 变换成 (11) 式后, 将不复有 (10) 式的准对角性了.

反之, 如 $\mathscr{G}$ 的一个表现 D', 原系 $(l+m+n)\times(l+m+n)$ 矩阵, 经一个相似变换 S 后化为 (10) 式, 使 D' 变为数个矩阵 $l\times l$, $m\times m$, $n\times n$ 等的直和如 (8), 则

D' 谓为可约的表现 (reducible representation), 意谓 D' 表现, 可约为数个低维空间变换矩阵.

如 D' 不能由相似变换 S 使之变成准对角式 (10), 则 D' 谓为不可约的 (irreducible representation).

群的表现理论的重要问题之一, 乃觅一个群的所有不相等的表现 —— 所有的不可约的表现.

13.2 表现的可约性

兹试求一个表现的可约性的一些充足条件.

设 L_j 系 n 维空间的变换矩阵, 如 (5). 设 L_j 皆系幺正矩阵; 又设 L_j 皆有下式

$$L_j = \left|\begin{array}{c:c} L_j' & N_j \\ \hdashline 0 & L_j'' \end{array}\right| \tag{13-12}$$

L_j 系 $n\times n$; L_j' 系 $k\times k$;L_j'' 系 $(n-k)\times(n-k)$ 换言之, 首 k 个基向量 (basis vector) 所在的子空间 (subspace)R', 经 L_j 仍变换于 R' 中, 亦即谓如

$$x_1 = \cdots = x_k = 0$$

则经 (5) 后,

$$x_1' = \cdots = x_k' = 0$$

使 R'' 表后 $n-k$ 个基向量的子空间.R'' 中的向量, 与 R' 中的向量皆正交. 因 L_j 系幺正的, 故经 (5) 式变换, 此正交关系守恒不变. 故 (5) 变换, 使 R'' 中任一向量仍留于 R'', 换言之, 如

$$x_{k+1} = \cdots = x_n = 0$$

则

$$x_{k+1}' = \cdots = x_n' = 0 \tag{13-13}$$

由此, 故 (12) 式中的 N_j, 务等于 0, 换言之,L_j 乃可约的, 成

$$L_j = \left|\begin{array}{c:c} L_j' & 0 \\ \hdashline 0 & L_j'' \end{array}\right| \tag{13-14}$$

上文意义, 总结如下: 如一个表现的矩阵 L_j(空间为 R_n), 皆系幺正的, 且某一 k 维子空间 R_k' 在 L_j 下不变, 则可用一幺正变换 S, 变换 R_n 的基向量, 使 L_j 成 (14) 式 (准对角矩阵). 此结果可表以下述定理:

定理 1 如一群 $\mathscr{G}$ 的表现, 为幺正矩阵群 *, 其每一矩阵 L_j 皆使某一子空间 R' 不变 (即谓使 R' 的任一向量仍变换为 R' 的一向量), 则该表现是可约的.

* 下文将有一定理 3, 谓一个有限 (级数) 群每一表现皆有一个相等的公正表现. 故此处实不必加 "公正" 的要求.

上述一个群的可约或不可约性问题, 显系牵涉到相似变换 S. 设 L_j 系 $\mathscr{L}$ 表现群的一个矩阵. 兹作下 S 变换

$$L_j' = SL_jS^{-1}, S = \begin{vmatrix} 01000 & \cdots \\ 10000 & \cdots \\ 00100 & \cdots \\ 00010 & \cdots \\ 00001 & \cdots \\ \cdots\cdots & \cdots \end{vmatrix} \tag{13-15}$$

则结果系将 L_j 的第一第二竖行互调, 同时亦将 L_j 的第一第二横行互调. 此 S 系一幺正变换, 其 $\det S = -1$. 如 $\mathscr{L}$ 所有的 L_j 均经此 S 变换而成 $\mathscr{L}'$, 则显然的 $\mathscr{L}'$ 和 $\mathscr{L}$ 系相等的表现. 同理可用于类 (15) 的变换. 此结果可表以下述定理:

定理 2 设一个群 $\mathscr{G}$ 的表现系矩阵 L_j. 如对所有的 L_j 皆作同一的 S 变换, 使其横行 m, n 互调及同时竖行 m,n 互调, 则得一相等的表现.

设 $\mathscr{G}(G_1, G_2, \cdots)$ 系一有限群,$\mathscr{L}$ 系 $\mathscr{G}$ 的一个矩阵表现, 其矩阵系 $L_1, L_2, \cdots$. 设 L_i 皆系非奇异的 (即谓有反矩阵 L_i^{-1} 的存在). 现可证明下一极重要的定理:

定理 3 一个有限群 $\mathscr{G}$ 的任一矩阵表现 $\mathscr{G}(L_1, L_2, \cdots)$, 如其矩阵 L_i 之行列式皆不等于零, 皆与一幺正矩阵表现相等.

证 兹定义矩阵 X

$$X = \sum_i^n L_i L_i^+ \tag{13-16}$$

n 系 $\mathscr{G}$ 群的级数. 由此,

$$X^+ = \sum_i^i (L_i L_i^+)^+ = \sum_i^n L_i L_i^+ = X$$

故 X 矩阵乃 hermitian 矩阵; 其本征值乃实数 μ_m.

设 U 系一幺正矩阵, 使

$$\bar{L}_i = U^{-1} L_i U \tag{13-17}$$

并作 U 变换, 使 X 成一对角矩阵

$$(U^{-1}XU)_{mk} = \mu_m \delta_{mk} \tag{13-18}$$

由 (16),

$$U^{-1} \sum_i^n L_i L_i^+ U = \sum_i^n U^{-1} L_i U U^{-1} L_i^+ U$$

$$= \sum_i (U^{-1}L_iU)(U^{-1}L_iU)^+$$

由 (17)

$$= \sum_i \bar{L}_i \bar{L}_i^+$$

由 (18),

$$\sum_i^n \bar{L}_i \bar{L}_i = [\mu_m \delta_{mk}]$$

故

$$\sum_l^\lambda \sum_i^n (\bar{L}_i)_{ml} (\bar{L}_i^+)_{lk} = \mu_m \delta_{mk}, \lambda = \mathscr{L} \text{ 的维次.}$$

或

$$\sum_l^\lambda \sum_i^n \left|(\bar{L}_i)_{ml}\right|^2 = \mu_m$$

故 X 之本征值 μ_m 皆系正实数, 且不等于零,*

$$\mu_m > 0, \quad m = 1, 2, \cdots, \lambda$$

兹定义矩阵 B 如下

$$B = [\sqrt{\mu_m}\delta_{mk}], \quad B^{-1} = \left[\frac{1}{\sqrt{\mu_m}}\delta_{mk}\right]$$

故

$$\begin{aligned} B^+ &= B, \quad [B^{-1}]^+ = B^{-1} \\ B^2 &= [\mu_m \delta_{mk}] \\ &= \sum_i^n \bar{L}_i \bar{L}_i^+ \end{aligned} \tag{13-19}$$

并定义 $\bar{\bar{L}}_i$

$$\bar{\bar{L}}_i = B^{-1}\bar{L}_i B \tag{13-20a}$$

$$\begin{aligned} &= (B^{-1}U^{-1})L_i UB \\ &= (UB)^{-1}L_i(UB) \end{aligned} \tag{13-20}$$

由 (20a), 即得

$$\begin{aligned} \bar{\bar{L}}_i(\bar{\bar{L}}_i)^+ &= B^{-1}\bar{L}_i B B \bar{L}_i^+ B^{-1} \\ &= \sum_j^n B^{-1}\bar{L}_i \bar{L}_j \bar{L}_j^+ \bar{L}_i^+ B^{-1} \end{aligned}$$

* 盖如 $\mu_m = 0$, 则 L_i 的第 m 横行元素皆等于零, 此乃与 $\det|L| \neq 0$ 的原来假设相矛盾也.

$$= \sum_{j}^{n} B^{-1}\bar{L}_i\bar{L}_j(\bar{L}_i\bar{L}_j)^+ B^{-1} \tag{13-21}$$

由群的性质,$\bar{L}_i\bar{L}_j = \bar{L}_k$. 故

$$\sum_{j}^{n}(\bar{L}_i\bar{L}_j)(\bar{L}_i\bar{L}_j)^+ = \sum_{k}^{n}\bar{L}_k\bar{L}_k^+ = B^2, \quad \text{由}(19) \tag{13-22}$$

故由 (21), 即得

$$\overline{\overline{L}}_i(\overline{\overline{L}}_i)^+ = E, \text{单位矩阵},$$

故 $\overline{\overline{L}}_i$ 乃幺正矩阵. 由 (20) 式, 得见 $\overline{\overline{L}}(\overline{\overline{L}}_1, \overline{\overline{L}}_2, \cdots)$ 表现与 $L(L_1, L_2, \cdots)$ 相等.

兹试求一个表现可约性的必须及充足条件.

设 $[A_j, B_j, C_j]$ 系一准对角矩阵如 (8) 式;S 为一矩阵. 假设 $\mathscr{G}$ 群有一个可约的表现如下式

$$D_j = S[A_j, B_j, C_j]S^{-1} \tag{13-23}$$

A_j, B_j, C_j 为 $l \times l$, $m \times m$, $n \times n$ 矩阵. 使

$$aI, bI, cI, a, b, c\text{为常数} \tag{13-24}$$

为 a, b, c 乘 $l \times l$, $m \times m$,$n \times n$ 的单位矩阵. 使 Y 矩阵为

$$Y = S[aI, bI, cI]S^{-1} \tag{13-25}$$

按准对角矩阵乘积的定义 (9), 得见

$$D_jY - YD_j = 0, \quad a \neq b \neq c \tag{13-26}$$

此结果可表以下定理:

定理 4 如一个矩阵表象 D_j 系可约的, 则有一个非单位矩阵的倍数且与 D_j 对易 (commute) 的矩阵存在.

此定理的反面如下

定理 5 设有一个非单位矩阵的倍数的矩阵 Y 存在, 与表现 D_j 所有的矩阵对易, 则此表现乃可约的.

此定理的证明如下：按假定,

(i) $$D_jY = YD_j, \text{所有的}j \tag{13-27}$$

设 S 为一非奇异矩阵, 使

$$U_j \equiv SD_jS^{-1}\text{皆系幺正矩阵} \tag{13-28}$$

由此即得 $D_j = S^{-1}U_jS$, 更由 (27)

$$S^{-1}U_jSY = YS^{-1}U_jS$$

或

$$U_j(SYS^{-1}) = (SYS^{-1})U_j \tag{13-29}$$

故 (SYS^{-1}) 与所有幺正 U_j 表现对易. 然 SYS^{-1} 显非单位矩阵的倍数, 盖如 $SYS^{-1} = aI$, 则 $Y = aI$, 与原假定矛盾也. 故我们只需证明与 D_j 相等的幺正表现 U_j 是可约的即可.

(ii) 兹使 Y 矩阵的本征值之一为 λ_1. 故, 由 (27),

$$D_j(Y - \lambda_1 I) = (Y - \lambda_1 I)D_j \tag{13-30}$$

使

$$Z \equiv Y - \lambda_1 I \tag{13-31}$$

故 (27) 式可代以

$$D_jZ = ZD_j \tag{13-32}$$

Z 的本征值乃由下行列方程式定之

$$\det|Z - \lambda' I| = 0 \tag{13-33}$$

或

$$\det|Y - (\lambda' + \lambda_1)I| = 0$$

惟按假定,λ_1 系 Y 的本征值之一,$\det|Y - \lambda_1 I| = 0$. 故 Z 的本征值 λ', 最少有一个值 $\lambda'_i = 0$. 故

$$\det|Z| = \underset{i}{\pi}\lambda'_i = 0 \tag{13-34}$$

故在定理 5 中, 我们可取行列式等于 0 的 Y(即 (32) 式中的 Z).

(iii) 设 Y(行列式 =0) 的阶 (rank) 为 r;$0 < r < n$. 使 $\boldsymbol{u}$ 为 n- 维空间 R 任意向量; 使

$$\boldsymbol{x} = Y\boldsymbol{u} \tag{13-35a}$$

$$x_i = y_{ik}u_k, \quad i, j = 1, 2, \cdots, n \tag{13-35}$$

因 Y 矩阵之 rank 为 r, 故 (35) 式定一 r-维子空间 R'. 由 (27) 及 (35), 取

$$D_jY\boldsymbol{u} = YD_j\boldsymbol{u} \tag{13-36}$$

故右方 YD_ju 的分量亦系 (35) 式, 只 u_k 代以 $D_j\boldsymbol{u}$ 而已, 换言之,$YD_j\boldsymbol{u}$ 系 R' 中的一向量. 由此, 得见以 D_j 对 R' 中一向量 $Y\boldsymbol{u}$ 作变换, 所得亦 R' 中的一向量.

惟按定理 1,D_j 系一可约的表现.

故此证明了定理 5.*

13.3 Abelian 群与一维表现

设 $\mathscr{G}$ $(G_0, G_{i1}, \cdots)$ 系一 Abelian 群,

$$G_iG_j = G_jG_i \tag{13-37}$$

设 $\mathscr{A}$ $(A_0, A_1, \cdots)$ 系 $\mathscr{G}$ 的一个幺正矩阵表现. 由 (37), 故

$$A_iA_j = A_jA_i \tag{13-38}$$

使 U 为一幺正矩阵. 故 UA_iU^{-1} 仍系幺正矩阵. 兹使相等的表现 UA_iU^{-1} 成一对角矩阵

$$UA_iU^{-1} = \begin{vmatrix} k_i^{(1)} & & & 0 \\ & k_i^{(2)} & & \\ & & k_i^{(3)} & \\ 0 & & & \ddots \end{vmatrix} \tag{13-39}$$

$$= \text{一维的表现}$$

例 1 循环群 (级数为 m):

$$\mathscr{S} = I, S, S^2, \cdots, S^{m-1}, S^m = I \tag{13-40}$$

使下变换 $x' = \omega x$(或数 ω) 与 S 相应, 换言之

$$1, \omega, \omega^2, \cdots, \omega^{m-1}, \omega^m = 1 \tag{13-41}$$

为 $\mathscr{S}$ 的一维表现. 由 $\omega^m = 1$, 故

$$\omega = \mathrm{e}^{2\pi k\mathrm{i}/m}, \quad k = 0, 1, 2, \cdots, m-1 \tag{13-41a}$$

如 $m = 2$, 则

$$I, S, S^2 = I, (S^{-1} = S)$$

* 关于不可约的定理, 见下文第 8 节 Schur 氏附定理 2, 此处的定理 4 与 5 合并起来, 乃谓一个表现不可约的必须及充足条件, 系除单位矩阵的倍数外, 无任何可与该表现所有的矩阵对易 (commute) 的矩阵存在.

$$1, e^{\pi i}, e^{2\pi i} = 1$$

I(或 $1 = e^{\pi 0i}$),S(或 $e^{\pi i =} - 1$).

在三维空间,I 的表现为 $1(x' = x, y' = y, z' = z)$

$$S\text{的表现为} - 1(x' = -x, y' = -y, z' = -z)$$

例 2　绕 $z-$ 轴之转动群

$$R_\phi = \begin{vmatrix} \cos\phi & -\sin\phi \\ \sin\phi & \cos\phi \end{vmatrix} \tag{13-42}$$

$$R_{\phi 1} R_{\phi 2} = R_{\phi 2} R_{\phi 1} = R_{\phi 1 + \phi 2}$$

其表现为

$$e^{l\phi} = e^{mi\phi}, \quad m = 0, \pm 1, \pm 2, \cdots$$

因　$e^{2\pi l} = 1$, 故 $l = mi$ 也.

例 3　置换群 S_n

见第 11 章第 (2,13) 节.

置换群的一维表现, 乃以 $+1$ 与所有的偶 P 相应, 以 -1 与所有的奇 P 相应. 惟置换群有其他的高维次的表现.

例 4　平面中实数正交变换群

$$\{\phi, \alpha\} = \begin{vmatrix} \alpha\cos\phi & -\alpha\sin\phi \\ \sin\phi & \cos\phi \end{vmatrix} \tag{13-43}$$

$$\alpha = \begin{cases} 1, & \text{转动角}\phi \\ -1, & \text{转动角}\phi, \text{及对}y-\text{轴反映}. \end{cases} \tag{13-44}$$

此群的一个一维表现, 乃以 1 与 $\alpha = 1$, 以 -1 与 $\alpha = -1$ 相应.

13.4　SU_2 群的表现

前第 12 章第 (2,1) 节已见二维复数空间的幺正单位模矩阵群

$$SU_2 = \begin{vmatrix} a & b \\ -b^* & a^* \end{vmatrix} \tag{13-44}$$

$$aa^* + bb^* = 1 \tag{13-44a}$$

此空间的向量 $\boldsymbol{u}(u_1, u_2)$ 变换乃

$$\begin{vmatrix} u_1' \\ u_2' \end{vmatrix} = \begin{vmatrix} a & b \\ -b^* & a^* \end{vmatrix} \begin{vmatrix} u_1 \\ u_2 \end{vmatrix} \tag{13-45}$$

按第 10 章 (10-1),$\boldsymbol{u}$ 乃一个旋量 spinor.*

13.4.1　SU_2 的 $(2j+1)$- 维空间表现

兹定义下 $n+1=2j+1$ 个量;

$$\begin{aligned} v_0 &= u_1^n \\ v_1 &= u_1^{n-1}u_2 \\ v_2 &= u_1^{n-2}u_2^2 \\ &\cdots\cdots \\ u_i &= u_1^{n-i}u_2^i \\ &\cdots\cdots \\ v_n &= u_2^n \end{aligned} \tag{13-49}$$

n 系一任意整数,$n=2j$,

$$j = 0, \frac{1}{2}, 1, \frac{3}{2}, \cdots \tag{13-50}$$

此 $n+1$ 个单项式 (monomial) v_i 涵盖一个 $(n+1)$- 维的向量空间. 兹使此 v_i 按 (44) 式之变换:

$$\begin{aligned} v_0' &= u_1'^n = (au_1 + bu_2)^n \\ v_1' &= u_0'^{n-1}u_2' = (au_1+bu_2)^{n-1}(-b^*u_1 + a^*u_2) \end{aligned}$$

---

* $u^*(u_1^*, u_2^*)$ 乃 u 的共轭复数旋量, 亦表作下式

$$u_1^* \equiv u_{\dot{1}}, u_2^* \equiv u_{\dot{2}} \tag{13-46}$$

故由 (45)

$$\begin{bmatrix} u_{\dot{1}}' \\ u_{\dot{2}}' \end{bmatrix} = \begin{bmatrix} a^* & b^* \\ -b & a \end{bmatrix} \begin{bmatrix} u_{\dot{1}} \\ u_{\dot{2}} \end{bmatrix} \tag{13-47}$$

此变换可由 (45) 式的以一公正变换得之

$$\begin{bmatrix} -a^* & b^* \\ -b & a \end{bmatrix} = \begin{bmatrix} 0 & 1 \\ -1 & 0 \end{bmatrix} \begin{bmatrix} a & b \\ -b^* & a^* \end{bmatrix} \begin{bmatrix} 0 & -1 \\ 1 & 0 \end{bmatrix}$$

此示 $u_{\dot{1}}, u_{\dot{2}} (= u_1^*, u_2^*)$ 乃 u_1, u_2 经一 "坐标系的转动" 而来, 非一个新的 carrier 空间也.

由 (45) 及 (47), 即得

$$u_1'u_{\dot{1}}' + u_2'u_{\dot{2}}' = u_1u_{\dot{1}} + u_2u_{\dot{2}} \tag{13-48}$$

此即 (12-21) 式结果.

$$\cdots\cdots \tag{13-51}$$

$$v_i' = (au_1 + bu_2)^{n-i}(-b^*u_1 + a^*u_2)^i$$

$$\cdots\cdots$$

$$v_n' = (-b^*u_1 + a^*u_2)^n$$

由每一个 (44) 式的 SU_2 变换, 即一得个由 v_i 至 v_i' 的变换. 由此二变换的关系, 我们试求 SU_2 群的一个表现.

兹将 (51) 式重表以下式:

$$\begin{aligned} v_0' &= (au_1 + bu_2)^n = (au_1 + bu_2)^{2j} \\ &\equiv D_{0k}^j u_1^{2j-k} u_2^k \\ &= D_{0k}^j v_k \end{aligned} \tag{13-52}$$

$$\begin{aligned} \underline{v}_i &= (au_1 + bu_2)^{2j-i}(-b^*u_1 + a^*u_2)^i \\ &\equiv D_{ik}^j u_1^{2j-k} u_2^k \\ &= D_{ik}^j v_k \end{aligned} \tag{13-53}$$

在此凡重复出现的指数, 皆对之作和.(52),(53) 等式皆系作 k 由 $k=0$ 至 $k=2j$ 之和. (52),(53) 等式可表作下式

$$\boldsymbol{v}' = D^j \boldsymbol{v} \tag{13-54}$$

D^j 乃矩阵 D_{ik}^j, $i = 0, 1, \cdots, 2j$; $k = 0, 1, \cdots, 2j$, D_{ik}^j 皆系 SU 矩阵中的复数 a, b 的函数.

$$D_{ik}^j = D_{ik}^j(a, b) \tag{13-55}$$

SU_2 群的幺元, 乃单位矩阵 $a = 1$, $b = 0$ (见 (44) 式)

$$\begin{vmatrix} 1 & 0 \\ 0 & 1 \end{vmatrix} \tag{13-56}$$

此幺元与 (54) 会幺元 $D^j = 1$ 相应. 由 (53),

$$v_i' = D_{ik}^j v_k = \delta_{ik} v_k \tag{13-57}$$

故 D^j 乃 $(2j+1) \times (2j+1)$ 的单位矩阵. 故

$$SU_2\text{的}\begin{vmatrix} 1 & 0 \\ 0 & 1 \end{vmatrix}\text{幺元与}D^j\text{的幺元}\begin{vmatrix} 1 & & & \\ & 1 & & \\ & & \ddots & \\ & & & 1 \end{vmatrix}$$

相应.

同此,SU_2 群的两个矩阵的乘积, 与 D^j 的两个矩阵乘积相应,

$$\begin{vmatrix} a_1 & b_1 \\ -b_1^* & a_1^* \end{vmatrix}\begin{vmatrix} a_2 & b_2 \\ -b_2^* & a_2^* \end{vmatrix} = D^j(a_1,b_1)D^j(a_2,b_2) \tag{13-58}$$

$D^j(a,b)$ 构成一个在 $(2j+1)$- 维空间的线性变换 (54) 群. 这个群系 SU_2 群的一个 (在 v 的 $(2j+1)$- 维空间) 表现.

如 $j=0$,
由 (52),(53), 即得见此表恒等 (identity) 变换

$$\boldsymbol{v}' = \boldsymbol{v}, \quad D^0(a,b) = 1 \tag{13-59}$$

所有的 SU_2 群的矩阵, 皆与 1(的数字) 相应.

如 $j=\dfrac{1}{2}$, 由 (49) 式即得 $v_0 = u_1, v_1 = u_2$. 故 (54) 式

$$\begin{pmatrix} v_0' \\ v_1' \end{pmatrix} = D^{1/2}\begin{pmatrix} v_0 \\ v_1 \end{pmatrix}$$

兹乃成

$$\begin{pmatrix} u_1' \\ u_2' \end{pmatrix} = D^{1/2}\begin{pmatrix} u_1 \\ u_2 \end{pmatrix}$$

而此即系 (45) 变换也. 故 $D^{1/2}(a,b)$ 即系 SU_2 矩阵自身

$$D^{1/2}(a,b) = \begin{pmatrix} a & b \\ -b^* & a^* \end{pmatrix} \tag{13-60}$$

换言之,$D^{1/2}(a,b)$ 系 SU_2 自身的表现 (self-representation).

如 $j=1$, 由 (49), 得见

$$\begin{aligned} v_0 &= u_1^2 \\ v_1 &= u_1 u_2 \\ v_2 &= u_2^2 \end{aligned} \tag{13-61}$$

由 (51), 得

$$v_0' = a^2 v_0 + 2ab v_1 + b^2 v_2$$

$$v_1' = -ab^*v_0 + (aa^* - bb^*)v_1 + a^*bv_2 \tag{13-62}$$
$$v_2' = b^{*2}v_0 - 2a^*b^*v_1 + a^{*2}v_2$$

(54) 的 $\boldsymbol{v}' = D^1\boldsymbol{v}$, 其 D^1 乃得见为

$$D^1(a,b) = \begin{vmatrix} a^2 & 2ab & b^2 \\ -ab^* & aa^* - bb^* & a^*b \\ b^{*2} & -2a^*b^* & a^{*2} \end{vmatrix} \tag{13-63}$$

同法, 可得 $(2j+1)\times(2j+1)$ 的 $D^j(a,b)$ 矩阵. 见下文 (78) 或 (82) 式.

每 $D^j(a,b)$ 系 $SU_2(a,b)$ 的 $(2j+1)$- 维空间变换的 $(2j+1)\times(2j+1)$ 矩阵表现. 惟按 (52),(53) 等式定义的 D^j 变换, 不是幺正的, 因

$$v_i'v_i'^* \neq v_iv_i^* \tag{13-64}$$

也 *. 如定义 v_i 的 (49) 式, 代以下式

$$v_k = \frac{1}{\sqrt{(n-k)!k!}}u_1^{n-k}u_2^k, \tag{13-65}$$

则

$$\begin{aligned}\sum_{k=0}^{n}\frac{v_kv_k^*}{(n-k)!k!} &= \frac{1}{n!}\sum_{k=0}^{n}\frac{n!}{(n-k)!k!}u_1^{n-k}u_2^ku_1^{*n-k}u_2^{*k} \\ &= \frac{1}{n!}(u_1u_1^* + u_2u_2^*)^n \\ &= \frac{1}{n!}(u_1'u_1'^* + u_2'u_2'^*)^n \quad \text{按(48)式} \\ &= \sum_{k=0}^{n}\frac{v_k'v_k'^*}{(n-k)!k!}. \quad n = 2j\end{aligned} \tag{13-66}$$

故对 (65) 式定义之 $\boldsymbol{v}(v_0, v_1, \cdots, v_2j)$ 的变换 (54),

$$\boldsymbol{v}' = D^j\boldsymbol{v},$$

乃系幺正的变换了.

---

* 例: 取 D^1 如 (63), 可见

$$\tilde{D}^1D^{1*} \neq 1$$

13.4.2 SU_2 群与转动群 R_{3p}

第 12 章第 2.2 节曾述 SU_2 群与转动群 R_{3p} 的关系 (见 (12-40) 式). SU_2 矩阵与 $-SU_2$ 矩阵, 皆同时和一个 R_{3p} 相应. 由上述 SU_2 群和 D^j 的相应关系, 故可得 R_{3p} 和 D^j 关系如下.

$$[SU_2]=\begin{bmatrix} a & b \\ -b^* & a^* \end{bmatrix},\quad -[SU_2]=\begin{bmatrix} -a & -b \\ b^* & -a^* \end{bmatrix} \tag{13-67}$$

由 (53) 式, 得见

$$\begin{aligned} [SU_2] &: v_i'=D^j_{ik}v_k \\ -[SU_2] &: v_i'=(-1)^{2j}D^j_{ik}v_k \end{aligned} \tag{13-68}$$

由此得见:

$j=$ 整数, $[SU_2]$ 与 $-[SU_2]$ 同与一个 R_{3p} 及一个 D^j 相应.

$j=$ 半整数, $[SU_2]$,$-[SU_2]$ 及 D^j,$-D^j$ 皆与同一个 R_{3p} 相应

$[SU_2]$ 群与 R_{3p} 的关系曾见第 12 章第 2.2 节, 已如上述,(12-37) 式实系 R_{3p} 和 $[SU_2]$ 的 $D^{1/2}(a,b)$ 表现的关系.(63) 式的 $D^1(a,b)$, 亦系 R_{3p} 的表现之一.

兹于 (62) 式中作下列变换

$$\xi=\frac{1}{2}(v_0-v_2),\quad \eta=\frac{\mathrm{i}}{2}(v_0+v_2),\quad \zeta=-v_1$$

则 (62) 成

$$\begin{aligned} \xi' =&\frac{1}{2}(a^2+a^{*2}-b^2-b^{*2})\xi-\frac{\mathrm{i}}{2}(a^2-a^{*2}+b^2-b^{*2})\eta \\ &-(ab+a^*b^*)\zeta \\ \eta' =&\frac{\mathrm{i}}{2}(a^2-a^{*2}-b^2+b^{*2})\xi+\frac{1}{2}(a^2+a^{*2}+b^2+b^{*2})\eta \\ &-\mathrm{i}(ab-a^*b^*)\zeta \\ \zeta' =&(ab^*+a^*b)\xi-\mathrm{i}(ab^*-a^*b)\eta+(aa^*-bb^*)\zeta \end{aligned} \tag{13-69}$$

此式与 (13-33) 相同. 由 $aa^*+bb^*=1$, 即可证明

$$\xi'^2+\eta'^2+\zeta'^2=\xi^2+\eta^2+\zeta^2 \tag{13-70}$$

换言之,(69) 系一实数正交变换, 其行列式 =1, 故系一个纯转动. 这些结果, 皆和第 12 章 (12-31),(12-32),(12-33) 相符.

---

* 参看下文第 15 章.

上文已见 $D^0(a,b)$, $D^{1/2}(a,b)$, $D^1(a,b)$ 的矩阵, 如 (59),(60),(63). 兹欲得 $D^j(a,b)$ 矩阵. 先改取 η_l 以代 (49) 及 (65) 式的 v_k,

$$\eta_l = \frac{u_1^{j+l}u_2^{j-l}}{\sqrt{(j+l)!(j-l)!}}, \quad l=-j,-j+1,\cdots,j-1,j^* \tag{13-71}$$

故

$$n_l' = \frac{(au_1+bu_2)^{j+l}(-b^*u_1+a^*u_2)^{j-l}}{\sqrt{(j+l)!(j-l)!}} \tag{13-74}$$

$$= \sum_{k=0}^{j+l}\sum_{m=0}^{j-l}(-1)^{j-l-m}\frac{\sqrt{(j+l)!(j-l)!}}{k!m!(j+l-k)!(j-l-m)!} \times a^{j+l-k}b^k a^{*m}b^{*j-l-m}u_1^{2j-k-m}u_2^{k+m} \tag{13-75}$$

如我们采下述的符号 (或,“认为”)$(-p)!=\infty$,p 为一正整数, 则上 $\sum\limits_m$ 可代以 $\sum\limits_s$, $s=j-k-m'$, 而对 k 及 s 之和, 皆可视为由 $-\infty$ 至 $+\infty$ (如 $j=$ 整个, 则 s 取整数值, 如 $j=$ 半整数, 则 s 取半整数) 由是可得 **

$$n_l' = \sum_k\sum_s(-1)^{k+s+l}\frac{\sqrt{(j+l)!(j-l)!}}{k!(j-k-s)!(j+l-k)!(k+s-l)!} \times a^{j+l-k}b^k a^{*j-k-s}b^{*+s-l}u_1^{j+s}u_2^{j-s} \tag{13-76}$$

由 (71) 式,

$$n_l' = \sum_k\sum_s(-1)^{k+s+l}\frac{[(j+l)!(j-l)!(j+s)!(j-s)!]^{1/2}}{k!(j-k-s)!(j+l-k)!(k+s-l)!} \times a^{j+l-k}b^k a^{*j-k-s}b^{*k+s-l}\eta_s \tag{13-77}$$

由 (77),D^j 矩阵的元素, 乃系

$$(D^k)_{l,s} = (-1)^{s-l}\sum_k(-1)^k\frac{[(j+l)!(j-l)!(j+s)!(j-s)!]^{1/2}}{k!(j-k-s)!(j+l-k)!(k+s-l)!}$$

---

* 例: 如 $j=2; j=5/2$

l	-2	-1	0	1	2	
μ_l	$\frac{u_2^4}{\sqrt{4!}}$	$\frac{u_1u_2^3}{\sqrt{1!3!}}$	$\frac{u_1^2u_2^2}{\sqrt{2!2!}}$	$\frac{u_1^3u_2}{\sqrt{3!1!}}$	$\frac{u_1^4}{\sqrt{4!}}$	
l	$-5/2$	$-3/2$	$-1/2$	$1/2$	$3/2$	$5/2$
η	$\frac{u_2^5}{\sqrt{5!}}$	$\frac{u_1u_2^4}{\sqrt{1!4!}}$	$\frac{u_1^2u_2^3}{\sqrt{2!3!}}$	$\frac{u_1^3u_2^2}{\sqrt{3!2!}}$	$\frac{u_1^4u_2}{\sqrt{4!1!}}$	$\frac{u_1^5}{\sqrt{5!}}$

(13-73)

** 如取 $(-p)!=\infty$ 的意义, 则 $\sum$ 的上限, 可不必写出矣.

$$\times a^{j+l-k}b^k a^{*j-k-s}b^{*k+s-l} \tag{13-78}$$

$$l,s=-j,-j+1,\cdots,j-1,j$$

故 D^j 矩阵 (除 $j=0,\dfrac{1}{2},1$ 外), 系很复杂的. 惟 $s=j$ 时, 由于分母之 $(j-k-s)$, 只有 $k=0$ 一项,

$$D^j(a,b)_{l,j}=(-1)^{j-l}\left[\frac{(2j)!}{(j+l)!(j+l)}\right]^{1/2}a^{j+l}b^{*j-l} \tag{13-79}$$

如 $a=e^{ia}$, $b=0$, 则 (78) 式中只有 $k=0$ 一项,

$$D^j(a,0)_{l,s}=\mathrm{e}^{\mathrm{i}2la}\delta_{l,s} \tag{13-80}$$

现由 D^j 的一般公式 (78), 我们可计算 R_{3p} 群的矩阵表现 $D^0(a,b)$, $D^{\frac{1}{2}}(a,b)$, $D^1(a,b)$. 由 (13-32a),

$$a=\mathrm{e}^{-\frac{\mathrm{i}}{2}(\psi+\varphi)}\cos\frac{\theta}{2},\quad b=-\mathrm{i}\mathrm{e}^{-\frac{\mathrm{i}}{2}(\psi-\varphi)}\sin\frac{\theta}{2} \tag{13-81}$$

以 (81) 代入 (78) 式, 即得

$$\begin{aligned}D_j(\psi,\theta,\varphi)_{l,s}=&(-\mathrm{i})^{s-l}\sum_k(-1)^k\frac{[(j+l)!(j-l)!(j+s)!(j-s)!]^{1/2}}{k!(j-k-s)!(j+l-k)!(k+s-l)!}\\&\times\mathrm{e}^{-\mathrm{i}l\psi-\mathrm{i}s\varphi}\left(\cos\frac{\theta}{2}\right)^{2j+l-2k-s}\left(\sin\frac{\theta}{2}\right)^{2k+s-l}\end{aligned} \tag{13-82}$$

$\boldsymbol{j=0}$:

$$D^0(a,b)=D^0(\psi,\theta,\varphi)=1 \tag{13-83}$$

此乃一维, 恒等表现.

$\boldsymbol{j=\frac{1}{2}}$:

$$D^{\frac{1}{2}}(a,b)=\begin{vmatrix}a & b\\ -b^* & a^*\end{vmatrix} \tag{13-84a}$$

$$D^{\frac{1}{2}}(\psi,\theta,\varphi)=\begin{vmatrix}\cos\frac{\theta}{2}\mathrm{e}^{-\frac{\mathrm{i}}{2}(\varphi+\psi)} & -\mathrm{i}\sin\frac{\theta}{2}\mathrm{e}^{\frac{\mathrm{i}}{2}(\varphi-\psi)}\\ -\mathrm{i}\sin\frac{\theta}{2}\mathrm{e}^{-\frac{\mathrm{i}}{2}(\varphi-\psi)} & \cos\frac{\theta}{2}\mathrm{e}^{\frac{\mathrm{i}}{2}(\varphi+\psi)}\end{vmatrix} \tag{13-84b}$$

$\boldsymbol{j=1}$:

$$D^1(a,b)=\begin{vmatrix}a^2 & \sqrt{2}ab & b^2\\ -\sqrt{2}ab^* & aa^*-bb^* & \sqrt{2}a^*b^*\\ b^{*2} & -\sqrt{2}a^*b & a^{*2}\end{vmatrix} \tag{13-85a}$$

$$D^1(\psi,\theta,\varphi)=\begin{vmatrix} \cos^2\dfrac{\theta}{2}\mathrm{e}^{-\mathrm{i}(\varphi+\psi)} & -\dfrac{\mathrm{i}}{\sqrt{2}}\sin\theta\mathrm{e}^{-\mathrm{i}\psi} & -\sin^2\dfrac{\theta}{2}\mathrm{e}^{\mathrm{i}(\varphi-\psi)} \\ -\dfrac{\mathrm{i}}{\sqrt{2}}\sin\theta\mathrm{e}^{-\mathrm{i}\varphi} & \cos\theta & -\dfrac{\mathrm{i}}{\sqrt{2}}\sin\theta\mathrm{e}^{\mathrm{i}\varphi} \\ -\sin^2\dfrac{\theta}{2}\mathrm{e}^{-\mathrm{i}(\varphi-\psi)} & -\dfrac{\mathrm{i}}{\sqrt{2}}\sin\theta\mathrm{e}^{i\psi} & \cos^2\dfrac{\theta}{2}\mathrm{e}^{\mathrm{i}(\varphi+\psi)} \end{vmatrix} \tag{13-85b}$$

此表现可以下述幺正变换 S, 变换为一相等的表现

$$S=\frac{1}{\sqrt{2}}\begin{vmatrix} 1 & 0 & -1 \\ \mathrm{i} & 0 & \mathrm{i} \\ 0 & \sqrt{2} & 0 \end{vmatrix},\quad S^{-1}=\frac{1}{\sqrt{2}}\begin{vmatrix} 1 & -\mathrm{i} & 0 \\ 0 & 0 & \sqrt{2} \\ -1 & -\mathrm{i} & 0 \end{vmatrix}$$

$$SD'(\psi,\theta,\varphi)S^{-1}=\Big|(12\text{-}31)\ \text{式}\Big|, \tag{13-85bb}$$

$$SD'(a,b)S^{-1}=\Big|(12\text{-}33)\ \text{式}\Big|. \tag{13-85aa}$$

13.4.3　SU_2 的 D^j 表现的不可约性

兹欲证 $D^j(SU_2)$ 表现

$$D^j(SU_2)=D^j\begin{bmatrix} a & b \\ -b^* & a^* \end{bmatrix},\quad aa^*+bb^*=1 \tag{13-86}$$

乃不可约的. 为此, 我们需矩阵的两个定理:

(一) 设 A 为一对角矩阵, 其对角元素皆不相等. 如

$$AB=BA$$

则 B 必系一对角矩阵.

(二) 如一对角矩阵 B 与另一矩阵 A 符合下对易关系

$$AB=BA$$

且 A 最少有一竖行不含 0 值元素, 则 B 之对角元素皆相等.

此二定理的证明甚易, 兹不赘.

设 Y 系一个 $(2j+1)\times(2j+1)$ 矩阵, 与所有的 D^j 皆对易. 欲证 D^j 的不可约性, 我们用第 13.2 节的可约性的必需及充足条件 (见定理 4). 按该定理, 欲证 D^j 不可约, 只需证明 Y 务必为单位矩阵的倍数.

设

$$a=\mathrm{e}^{\mathrm{i}\alpha},\quad b=0.$$

则由 (80),

$$D^j(\mathrm{e}^{\mathrm{i}\alpha},0)_{l,s}=\mathrm{e}^{\mathrm{i}2l\alpha}\delta_{l,s}=\text{对角矩阵}$$
$$l=-j,-j+1,\cdots,j-1,j$$

按上定理 (一), 则与 $D^j(\mathrm{e}^{\mathrm{i}\alpha},0)$ 对易的 B, 务必为一对角矩阵.

次取 $a\neq 0$, $b\neq 0$, 惟于 (78) 式之 $(D^i(a,b))_{l,s}$ 中取 $s=j$, 如 (79). 故在竖行 j, 所有的元素皆不等于 0,

$$(D^j(a,b))_{l,j}\neq 0, l=-j,-j+1,\cdots,j-1,j$$

按上定理 (二), 则与此 $D^j(a,b)$ 对易之对角矩阵 Y, 其对元素皆相等, 换言之, 系单位矩阵的倍数.

按第**2**节的 定理 4, 5,$D^j(a,b)$ 系不可约的表现 (见下文第 8 节 Schur 氏附定理 2.)

13.5 两矩阵的直乘积; 两个表现的直乘积

13.5.1 两矩阵的直乘积 (direct product)

设 $||A_{ij}||$ 为 $n\times n$ 矩阵,$||B_{kl}||$ 为 $m\times m$ 矩阵.A,B 的直乘积 C 的定义为

$$C=A\times B \tag{13-87}$$
$$\{C\}_{i\mu;j\nu}\equiv C_{i\mu;j\nu}=A_{ij}B_{\mu\nu} \tag{13-87a}$$
$$i,j=1,2,\cdots,n,$$
$$\mu,\nu=1,2,\cdots,m$$

(87) 式中 (i,μ) 视为一个数,(j,ν) 视为另一个数.

例 A 为 2×2,B 为 3×3 矩阵.

$$\begin{array}{cccccccc} & ① & ② & ③ & ④ & ⑤ & ⑥ & \\ A\times B= & a_{11}b_{11} & a_{11}b_{12} & a_{11}b_{13} & a_{12}b_{11} & a_{12}b_{12} & a_{12}b_{13} & ① \\ & a_{11}b_{21} & a_{11}b_{22} & a_{11}b_{23} & a_{12}b_{21} & a_{12}b_{22} & a_{12}b_{23} & ② \\ & a_{11}b_{31} & a_{11}b_{32} & a_{11}b_{33} & a_{12}b_{31} & a_{12}b_{32} & a_{12}b_{33} & ③ \\ & a_{21}b_{11} & a_{21}b_{12} & a_{21}b_{13} & a_{22}b_{11} & a_{22}b_{12} & a_{22}b_{13} & ④ \\ & a_{21}b_{21} & a_{21}b_{22} & a_{21}b_{23} & a_{22}b_{21} & a_{22}b_{22} & a_{22}b_{23} & ⑤ \\ & a_{21}b_{31} & a_{21}b_{32} & a_{21}b_{33} & a_{22}b_{31} & a_{22}b_{32} & a_{22}b_{33} & ⑥ \end{array} \tag{13-88a}$$

$$A \times B = C = \begin{vmatrix} c_{11;11} & c_{11;12} & c_{11;13} & c_{11;21} & c_{11;22} & c_{11;23} \\ c_{12;11} & c_{12;12} & c_{12;13} & c_{12;21} & c_{12;22} & c_{12;23} \\ c_{13;11} & c_{13;12} & c_{13;13} & c_{13;21} & c_{13;22} & c_{13;23} \\ c_{21;11} & c_{21;12} & c_{21;13} & c_{21;21} & c_{21;22} & c_{21;23} \\ c_{22;11} & c_{22;12} & c_{22;13} & c_{22;21} & c_{22;22} & c_{22;23} \\ c_{23;11} & c_{23;12} & c_{23;13} & c_{23;21} & c_{23;22} & c_{23;23} \end{vmatrix} \qquad (13-88b)$$

如将 (88a) 或 (88b) 的竖行及横行作同样的排列, 如下

$$C' = \begin{array}{c|cccccc} & \textcircled{1} & \textcircled{4} & \textcircled{2} & \textcircled{5} & \textcircled{3} & \textcircled{6} \\ \hline \textcircled{1} & & & & & & \\ \textcircled{4} & & & & & & \\ \textcircled{2} & & & & & & \\ \textcircled{5} & & & & & & \\ \textcircled{3} & & & & & & \\ \textcircled{6} & & & & & & \end{array} \qquad (13\text{-}89)$$

此矩阵只和 (88) 有一幺正变换

$$C' = SCS^{-1}$$

$$S = \begin{vmatrix} 1 & 0 & 0 & 0 & 0 & 0 \\ 0 & 0 & 0 & 1 & 0 & 0 \\ 0 & 1 & 0 & 0 & 0 & 0 \\ 0 & 0 & 0 & 0 & 1 & 0 \\ 0 & 0 & 1 & 0 & 0 & 0 \\ 0 & 0 & 0 & 0 & 0 & 1 \end{vmatrix}, \quad S^{-1} = \begin{vmatrix} 1 & 0 & 0 & 0 & 0 & 0 \\ 0 & 0 & 1 & 0 & 0 & 0 \\ 0 & 0 & 0 & 0 & 1 & 0 \\ 0 & 1 & 0 & 0 & 0 & 0 \\ 0 & 0 & 0 & 1 & 0 & 0 \\ 0 & 0 & 0 & 0 & 0 & 1 \end{vmatrix} \qquad (13\text{-}90)$$

惟 (89) 的 C' 按 (88a,88b) 的定义, 乃

$$C' = B \times A \qquad (13\text{-}91)$$

故

$$B \times A = S(A \times B)S^{-1} \qquad (13\text{-}92)$$

如视 SCS^{-1} 与 C 为相似的矩阵, 则我们视直积 $A \times B$ 是对易的 (commutative).*

兹可证明下定理:

定理 1　两对角矩阵的直积系一对角矩阵; 两单位矩阵的直积系一单位矩阵.

* 此定义在下文讨论两个矩阵表现的直积时, 可得见其用处. 见本节第 (3) 节.

定理 2　如 A,B 系两个 $n\times n$ 矩阵,Y,Z 系两个 $m\times m$ 矩阵, 则

$$(A\times Y)(B\times Z)=AB\times YZ \tag{13-93}$$

证明如下. 按通常的 AB 乘积,

$$(AB)_{ik}=\sum_{j}^{n}A_{ij}B_{jk} \tag{13-94}$$

按定义 (87),(87a)

$$\begin{aligned}[(A\times Y)(B\times Z)]_{i\mu,j\nu}&=\sum_{\delta=1}^{m}\sum_{k=1}^{n}A_{ik}Y_{\mu\sigma}B_{kj}Z_{\sigma\nu}\\&=\left(\sum_{k}A_{ik}B_{kj}\right)\left(\sum_{\sigma}Y_{\mu\sigma}Z_{\sigma\nu}\right)\\&=(AB)_{ij}(YZ)_{\mu\nu} \qquad (13\text{-}95\text{a})\\&=(AB\times YZ)_{i\mu,j\nu} \qquad (13\text{-}95)\end{aligned}$$

此即 (93) 式.q.e.d

定理 3　如 A,B 系幺正矩阵, 则 $A\times B$ 亦系幺正矩阵.

证明如下: 按假设,

$$\sum_{k}^{n}A_{ki}^{*}A_{kj}=\delta_{ij},\quad \sum_{\sigma}^{m}B_{\sigma\mu}B_{\sigma\nu}=\delta_{\mu\nu} \tag{13-96}$$

由 (87),(87a),

$$(A\times B)_{i\mu,j\nu}=A_{ij}B_{\mu\nu}$$

如 $A\times B\equiv C$ 系幺正矩阵, 则应有

$$\sum_{\mu}^{m}\sum_{i}^{n}C_{i\mu,j\nu}^{*}C_{i\mu,k\sigma}=\begin{cases}1, & \text{如}(j\nu)=(k\sigma)\\0, & \text{如}(j\nu)\neq(k\sigma)\end{cases} \tag{13-97}$$

按 (87a) 定义,

$$\begin{aligned}\sum_{\mu}^{m}\sum_{\mu}^{n}C_{i\mu,j\nu}^{*}C_{i\mu,k\sigma}&=\sum_{\mu}^{m}\sum_{i}^{n}A_{ij}^{*}B_{\mu\nu}^{*}A_{ik}B_{\mu\sigma}\\&=\left(\sum_{i}^{n}A_{ij}^{*}A_{ik}\right)\left(\sum_{i}^{m}B_{\mu\nu}^{*}B_{\mu\sigma}\right)\\&=\delta_{jk}\delta_{\nu\sigma}\quad(\text{由}(96)). \qquad (13\text{-}98)\end{aligned}$$

此满足 (96) 条件.q.e.d

任何个矩阵的直积, 其定义由 (87a) 推广之. 设 $A, B, \cdots D$ 矩阵的维度为 a, $b, \cdots, d$. 则

$$(A \times B \times \cdots \times D)_{ij\cdots l, i'j'\cdots l'} = A_{ii'} B_{jj'} \cdots D_{ll'} \tag{13-99}$$

$$i, i' = 1, 2, \cdots, a; j, j' = 1, 2, \cdots, b; l, l' = 1, 2, \cdots, d$$

两个直积如 (98) 的乘积, 其定义可由 (93),(95a) 推广之. 设 A, W 的维度为 $a; B, X$ 的维度为 $b, \cdots$

$$\begin{aligned}&[(A \times B \times \cdots \times D)(W \times X \times \cdots \times Z)]_{ij\cdots l, i'j'\cdots l'}\\ &= \sum_{i''} \cdots \sum_{l''} A_{ii''} B_{jj''} \cdots D_{ll''} W_{i''i'} X_{j''j'} \cdots Z_{l''l'}\\ &= (AW)_{ii'} (BX)_{jj'} \cdots (DZ)_{ll'}\end{aligned} \tag{13-100}$$

即

$$\begin{aligned}&(A \times B \times \cdots \times D)(W \times X \times \cdots \times Z)\\ &= (AW) \times (BX) \times \cdots \times (DZ)\end{aligned} \tag{13-100a}$$

13.5.2 一个群的两个表现的直积

设 $\mathscr{G}(G_\alpha)$ 系一个群 (α 为有限或无限集内的数). 设 $A^{(\alpha)}$, $B^{(\alpha)}$ 为两个表现的矩阵. 使

$$C^{(\alpha)} = A^{(\alpha)} \times B^{(\alpha)} \tag{13-101}$$

定理 4 如 $A^{(\alpha)}$, $B^{(\alpha)}$ 系 $\mathscr{G}$ 群的两个矩阵表现, 则 $C^{(\alpha)} = A^{(\alpha)} \times B^{(\alpha)}$ 亦系一个表现.

证明如下: 我们只需证明如 $C^{(\alpha)}$ 的影像 (image) 为 G_α, 则 $C^{(\beta)}G^{(\alpha)}$ 的影像为 $G_\beta G_\alpha (= G_\gamma)$.

由定理 2,(93) 式,

$$\begin{aligned}C^{(\beta)}C^{(\alpha)} &= (A^{(\beta)} \times B^{(\beta)})(A^{(\alpha)} \times B^{(\alpha)})\\ &= (A^{(\beta)}A^{(\alpha)}) \times (B^{(\beta)}B^{(\alpha)})\\ &= C^{(\gamma)}\end{aligned} \tag{13-101a}$$

右方的影像 G_γ. 故一个群的两表现的直积亦系一个表现.

如 $A^{(\alpha)}, B^{(\alpha)}$ 系两个表现的单位矩阵, 则 $C^{(\alpha)} = A^{(\alpha)} \times B^{(\alpha)}$ 与 $\mathscr{G}$ 的么元相应.(见前定理 1).

13.5.3 两个表现的直积 $D^j \times D^{j'}$ 的可约性 —— 转动群

兹取转动群 R_{3p} 的表现 D^j(即 (82) 式之 $D_j(\psi,\theta,\varphi,)$). 现求两个不可约的 D^j 的直积

$$D^j \times D^{j'}$$

的不可约成分.

按 (71) 式,

$$\eta_l = \frac{u_1^{j+l}u_2^{j-l}}{\sqrt{(j+l)!(j-l)!}}, l = -j, -j+1, \cdots, j-1, j \tag{13-102}$$

$$j = \text{整数或半整数}$$

系 D^j 变换的 $(2j+1)$- 维空间的向量分量. 同此,

$$\zeta_{e'} = \frac{v_1^{j'+l'}v_2^{j'-l'}}{\sqrt{(j'+l')!(j'-l')!}}, \quad l' = -j, -j'+1, \cdots, j'-1, j' \tag{13-102a}$$

$$j' = \text{整数或半整数}$$

使

$$\xi_{ll'} \equiv \eta_l\zeta_{l'} = \frac{u_1^{j+l}u_2^{j-l}v_1^{j'+l'}v_2^{j'-l'}}{\sqrt{(j+l)!(j-l)!(j'+l')!(j'-l')!}} \tag{13-103}$$

$$l = -j, -j+1, \cdots, i-1, j$$
$$l' = -j', -j'+1, \cdots, j'-1, j'$$

$\xi_{ll'}$ 乃 $D^j \times D^j$ 表现的 $(2j+1)(2j'+1)$- 维空间的向量.

使 k 为一整数 (或半整数, 如 j, j' 二者之一为半整数), 满足下关系

$$|j-j'| \leqslant k \leqslant j+j' \tag{13-104}$$

并使 m 为一固定的整数, 满足下条件的

$$m \geqslant 0, \quad m \leqslant 2j, \quad m \leqslant 2j' \tag{13-105}$$

使

$$M = (u_1v_2 - u_2v_1)^m(u_1x_1 + u_2x_2)^{2j-m}(v_1x_1 + v_2x_2)^{2j'-m} \tag{13-106}$$

设

$$\begin{pmatrix} u_1' \\ u_2' \end{pmatrix} = A\begin{pmatrix} u_1 \\ u_2 \end{pmatrix}, \quad \begin{pmatrix} v_1' \\ v_2' \end{pmatrix} = A\begin{pmatrix} v_1 \\ v_2 \end{pmatrix} \tag{13-107}$$

$$A=\begin{pmatrix} a_{11} & a_{12} \\ a_{21} & a_{22} \end{pmatrix},\quad a_{11}a_{22}-a_{12}a_{21}=1 \tag{13-107a}$$

则

$$u_1'v_2'-u_2'v_1'=u_1v_2-u_2v_1$$

M 显系 x_1,x_2 的 $2(j+j'-m)$ 次齐次多项式, 其代表项如

$$a_s x_1^s x_2^{2(j+j'-m)-s},\quad s=0,1,\cdots,2(j+j'-m)$$

兹定义

$$\begin{aligned} &k=j+j'-m \\ &\lambda=-k,-k+1,\cdots,k-1,k \end{aligned} \tag{13-108}$$

$$y_\lambda=\frac{x_1^{k+\lambda}x_2^{k-\lambda}}{\sqrt{(k+\lambda)!(k-\lambda)!}} \tag{13-108a}$$

(106) 式之 M, 乃可写作

$$M=\sum_{\lambda=-k}^{k}C_\lambda y_\lambda \tag{13-109}$$

由 (106),C_λ 系 u_1, u_2 的 $2j$- 次齐次多项式, 系 v_1, v_2 的 $2j'$- 次齐次多项式, 故 C_λ 的代表项为

$$b_{pq}u_1^p u_2^{2j-p}v_1^q v_2^{2j'-q}$$

按 (102),(102a) 式,C_λ 可表以下式

$$C_\lambda(u_1,u_2,v_1,v_2)=\sum_l\sum_{l'}d^{(\lambda)}\eta_l\zeta_l' \tag{13-109a}$$

由 (106) 式, 得见 u_1, v_1 出现于首因子 $(u_1v_2-u_2v_1)^m$;u_1,v_1 乘幂之和系 m; u_1 v_2 亦与 x_1 同时出现. 由 (109) 乃 (108a) 式,x_1 的幂数乃 $k+\lambda$. 故在 (109a) 式中,u_1 与 v_1 的幂数之和乃

$$m+k+\lambda=j+j'+\lambda\text{按}(108) \tag{13-110}$$

按 (102),η_l 有 u_1^{j+l}; ζ_l' 有 $v_1^{j'+l'}$. 故 (109a) 式中 u_1, v_1 的幂数之和乃

$$j+j'+l+l' \tag{13-110a}$$

以此与 (110) 比较, 即得

$$\lambda=l+l' \tag{13-110b}$$

(109a) 式的 $(2k+1)$ 个 $C_\lambda(u_1,u_2,v_1,v_2)$ 乃系 (103) 的 $(2k+1)$ 个 $\xi_{ll'}$ 的线性叠合, 构成转动的 $(2\lambda+1)$- 维表现

$$D^\lambda, \lambda=-k,-k+1,\cdots,k-1,k. \tag{13-111}$$

欲阐明此结论, 设 $\boldsymbol{x}(x_1,\cdots,x_n)$, $\boldsymbol{y}(y_1\cdots,y_n)$ 为两个向量, 其变换为

$$\boldsymbol{x}'=T_1\boldsymbol{x},\quad \boldsymbol{y}'=T_2\boldsymbol{y} \tag{13-112}$$

或

$$(x_1'\cdots x_n')=(x_1\cdots x_n)\tilde{T}_1$$

使

$$x_1'y_1'+\cdots+x_n'y_n'=x_1y_1+\cdots+x_ny_n \tag{13-113}$$

之必须及充足条件乃

$$\tilde{T}_1T_2=1,\quad 或T_2=(\tilde{T}_1)^{-1}. \tag{13-114}$$

按此定理, 兹使 (u_1,u_2) 及 (v_1,v_2) 皆作同一的幺正变换 T, 行列式 =1 , 而使 (x_1,x_2) 作 $(\tilde{T})^{-1}$ 变换, 则

$$\begin{aligned}u_1x_1+u_2x_2&=不变\\ v_1x_1+v_2x_2&=不变\end{aligned} \tag{13-115}$$

经此幺正变换 T,(106) 式的 $(u_1v_2-u_2v_1)$ 不变, 故由 (115), 整个 M 式不变.

兹取 (109) 式之 $M=C_\lambda y_\lambda$. 此式示 y_λ 经 C 变换. 因 M 不变, 故 C_λ 必经一个 $(\tilde{C})^{-1}$ 变换.

如引入新变数

$$z_\lambda=\frac{u_1^{k+\lambda}u_2^{k-\lambda}}{\sqrt{(k+\lambda)!(k-\lambda)!}} \tag{13-116}$$

施二项式定理于下式

$$(u_1x_1+u_2x_2)^{2k}=(2k)!\sum_{\lambda=-k}^{k}z_\lambda y_\lambda \tag{13-117}$$

按 (115), 此式之左方经 $T\boldsymbol{u}$ 与 $(\widetilde{T})^{-1}\boldsymbol{x}$ 不变. 此式之右. 方经 $C\boldsymbol{y}$ 与 $(\tilde{G})^{-1}\boldsymbol{z}$ 不变.

由 (71),η_l 系转动群的一个表现 D^j, 如 u_1, u_2 的变换系幺正单位模变换 $[SU_2]$. 故 (116) 及 (117) 的 z_λ 系 R_{3p} 的一个表现 D^k. 因 C_λ 亦必经 $(\tilde{C})^{-1}$ 变换与 z 同, 故 (109) 式的 $(2k+1)$ 个 C_λ 系 R_{3p} 的一个表现 D^k.

由 (103) 已知 $\eta_l\zeta_l'$ 乃 $D^j \times D^{j'}$ 的 $(2j+1)(2j'+1)$- 维空间的向量. 由 (104), (105), (108), 皆见 k 可取下列之值 *

$$k = |j-j'|, |j-j'|+1, \cdots, j+j'-1, j+j' \tag{13-118}$$

故 D^k 有

$$D^{|j-j'|}, D^{|j-j'|+1}, \cdots, D^{j+j'-1}, D^{j+j'} \tag{13-118a}$$

由上述一切, 可知 $D^j, D^{j'}$ 两个表现之直积 $D^j \times D^{j'}$ 系 (118a) 各 D^k 的线性重叠, 设 T 为一线性变换矩阵, 使

$$T(D^j \times D^{j'})T^{-1} = \left|\begin{array}{c:c:c:c} D^{|i-j'|} & 0 & 0 & \\ \hdashline 0 & D^{|i-j'|+1} & 0 & \\ \hdashline 0 & 0 & \square & \\ & & \ddots & 0 \\ & & 0 & D^{i+j'} \end{array}\right| \tag{13-119}$$

$$= D^{i-|j'|}\dot{+}D^{|i-j'|+1}\dot{+}\cdots\dot{+}D^{i+j'} \tag{13-119a}$$

(119) 右方系一准对角矩阵.(119a) 乃 (13-8) 式的直和符号, 表示准对角对阵的.

(119a) 式构为 Clebsch-Gordan 公式.

例 1　$D^1 \times D^1 \times D^1$, 矩阵之级 (order) 为 $3^3 = 27$

按 (119a),

$$\begin{aligned} D^1 \times D^1 \times D^1 &= (D^2\dot{+}D^1\dot{+}D^0) \times D^1 \\ &= D^3\dot{+}D^2\dot{+}D^1\dot{+}D^2\dot{+}D^1\dot{+}D^0\dot{+}D^1 \\ &= D^3\dot{+}2D^2\dot{+}3D^1\dot{+}D^0 \end{aligned} \tag{13-120}$$

右方准对角矩阵之级为 $7 + 2\times 5 + 3\times 3 + 1 = 27$.

例 2

$$D^{\frac{1}{2}} \times D^{\frac{1}{2}} = \left|\begin{array}{cccc} a^2 & ab & ba & b^2 \\ -ab^* & aa^* & -bb^* & a^*b \\ -ab^* & -bb^* & aa^* & a^*b \\ b^{*2} & -a^*b^* & -a^*b^* & a^{*2} \end{array}\right| \tag{13-120a}$$

---

* 每一 k 值,D^k 乃 $(2k+1)$- 维表现.$\sum(2k+1)$ 和,k 由 $|j-j'|$ 到 $j+j'$, 乃 $(2j+1)(2j'+1)$.

如作 T 变换

$$T=\begin{vmatrix}1&0&0&0\\0&\frac{1}{\sqrt{2}}&\frac{1}{\sqrt{2}}&0\\0&0&0&1\\0&-\frac{1}{\sqrt{2}}&\frac{1}{\sqrt{2}}&0\end{vmatrix},\quad T^{-1}=\begin{vmatrix}1&0&0&0\\0&\frac{1}{\sqrt{2}}&0&-\frac{1}{\sqrt{2}}\\0&\frac{1}{\sqrt{2}}&0&\frac{1}{\sqrt{2}}\\0&0&1&0\end{vmatrix}$$

则

$$T(D^{\frac{1}{2}}\times D^{\frac{1}{2}})T^{-1}=\begin{vmatrix}a^2&\sqrt{2}ab&b^2&0\\-\sqrt{2}ab^*&aa^*-bb^*&\sqrt{2}a^*b&0\\b^{*2}&-\sqrt{2}a^*b^*&a^{*2}&0\\0&0&0&aa^*-bb^*\end{vmatrix}\tag{13-120b}$$

此乃一准对角矩阵. 由 (84a) 及 (85a), 得见此乃

$$=\left|\begin{array}{c:c}D^1(a,b)&0\\\hdashline 0&1\end{array}\right|\tag{13-120c}$$

$$=D^1+D^0\tag{13-120d}$$

此即 Clebsch-Gordan 式 (119a) 之一例也.

(120) 式可推广至数个表现的直积

$$D^p\times D^q\times\cdots\times D^s$$

$D^p, D^q, \cdots$ 系可约或系不可约的. 通常的情形系: 即使 D 等系不可约的, 其直积仍或可约的. 约此直积的方法, 将用同下文 (187),(188) 的对角和 χ 的分析法. 我们需下述的

定理 任何数目的矩阵的直积的对角和, 等于各因子矩阵的对角和的乘积.

此定理的证明, 可由 (99) 式得之. 按此和 (187)、(188), 即得下式

$$D^p\times D^q\times\cdots\times D^s=\sum_\alpha a_\alpha^{p\times q\times\cdots\times s}D^a\tag{13-121}$$

$$a_\alpha^{p\times q\times\cdots\times s}=\sum_{j=1}^{n}(\chi^\alpha(G_j))^*\chi^p(G_j)\chi^q(G_j)\cdots\chi^s(G_j)\tag{13-112a}$$

此式乃示 (126) 的直积之直积空间 $S^p\times S^q\times\cdots\times S^s$, 约分为各不可约不变子空间. 如 $D^p\times D^q\times\cdots$ 只系两个表现的直积, 则 (126) 式即系 Clebsch-Gordan 公式 (119a)

下文第 14 章 (14-31), (14-36) 将应用 (121),(121a) 结果于 C_{3h} 群.

13.6　两个或数个群的直积及其表现

使

$$\mathscr{G}^i(A_1^i, A_2^i, \cdots, A_{ni}^i), i=1,2,\cdots,p \tag{13-122}$$

为 p 个群; 任何两个群的元素, 皆对易的

$$A_r^i A_s^j = A_s^j A_r^i, i \neq j. \tag{13-122a}$$

兹由上 p 个群的每一群, 各取一个元, 构成下集的 $n_1 \times n_2 \times \cdots \times n_p$ 个

$$\begin{aligned}&A_{k_1}^1, A_{k_2}^2, A_{k_3}^3\\&k_i=1,2,\cdots,n_i; i=1,2,\cdots,p\end{aligned} \tag{13-123}$$

我们甚易证明这集 $n_1 \times n_2 \times \cdots \times n_p$ 个算符构成一个群. 这个群称为 $\mathscr{G}^1, \mathscr{G}^2, \cdots, \mathscr{G}^p$ 群的直积, 以

$$\mathscr{G}^1 \times \mathscr{G}^2 \times \cdots \times \mathscr{G}^p \tag{13-123a}$$

表之.(123) 的集, 乃 (123a) 群的元素.

设

$$D^{\alpha_i}(A_1^i), D^{\alpha_i}(A_2^i), \cdots, D^{\alpha_i}(A_{n_i}^i)$$

为 $\mathscr{G}^i$ 群的 α 表现. 使 $i=1,2,\cdots,p$, 则此乃 $\mathscr{G}^1, \mathscr{G}^2, \cdots, \mathscr{G}^p$ 群的表现.

兹构成下列 $n_1 \times n_2 \times \cdots \times n_p$ 个矩阵直积

$$\begin{aligned}&D^{\alpha_1}(A_{k_1}^1) \times D^{\alpha_2}(A_{k_2}^2) \times \cdots \times D^{\alpha_p}(A_{k_p}^p),\\&k_i=1,2,\cdots,n_i; i=1,2,\cdots,p\end{aligned} \tag{13-124}$$

按 (100a) 式关系, 可见此集构成一个群 *.由 (123),(123a) 的定义, 得见此集乃

$$\mathscr{G}^1 \times \mathscr{G}^2 \times \cdots \times \mathscr{G}^p$$

---

* 由 (100a) 式, 即得

$$\begin{aligned}&[D^{\alpha_1}(A_{k_1}^1) \times D^{\alpha_2}(A_{k_2}^2) \times \cdots \times D^{\alpha_p}(A_{k_1}^p)][D^{\alpha_1}(A_{l_1}^1) \times D^{\alpha_2}(A_{l_2}^2) \times \cdots \times D^{\alpha_p}(A_{l_p}^p)]\\&=[D^{\alpha_1}(A_{k_1}^1)D^{\alpha_1}(A_{l_1}^1)] \times \cdots \times [D^{\alpha_p}(A_{k_p}^p)D^{\alpha_p}(A_{l_p}^p)]\\&=D^{\alpha_1}(A_{k_1}^1 A_{l_1}^1) \times \cdots \times D^{\alpha_p}(A_{k_p}^p A_{l_p}^p)\end{aligned} \tag{13-125}$$

因 $D^{\alpha_i}(A^i)\cdots$ 系 $\mathscr{G}^i(A^i)$ 的表现, 此式, 按第 (99) 式, 乃谓表算符乘积

$$(A_{k_1}^1 A_{k_2}^2 \cdots A_{k_p}^p)(A_{l_1}^1 \cdots A_{l_p}^p) = A_{k_1}^1 A_{l_1}^1 \cdots A_{k_p}^p A_{l_p}^p$$

的矩阵, 乃系表

$$(A_{k_1}^1 A_{k_2}^2 \cdots A_{k_p}^p) \text{与} (A_{l_1}^1 \cdots A_{l_p}^p)$$

的矩阵的乘积, 按 (123),$(A_{k_1}^1 \cdots A_{k_p}^p)$ 集构成一个群. 故 (124) 亦成一个群.

群的一个表现.

定理 设 $D^{\alpha_1}, D^{\alpha_2}, \cdots D^{\alpha_p}$ 各系 $\mathscr{G}^1, \mathscr{G}^2, \cdots \mathscr{G}^p$ 群的不可约表现, 则直积表现

$$D^{\alpha_1} \times D^{\alpha_2} \times \cdots \times D^{\alpha_p} \tag{13-124}$$

系直积群

$$\mathscr{G}^1 \times \mathscr{G}^2 \times \cdots \times \mathscr{G}^p \tag{13-123a}$$

的一个不可约表现.

此定理的不可约部分的证明, 需用下文 (13-201a) 的定理 *: 如一个群 $\mathscr{G}_n$ 的表现 χ 系不可约的, 则

$$\sum_{s=1}^{n} |\chi(G_s)|^2 = n \tag{13-126}$$

兹按 (121) 上的定理,(124) 的对角和 χ, 等于各 D^{α_i} 的 χ^{α_i} 的乘积. 故

$$\begin{aligned}
&\sum_{k_1}^{n_1} \cdots \sum_{k_p}^{n_p} |\chi^{a_1}(A_{k_1}^1)|^2 \cdots |\chi^{\alpha_p}(A_{k_p}^p)|^2 \\
=&\left[\sum_{k_1}^{n_1} |\chi^{\alpha_1}(A_{k_p}^p)|^2\right] \left[\sum_{k_2}^{n_2} \cdots\right] \left[\sum_{k_p}^{n_p} |\chi_p^{\alpha}(A_{k_p}^p)|^2\right] \\
=&n_1 \times n_2 \times \cdots \times n_p
\end{aligned} \tag{13-127}$$

惟右方的 $n_1 \times n_2 \times \cdots \times n_p$ 正系 $\mathscr{G}_1 \times \mathscr{G}_2 \times \cdots \times \mathscr{G}^p$ 群的级数. 故按定理 (126),$D^{\alpha_1} \times D^{\alpha_2} \times \cdots \times D^{\alpha_p}$ 系一个不可约表现.

上述 (本节) 结果的重要性, 乃系使我们能将一个对称群, 分别的研视他的各"因子群" 的性质.(见第 14 章第 14-3 节的应用例).

13.7 单位模二维群 $[SC_2]$ 及其不可约的表现

第 12 章第 2,(1) 节已定义二 (维复数空间的单位模变换群 $[SC_2]$

$$[SC_2] : \boldsymbol{x}' = \begin{bmatrix} a & b \\ c & d \end{bmatrix} \boldsymbol{x}. \tag{13-128}$$

$$ad - bc = 1$$

并略述 SC_2 群与正规 Lorentz 群 L_p 的同态关系 (12-76). 本节将较详的述二维单位模群的表现.

* 或不引入班的观念, 直接的用第 14 章 (14-9) 式.

我们将先回忆 SC_2 与 SU_2 的基本不同处.

$$[SU_2]:\boldsymbol{u}'=\begin{bmatrix} a & b \\ -b^* & a^* \end{bmatrix}\boldsymbol{u}, \quad (12\text{-}19) \tag{13-129}$$

$$aa^*+bb^*=1$$

如取 $[SU_2]$ 的共轭复数, 所得的 $[SU_2]^*$ 与 $[SU_2]$ 只有一个幺正变换之别, 故二者系相等的表现

$$\begin{bmatrix} a^* & b^* \\ -b & a \end{bmatrix}=\begin{bmatrix} 0 & 1 \\ -1 & 0 \end{bmatrix}\begin{bmatrix} a & b \\ -b^* & a^* \end{bmatrix}\begin{bmatrix} 0 & -1 \\ 1 & 0 \end{bmatrix} \tag{13-130}$$

如 (12-40),$[SU_2]$ 群与转动群 R_{3p} 同态,

$$[SU_2]\sim R_{3p} \tag{13-131}$$

兹取 (128) 式的 SC_2 的复数. 则所得之矩阵.

$$\begin{bmatrix} a^* & b^* \\ c^* & d^* \end{bmatrix} \tag{13-132}$$

系和 $\begin{bmatrix} a & b \\ c & d \end{bmatrix}$ 不相等的 *. (128) 的矩阵有 6 个独立实数参数, 而 (129) 的矩阵则只有三个实数参数.

兹亦如 (13-49), 定义

$$\begin{aligned} &v_0=u_1^n \\ &v_1=u_1^{n-1}u_2 \\ &\cdots\cdots \\ &v_k=u_1^{n-k}u_2^k \\ &\cdots\cdots \end{aligned} \tag{13-133}$$

---

* 最易证明此点的乃系取 $b=c=0$. 故

$$ad=1,\quad a^*d^*=1$$

如两矩阵间有相似变换 S 的关系, 则二者的对角和必相等, 故

$$a+d=a^*+d^*$$

这些式的解, 乃 $a^*=a$, $d^*=d$, 或 $a^*=d$, $d^*=a$ 如 a,d 不满足 $a+d=a^*+d^*$, 则两矩阵间无变换关系也.

$$\begin{aligned} &v_n = u_2^n \\ &n = 2j, \quad j = 0, \frac{1}{2}, 1, \frac{3}{2}, \cdots \end{aligned} \tag{13-134}$$

$\boldsymbol{v}(v_0, v_1, \cdots, v_n)$ 的变换乃按 (128)

$$\begin{aligned} &v_0' = u_1'^n = (au_1 + bu_2)^n \\ &v_1' = u_1'^{n-1} u_2' = (au_1 + bu_2)^{n-1}(cu_1 + du_2) \\ &\cdots\cdots \\ &v_k' = (au_1 + bu_2)^{n-k}(cu_1 + du_2)^k \\ &\cdots\cdots \end{aligned} \tag{13-135}$$

亦如 (52),(53), 兹引入 (128)SC_2 群的表现

$$D^j \begin{pmatrix} a & b \\ c & d \end{pmatrix} \tag{13-136}$$

使

$$\begin{aligned} &v_0' = D_{0k}^j u_1^{2j-k} u_2^k = D_{0k}^j v_k \\ &\cdots\cdots \\ &v_i' = D_{ik}^j v_k \end{aligned} \tag{13-137}$$

此处的 $D_{ik}^j \begin{pmatrix} a & b \\ c & d \end{pmatrix}$ 可经由 (78) 式获得, 只需代 $-b^*, a^*$ 以 c, d 即可. 故即得 (l, s) 矩阵元素

$$\left[D^j \begin{pmatrix} a & b \\ c & d \end{pmatrix}\right]_{l,s} = \sum_k \frac{[(j+l)!(j-l)(j+s)!(j-s)!]^{1/2}}{k!(j+l-k)!(j-s-k)!(k+s-l)!} \times a^{j+l-k} b^k d^{j-s-k} c^{k+s-l} \tag{13-138}$$

由此, 即得, 如 (83),(84a),(85a)

$$D^0 \begin{pmatrix} a & b \\ c & d \end{pmatrix} = 1 \tag{13-139}$$

$$D^{\frac{1}{2}} \begin{pmatrix} a & b \\ c & d \end{pmatrix} = \begin{pmatrix} a & b \\ c & d \end{pmatrix} \tag{13-140}$$

$$D^1 \begin{pmatrix} a & b \\ c & d \end{pmatrix} = \begin{pmatrix} a^2 & \sqrt{2}ab & b^2 \\ \sqrt{2}ac & ad + bc & \sqrt{2}bd \\ c^2 & \sqrt{2}cd & d^2 \end{pmatrix} \tag{13-141}$$

兹取 (133),(135) 的共轭复数, 如

$$v_k^* = u_1^{*n-k} u_2^{*k} \tag{13-142}$$

$$v_k^{*'} = (a^* u_1^* + b^* u_2^*)^{n-k} (c^* u_1^* + d^* u_2^*)^k \tag{13-143}$$

用 (132) 变换, 故

$$D^{*j} = D^{*j}\begin{pmatrix} a^* & b^* \\ c^* & d^* \end{pmatrix} \tag{13-144}$$

$$v_i^{*'} = D_{ik}^{*j}\begin{pmatrix} a^* & b^* \\ c^* & d^* \end{pmatrix} v_k^* \tag{13-145}$$

则得 $[SC_2]$ 的另一 (不相等的) 表现 D^{*j} 如 (138) 式

$$\left[D^{*j}\begin{pmatrix} a^* & b^* \\ c^* & d^* \end{pmatrix}\right]_{l,s} = \sum_k \frac{[(j+l)!(j-l)!(j+s)!(j-s)!]^{1/2}}{k!(j+l-k)!(j-s-k)!(k+s-l)!} \times a^{*j+l-k} b^{*k} d^{*j-s-k} c^{k+s-l} \tag{13-146}$$

兹由 D^j 及 D^{*j} 构成一个直积表现, 并引入一新符号

$$\begin{aligned} D^{jj'} &\equiv D^j \times D^{*j'} \\ &= D^j\begin{pmatrix} a & b \\ c & d \end{pmatrix} \times D^{*j}\begin{pmatrix} a^* & b^* \\ c^* & d^* \end{pmatrix} \end{aligned} \tag{13-147}$$

关于 $D^{jj'} = D^j \times D^{*j'}$ 我们得下述的特性:

(一) $D^{jj'}$ 不相等于一个幺正表现.

盖如与一个幺正表现相等, 则此表现的任一矩阵的所有本征值之绝对值, 务必为 1. 惟 $D^{jj'}$ 的本征值, 显无此特性. 例如

$$D^{\frac{1}{2}\frac{1}{2}} = D^{\frac{1}{2}} \times D^{*\frac{1}{2}} = \begin{bmatrix} a & b \\ c & d \end{bmatrix} \times \begin{bmatrix} a^* & b^* \\ c^* & d^* \end{bmatrix} \tag{13-148}$$

兹取 $b = c = 0$, 则

$$D^{\frac{1}{2}\frac{1}{2}} = \begin{vmatrix} aa^* & 0 & 0 & 0 \\ 0 & ad^* & 0 & 0 \\ 0 & 0 & da^* & 0 \\ 0 & 0 & 0 & dd^* \end{vmatrix} \tag{13-148a}$$

其本征值的绝对值非必等于 1 也. 惟一例外乃 $D^{00} = 1$.

(二) $D^{jj'}$ 系不可约的.

欲证明 $D^{jj'}$ 系不可约的, 只需证明一个与 (128) 所有的矩阵对易的矩阵, 务必系单位矩阵的倍数. 此证与上文第 4,(3) 节的相同.

(三) 不同 j,j' 的 $D^{jj'}$, 系不相等 (inequivalent) 的.

最简单的证, 可取 $b=c=0$, 故

$$D^j=\begin{pmatrix} a & 0\\ 0 & d\end{pmatrix}, ad=1$$

如是,$D^{jj'}$ 乃系一对角矩阵. 同法 $D^{pp'}$ 亦系一对角矩阵. 证明 $D^{jj'}$, $D^{pp'}$ 的本征值不同, 如 $j,j'\neq p,p'$, 则易事耳, 当留给读者.

(四) $D^{jj'}$, $j,j'=0,\ \frac{1}{2},\ 1,\ \frac{3}{2},\ \cdots$, 系 SC_2 群所有的不可约表现.

(五) $D^{j_1j_1'}$ $D^{j_2j_2'}$ 的直积, 亦可如 (126),(126a) 的化为直和

$$T(D^{j_1j_1'}\times D^{j_2j_2'})T^{-1}$$

$$=\left|\begin{array}{c:c:c:c} D^{j_1+j_2,j_1'+j_2'} & 0 & 0 & \\ \hdashline 0 & D^{j_1+j_2-1,j_1'+j_2'} & 0 & \\ \hdashline 0 & 0 & & \\ \hdashline & & & D^{j_1-j_2,j_1-j_2'} \end{array}\right| \tag{13-149}$$

$$=D^{j_1+j_2,j_1'+j_2'}\dotplus D^{j_1+j_2-1,j_1'j_2'}\dotplus D^{j_1+j_2,j_1'+j_2'-1}$$
$$\dotplus\cdots\dotplus D^{j_1-j_2,j_1'-j_2'+1}\dotplus D^{j_1-j_2,j_1'j_2'} \tag{13-150}$$

(六) $D^{jj'}=D^j\times D^{*j}$ (其 $D^j=D^j\begin{pmatrix} a & b\\ c & d\end{pmatrix}$ 系 (128) 式的 SC_2 群的表现) 包含了正规 Lorentz 群 L_p 所有的表现 *. 又按上 (二), $D^{jj'}$ 乃包含了 L_p 所有的不可约的表现的.

例 L_p 群的一特殊子群 (见 (12-52) 式)

$$L_p=\begin{vmatrix} \gamma & 0 & 0 & \mathrm{i}\gamma\beta\\ 0 & 1 & 0 & 0\\ 0 & 0 & 1 & 0\\ -\mathrm{i}\gamma\beta & 0 & 0 & \gamma\end{vmatrix},\quad \gamma=\frac{1}{\sqrt{1-\beta^2}} \tag{13-151}$$

可以幺正 U

$$U=\frac{1}{\sqrt{2}}\begin{vmatrix} 1 & 0 & 0 & -\mathrm{i}\\ 0 & \sqrt{2} & 0 & 0\\ 0 & 0 & \sqrt{2} & 0\\ -\mathrm{i} & 0 & 0 & 1\end{vmatrix},\quad U^{-1}=U^{+} \tag{13-152}$$

---

* $[SU_2]$ 群和 L_p 的同态关系 $SC_2\sim L_p$, 已见第 12 章第 3 节.

变为对角矩阵

$$UL_pU^{-1} = \begin{vmatrix} \gamma(1-\beta) & 0 & 0 & 0 \\ 0 & 1 & 0 & 0 \\ 0 & 0 & 1 & 0 \\ 0 & 0 & 0 & \gamma(1+\beta) \end{vmatrix} \tag{13-153}$$

由 (148),(148a), 使

$$a = \sqrt{\gamma(1-\beta)}, \quad d = \frac{1}{a}, \quad b = c = 0$$

则

$$D^{\frac{1}{2}\frac{1}{2}} = \begin{vmatrix} \gamma(1-\beta) & 0 & 0 & 0 \\ 0 & 1 & 0 & 0 \\ 0 & 0 & 1 & 0 \\ 0 & 0 & 0 & \gamma(1+\beta) \end{vmatrix} \tag{13-153a}$$

此式与 (153) 相同. 故

$$UL_pU^{-1} = D^{\frac{1}{2}} \times D^{*\frac{1}{2}} \tag{13-154}$$

如不取 (151) 式的特殊 L_p 变换而取一般性的

$$L_p = |(\bar{a}_\mu^\nu)|, (\text{见(10-51c)式}), \tag{13-155}$$

上 (154) 式关系仍有效的. 兹取 T, T^{-1} 如 (10-155), 即得

$$TL_pT^{-1} = |\text{见(10-158)式}| \tag{13-156}$$

如 (10-159) 所示,(156) 矩阵与 SC_2 的二矩阵直积

$$\begin{vmatrix} a & b \\ c & d \end{vmatrix} \times \begin{vmatrix} a^* & b^* \\ c^* & d^* \end{vmatrix} \tag{13-157}$$

有相似的结构. 故复得

$$T|\bar{a}_\mu^\nu|T^{-1} = D^{\frac{1}{2}} \times D^{*\frac{1}{2}} = D^{\frac{1}{2}\frac{1}{2}} \tag{13-158}$$

13.8　旋量与 SC_2 变换 (或其表现 $D^{jj'}$)

第 10 章第 1 节定义旋量 (spinor) (u_1, u_2)

$$\begin{pmatrix} u_1' \\ u_2' \end{pmatrix} = \begin{pmatrix} a & b \\ c & d \end{pmatrix} \begin{pmatrix} u_1 \\ u_2 \end{pmatrix}, \quad ab - cd = 1 \tag{13-159}$$

$$\begin{pmatrix} u'_{\dot{1}} \\ u'_{\dot{2}} \end{pmatrix} = \begin{pmatrix} a^* & b^* \\ c^* & d^* \end{pmatrix} \begin{pmatrix} u_{\dot{1}} \\ u_{\dot{2}} \end{pmatrix} \quad \begin{matrix} u_{\dot{1}} = u_1^* \\ u_{\dot{2}} = u_2^* \end{matrix} \tag{13-160}$$

及逆变旋量 (u^1, u^2), $(u^{\dot{1}}, u^{\dot{2}})$

$$\begin{pmatrix} u^1 \\ u^2 \end{pmatrix} = \begin{pmatrix} 0 & 1 \\ -1 & 0 \end{pmatrix} \begin{pmatrix} u_1 \\ u_2 \end{pmatrix}, \quad \begin{pmatrix} u^{\dot{1}} \\ u^{\dot{2}} \end{pmatrix} = \begin{pmatrix} 0 & 1 \\ -1 & 0 \end{pmatrix} \begin{pmatrix} u_{\dot{1}} \\ u_{\dot{2}} \end{pmatrix}$$

又第二阶旋量 $(u_{11}, u_{12}, u_{21}, u_{22})$ 的变换

$$(10\text{-}8): \begin{pmatrix} u'_{11} \\ u'_{12} \\ u'_{21} \\ u'_{22} \end{pmatrix} = \left(\begin{bmatrix} a & b \\ c & d \end{bmatrix} \times \begin{bmatrix} a & b \\ c & d \end{bmatrix} \right) \begin{pmatrix} u_{11} \\ u_{12} \\ u_{21} \\ u_{22} \end{pmatrix} \tag{13-161}$$

$$(10\text{-}9): \begin{pmatrix} u'_{1\dot{1}} \\ u'_{1\dot{2}} \\ u'_{2\dot{1}} \\ u'_{2\dot{2}} \end{pmatrix} = \left(\begin{bmatrix} a & b \\ c & d \end{bmatrix} \times \begin{bmatrix} a^* & b^* \\ c^* & d^* \end{bmatrix} \right) \begin{pmatrix} u_{1\dot{1}} \\ u_{1\dot{2}} \\ u_{2\dot{1}} \\ u_{2\dot{2}} \end{pmatrix} \tag{13-162}$$

$$(10\text{-}10): \begin{pmatrix} u'_{\dot{1}\dot{1}} \\ u'_{\dot{1}\dot{2}} \\ u'_{\dot{2}\dot{1}} \\ u'_{\dot{2}\dot{2}} \end{pmatrix} = \left(\begin{bmatrix} a^* & b^* \\ c^* & d^* \end{bmatrix} \times \begin{bmatrix} a^* & b^* \\ c^* & d^* \end{bmatrix} \right) \begin{pmatrix} u_{\dot{1}\dot{1}} \\ u_{\dot{1}\dot{2}} \\ u_{\dot{2}\dot{1}} \\ u_{\dot{2}\dot{2}} \end{pmatrix} \tag{13-163}$$

这些表示旋量的变换乃 $D^j \times D^j$, $D^j \times D^{*j}$, $D^{*j} \times D^{*j}$ 矩阵, 这些皆系 SC_2 群的表现.*

13.9 不相等之幺正表现之正交关系 ——Schur 氏附定理

我们将求不可约情形的较简单的条件, 和对不相等的表现数目的限制. 在证明定理前, 我们需先建立所谓 Schur 氏附定理 (lemmas).

Schur 氏附定理 1

设 A^s, B^s 系群 $\mathscr{G}$ 的 $(p \times p)-$,$(q \times q)-$ 表现;A^s, B^s, $s = 1, 2, \cdots$, 系不相等, 不可约且幺正的表现. 设 C 系 $(p \times q)$ 矩阵且满足下关系

$$A^s C = C B^s, \quad s = 1, 2, \cdots, \tag{13-164}$$

* 本册第 10 章关于旋量的关系, 多系含有群的关系, 读者可重阅该章.

则 $C=0$.

证 (一) 如 $A^s(B^s)$ 原非幺正矩阵, 我们永可按第 2 节定理 3 觅一个和 $A^s(B^s)$ 相等的幺正矩阵.

(二) 如 $p=q$, 则 C 系 $p\times p$ 矩阵. 如 C 系非奇异的. 则有 C^{-1} 存在, 故

$$A^s=CB^sC^{-1'}$$

如是则 A^s 与 B^s 相等. 此与原假设矛盾. 故 $\det|C|=0$.

(三) 如 $\det|C|=0$, 惟某些 $C_{ik}\neq 0$. 则对任意 $x_1, x_2, \cdots, x_p$, 我们可以线性式

$$\sum_{k=1}^{p}C_{ik}x_k, \quad i=1,2,\cdots,p \tag{13-165}$$

定义一个 r- 维子空间 R_r, $1\leqslant r<p$: $C\boldsymbol{x}$ 乃 R_r 中一任意向量. $C(B^s\boldsymbol{x})$ 亦系 R_r 中一向量. 故由 (164),

$$A^sC\boldsymbol{x}=CB^s\boldsymbol{x}$$

此谓施幺正 A^s 于 R_r 中一向量, 引致 R_r 中另一向量. 惟按第 2 节定理 1, 则 A^s 系一可约的表现. 惟此与原假设矛盾. 故某些 $C_{ik}\neq 0$ 是不可能的.

(四) 如 $p>q$, 则以

$$\sum_{k=1}^{q}C_{ik}x_k, \quad i=1,2,\cdots,p$$

定义一 A^s 的 p-维空间的 r-维子空间,R_r,$r<p$. 上 (三) 段的证明仍可用.

(五) 如 $p<q$, 则只需将 (164) 式中 A^s,B^s 互易位. 证明如上. 故 $C=0$, 如附定理 1.

Shur 氏附定理 2

如 $A(\alpha)$ 系群 $\mathscr{G}$ 的一个不可约的表现, 且 C 矩阵有下性质:

$$CA(\alpha)=A(\alpha)C, \text{所有的}\alpha \tag{13-165}$$

则 C 矩阵系单位矩阵的倍数.

证 设 $\boldsymbol{x}$ 系一向量.C 的本征值 λ 及本征向量 $\boldsymbol{x}$ 乃

$$C\boldsymbol{x}=\lambda\boldsymbol{x}$$

由 (165), 得

$$CA\boldsymbol{x}=AC\boldsymbol{x}=\lambda A\boldsymbol{x}$$

故 $\boldsymbol{Ax}$ 亦系本征值 λ 的本征向量. 故 C 的本征向量所属的子空间, 在 $\mathscr{G}$ 群的变换 $A(\alpha)$ 下不变. 惟如是, 则按第 2 节定理 1, $A(\alpha)$ 乃系可约的, 除非此子空间系全部空间, 或 $\boldsymbol{x}$ 系零向量. 前者谓 C 只有一个本征值 λ, 故

$$C = \lambda 1, \quad 1 = \text{单位矩阵} \tag{13-166}$$

后者谓 $C = 0$.

按此附定理, 如有一个 $\mathscr{G}$, 能证明满足 (165) 式的 C, 系单位矩阵的倍数, 则 A 表现系不可约的.*

兹设 A^s, B^s 为群 $\mathscr{G}$ 的两个不相等, 不可约 (幺正) 的表现,X 为一个任意矩阵,C 为按下定义的矩阵

$$C = \sum_{s=1}^{n} A(G_s) X B(G_s^{-1}) \tag{13-167}$$

G_s, G_s^{-1} 系 $\mathscr{G}$ 的元素, n 系 $\mathscr{G}$ 的级数 ($\mathscr{G}$ 的元素数目). 使 G_t 为 $\mathscr{G}$ 的一个任意的固定元素, 并作

$$A(G_t)C = \sum_s A(G_t)A(G_s)XB(G_s^{-1})$$

因 $A(G_s)$ 系 $\mathscr{G}$ 的表现矩阵中相应于 G_s 的矩阵, 余类推, 故

$$\begin{aligned}
A(G_t)A(G_s) &= A(G_tG_s) \\
B(G_t)B(G_s) &= B(G_tG_s) \\
A(G_t)C &= \sum_s A(G_tG_s)XB(G_s^{-1})B(G_t^{-1})B(G_t) \\
&= \left[\sum_s A(G_tG_s)XB((G_tG_s)^{-1})\right] B(G_t)
\end{aligned}$$

当 G_s 取 $G_0, G_1, \cdots, G_{n-1}$ 各元素时,G_tG_s 亦取 $\mathscr{G}$ 所有的各元素. 故上式可重写为 (按 (167))

$$A(G_t)C = CB(G_t) \tag{13-168}$$

惟按 Schur 氏附定理 1,C 必系 0 矩阵, 故

$$\sum_{s=1}^{n} A(G_s)XB(G_s^{-1}) = 0, \quad X = \text{任意矩阵} \tag{13-169}$$

兹取 X 为下述的特殊矩阵

$$X_{jk} = 1, \quad \text{其他的} X_{il} = 0 \tag{13-170}$$

---

* 由 (166) 证明 A 表现系不可约, 乃用第 3 章第 2 节定理 5, 该定理不限于幺正的表现.

如是则 (169) 成下关系

$$\sum_{s}^{n} A(G_s)_{ij} B(G_s^{-1})_{kl} = 0 \tag{13-171}$$

因 A, B 系幺正的, 故此式可写成下式

$$\sum_{s=1}^{n} A_{ij}^{(s)} B_{lk}^{*(s)} = 0 \tag{13-171a}$$

同法, 如代 (167) 式以下式

$$D = \sum_{s=1}^{n} A(G_s) X A(G_s^{-1}) \tag{13-172}$$

则将 (代 (168) 式) 得

$$A(G_t)D = DA(G_t) \tag{13-173}$$

按 Schur 氏附定理 2, D 务必系单位矩阵的倍数

$$D = \lambda 1 \tag{13-174}$$

或

$$\sum_{s} A(G_s) X A(G_s^{-1}) = \lambda 1, \quad 任意X \tag{13-175}$$

如, 同 (170), 采 X 矩阵 $X_{jk} = 1$, 其他元素皆等于 0, 则得

$$\sum_{s=1}^{n} A_{ij}^{(s)} A_{lk}^{*(s)} = \lambda \delta_{il} \tag{13-176}$$

λ 之值, 可如下得之, 取 $i = l$(由 (175) 的对角元素 $i, l = i$) 更作 i 之和,(对角和). 故得 (如 $A(G_s)$ 为 $p \times p$ 矩阵)

$$\sum_{i=1}^{p} \sum_{s}^{n} A(G_s)_{ij} A(G_s^{-1})_{ki} = \lambda p$$

或即

$$\sum_{s}^{n} A(G_s^{-1}) A(G_s)_{ki} = \lambda p$$

或

$$\lambda p = \sum_{s}^{n} A(G_s^{-1} G_s)_{kj} = \sum_{s=1}^{n} A(1)_{kj}$$

$$= n\delta_{kj}$$

故 (176) 乃成

$$\sum_{s}^{n} A_{ij}(G_s)A_{lk}^{*}(G_s)\frac{n}{p}\delta_{il}\delta_{jk} \tag{13-177}$$

(171a) 乃 (177) 可表作合并形式如下. 如引入一个指数 α 以示各不相等不可约表现, 则 (171a),(177) 可并作下式

$$\sum_{s=1}^{n} A_{ij}^{(\alpha)}(G_s)A_{lk}^{*(\beta)}(G_s) = \frac{n}{p_\alpha}\delta_{\alpha\beta}\delta_{il}\delta_{jk} \tag{13-178}$$

$n = \mathscr{G}$的级数 (元素数)

$\alpha, \beta = 1, 2, \cdots, l,$不相等不可约的表现数

$p_\alpha = \alpha$表现矩阵的维次$(p_\alpha \times p_\alpha)$

(178) 式乃系表现的正交关系.

正交关系

设 $A^{(\alpha)}$, $A^{(\beta)}$ 系群 $\mathscr{G}_n$ 的两个不相等不可约的幺正表现, $(p_\alpha \times p_\alpha, p_\beta \times p_\beta$ 矩阵), 则正交关系为 (178).*

由 (178), 我们见: 每一个不相等不可约的表现 α, 每一固定的 i 和 j, 下集 n 个元素

$$\sqrt{\frac{p_\alpha}{n}}A_{ij}^{(\alpha)}(G_1), \sqrt{\frac{p_\alpha}{n}}A_{ij}^{(\alpha)}(G_2), \cdots, \sqrt{\frac{p_\alpha}{n}}A_{ij}^{(\alpha)}(G_n) \tag{13-180}$$

构成 n- 维空间一个向量. 因 $i, j = 1, 2, \cdots, p_\alpha$, 故 $A_{ij}^{(\alpha)}(G_s)$ 构成 $(p_\alpha)^2$ 个向量.(178) 式乃系 (180) 的 $(p_\alpha)^2$ 个向量的正交和归一的关系, 及和 $A_{lk}^{(\beta)}(G_s), l, k = 1, 2, \cdots, p_\beta$ 的 $(p_\beta)^2$ 向量的正交关系. 惟在 n- 维空间中, 独立的正交向量数目不可能超过 n, 故 **

$$\sum_{\alpha}^{l}(p_\alpha)^2 \leqslant n, l\text{见}(178) \tag{13-181}$$

此谓一个有限群 $\mathscr{G}$ 的不相等不可约的表现数目 l, 是有限的.

由 (178) 正交关系, 可获群的表现的对角和 χ 间的关系.***

*(177) 式的证明, 系根据 Schur 氏附定理 2. 按前脚注,(177) 不限于幺正的 $A(G_s)$. 惟如 $A(G_s)$ 系非幺正的, 则 (177) 应作

$$\sum_{s}^{n} A_{ij}(G_s)A_{lk}(G_s^{-1}) = \frac{n}{p}\delta_{il}\delta_{jk}. \tag{13-179}$$

** 见下文 (13-230) 式.

*** $\chi(G_s) = \sum\limits_{i=1}^{p} A_{ii}(G_s), A(G_s)$ 系 $p \times p$ 矩阵

见本章第 1 节 (13-3) 式.

于 (178) 式中, 使 $i=j$, $l=k$, 并作对 i, l 之和, 即得

$$\sum_{s=1}^{n}\sum_{i}^{d\alpha}A_{ii}^{(\alpha)}(G_s)\sum_{l}^{p\beta}A_{ll}^{*(\beta)}(G_s)=\frac{n}{p_\alpha}\delta_{\alpha\beta}\sum_{i}^{p\alpha}\delta_{ij} \tag{13-182}$$

α,β指不相等不可约的表现

故得

$$\sum_{s=1}^{n}\chi^{(\alpha)}(G_s)\chi^{*(\beta)}(G_s)=n\delta_{\alpha\beta} \tag{13-183}$$

$n=\mathscr{G}$的级数 (元素数)

兹于 n- 维空间 R_n 定义一个向量 $\frac{1}{\sqrt{n}}\chi^{(\alpha)}$, 其分量为

$$\frac{1}{\sqrt{n}}\chi^{(\alpha)}(G_s),\quad s=1,2,\cdots,n \tag{13-184}$$

故 (183) 式乃这些向量 $\frac{1}{\sqrt{n}}\chi^{(\alpha)}$,$\alpha=1,2,\cdots$, 间的正交及归一的关系.

由 (181), 已得见级数为 n 的群, 不可能有多于 n 个不相等不可约的表现.

设这些不相等不可约的表现之数为 l

$$W^{(\alpha)}(G_s),\quad \alpha=1,2,\cdots,l;s=1,2,\cdots,n \tag{13-185}$$

其 χ 为

$$\chi^{(\alpha)}(G_s),\quad \alpha=1,2,\cdots,l; \tag{13-185a}$$

设 $V(G_s)$ 为任一 (其他) 可约的表现, 其 χ 为 $\chi(G_s)$,

$$V(G_s),\quad \chi(G_s) \tag{13-186}$$

兹将 $V(G_s)$ 约为 $W^{(\alpha)}(G_s)$, 成为 $W^{(\alpha)}$ 的一个准对角矩阵 (略如 (13-126) 式)$\chi(G_s)$. 则为此准对角矩阵的 χ,*

$$\chi(G_s)=\sum_{\alpha=1}^{l}a_\alpha\chi^{(\alpha)}(G_s) \tag{13-187}$$

a_α 系正整数 (包括 0), 乃各 $W^{(\alpha)}$ 出现于 V 中的次数.

a_α 之值, 可如下得之. 乘 (187) 两方以 $\chi^{*(\beta)}(G_s)$, 并作 s 之和. 由 (181),(182), 即得

$$na_\beta=\sum_{s=1}^{n}\chi(G_s)\chi^{*(\beta)}(G_s) \tag{13-188}$$

---

* 不可约表现的 χ 称为简单 χ(simple 或 primitive χ) : 可约的表现的 χ, 如 (187) 式的, 称为复 χ(compound χ).

故 a_α 系完全确定了之数.

由上述结果, 我们可建立下述的定理.

定理 1 两个不可约的表现的相等性的必需及充足条件, 乃其对角和 χ 相等.

此定理的必需部分的证明, 已见第 1 章 (13-3) 式下文. 其充足部分的证明如下: 如两个表现 α, β 的 χ 相等

$$\chi^{(\alpha)}(G_s) = \chi^{(\beta)}(G_s)$$

按 (183), 则

$$\sum_s^n \chi^{(\alpha)}(G_s)\chi^{*(\beta)}(G_s) = n, (\neq 0)$$

故两表现 α, β 必相等.

定理 2 每一个任意的可约表现, 皆可约为惟 的一集不可约表现.

此定理的证明系 (188) 式.

定理 3 两个表现相等性的必需及充足条件, 乃其对角和 χ 相等.

其必需部分, 已见定理 1. 其充足部分, 证明如下: 设 $\chi'(G_s)$, $\chi''(G_s)$ 为两个表现的对角和. 如 $\chi'(G_s) = \chi''(G_s)$, 则按 (188) 式, 两表现的,a_α 值亦相同 $a'_\alpha = a''_\alpha$, 换言之, 两表现将约为相同之准矩阵 * (相同的不可约表现).

13.10 群的表现 —— 群代数

本节将继续补充些关于群的表现的定理.

设 $\mathscr{G}$ 可约为 r 个不同的班

$$C_1, C_2, \cdots, C_r \tag{13-189}$$

每一班含有元素

$$G_s G_t G_s^{-1}, \quad s = 1, 2, \cdots, n, n = \mathscr{G}\text{的级数}.$$

班中各元素的 χ(对角和) 皆相同, 盖

$$\sum_m \sum_{ij} G_{mi}(s) G_{ij}(t) G_{jm}^{-1}(s) = \sum_{ij} \delta_{ij} G_{ij}(t) = \chi(t) \tag{13-190}$$

每一个表现的每一个班中的各元素, 系相似的矩阵 (即各矩阵间只有一个相似变换之差), 故有相同之 χ. 如 $\mathscr{G}$ 有 r 个不同的班, 则每一个表现, 不能有超过 r 个不同

* 两表现可约为有一相似变换之差的两个准矩阵.

的 χ. 故 (181) 式之和

$$\sum_{s=1}^{n}\chi(G_s)\chi^{*'}(G_s)=0 \tag{13-191}$$

中的各项 $\chi(G_s)\chi^{*'}(G_s)$ 对同一个班所有的各元素 G_s 皆相等.

设 C_ρ 代表某一个班 C_ρ 其元素的数为 g_ρ,$\mathscr{G}$ 的班的数为 r.

$$C_\rho;\rho=1,2,\cdots,r,g_\rho=\rho\text{ 班的元素数} \tag{13-192}$$

(191),(182) 现可写作

$$\sum_{\rho}^{r}\chi(G_\rho)\chi^{*'}(C_\rho)g_\rho=0 \tag{13-193}$$

$$\sum_{\rho}^{r}\chi(C_\rho)\chi^{*}(C_\rho)g_\rho=n \tag{13-194}$$

如 $\mathscr{G}$ 有 l 个不相等不可约的表现如 (185), 则此二式可写为

$$\sum_{\rho=1}^{r}\chi^{(\alpha)}(C_\rho)\chi^{*(\beta)}(C_\rho)g_\rho=n\delta_{\alpha\beta} \tag{13-195}$$
$$\alpha,\beta=1,2,\cdots,l.$$

如在 r- 维空间,R_r 引入 l 个向量, 其分量 (见 (183)) 为

$$\sqrt{\frac{g_\rho}{n}}\chi^{(\alpha)}(C_\rho), \tag{13-196}$$

$$\alpha=1,2,\cdots,l;\rho=1,2,\cdots,r$$

则 (195) 乃系此 l 个向量的正交及归一, 及线性独立的关系. 故 l 值显不能大于 R_r 的维次 r,

$$l\leqslant r \tag{13-197}$$

由上述结果, 可得下定理

定理 4　一个群 $\mathscr{G}$ 的不相等不可约表现的数 l, 不能超过 $\mathscr{G}$ 的班 (class) 的数 r.

我们将于下文 (定理 8) 证明

$$l=r$$

由 (187), 一个可约的表现的 χ 和不可约的 $\chi^{(\alpha)}$ 的关系, 为

$$\chi(G_s)=\sum_{\alpha=1}^{l}a_\alpha\chi^{(\alpha)}(G_s) \tag{13-187}$$

兹代 G_s 以班 C_ρ 的元素, 故

$$\chi(C_\rho)=\sum_{\alpha=1}^{l}a_\alpha\chi^{(\alpha)}(C_\rho) \tag{13-198}$$

乘此以 $\chi^{*(\beta)}(C_\rho)g_\rho$ 并对 ρ 作所有的班 $\rho=1,2,\cdots,r$ 之和 (见 (192) 式), 即得

$$\begin{aligned}\sum_{\rho=1}^{r}\chi(C_\rho)\chi^{*(\beta)}(C_\rho)g_\rho&=\sum_{\alpha=1}^{l}a_\alpha\sum_{\rho=1}^{r}g_\rho\chi^{(\alpha)}(C_\rho)\chi^{*(\beta)}(C_\rho)\\&=\sum_{\alpha=1}^{l}a_\alpha n\delta_{\alpha\beta}\quad \text{见}(195)\end{aligned}$$

故得

$$a_\alpha=\frac{1}{n}\sum_{\rho=1}^{r}\chi(C_\rho)\chi^{*(\alpha)}(C_\rho)g_\rho \tag{13-199}$$

此结果亦如 (188), 完全确定了一个可约的表现, 约解为不可约的表现的惟一性, 且建立了定理 3.

兹以 g_ρ 乘 (198) 方程式及该式的共轭复数式, 并对 ρ(各班) 作和, 即得

$$\begin{aligned}\sum_{\rho=1}^{r}\chi(C_\rho)\chi^{*}(C_\rho)g_\rho&=\sum_{\alpha=\beta}^{l}a_\alpha a_\beta\sum_{\rho}^{r}g_\rho\chi^{(\alpha)}(C_\rho)\chi^{*(\beta)}(C_\rho)\\&=\sum_{\alpha,\beta}^{l}a_\alpha a_\beta n\delta_{\alpha\beta}\quad (\text{用}(195)\text{式})\\&=n\sum_{\alpha=1}^{l}a_\alpha^2\end{aligned} \tag{13-200}$$

由 (198) 式, 得见如 $\chi(C_\rho)$ 系不可约的, 则除某一 α 外, 其他 a_β 皆等于 0, 而 $a_\alpha=1$, 故

$$\frac{1}{n}\sum_{\rho=1}^{r}g_\rho|\chi(C_\rho)|^2=\begin{cases}1, & \chi\text{不可约的}\\ \sum\limits_{\alpha}^{h}a_\alpha^2, & \chi\text{系可约的}\end{cases} \tag{13-201}$$

$$g_\rho=\text{班}\rho\text{的元素数}, (192)$$

此关系乃不可约性的极简便定规. 如右方式 =1, 则表现系不可约的. 如 =2, 则只有 $a_\alpha=1$, $a_\beta=1$ 之解, 故表现可约成 $D^{(\alpha)}\dot{+}D^{(\beta)}$. 如右方 =3, 则 $a_\alpha=a_\beta=a_\gamma=1$ 或

$$D^{(\alpha)}\dot{+}D^{(\beta)}\dot{+}D^{(\gamma)}$$

$$\chi(C_\rho) = \chi^{(\alpha)}(C_\rho) + \chi^{(\beta)}(C_\rho) + \chi^{(\gamma)}(C_\rho)$$
$$\alpha \neq \beta \neq \gamma$$

如 $\sum\limits_{\alpha} a_\alpha^2 = 4$, 则

$$\chi(C_\rho) = \chi^{(\alpha)}(C_\rho) + \chi^{(\beta)}(C_\rho) + \chi^{(\gamma)}(C_\rho) + \chi^{(\delta)}(C_\rho)$$
$$\rho = \text{班}$$

或 $$\chi(C_\rho) = 2\chi^{(\alpha)}(C_\rho)$$

上 (201) 可表以定理

定理 5 如 $\mathscr{G}$ 的班 C_ρ 有 g_ρ 元素, 某一表现的对角和为 $\chi(C_\rho)$

$$\frac{1}{n}\sum_{\rho=1}^{r} g_\rho |\chi(C_\rho)|^2 = 1, \quad r = \text{班数} \tag{13-201a}$$
$$n = \mathscr{G}\text{的元素数}$$

则该表现乃不可约的. 右方非 1 而系 $\sum a_\alpha^2$, 则系可约的.

设班 $\boldsymbol{C_\rho}$ 的元素为

$$G_\rho : G_1^{(\rho)}, G_2^{(\rho)}, \cdots, G_{0\rho}^{(\rho)} \quad (g_\rho\text{见}(192)) \tag{13-202}$$

按班的定义, 班 C_ρ 的元素系

$$C_\rho : G_s G_k^{(\rho)} G_s^{-1}, \quad k = 1, 2, \cdots, g_\rho \tag{13-203}$$

G_s 包括 $\mathscr{G}$ 所有的元素 $(s = 1, 2, \cdots, n)$.(202) 与 (203) 二式系同一个的 g_ρ 元素集, 二者只有次序之别而已. 故 $C_\rho C_\sigma$ 所代表的 $g_\rho g_\sigma$ 个元表

$$G_u^{(\rho)} G_v^{(\sigma)}, \quad u = 1, 2, \cdots, g_\rho$$
$$v = 1, 2, \cdots, g_\sigma \tag{13-204}$$

构成的集, 和

$$G_s G_u^{(\rho)} G_v^{(\sigma)} G_s^{-1}, = G_s G_u^{(\rho)} G_s^{-1} G_s G_v^{(\sigma)} G^{-1}$$
$$\text{所有的}s = 1, 2, \cdots, n \tag{13-205}$$

所构成的集, 有相同的元素. 故 $G_\rho G_\sigma$ 集有下特性: 如某元素 G 属于 $C_\rho C_\sigma$, 则含有 G 的班 (全体的元素) 亦皆属于 $C_\rho C_\sigma$; 且此班的各元素, 在 $C_\rho C_\sigma$ 集出现的次数相等.

兹使 $a_{\rho\sigma\tau}$ 为班 C_τ 的每一元素出现于 $C_\rho C_\sigma$ 集的次数, 并定义 $\mathscr{C}_\rho$ 为班 C_ρ 各元素之和 (见 (202) 式)

$$\mathscr{C} = \sum_{j=1}^{g\rho} G_j^{(\rho)} \tag{13-206}$$

由此, 我们构成下式

$$\mathscr{C}_\rho \mathscr{C}_\sigma = \sum_{j=1}^{g_\rho}\sum_{k=1}^{g_\sigma} G_j^{(\rho)} G_k^{(\sigma)} \tag{13-207}$$

如以 $\mathscr{G}$ 的任一元素 G 作 $G\mathscr{C}_\rho\mathscr{C}_\sigma G^{-1}$, 由 $G\mathscr{C}_\rho G^{-1} G\mathscr{C}_\sigma G^{-1}$, 得见 $G\mathscr{C}_\rho\mathscr{C}_\sigma G^{-1}$ 仍系 $\mathscr{C}_\rho\mathscr{C}_\sigma$ 集, 只各元素的排列次序可不同而已. 故 (207) 右方的元素, 可分为若干个班的和

$$\sum_{\tau=1}^{r} a_{\rho\sigma\tau}(G_1^{(\tau)} + G_2^{(\tau)} + \cdots + G_{g\tau}^{(\tau)})$$

$a_{\rho\sigma\tau}$ 系班 C_τ 出现于 $C_\rho C_\sigma$ 集的次数.(207) 式乃成

$$\mathscr{C}_\rho \mathscr{C}_\sigma = \sum_{\tau=1}^{r} a_{\rho\sigma\tau}\mathscr{C}_\tau \tag{13-208}$$

设 $\mathscr{G}$ 的某一个不可约的表象为 $m \times m$ 矩阵 $A(G_s)$. 定义 $A(C_\rho)$ 为与班 C_ρ 各元素相应的矩阵之和

$$A(C_\rho) \equiv \sum_{j=1}^{g_\rho} A(G_j^{(\rho)}) \tag{13-209}$$

如作 G_s 的变换,$G_sA(G_\rho)G_s^{-1}$ 只使右方各项作次序变换而已. 故 $G_sA(C_\rho)G_s^{-1} = A(C_\rho)$, 换言之,

$$G_sA(C_\rho) = A(C_\rho)G_s, \quad s = 1, 2, \cdots, n \tag{13-210}$$

按Schur 氏 附定理 2,(165)—(166), 矩阵 $A(C_\rho)$ 务必系单位矩阵 I 的倍数

$$A(C_\rho) = \lambda_\rho I, \quad \rho = 1, 2, \cdots, r \tag{13-211}$$

取两方的矩阵的对角和,

$$\begin{aligned} \mathrm{Tr}A(C_\rho) &= \sum_{j=1}^{g\rho} \mathrm{Tr}A(G_j^{(\rho)}), \ \text{由(209)} \\ &= g_\rho \chi(C_\rho) \ \text{用(190)} \\ &= m\lambda_\rho \end{aligned} \tag{13-212}$$

或

$$\lambda_\rho = \frac{1}{m} g_\rho \chi(C_\rho), \quad \rho = 1, 2, \cdots, r \tag{13-213}$$

兹于 (206),(207) 式中, 将 $G_j^{(\rho)}$ 代以矩阵 $A(G_j^{(\rho)})$, 则 (208) 乃成

$$A(C_\rho)A(C_\sigma)=\sum_{\tau=1}^{r}a_{\rho\sigma\tau}A(C_\tau) \tag{13-214}$$

由 (211), 此式成

$$\lambda_\rho\lambda_\sigma=\sum_{\tau=1}^{r}a_{\rho\sigma\tau}\lambda_\tau \tag{13-215}$$

再由 (213),

$$g_\rho g_\sigma\chi_\rho\chi_\sigma=m\sum_{\tau}^{r}a_{\rho\sigma\tau}g_\tau\chi_\tau \tag{13-216}$$

$$r=\mathscr{G}\text{的班的数}$$

上述结果, 可以定理表之:

定理 6 一个群 $\mathscr{G}$ 的任一个不可约的 $m\times m$ 矩阵表现的各班的 χ, 满足 (216) 式.

上 (216) 式可表以略不同形式. 设 E 系 $\mathscr{G}$ 的么元,C_1 表么元的班. 故 C_1 只有一个 $m\times m$ 单位矩阵,

$$\chi(C_1)=m \tag{13-217}$$

故 (216) 可作下式

$$g_\rho g_\sigma\chi_\rho\chi_\sigma=\chi_1\sum_{\tau}^{r}a_{\rho\sigma\tau}g_\tau\chi_\tau \tag{13-218}$$

$$\rho,\sigma,\tau=1,2,\cdots,r;\quad r=\text{班的数;}$$

兹可计算 $a_{\rho\sigma\tau}$ 之值.

我们先证一个简单的定理: 如 G_t,G_u 系互为共轭, 则 G_t^{-1},G_u^{-1} 亦系共轭. 由

$$G_sG_tG_s^{-1}=G_u$$

即得

$$G_t=G_s^{-1}G_uG_s,\quad 1=G_s^{-1}G_uG_sG_t^{-1}$$

$$1=G_sG_s^{-1}=G_uG_sG_t^{-1}G_s^{-1},\quad G_u^{-1}=G_sG_t^{-1}G_s^{-1}\text{q.e.d},$$

$$\text{我们以}(G_1^{(\rho)})^{-1},(G_2^{(\rho)})^{-1},\cdots,(G_{g\rho}^{(\rho)})^{-1}\text{构成一个班}C_{\bar\rho} \tag{13-219}$$

此处符号乃 $(G_k^{(\rho)})^{-1}$ 即 $G_k^{(\rho)-1}$, 此班 $C_{\bar\rho}$ 的元素数目与 (203) 的 C_ρ 同.$C_{\bar\rho}$ 与 C_ρ 的乘积, 含有单位元素 Ig_ρ 次.

设取 $C_{\bar{\rho}}$ 与 C_σ 的乘积,$\sigma \neq \rho$. 则 $C_{\bar{\rho}}C_\sigma$ 不含有单位元素 *

上述结果, 可表之如下:

$$a_{\rho\sigma 1} = \begin{cases} 0, & 如\sigma \neq \bar{\rho} \\ g_\rho, & 如\sigma = \bar{\rho} \end{cases} \tag{13-220}$$

第 11 章第 3 节曾述 Cayley 定理, 谓任何一个级数 n 的群, 皆与置换群 S_n 的一个 n 级子群 P 同构. 以此置换 (正规置换) 作群的表现, 称为正规表现 (regular representation).

兹采此正规表现作 $\mathscr{G}$ 群的表现, 而以一矩阵表置换 P_a. 此以例阐明之:

设 $\mathscr{G}$ 的元 G_s 相应于 P_s, 而 P_s 置换, 乃系

$$P_s = \begin{pmatrix} a_1 & a_2 & a_3 & a_4 & a_5 \cdots \\ a_1' & a_2' & a_3' & a_4' & a_5' \cdots \end{pmatrix}$$

如 $$a_1' = a_4, a_2' = a_1, a_3' = a_5, a_4' = a_3, a_5' = a_2 \text{ 等} \tag{13-221}$$

如以矩阵表 P_s, 则

$$P_s : \begin{pmatrix} a_1' \\ a_2' \\ a_3' \\ a_4' \\ a_5' \\ \vdots \end{pmatrix} = \begin{pmatrix} 0 & 0 & 0 & 1 & 0 & \cdots \\ 1 & 0 & 0 & 0 & 0 & \cdots \\ 0 & 0 & 0 & 0 & 1 & \cdots \\ 0 & 0 & 1 & 0 & 0 & \cdots \\ 0 & 1 & 0 & 0 & 0 & \cdots \\ . & . & . & . & . & . \end{pmatrix} \begin{pmatrix} a_1 \\ a_2 \\ a_3 \\ a_4 \\ a_5 \\ \vdots \end{pmatrix} \tag{13-222}$$

故只有幺元置换 P_e 系一单位矩阵, 其对角和为 n, 群 $\mathscr{G}$ 的级数,

$$\chi(G_s) = n, \quad G_s = 幺元 \tag{13-223}$$

任何其他 P_s 的矩阵, 其对角元素皆系零, 故

$$\chi(G_s) = 0, \quad G_s \neq 幺元 \tag{13-224}$$

设此正规表现, 经约成 l 个不可约的表现 $W^{(\alpha)}(G_s)$**

$$W^{(\alpha)}(G_s), \quad \alpha = 1, 2, \cdots, l; s = 1, 2, \cdots, n \tag{13-225}$$

* 一简单的例, 为第 11 章第 11.5 节的例 2.V 群 (11-26) 有班 $(A^{-1}, B^{-1}, C^{-1}) = (A, B, C)$ 与班 (D, F). 由 (11-26), 显见此二班之乘积, 不含单位元素 E.

**(230) 谓 (180) 式的 $(P_\alpha)^2$ 个向量, 确盖过整个 n 维空间.

其对角和为

$$\chi^{(\alpha)}(G_s), \quad \alpha = 1, 2, \cdots, l \tag{13-226}$$

设表现 α 出现 h_α 次. 则由 (223),(224),

$$\sum_{\alpha=1}^{l} h_\alpha \chi^{(\alpha)}(G_s) = \begin{cases} 0, & G_s \neq \text{幺元}E \\ n, & G_s = \text{幺元}E \end{cases} \tag{13-227}$$

乘此式以 $\chi^{*(\beta)}G_s$, 并对 s 作和, 按 (183), 即得

$$h_\beta n = n\chi^{*(\beta)}(E) \tag{13-228}$$

如表现 $W^{(\beta)}$ 的维次系 p_β(见 (178) 式), 则

$$\chi^{*(\beta)}(E) = \chi^{(\beta)}(E) = p_\beta \tag{13-228a}$$

故

$$h_\beta = p_\beta$$

(227) 乃可作下式

$$\sum_{\alpha}^{l} p_\alpha \chi^{(\alpha)}(G_s) = \sum_{\alpha}^{l} \chi^{(\alpha)}(E)\chi^{(\alpha)}(G_s) = \begin{cases} 0, & G_s \neq E \\ n, & G_s = E \end{cases} \tag{13-229}$$

或

$$\sum_{\alpha=1}^{l} (p_\alpha)^2 = n \tag{13-230}$$

此结果可表以定理如下:

定理 7　$\mathscr{G}_n$ 的正规表现的每一不可约表现 $W^{(\alpha)}$ 出现的次数 h_α, 等于 $W^{(\alpha)}$ 表现矩阵的维次 p_α. 各 $W^{(\alpha)}$ 的 $\chi^{(\alpha)}$ 和 p_α, 满足 (229) 及 (230) 式.

兹于 (218) 式中, 采用正规表现 $\boldsymbol{\alpha}$

$$g_\rho g_\sigma \chi^{(\alpha)}(C_\rho)\chi^{(\alpha)}(C_\sigma) = \chi^{(\alpha)}(C_1)\sum_{\tau}^{r} a_{\rho\sigma\tau} g_\tau \chi^{(\alpha)}(C_\tau) \tag{13-231}$$

对各表现 α 作和, 用 (229), 即得 ($C_1 = E$ 幺元)

$$g_\rho g_\sigma \sum_{\alpha=1}^{l} \chi^{(\alpha)}(C_\rho)\chi^{(\alpha)}(C_\sigma) = a_{\rho\sigma 1} n \tag{13-232}$$

由 (220),

$$\sum_{\alpha=1}^{l}\chi^{(\alpha)}(C_\rho)\chi^{(\alpha)}(C_\sigma)=\begin{cases}0, & 如\sigma\neq\bar{\rho}\\ \dfrac{n}{g_{\bar{\rho}}}, & 如\sigma=\bar{\rho}\end{cases} \tag{13-233}$$

此式可写成另一式, 如表现系幺正的,*

$$\chi^{(\alpha)}(C_\rho)=\chi^{*(\alpha)}(C_{\rho}) \tag{13-234}$$

故

$$\sum_{\alpha=1}^{l}\chi^{(\alpha)}(C_\rho)\chi^{*(\alpha)}(C_\sigma)=\frac{n}{g_\sigma}\delta_{\rho\sigma} \tag{13-235}$$

此式谓在 l- 维空间,$\rho,\sigma=1,2,\cdots,r$ 的 r 个向量是正交的. 故

$$r\leqslant l \tag{13-236}$$

由 (197), 曾证明 $l\leqslant r$. 故

$$r=l \tag{13-237}$$

定理 8 一个群的不相等不可约的表现之数 l, 等于群的班的数 r.

13.11 有限群的表现: Abelian 群

本节将以最简单的群 —— Abelian 群 —— 为例, 阐明本章的定理. $\mathscr{G}_n$ 为级数 n 之 Abelian 群; 班 (class) 的数为 r; 不相等不可约的表现数为 l;p_α 为不可约矩阵表现 $W^{(\alpha)}$ 的维次. (见 (225)—(229) 各式). 前数节的结果应用于 Abelian 群时, 可以定理表之如下:

定理 1 级数为 n 之 Abelian 群, 其班的数 r 等于 n.

此定理乃由每一个元素自成一班而来.

定理 2 Abelian 群 $\mathscr{G}_n$ 的不相等不可约的表现数 l, 等于 n.

此定理由上定理 1,$r=n$, 及上节定理 8,(236),$r=l$ 而来.

定理 3 $\mathscr{G}_n$ 的不可约的矩阵表现 D, 皆系一维的.

此定理的证如下: 由 (237),

$$\sum_{\alpha=1}^{l}(p_\alpha)^2=n$$

按定理 2,$l=n$. 故此式之解为

$$p_1=p_2=\cdots=p_n=1$$

---

* $C_{\bar{\rho}}$ 的意义, 见 (13-219) 式下文.

按此定理, 则矩阵 D 和对角和 χ 即同一事; 矩阵和 χ 的运算, 只系通常的数的相乘而已.

按第 11 章第 2(11) 节末的定理, 任何群 $\mathscr{G}_n$ 其级数 $n \leqslant 5$ 者皆系 Abelian. 故按上定理 3, 任何级数 $n \leqslant 5$ 之群, 其不可约的矩阵表现系一维的. 故得

定理 4　任何级数 $n \leqslant 5$ 的群之不可约的矩阵表现, 皆系一维的.

任何有限群 $\mathscr{G}_n$ 的每一元素, 其级数必系有限整数, 如 $(G_j)^m = E =$ 么元,$m = G_j$ 的级数.

以 Abelian 群言, 按上定理 3,

$$D(G_j^m) = \chi(G_j^m) = \chi(E) = 1$$

故 $D(G_j) = \chi(G_j)$ 系 1 的 m 次根,

$$D(G_j) = \chi(G_j) = \exp\left(\frac{2\pi \mathrm{i}}{m}\right)$$

定理 5　一个级数 n 的循环群 $\mathscr{C}_n(C_1, C_2, \cdots)$, 其任意元素 C 的 χ 为

$$\chi(C) = \exp\left(\frac{2\pi k \mathrm{i}}{n}\right)$$
$$k = 1, 2, \cdots, n$$

$\mathscr{C}_1$: 此群只有一么元 E, 故

$$D(E) = \chi(E) = 1$$

$\mathscr{C}_2$: 此群由一个元素 C_2 产生:

$$C_2^2 = E$$
$$D(C_2) = \chi(C_2) = \mathrm{e}^{2\pi \mathrm{i} k/2}, \quad k = 1, 2$$

$\mathscr{C}_2$ 的两个不可约表现 (一维的) 矩阵, 亦即系它们的 χ. 下表为两个表的 χ 值

D \ $\mathscr{C}_2$	E	C_2
A	1	1
B	1	-1

$\mathscr{C}_3$: 元素为 $E, C_3, C_3^2 (C_3^3 = E)$. 其 χ 值见下表

D \ $\mathscr{C}_3$	E	C_2	ϵ_2^2
A	1	1	1
E	1	ϵ	ϵ^2,
	1	ϵ^2	ϵ

$\epsilon = \mathrm{e}^{-\frac{2\pi \mathrm{i}}{3}}$

按正交定律 (178), 因 $\epsilon^2 = \epsilon^*$, 故 $\epsilon\epsilon^{2*} = \epsilon^2$, $\epsilon^2\epsilon^* = \epsilon^4 = \epsilon$, 故 (178) 的三个方程式皆同系

$$1 + \epsilon + \epsilon^2 = 0$$

此乃系下述定理的一个特例:

定理 $\mathscr{C}$ 的 n 个 n 次根之和等于零.

其他循环群 $\mathscr{C}_4$, S_4, $\mathscr{C}_6$, S_6 亦可同上法计算之.

第 14 章　群的表现论在量子力学的应用

上章曾述群的表现论中的若干定理；末节并以 Abelian 群为例.

在物理中, 我们常遇的“群”, 乃对称性算符所构成的群. 本章将对群论在量子力学若干问题的应用, 作一导论. 所需的基本观念及定理, 已见上章. 惟欲使上章的一般性理论易于明了计, 我们将以一个具体的群为例.

14.1　C_{3h} 群的表现 *

兹取一个等边三角形, 如下图.

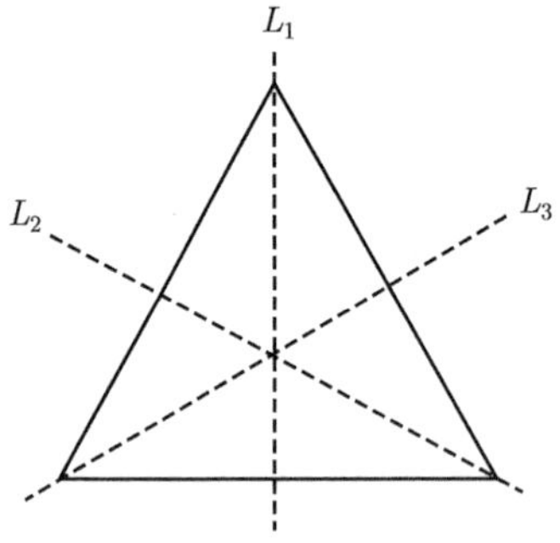

下列的运作, 将使此三角形 (在其平面内的位置) 不变：

(1) C, 绕经三角形中心与平面垂直之轴, 按时钟针方向转 120 度之角.

(2) $\bar{C}$, 绕同上轴, 按反时钟针方向转 120 度之角.

(3), (4), (5)$\sigma_1, \sigma_2, \sigma_3$, 对含 L_1, L_2, L_3 轴的垂直平面反映.

(6) E, 么元 (恒等) 变换.

此六个运作 (算符), 构成一个群, 其乘法表如下 **：

---

*C_{3h} 系所谓“点群” (point　groups)(或晶体群) 之一.NO_3^- 离子的对称性属此群.

** 以 (1) 与第 11 章 (11-26) 表比较, 得见如使

$$\sigma_1, \sigma_2, \sigma_3 = A, B, C; \quad C, \bar{C} = D, F, \tag{14-2}$$

则二表相同, 故 C_{3h} 群与 V_6 群为同构.

$$
\begin{array}{c|cccccc}
 & E & C & \bar{C} & \sigma_1 & \sigma_2 & \sigma_3 \\
\hline
E & E & C & \bar{C} & \sigma_1 & \sigma_2 & \sigma_3 \\
C & C & \bar{C} & E & \sigma_3 & \sigma_1 & \sigma_2 \\
\bar{C} & \bar{C} & E & C & \sigma_2 & \sigma_3 & \sigma_1 \\
\sigma_1 & \sigma_1 & \sigma_2 & \sigma_3 & E & C & \bar{C} \\
\sigma_2 & \sigma_2 & \sigma_3 & \sigma_1 & \bar{C} & E & C \\
\sigma_3 & \sigma_3 & \sigma_1 & \sigma_2 & C & \bar{C} & E
\end{array}
\qquad (14\text{-}1)
$$

此群有许多的矩阵表现. 下列数表现, 其矩阵皆满足上 (1) 的乘法表.

$$
\begin{array}{lcccc}
 & E & C & \bar{C} & \sigma_1 \\
D^{(1)}: & 1 & 1 & 1 & 1 \\
D^{(2)}: & 1 & 1 & 1 & -1 \\
D^{(3)}: & \begin{vmatrix} 1 & 0 \\ 0 & 1 \end{vmatrix}, & \dfrac{1}{2}\begin{vmatrix} -1 & \sqrt{3} \\ -\sqrt{3} & -1 \end{vmatrix}, & \dfrac{1}{2}\begin{vmatrix} -1 & -\sqrt{3} \\ \sqrt{3} & -1 \end{vmatrix}, & \begin{vmatrix} -1 & 0 \\ 0 & 1 \end{vmatrix}
\end{array}
$$

$$
\begin{array}{cc}
\sigma_2 & \sigma_3 \\
1 & 1 \\
-1 & -1 \\
\dfrac{1}{2}\begin{vmatrix} 1 & -\sqrt{3} \\ -\sqrt{3} & -1 \end{vmatrix}, & \dfrac{1}{2}\begin{vmatrix} 1 & \sqrt{3} \\ \sqrt{3} & -1 \end{vmatrix}
\end{array}
\qquad (14\text{-}3)
$$

$$
D^{(4)}: \begin{vmatrix} 1 & 0 & 0 \\ 0 & & \\ & D^{(3)} & (E) \\ 0 & & \end{vmatrix}, \begin{vmatrix} 1 & 0 & 0 \\ 0 & & \\ & D^{(3)} & (C) \\ 0 & & \end{vmatrix}, \begin{vmatrix} 1 & 0 & 0 \\ 0 & & \\ & D^{(3)} & (\bar{C}) \\ 0 & & \end{vmatrix}, \begin{vmatrix} 1 & 0 & 0 \\ 0 & & \\ & D^{(3)} & (\sigma_1) \\ 0 & & \end{vmatrix}
$$

$$
\begin{vmatrix} 1 & 0 & 0 \\ 0 & & \\ & D^{(3)} & (\sigma_2) \\ 0 & & \end{vmatrix}, \begin{vmatrix} 1 & 0 & 0 \\ 0 & & \\ & D^{(3)} & (\sigma_3) \\ 0 & & \end{vmatrix}
$$

$$
D^{(5)}: \begin{vmatrix} 1 & 0 & 0 \\ 0 & 1 & 0 \\ 0 & 0 & 1 \end{vmatrix}, \begin{vmatrix} 0 & 1 & 0 \\ 0 & 0 & 1 \\ 1 & 0 & 0 \end{vmatrix}, \begin{vmatrix} 0 & 0 & 1 \\ 1 & 0 & 0 \\ 0 & 1 & 0 \end{vmatrix}, \begin{vmatrix} 1 & 0 & 0 \\ 0 & 0 & 1 \\ 0 & 1 & 0 \end{vmatrix}, \begin{vmatrix} 0 & 0 & 1 \\ 0 & 1 & 0 \\ 1 & 0 & 0 \end{vmatrix}, \begin{vmatrix} 0 & 1 & 0 \\ 1 & 0 & 0 \\ 0 & 0 & 1 \end{vmatrix}
$$

$$
D^{(6)}: \begin{vmatrix} D^{(5)}(E) & 0 \\ 0 & D^{(5)}(E) \end{vmatrix}, \begin{vmatrix} D^{(5)}(C) & 0 \\ 0 & D^{(5)}(C) \end{vmatrix}, \begin{vmatrix} D^{(5)}(\bar{C}) & 0 \\ 0 & D^{(5)}(\bar{C}) \end{vmatrix}
$$

$$\begin{vmatrix} 0 & D^{(5)}(E) \\ D^{(5)}(E) & 0 \end{vmatrix}, \begin{vmatrix} 0 & D^{(5)}(\bar{C}) \\ D^{(5)}(\bar{C}) & 0 \end{vmatrix}, \begin{vmatrix} 0 & D^{(5)}(\bar{C}) \\ D^{(5)}(\bar{C}) & 0 \end{vmatrix}$$

这些表现, 都是不相等的？都是不可约的？由 (2) 式, 我们显见下列的关系 *：

$$D^{(4)} = D^{(1)} + D^{(3)} \tag{14-4}$$

$$D^{(5)} = SD^{(4)}S^{-1} \tag{14-5}$$

$$S = \begin{pmatrix} 1 & 0 & 2 \\ 1 & \sqrt{3} & -1 \\ 1 & -\sqrt{3} & -1 \end{pmatrix}, \quad S^{-} = \begin{pmatrix} 1/3 & 1/3 & 1/3 \\ 0 & 1/2\sqrt{3} & -1/2\sqrt{3} \\ 1/3 & -1/6 & -1/6 \end{pmatrix}$$

由 (4), 得见 $D^{(4)}$ 系可约的. 由 (5), 得见 $D^{(5)}$ 与 $D^{(4)}$ 系相等的；更由 (3), 得见 $D^{(5)}$ 亦系可约的.

我们的问题, 乃系：$D^{(3)}$ 的二维表现和 $D^{(6)}$ 的六维表现是否可约的？这些问题的答案, 皆可由上章的各定理得之. 为方便计, 兹将所需的各定理简述之.

由第 13 章第 2 节定理 3, (13-20),

定理 3 $\mathscr{G}_n$ 群的任一矩阵表现, 如矩阵之行列式不等于零, 皆可藉一相似变换, 变换为一幺正表现.

由第 13 章第 8 节 Schur 氏附定理 2, 1 及正交关系

Schur 氏附定理 2

如一矩阵 C 与 $\mathscr{G}_n$ 的一个不可约的表现所有的矩阵对易, 则 C 系单位矩阵的倍数.

Schur 氏附定理 1

设 $A^{(s)}, B^{(s)}$ 系 $\mathscr{G}_n$ 的两不可约的 $p-$ 维, $q-$ 维矩阵表现, C 系一 $(p \times q)$ 矩阵, 满足

$$A^{(s)}C = CB^{(s)}, \qquad s = 1, 2, \cdots n$$

如 $p \neq q$, 则 $C = 0$. 如 $p = q$, 则 $C = 0$, 或 $det|C| \neq 0$ 故 $A^{(s)} = CB^sC^{-1}$, 换言之, A, B 乃相等的表现

正交关系

设 $A^{(\alpha)}(G), A^{(\beta)}(G)$ 为 $\mathscr{G}_n$ 的两个不相等不可约的幺正表现 (其矩阵为 p_α, p_β 维). 则 (见 (13-178))

$$\sum_{i=1}^{n} [A^{(\alpha)}(G_s)]_{ij} [A^{*(\beta)}(G_s)]_{lk} = \frac{n}{p_\alpha} \delta_{\alpha\beta}\delta_{il}\delta_{jk} \tag{14-6}$$

*(4) 的直和符号, 见 (13-8).(4) 式表示可约性, 见 (13-14).

定理 7 $\mathscr{G}_n$ 的所有不相等不可约的表现的维次 p 的平方之和, 等于 $\mathscr{G}_n$ 的级数,

$$p_1^2 + p_2^2 + \cdots + p_l^2 = n \quad (13\text{-}230) \tag{14-7}$$

对角和关系

由 (6) 式, 使 $i = j, l = k$, 并作 $i = 1, \cdots, p_\alpha, l = 1, \cdots, p_\beta$ 之和即得 *

$$\sum_{s=1}^{n} \chi^{(\alpha)}(G_s)\chi^{*(\beta)}(G_s) = n\delta_{\alpha\beta} \tag{14-8}$$

由此式及 (13-187), 即得 (201) 或 (201a) 式的

定理 5*:

$$\sum_{s=1}^{n} |\chi(G_s)|^2 = \begin{cases} n, & \text{如 } \chi \text{ 系不可约的} \\ n\sum_{\alpha}^{l} a_\alpha^2, & \text{如 } \chi \text{ 系可约的} \end{cases} \tag{14-9}$$

a_α 乃不可约表现的 $\chi^{(a)}$ 在 χ 表现出现的次数 *

$$a_\alpha = \frac{1}{n}\sum_{s=1}^{n} \chi(G_s)\chi^{*(a)}(G_s) \tag{14-10}$$

关于一个群的不相等不可约的表现的数, 于第 13 章第 9(6) 节曾获得下述定理:

定理 8 一个群的不相等不可约的表现的数, 等于该群的班的数.

班的观念在表现理论的重要性, 其最浅显的, 乃来自班的定义. 一个班的各元素, 系互为共轭的,

$$G_i = AG_jA^{-1}$$

如 $\mathscr{G}$ 的表现为 D, 则同一班的表现矩阵有下关系

$$D(G_i) = D(A)D(G_j)(D(A))^{-1}$$

故同一班的元素, 在任何矩阵表现, 他们的对角和 χ 皆相等.

投射算符

设 $A_1, A_2, \cdots, A_n$ 线性算符构成一个群 $\mathscr{G}_n : D^{(\alpha)}(A_s), s = 1, 2, \cdots, n$, 为一个幺正不可约的表现, α. $\alpha = \alpha_1, \alpha_2, \cdots$ 表各不可约矩阵表现. 设 $D^{(\alpha i)}$ 的维次为 p_i.

*(8) 式即系 (13-195) 式; (9) 式即系 (13-201) 式; (10) 式即系 (13-199) 式. 第 13 章各式中的 C_ρ, 系 $\mathscr{G}_n$ 的班 ρ 的元素, $g\rho$ 系班 ρ 的元素数目. (8), (9), (10) 各式径对 $\mathscr{G}_n$ 的元素 G_s 作和, 不经各班 G_ρ 而已.

兹定义算符

$$\rho_{kl}^{(\alpha)} \equiv \sum_{s=1}^{n} (D^{(\alpha)}(A_s))_{kl}^{*} A_s \qquad (14\text{-}11)$$
$$k, l = 1, 2, \cdots, p_\alpha$$

为投射算符. 每一表现 α_i, 有 $(p_i)^2$ 个算符. 每一 α_i 及每一固定 l 值, $\rho_{1l}^{(\alpha)}, \rho_{2l}^{(\alpha)}, \cdots, \rho_{p\alpha l}^{(\alpha)}$ 乃 p_i 个算符. 如 f 系一任意函数 (向量), 则

$$\rho_{kl}{}^{(\alpha)} f \equiv f_{kl}{}^{(\alpha)}, \quad k = 1, 2, \cdots, p_\alpha \qquad (14\text{-}12)$$

系一集函数, 其变换乃系 $D^{(\alpha)}$ 的基向量的伴侣. (11) 式的算符的特性, 乃当施 $\rho_{kl}{}^{(\alpha)}$ 于一不变空间的基向量时 (函数) 时, 我们可获得该空间具有各特定对称性函数所涵盖的不变子空间 (subspace). 此“投射”之意, 将于下节以例阐述之.

兹可用上述各定理于 C_{3h} 群, 检视第 (2) 式的 $D^{(1)}, \cdots, D^{(6)}$ 各表现的可约或不可约性.

按第 11 章 (11-75), 与 C_{3h} 同构的 V_6 群, 有三个不同之班. 按上定理 8, C_{3h}(或 V_6) 群有三个不相等不可约的表现.

$D^{(1)}, D^{(2)}$ 皆系一维的, 故是不可约的. $D^{(1)}$ 与 $D^{(2)}$ 的各矩阵之 χ 不相等, 故系不相等的表现.

$D^{(3)}$ 可证明为不可约的表现如下.

按 (9) 式, $D^{(3)}$ 之 $|\chi(G_s)|^2$ 为

$$\begin{aligned}&|\chi(E)|^2 + |\chi(C)|^2 + |\chi(\bar{C})|^2 + |\chi(\sigma_1)|^2 + |\chi(\sigma_2)|^2 \\ &+ |\chi(\sigma_3)|^2 = 4 + 1 + 1 + 0 + 0 + 0 = 6 \\ &= n\end{aligned}$$

故 $D^{(3)}$ 系不可约的表现.

按 (7) 式, 得见 $D^{(1)}, D^{(2)}, D^{(3)}$ 的维次的平方之和为 $n = 6$,

$$1^2 + 1^2 + 2^2 = 6$$

故 $D^{(1)}, D^{(2)}, D^{(3)}$ 乃 C_{3h} 群的所有不相等不可约表现.

按 (10) 式, $D^{(6)}$ 函有 $D^{(1)}, D^{(2)}, D^{(3)}$ 的次数 $a_{(1)}, a_{(2)}, a_{(3)}$ 乃如下

$$\begin{aligned}a_{(1)} &= \frac{1}{6}(6 \times 1) = 1 \\ a_{(2)} &= \frac{1}{6}(6 \times 1) = 1 \qquad (14\text{-}13) \\ a_{(3)} &= \frac{1}{6}(6 \times 2) = 2\end{aligned}$$

故 $D^{(6)}$ 系可约的

$$D^{(6)} = D^{(1)} + D^{(2)} + 2D^{(3)} \tag{14-14}$$

$D^{(4)}, D^{(5)}$ 皆系可约的, 已见 (4), (5) 式如前.

由 (6), 我们得下述的结论: C_{3h} 群, 或任何与 C_{3h} 或 V_6 同构的群, 其算符 (向量) 所盖过的空间, 可约分为三个不变不可约的子空间 (invariant irreducible subspace), 两个系一维的, 一个系二维的.

14.2 C_{3h} 群的算符

为阐明群论对一个有某些对称性的系统 (如一个分子或晶体) 的应用, 兹仍以上节的具有 C_{3h} 对称性的系统为例.(见上节的图及其对称元素 $E, C, \bar{C}, \sigma_1, \sigma_2, \sigma_3$).

兹以 E, A, B, C, D, F 代 $E, \sigma_1, \sigma_2, \sigma_3, C, \bar{C}$ 各对称运作. 我们的系统, 系在这些运作下有不变性的. 这些运作, 构成一个群, 如第 (1) 式.

$$\mathscr{G}_6 : E, A, B, C, D, F \tag{14-15}$$

兹使 $P(x, y)$ 为图的平面内一个点 P 的坐标, 如 A 系 (14) 中的一个运作, $A^{-1}P$ 乃代表一个点, 经 A 运作后, 移至 P 点, 即

$$A(A^{-1}P) = P \tag{14-16}$$

兹使 G_6 为一个与 $\mathscr{G}_6$ 群同构的一个群, 其元素系性的算符

$$G_6 : O_E, O_A, O_B, O_C, O_D, O_F \tag{14-17}$$

系算符, 其意义的定义如下:

$$O_A f(P) = f(A^{-1}P) \tag{14-18}$$

$f(P) \equiv f(x, y)$ 乃一任意函数. $O_A f$ 将 f 变换成一个“新”函数 $O_A f$. (16) 式乃谓此“新”函数 $O_A f$ 在 P 点之值, 等于 f 函数在 (原来的)$A^{-1}P$ 点之值.

$\mathscr{G}_6$ 或 G_6 群的矩阵表现, 可有 (无数的) 多形式. 惟由上节, 已知其不相等不可约的表现, 乃两个一维的 (即系通常的数而非矩阵), 一个系二维的. 我们欲求这些不可约的表现 (矩阵) 的空间.

兹仍以等边三角形的对称系统为例, 使 $(x_1, y_1), (x_2, y_2), (x_3, y_3)$ 为三顶点的坐标; 使 $f_1(x, y)$ 为以 (x_1, y_1) 为中心的等值圈函数, 除 f_2, f_3 类此, 见图 14.1

$$\begin{aligned} f_1 &= \exp[-(x - x_1)^2 - (y - y_1)^2] \\ f_2 &= \exp[-(x - x_2)^2 - (y - y_2)^2] \\ f_3 &= \exp[-(x - x_3)^2 - (y - y_3)^2] \end{aligned} \tag{14-20}$$

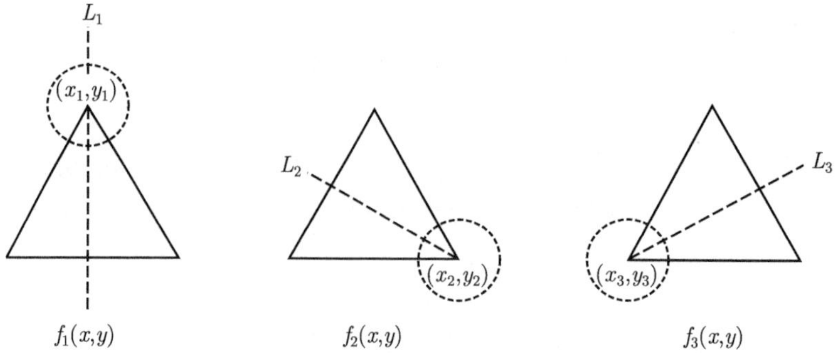

图 14.1

由 (15), (16) 及 (2) 式, 得见下关系

$$O_C f_1 = f_2, \quad O_{\bar{C}} f_1 = f_3, \tag{14-21}$$

$$O_{\sigma_1} f_1 = f_1, \quad O_{\sigma_2} f_1 = f_3, \quad O_{\sigma_3} f_1 = f_2,$$

$$O_{\sigma_1} f_2 = f_3, \quad O_{\sigma_1} f_3 = f_2, \text{余类此}$$

现在我们试求 (17) 式 G_6 群的不变不可约的空间 ——f_1, f_2, f_3 涵盖的空间 —— 的子空间. 我们求有特定的对称性的不变子空间.

由 (21) 式及第 (2) 式的 $D^{(5)}$, 得见 f_1, f_2, f_3 的变换乃如 $D^{(5)}$, 例如按 (21)

$$O_{\sigma_1}\begin{pmatrix} f_1 \\ f_2 \\ f_3 \end{pmatrix} = \begin{pmatrix} f_1 \\ f_3 \\ f_2 \end{pmatrix}$$

而按

$$D^{(5)}(\sigma_1)\begin{pmatrix} f_1 \\ f_2 \\ f_3 \end{pmatrix} = \begin{pmatrix} 1 & 0 & 0 \\ 0 & 0 & 1 \\ 0 & 1 & 0 \end{pmatrix}\begin{pmatrix} f_1 \\ f_2 \\ f_3 \end{pmatrix} = \begin{pmatrix} f_1 \\ f_3 \\ f_2 \end{pmatrix}$$

由 (4) 及 (5), 得见 $D^{(5)}$ 可约为 $D^{(1)}$ 及 $D^{(3)}$.

按 (11), 使 $D^{(\alpha)} = D^{(1)}$,

$$\begin{aligned} {\rho_{11}}^{(1)} f_1 &= (O_E + O_C + O_{\bar{C}} + O_{\sigma_1} + O_{\sigma_2} + O_{\sigma_3}) f_1 \\ &= f_1 + f_2 + f_3 + f_1 + f_3 + f_2 \quad \text{按 (21)} \\ &= 2(f_1 + f_2 + f_3) \end{aligned} \tag{14-22}$$

使 (11) 式中的 $D^{(\alpha)} = D^{(3)}$, 则由 (2),

$${\rho_{12}}^{(3)} f_1 = [0 \cdot O_E + \frac{1}{2}\sqrt{3} O_C - \frac{1}{2}\sqrt{3} O_{\bar{C}} + 0 \cdot O_{\sigma_1} - \frac{1}{2}\sqrt{3} O_{\sigma_2} + \frac{1}{2}\sqrt{3} O_{\sigma_3}] f_1$$

$$
\begin{aligned}
&= \frac{1}{2}\sqrt{3}f_2 - \frac{1}{2}\sqrt{3}f_3 - \frac{1}{2}\sqrt{3}f_3 + \frac{1}{2}\sqrt{3}f_2 \\
&= \sqrt{3}(f_1 - f_3) \qquad (14\text{-}23)
\end{aligned}
$$

$$
\begin{aligned}
\rho_{22}{}^{(3)} f_1 &= [O_E - \frac{1}{2}O_C - \frac{1}{2}O_{\bar{C}} + O_{\sigma_1} - \frac{1}{2}O_{\sigma_2} - \frac{1}{2}O_{\sigma}] f_1 \\
&= 2f_1 - f_2 - f_3 \qquad (14\text{-}24)
\end{aligned}
$$

兹定义

$$
\begin{aligned}
\phi_1 &= f_1 + f_2 + f_3 \\
\phi_2 &= \sqrt{3}(f_2 - f_3) \\
-\phi_3 &= 2f_1 - f_2 - f_3
\end{aligned} \qquad (14\text{-}25)
$$

由 (21), 可见 ϕ_1 在 G_6 群任何算符 $O_E, \cdots, O_{\sigma_3}$ 下皆不变, 如

$$
O_{\sigma_1}\phi_1 = f_1 + f_3 + f_2 = \phi_1, \quad \text{余类此}, \qquad (14\text{-}26)
$$

故 ϕ_1 定了 G_6 群的表现的一个一维不变的子空间.

由 (21), (25), 可得

$$
\begin{aligned}
O_{\sigma_1}\phi_2 = O_C\sqrt{3}(f_2 - f_3) &= \sqrt{3}(f_3 - f_1) \\
&= -\frac{1}{2}\phi_2 + \frac{\sqrt{3}}{2}\phi_3 \\
O_C\phi_3 &= -\frac{\sqrt{3}}{2}\phi_2 - \frac{1}{2}\phi_3
\end{aligned}
$$

或

$$
O_C \begin{pmatrix} \phi_2 \\ \phi_3 \end{pmatrix} = \begin{pmatrix} -\frac{1}{2} & \frac{\sqrt{3}}{2} \\ -\frac{\sqrt{3}}{2} & -\frac{1}{2} \end{pmatrix} \begin{pmatrix} \phi_2 \\ \phi_3 \end{pmatrix} \qquad (14\text{-}27)
$$

同此, 可证明 $O_E, O_C, O_{\bar{C}}, O_{\sigma_1}, O_{\sigma_2}, O_{\sigma_3}$ 各算符即第 (3) 式 $D^{(3)}$ 各矩阵. $D^{(3)}$ 的二维子空间, 可以 ϕ_2, ϕ_3 两“向量”为基向量.

$$
\begin{aligned}
&D^{(3)}(E) = \begin{pmatrix} 1 & 0 \\ 0 & 1 \end{pmatrix}, \quad D^{(3)}(C) = \begin{pmatrix} -1/2 & \sqrt{3}/2 \\ -\sqrt{3}/2 & -1/2 \end{pmatrix} \\
&D^{(3)}(\bar{C}) = \begin{pmatrix} -1/2 & -\sqrt{3}/2 \\ \sqrt{3}/2 & -1/2 \end{pmatrix} \\
&D^{(3)}(\sigma_1) = \begin{pmatrix} -1 & 0 \\ 0 & 1 \end{pmatrix}, \quad D^{(3)}(\sigma_2) = \begin{pmatrix} 1/2 & -\sqrt{3}/2 \\ -\sqrt{3}/2 & -1/2 \end{pmatrix} \\
&D^{(3)}(\sigma_3) = \begin{pmatrix} 1/2 & \sqrt{3}/2 \\ \sqrt{3}/2 & -1/2 \end{pmatrix}
\end{aligned} \qquad (14\text{-}28)
$$

按第 (4) 式, $D^{(4)}$ 可约为 $D^{(1)}\dot{+}D^{(3)}$, 故 $D^{(4)}$ 的子空间为 ϕ_1 向量的一维子空间及 ϕ_2,ϕ_3 两基向量的二维子空间.

14.3　函数的乘积的变换

取 G_n 群 O_A 如 (17) 式, $D^\alpha(O_A)$ 为 α 表现, $\alpha=1,2,\cdots,l, D^\alpha$ 的维度为 p_α, 换言之 D^α 乃 $p_\alpha\times p_\alpha$ 矩阵.

设 ${f_m}^\alpha$ 系一函数; $\alpha=1,2,\cdots,l, m=1,2,\cdots p_\alpha$ 各 ${f_m}^\alpha$ 皆线性独立的. 设在 O_A 下, ${f_m}^\alpha$ 乃按 $D^\alpha(A)$ 变换:

$$O_A{f_m}^{\alpha_i}=\sum_{m=1}^{p_\alpha}D^{\alpha_i}(A)_{mk}{f_m}^{\alpha_i} \tag{14-28}$$

$$i=1,2,\cdots,l$$

$$m,k=1,2,\cdots,p_\alpha$$

兹假设 O_A 有下性质

$$O_A(f_{k_1}^{\alpha_1}f_{k_2}^{\alpha_2}\cdots f_{k_l}^{\alpha_l})=\sum_{m_1}^{p_{\alpha_1}}\cdots\sum_{m_l}^{p_{\alpha_1}}D^{\alpha_1}(A)_{m_1k_1}\cdots D^{\alpha_l}(A)_{m_1k_1}f_{m_1}^{\alpha_1}\cdots f_{m_l}^{\alpha_l}$$

$$k_i=1,2,\cdots,p_{\alpha_i};\qquad i=1,2,\cdots,l \tag{14-29}$$

按第 13 章 (13-99), O_A 对函数乘积 $f_{k_1}^{\alpha_1}f_{k_2}^{\alpha_2}\cdots f_{k_l}^{\alpha_l}$ 的作用乃系矩阵 $D^{\alpha_1}(A), D^{\alpha_2}(A)$, $\cdots, D^{\alpha_l}(A)$ 的直积

$$D^{\alpha_1}(A_i)\times D^{\alpha_2}(A_i)\times\cdots\times D^{\alpha_l}(A_i),\quad i=1,2,\cdots,n \tag{14-30}$$

使 A 等于 $A,B,\cdots$ 等. 此 n 个矩阵 (28)(直积), 构成 G_n 群的一个矩阵表现 *.

(30) 式的矩阵, 可约为各不可约 D^α, 已见第 13 章 (13-126, 126a) 式. 由 (13-187), (188) 式及 (13-126) 上文的定理, 即得

$$na_\beta=\sum_{i=1}^{n}\chi^{\alpha_1}(A_i)\times\chi^{\alpha_2}(A_i)\times\cdots\times D^{\alpha_1}(A_i)\chi^{*\beta}(A_i) \tag{14-31}$$

* 此处用了第 13 章 (13-101) 式关系, 并用群的特性

$$D^\alpha(A_i)D^\alpha(A_j)=D^\alpha(A_iA_j)=D^\alpha(A_k)$$

兹以 (14-3) 式之 $D^{(3)}\times D^{(3)}$ 为例.

$$\chi^{(3)}(E)\chi^{(3)}(E)=4,\quad \chi^{(3)}(C)\chi^{(3)}(C)=\chi^{(3)}(\bar{C})\chi^{(3)}(\bar{C})=1$$
$$\chi^{(3)}(\sigma_1)\chi^{(3)}(\sigma_1)=\chi^{(3)}(\sigma_2)\chi^{(3)}(\sigma_2)=\chi^{(3)}(\sigma_3)\chi^{(3)}(\sigma_3)=0 \tag{14-32}$$

故

$$\begin{aligned}6a_1&=(4+1+1)1\\6a_2&=(4+1+1)1\\6a_3&=(4\times2-1\times1-1\times1)\\a_4&=a_5=a_6=0\end{aligned} \tag{14-33}$$

$$\begin{aligned}D^{(3)}(E)\times D^{(3)}(E)&=D^{(1)}(E)+D^{(2)}(E)+D^{(3)}(E)\\D^{(3)}(C)\times D^{(3)}(C)&=D^{(1)}(E)+D^{(2)}(E)+D^{(3)}(E)\\D^{(3)}(\bar{C})\times D^{(3)}(\bar{C})&=D^{(1)}(E)+D^{(2)}(E)+D^{(3)}(E)\\D^{(3)}(\sigma_i)\times D^{(3)}(\sigma_i)&=0,\quad i=1,2,3\end{aligned} \tag{14-34}$$

设 f_1,f_2 乃按 (28) 的 $D^{(3)}$ 变换的二线性独立函数, g_1,g_2 乃按 $D^{(3)}$ 变换的另两个线性独立函数. 按 (29),

$$f_1g_1,f_1g_2,f_2g_1,f_2g_2 \tag{14-35}$$

的系数乃 $D^{(3)}\times D^{(3)}$. 按 (34), 我们可证明

$$\begin{aligned}&f_1g_1+f_2g_2\text{乃按 }D^{(1)}\text{ 变换}\\&f_2g_1-f_1g_2\text{乃按 }D^{(2)}\text{ 变换}\end{aligned} \tag{14-36}$$

$$\left\{\begin{matrix}f_1g_2+f_2g_1\\f_1g_1-f_2g_2\end{matrix}\right\}\text{乃按二维的 }D^{(3)}\text{ 变换}$$

上述结果, 与 f_1,g_1,f_2,g_2 的形式无关!

上述的结果 (25), 虽系以 (20) 式的 f_1,f_2,f_3 为例得来, 但其有效性只与第 (21) 式的对称性有关, 与 f_1,f_2,f_3 的函数形式完全无关 *. 且算符 O_A 等, 亦可运作于任何 (抽象) 空间, 非仅限于 x,y,z 空间也. 群论之所以在物理学中成一重要工具者, 正系因在量子力学中, 一个物理系统的态, 系表以 Hilbert 线性空间的向量, 物理量则表以线性 (hermitian) 算符, 凡一切对称性的问题, 正适宜于群论的理论的处理. 此群论在量子力学的应用, 将于下数节中略述之.

---

* 换言之, f_1,f_2,f_3 可以系任何变数的函数, 包括不连续的变数, 如自旋, 重子数 (baryon number), 奇异数 (strangeness) 等.

14.4　群论 (代数) 在量子力学的应用

14.4.1　选择定则

在量子力学中, *物理量表以 hermitian 算符 Q, 物理系统的态表以函数 f, g 等. 兹引入纯量乘积

$$(f,g) \equiv \int f^* g \mathrm{d}\tau \tag{14-37}$$

$\int \mathrm{d}\tau$ 代表 f, g 函数所有变数的积分 (包括对不连续的变数, 如自旋等, 之和). 按量子力学的基本假定, 对系统在态 f 时作 Q 度量所得结果的预期值为

$$(f, Qf) = \int f^* Q f \mathrm{d}\tau \tag{14-38}$$

由 A 的伴算符 A^+ 的定义,

$$(f, Ag) = \int f^* A g \mathrm{d}\tau = (A^+ f, g) \tag{14-39}$$

及 hermitian 算符 $A^+ = A$ 的定义, 故如 A 系 hermitian, 则

$$(f, Ag) = (A^+ f, g) = (Af, g) \tag{14-40}$$

幺正算符 B^+ 的定义为 $B^+ = B^{-1}$. 按此,

$$(Bf, Bg) = (B^+ B f, g) = (f, g) \tag{14-41}$$

换言之, 纯量乘积 $(f$, g), 在幺正算符运作下不变.

设 $\mathscr{G}_n(A_1, A_2, \cdots, A_n)$ 系一个线性幺正算符的群,

$$D^\alpha(A_1), \cdots, D^\alpha(A_n); \quad D^\beta(A_1), \cdots, D^\beta(A_n) \tag{14-42}$$

系两个幺正不可约的表现, $f_{k\cdot}{}^\alpha, k_\alpha = 1, 2, \cdots, p_\alpha$, 系一集变换如下

$$A_j f_k^\alpha = \sum_{n=1}^{P_\alpha} [D^\alpha(A_j)]_{rk} f_r^\alpha \tag{14-43}$$

的函数; $g_s^\beta, l = 1, 2, \cdots, p_\beta$, 系变换如

$$A_j f_l^\beta = \sum_{r=1}^{P_\alpha} [D^\alpha(A_j)]_{rl} g_r^\beta \tag{14-44}$$

* 参阅《理论物理第六册: 量子力学》甲部, 第 5 章.

的函数.

定理 * 设 D^α, D^β 非同一或相等的表现, 则

$$({f_k}^\alpha, {g_l}^\beta) = 0 \tag{14-45a}$$

如 D^α, D^β 系同一个表现 (不仅系相等), 则

$$({f_k}^\alpha, {g_l}^\alpha) = 0 \text{ 如} k \neq l \tag{14-45b}$$

$$({f_k}^\alpha, {g_k}^\alpha) = \text{与 } k \text{ 无关之值} \tag{14-45c}$$

此定理的证明如下.

因 A_j 等系幺正算符, 由 (41) 式, 可得

$$({f_k}^\alpha, {g_l}^\beta) = \frac{1}{n}\sum_{j=1}^{n}(A_j {f_k}^\alpha, A_j {g_l}^\beta) \tag{14-46}$$

用 (43), (44) 式, 此式成

$$\begin{aligned}({f_k}^\alpha, {g_l}^\beta) &= \frac{1}{n}\sum_{j}^{n}(\sum_{r}^{p_\alpha} D^\alpha(A_j)_{rk} {f_r}^\alpha, \sum_{s}^{p_\beta} D^\beta(A_j)_{sl} {g_s}^\beta) \\ &= \frac{1}{n}\sum_j\sum_r\sum_\infty (D^\alpha(A_j)_{rk})^* D^\beta(A_j)_{sl}({f_r}^\alpha, {g_s}^\beta)\end{aligned} \tag{14-46a}$$

兹由第 (14-6) 式的正交关系, 此式成下正交定理

$$({f_k}^\alpha, {g_l}^\beta) = \frac{1}{p_\alpha}\delta_{\alpha\beta}\delta_{kl}\sum_r({f_r}^\alpha, {g_r}^\beta) \tag{14-47}$$

因 $\sum\limits_r({f_r}^\alpha, {g_r}^\alpha)$ 与 k 无关, 故即得 (45a, b, c) 结果.

这正交关系 (45), 或 (47), 的意义如下：兹仍以 C_{3h} 群的三个不可约表现 $D^{(1)}, D^{(2)}, D^{(3)}$ 为例 (见 (14-3) 式). 每一个表现的对称性不同, 属于每一表现的函数亦不同.[我们引用下述的数学术语：每一不可约表现 (矩阵) 表以一个不变的不可约子空间 (invariant irreducible subspace)]

正交关系乃谓属于不同对称性 (表现) 的函数, 系正交的. 此系量子力学所有的选择定则的数学表示式. 我们常需下述的一个定理：

* 此定理的 (45a, b, c) 三部可综纳成下式：

$$({f_k}^\alpha, {g_l}^\beta) = \delta_{\alpha\beta}\delta_{kl}V. \tag{14-45}$$

式中 $\alpha = \beta$ 示同一表现, $\alpha \neq \beta$ 示两表现系不相等的.

展开定理

在一个算符群下, 任何一个函数 (或算符) 可按该群的基本 (或特定) 对称性, 展开为各对称性的函数 (或算符).

设 Q 系一个函数 (或系一个线性算符); ${f_k}^\alpha, {g_l}^\beta$ 乃意义如 (43), (44) 式的函数. 兹展开 $Q{g_l}^\beta$

$$Q{g_l}^\beta = \sum_k {a_{kl}}^\alpha {g_k}^\alpha \tag{14-48}$$

按 (45), 即得系数

$${a_{kl}}^\beta = ({f_k}^\alpha, Q{g_l}^\beta), \quad k = 1, 2, \cdots, p_\alpha, l = 1, 2, \cdots, p_\beta \tag{14-48a}$$

如将 Q 函数展开, 则可得 $({f_k}^\alpha, {Q_m}^\gamma {g_l}^\beta)$ 式的纯量乘积之和; ${f_k}^\alpha, {Q_m}^\gamma, {g_l}^\beta$ 系属于不可约的表现 α, γ, β.

按上 (29), (30) 式, ${Q_m}^\gamma {g_l}^\beta$ 的 $p_\gamma \times p_\beta$ 个函数, 涵盖一个 $p_\gamma \times p_\delta$ 一维空间; 按 D^γ, D^β 两个表现的直积

$$D^\gamma \times D^\beta$$

变换. 按 (13-121) 定理 (Clebsch-Gordan 公式 (13-119a))

$$D^\gamma \times D^\beta = \sum_\lambda a_\lambda D^\lambda \tag{14-49}$$

如 $a_\alpha = 0$, 即 $D^\gamma \times D^\beta$ 不含有 D^α 表现, 则按正交关系 (45),

$$({f_k}^\alpha, {Q_m}^\gamma {g_l}^\beta) = 0 \tag{14-50}$$

将 ${Q_m}^\gamma {g_l}^\beta$ 函数按有特定对称性的函数展开, 其系数称为 Clebsch-Gordan 系数。这些系数有时形式颇复杂, 惟其意义则极简单, 如上述. 最习见的例子, 是转动群 (rotation group) 应用于一切有圆心对称性的系统 —— 如原子的电子态. 在这个对称下, Clebsch-Gordan 即系熟见的量子力学的角动量矩阵元素.

14.4.2　Hamiltonian H 的对称群

设 H 为一个物理系统的 Hamiltonian; $A_i, i = 1, 2, \cdots, n$, 系一集线性幺正算符, 各有一反算符 ${A_i}^{-1}$, 使 ${A_i}^{-1}A_i = A_i{A_i}^{-1} = E$, 幺元. 使

$$\mathscr{H} \equiv A_i H {A_i}^{-1} \tag{14-51}$$

设 ψ 为系统的一个态 (函数). 按 (41),

$$(\psi, H\psi) = (A_i\psi, A_i H\psi)$$

惟

$$(A_i\psi, A_iH\psi) = (A_i\psi, A_iHA_i{}^{-1}A_i\psi)$$

故

$$(\psi, H\psi) = (A_i\psi, \mathscr{H}A_i\psi)$$

如 A_i 与 H 系对易的

$$A_iH = HA_i \tag{14-52}$$

则

$$\mathscr{H} = H \tag{14-53}$$

定义 使 Hamiltonian 不变的算符群, 称为该 Hamiltonian 的对称群 *.

如 ψ 系 H 的本征函数之一,

$$H\psi = E\psi \tag{14-54}$$

按 (52), 即得

$$H(A\psi) = E(A\psi) \tag{14-55}$$

如态 ψ 系非简并的, 则 $A\psi = c\psi, c =$ 常数.
如态 ψ 系简并的,

$$H\psi_\lambda = E\psi_\lambda, \quad \lambda = 1, 2, \cdots, \nu \tag{14-56}$$

则

$$A\psi = \sum_{\lambda=1}^{\nu} c_\lambda \psi_\lambda \tag{14-57}$$

此 $\psi_1, \psi_2, \cdots, \psi_\nu$ 函数, 构成 ν 维矩阵表现 $D(A)$ 的基函数,

$$A_i\psi_\lambda = \sum_{\mu=1}^{\nu} D(A_i)_{\mu\lambda}\psi_\mu \tag{14-58}$$

$$\lambda = 1, 2, \cdots, \nu; i = 1, 2, \cdots, n$$

此表现 $D(A)$ 及其 ν 维空间 S, 或是可约, 或是不可约, 如 $D(A)$ 与 S 系不可约的, 则 $\psi_1, \cdots, \psi_\nu$ 务相应于同一本征值 E.

如 $D(A)$ 与 S 系可约的, 则由 $A_1, \cdots, A_n$ 的对称性观点, 我们无理由预期 $\psi_1, \cdots, \psi_\nu$ 皆同属于一个本征值 E(除了有所谓偶然性的简并 (accidental degeneracy) 的情形).

故由 Hamiltonian 群的对称性, 即可知本徵值的简并度和其本征函数的对称分类；反之, 由本征值的简并性, 可得关于 Hamiltonian 群的对称性.

* 在此定义前, 或先宜加一定理, 即凡满足 (51), (52) 两式的算符 A_i, 构成. 一个群. 此定理的证, 至为显然.

14.4.3　微扰理论

设一个系统的 Hamiltonian H 为

$$H = H_0 + H_1 \tag{14-59}$$

兹可有下列两个情形:

(i) H_1 在 H_0 的对称群运作下有不变性.

在此情形下, 整个 H 在 H_0 的对称群下不变, 故微扰 H_1 对 H_0 的本征值 E 不会更变其简并度.(例外情形是 H_0 的某本征值有偶然性的简并, 如是则 H_1 可能消除这简并性).

(ii) H_1 在 H_0 的对称群 $\mathscr{G}$ 的一个次群 B 下不变.

在此情形下, H 在 B 次群下不变; H 的本征值的简并度将相当于 B 次群的不可约表现的维度.

通常 H_0 的每集简并本征函数 ${\psi_1}^0, \cdots, {\psi_\nu}^0$ 乃按 H_0 的群 $\mathscr{G}$ 的不可约表现而变换. 此表现中的与 B 次群相应的矩阵次集, 构成此次群的一个表现, 惟一般情形下, 此非此个次群的一个不可约表现. 对此次群的每一不可约表现, H 将有一个"新"的本征值.

欲求这些"新"的本征值, 我们将用对角和 χ 的分析法.

兹使 H_0 的本征函数 ${\psi_1}^0, \cdots, {\psi_\nu}^0$ 乃按 $D(\mathscr{G})$ 表现矩阵变换; 使 $D(B)$ 为次群 B 的表现; B 的算符为 B_j; $D^\alpha(B)$ 为 B 的第 α 个不可约幺正表现 *, 其维度为 p_α, 设

$$D(B) = \sum_{\alpha=1}^{r} a_\alpha D^\alpha(B) \tag{14-60}$$

换言之, 原来 H_0 的简并本征值, 因 H_1 的较低对称性, 乃分为 r 组: a_1 组 p_1- 度简并本征值, a_2 组 p_2- 度简并本征值, 余类推.(H_0 的简并度乃 $\nu = \sum\limits_{i=1}^{r} a_\alpha p_\alpha$)**.

(62) 式的 ${\psi_k}^{\alpha c}$ 函数, 其变换乃

$$B_j {\psi_k}^{\alpha c} = \sum_{m=1}^{p_\alpha} D^\alpha(B_j)_{mk} {\psi_m}^{\alpha c} \tag{14-63}$$

---

* 幺正算符的幺正表现的基函数, 乃一集正交规一的函数

**(60) 式谓 $D(\mathscr{B})$ 表现中, 不可约表现 $D^\alpha(\mathscr{B})$ 出现 a_α 例如 $\alpha = 1, D^1(\mathscr{B})$ 出现 a_1 次. 此 a_1 集的函数乃

$${\psi_1}^{1c}{\psi_2}^{1c}\cdots{\psi_{p_1}}^{1c}, \qquad c = 1, 2, \cdots, a_1 \tag{14-61}$$

兹 $\alpha = 1, 2, \cdots r$. 故 (61) 式乃 $\sum a_\alpha$ 个集

$${\psi_1}^{\alpha c}, {\psi_2}^{\alpha c}, \cdots, {\psi_{p^\alpha}}^{\alpha c}, \qquad \begin{matrix} \alpha = 1, 2, \cdots, r \\ c = 1, 2, \cdots, a_\alpha \end{matrix} \tag{14-62}$$

此乃谓 ${\psi_m}^{\alpha c}$ 系 $D^\alpha(B)$ 的基函数.

因 H_1 在 B 群运作下不变, 故按 (52), 由 (63) 可得

$$H_1 B_j {\psi_k}^{\alpha c} = \sum_m D^\alpha(B_j)_{mk} H_1 {\psi_m}^{\alpha c}$$

$$B_j(H_1 {\psi_k}^{\alpha c}) = \sum_m D^\alpha(B_j)_{mk}(H_1 {\psi_m}^{\alpha c}) \tag{14-63}$$

此式乃系谓 $(H_1{\psi_k}^{\alpha c})$, 亦如 ${\psi_k}^{\alpha c}$, 系 $D^\alpha(B)$ 的基函数.

兹按 (45) 式的"选择定则", 可得

$$(\alpha ck|H_1|\alpha' c' k') \equiv ({\psi_k}^{\alpha c}, H_1 \psi_{k'}^{\alpha' c'}) = \delta_{\alpha\alpha'}\delta_{kk'}{v_{cc'}}^{\alpha} \tag{14-64}$$

$$\begin{aligned} {v_{cc'}}^{(a)} &= ({\psi_1}^{\alpha c}, H_1 {\psi_1}^{\alpha c'}) \\ &= ({\psi_2}^{\alpha c}, H_1 {\psi_2}^{\alpha c'}) \\ &= \cdots \\ &= ({\psi_{p\alpha}}^{\alpha c}, H_1 {\psi_{p\alpha}}^{\alpha c'}) \end{aligned} \tag{14-64a}$$

$$c, c' = 1, 2, \cdots, a_\alpha$$

H_1 的 $\nu \times \nu$ 行列式方程式

$$|(\alpha ck|H_1 - \epsilon|\alpha' c' k')| = 0 \tag{14-65}$$

乃按 (64) 约为下式

$$|{v^{(1)}}_{cc'} - \epsilon\delta_{cc'}|^{p_1} |{v_{cc'}}^{(2)} - \epsilon\delta_{cc'}|^{p_2} \cdots |{v_{cc'}}^{(r)} - \epsilon\delta_{cc'}|^{p_r} = 0 \tag{14-65a}$$

此乃谓 H_1 将 H_0 的 ν-度简并本征值分为 r 个不同的本征值 *, 每个仍系简并的, 如下：

$$\begin{aligned} &{\epsilon_1}^{(1)}, \cdots, {\epsilon_{a1}}^{(1)}, \text{每本征值的简并度为 } p_1 \\ &{\epsilon_1}^{(2)}, \cdots, {\epsilon_{a2}}^{(2)}, \text{每本征值的简并度为 } p_2 \\ &{\epsilon_1}^{(r)}, \cdots, {\epsilon_{ar}}^{(r)}, \text{每本征值的简并度为 } p_r. \end{aligned} \tag{14-65b}$$

按 (64) 式, 不同的表现 $\alpha \neq \alpha'$ 间, H_1 的矩阵元素等于零. H_0 的矩阵亦同此. 故 H_0(在有 H_1 微扰情形下) 的第零阶函波的正确式, 是与每个不可约表现的一横行相应的函数的线性组合 (见 (63) 式).

* 除了偶然性的简并性.

14.4.4　例: 有圆心对称性的系统

兹取在圆心对称场中的一个粒子为例, 其 Hamiltonian 为

$$H=-\frac{\hbar^2}{2m}\nabla^2+V(r) \tag{14-66}$$

此 H 的对称群, 为“转动 - 反映群”$\mathscr{G}_{\bar{R}}$(rotation-reflection), 其算符包括所有对场中心的转动和反投 (inversion). 兹使 (与转动 - 反映群同样的) 对称群的算符为 O_A

(66) 的 H 的本征值 $E_N{}^{(L)}$ 及本征函数为

$$E=E(N,L)$$

$$\psi_{N,L}=R_{NL}(r)Y_{L,M}(\theta,\varphi) \tag{14-67}$$

$$-L\leqslant M\leqslant L$$

$$L=0,2,1,\cdots$$

E 乃 $(2L+1)-$ 度简并. 此乃因 O_A 群的不可约表现 $D^L(A)$ 的维度 $p_L=2L+1$, (见 (65a) 式). $D^L(A)$ 的函数乃角动量的本征函数 $Y_{L,M}(\theta,\varphi)$.

设现引入一微扰 $H_1=c\boldsymbol{r}\cdot\boldsymbol{p}$. 此乃角动量, 与 H 的对称性同. 故 H_1 只改变本征值 E 之值而不引致 E 的简并性的改变.

设取 Coulomb 场 $V(\boldsymbol{r})=-\dfrac{C}{r}$ 的特殊例子, 如氢原子然.

$$E=E(N)=-\frac{mC^2}{2\hbar^2N^2},\quad N=1,2,3,\cdots$$

$$\psi_{N,L}=R_{NL}(r)Y_{L,M}(\theta,\varphi) \tag{14-68}$$

$$M=-L,-L+1,\cdots,L-1,L$$

$$L=0,1,2,\cdots$$

每一 N 值, E 系 $\sum\limits_{L=0}^{N-1}\sum\limits_{M-L}^{n}M=N^2$- 度简并的本征值.

如引入一有圆心对称的微扰 $V^1(r)$, 则 (68) 即成 (67) 式; 每一 L 值, E 系 $(2L+1)$- 度简并的本征值 *.

兹在 (66) 的 H 加入一有 C_{3v} 对称的微扰 H_1, C_{3v} 群的算符如下

$$C_{3v}:E,C,\bar{C},\sigma_1,\sigma_2,\sigma_3, \tag{14-69}$$

* 此情形相当于碱金属原子的化学键电子的问题. 惟电子因有自旋角动量 $s=\frac{1}{2}$ 故每一 $E_{N,L}$ 本征值之简并度为 $2(2L+1)$.

$C, \bar{C}$ 乃绕 z- 轴沿时钟针及反时钟针方向转 $120°$; $\sigma_1, \sigma_2, \sigma_3$ 乃对 L_1z, L_2z, L_3z 平面反映, L_1, L_2, L_3 乃本章首段图中的线.

兹取 $H(66)$ 的 $L=1$ 的 $2L+1=3$ 的简并态.

$$R(r)Y_{1M}(\theta,\varphi): R(r)Y_{1,-1}, RY_{1,0}, RY_{1,1} \tag{14-70}$$

此 G_{3v} 群的表现, 已见本章首 (14-3). (70) 式的三个简并态函数相应于一个三维表现 $D^{(4)}$

$$D^{(4)}(E)=\begin{vmatrix}1&0&0\\0&1&0\\0&0&1\end{vmatrix},\quad D^{(4)}(C)=\begin{vmatrix}1&0&0\\0&-\dfrac{1}{2}&\dfrac{\sqrt{3}}{2}\\0&-\dfrac{\sqrt{3}}{2}&-\dfrac{1}{2}\end{vmatrix},\quad D^{(4)}(\bar{C})=\begin{vmatrix}1&0&0\\0&-\dfrac{1}{2}&-\dfrac{\sqrt{3}}{2}\\0&\dfrac{\sqrt{3}}{2}&-\dfrac{1}{2}\end{vmatrix} \tag{14-71}$$

$$D^{(4)}(\sigma_1)=\begin{vmatrix}1&0&0\\0&-1&0\\0&0&1\end{vmatrix},\quad D^{(4)}(\sigma_2)=\begin{vmatrix}1&0&0\\0&\dfrac{1}{2}&-\dfrac{\sqrt{3}}{2}\\0&-\dfrac{\sqrt{3}}{2}&-\dfrac{1}{2}\end{vmatrix},\quad D^{(4)}(\sigma_3)=\begin{vmatrix}1&0&0\\0&\dfrac{1}{2}&\dfrac{\sqrt{3}}{2}\\0&\dfrac{\sqrt{3}}{2}&-\dfrac{1}{2}\end{vmatrix}$$

此表现显然系可约的. 由 (71) 已显然的可得 *

$$D^{(4)} = D^{(3)} + D^{(1)} \tag{14-72}$$

---

*(72) 式亦可如下得之. 由 (71) 即得 $D^{(4)}(A)$ 之对角和 χ:

$$\chi^{(4)}(E)=3,\quad \chi^{(4)}(C)=\chi^{(4)}(\bar{C})=0,\quad D^{(4)}(\sigma_1)=D^{(4)}(\sigma_2)=D^{(4)}(\sigma_3)=1 \tag{14-73}$$

由 (14-3), 不可约的表现 $D^{(1)}, D^{(2)}, D^{(3)}$ 的 χ 乃如下:

	E	C	$\bar{C}$	σ_1	σ_2	σ_3
$\chi^{(1)}$	1	1	1	1	1	1
$\chi^{(2)}$	1	1	1	−1	−1	−1
$\chi^{(3)}$	2	−1	−1	0	0	0

(14-74)

由 (14-10), (73), (74), 亦得

$$D^{(4)} = a_{(1)}D^{(1)} + a_{(2)}D^{(2)} + a_{(3)}D^{(3)}$$

式中之系数

$$a_{(1)} = \frac{1}{6}(3\cdot 1 + 1\cdot 1 + 1\cdot 1 + 1\cdot 1) = 1$$

$$a_{(2)} = \frac{1}{6}(3\cdot 1 - 1\cdot 1 - 1\cdot 1 - 1\cdot 1) = 0$$

$$a_{(3)} = \frac{1}{6}(3\cdot 2) = 1$$

此与 (72) 相符.

由 (72), 得见如由 H 的 $\mathscr{G}_{\bar{R}}$ 对称群, 加入有 C_{3v} 对称的 H_1, 则 H 的 3- 度简并的 $L=1$ 态, 分裂为两个本征值：其一的函数属于 $D^{(1)}$, 为 C_{3v} 的不变函数；另一属于二维的 $D^{(3)}$, 系二度简并的本征值.

设再加入对称性为 (69) 的一个次群 $\mathscr{G}_3(E,C,\bar{C})$ 的微扰 H_2, 此次群的级数为 3, 故必系 Abelian 群 *.惟 Abelian 群的表现必系一维的. 故除偶然性的简并外, 加入 $\mathscr{G}_3(E,C,\bar{C})$ 对称的 H_2, 将使 (72) 的 $D^{(3)}$ 的二度简并态分裂为两个本征值.

上述的情形, 可以图表之如下 **.

$H(66)$ $(\mathscr{G}_{\bar{R}})$　　$H+H_1(69)$ (C_{3v})　　$H+H_1+H_2$ $(\mathscr{G}_3)$

(14-75)

综结本节, 我们得见一个系统的对称性, 决定了该系统的“特性”. 所谓“特性”, 在量子力学中, 则指各“态”(state) 函数的对称性 (即其在对称群下的性质) 和简并性等, 更由之而决定了“选择定则”等.

但我们务须着重的, 是群论的应用于物理学, 绝不限于量子力学群论所处理者, 乃对称运作的具有群的性, 而按群论, 可代一个系统的对称群以一个与之同构的抽象群, 这是“表现”理论的由来. 群论方法之应用于物理问题, 是基于物理系统的对称性；对称性则属于该物理系统, 而非属于量子力学. 故群论方法, 亦可应用于古典物理. 最明显的例, 是转动群 R_p 和 Lorentz 群 L_p. 二者都与量子力学无关的, 虽则因为我们着重量子力学, 故常见的皆是讨论量子力学或量子场的相对论形式 (因而论 Lorentz 群) 而已.

本节 (第 4 节) 的标题和讨论, 皆以 Hamiltonian 和 Schrödinger 方程式为着重点. 惟我们务须了解重要的核心是“对称性”. 在本章第 1 节, 我们以 C_{3h} 对称群为例, 阐述第 13 章表现理论的一般性定理, 第 4 节 (14-69) 以 C_{3v} 对称群为例, 阐述对称群和一个系统的态和简并性的关系. 在此我们要指出的是群论的方法, 不限于在 Schrödinger 方程式的应用, 而是可应用于多原分子的简正振动 ***(normal

---

* 见第 11 章第 2, (11) 节末定理.

**(75) 图相当于古典物理中, Zeeman 效应的 Lorentz 电子理论的解释. 电子在圆心对称场 $(\mathscr{G}_{\bar{R}})$ 的能 E 乃三度简并的. 如加外磁场, (对 Z-轴转动对称, 不必是 C_{3v}), 则 E 的三度简并消失而分为三个值.

(75) 图只是对称性对简并性的影响的性质；E 的分裂的大小, 则视微扰 H_2 的数量而定. 换言之, 图中 $(\mathscr{G}_3)$ 的三个 E 值的位置, 是不必如图所示的.

*** 见《理论物理第一册：古典动力学》甲部第 6 章. 关于群论在分子振动的应用, 可参阅 J.E.Rosenthal 与 G. M. Murphy, Reviews of Modern Physics 8, 317, (1936), 一文.

vibrations) 的古典力学理论. 以若干分子言, 如 $NH_3, CH_3Cl, CHCl_3$ 等, 其对称性均属于 C_{3v}; 在研讨其简正振动时, 各振动的对称性, 可按 C_{3v} 群的各元素或次群分类. 这些简正振动的对称性, 是和量子力学无关的.

第15章 连 续 群

前数章曾讨论三维实数空间的转动群 R_{3p} 及正规 Lorentz 变换群 L_p(时间 t 不作 $t \to -t$ 变换的). 此两个群皆有参数可以作连续改变的. 前者的 Euler 角 ψ, θ, φ, 和后者的相对速度 $v(v_x, v_v, v_z)$, 皆可作任意改变的. 此二群称为连续群 (continuous groups).

此二群皆系线性变换；群的参数的改变. 相应于线性变换矩阵元素的改变.

本章将略述这样的连续群.

15.1 结构常数 (structure constants)

兹取一个线性变换群 $\mathscr{G}$, 其矩阵的元素 h_j 系 r 个实数参数 $\alpha_1, \alpha_2, \cdots, \alpha_r$ 的函数, 并满足下述条件的：

(i) $\mathscr{G}$ 的么元 (单位矩阵 $t_{ij} = \delta_{ij} = 0$ 如 $i \neq j, = 1$ 如 $i = j$) 与下列 α_s 的值

$$\alpha_1 = \alpha_2 = \cdots = \alpha_r = 0 \tag{15-1}$$

相当.

(ii) $t_{ij} = t_{ij}(\alpha_s)$ 在 $\alpha_1, \alpha_2, \cdots, \alpha_r$ 的 $r-$ 维实数空间 W_r 的原点 (1) 邻近足够微小的区域中, 系 $\alpha_1, \alpha_2, \cdots, \alpha_r$ 的单值函数.

(iii) 在上述么元 (单位矩阵) 足够微小的邻近, $\mathscr{G}$ 的每一元素皆与 W_2 空间原点 (1) 邻近的一个 $(\alpha_1, \alpha_2, \cdots, \alpha_r)$ 点相应 (换言之, t_{ij} 在 δ_{ij} 邻近的 $\mathscr{G}$ 元素, 与 $\alpha_s = 0, s = 1, 2, \cdots, r$, 邻近的 $\alpha_1, \cdots, \alpha_r$ 相应).

兹使 G_α 为相应于 $\boldsymbol{\alpha}(\alpha_1, \alpha_2, \cdots, \alpha_r)$ 点的 $\mathscr{G}$ 的元素. 同此, $G_\beta, G_\gamma, \cdots$ 相应于参数 $\boldsymbol{\beta}(\beta_1 \cdots \beta_r), \boldsymbol{\gamma}(\gamma_1 \cdots \gamma_r)$.

设 $\boldsymbol{\gamma}(\gamma_1, \gamma_2, \cdots, \gamma_r)$ 系 $\boldsymbol{\alpha}(\alpha_1, \alpha_2, \cdots, \alpha_r)$ 及 $\boldsymbol{\beta}(\beta_1, \cdots, \beta_r)$ 的单值函数

$$\gamma_s = f_s(\beta_1, \cdots, \beta_r; \alpha_1, \cdots, \alpha_r), \quad s = 1, 2, \cdots, r \tag{15-2}$$

$$\begin{aligned}\gamma_s &= f_s(0, \cdots 0; 0, \cdots, 0) \\ &= 0\end{aligned} \tag{15-3}$$

并假设函数 f_s 与其第一, 二, 三, 四次导数在 α, β 的原点 (1) 邻近所有 α_x, β_s 值皆系连续的. 则相应于 γ 的 G_γ 元素为

$$G_\gamma = G_\beta G_\alpha \tag{15-4}$$

且

$$f_s(\beta_1,\cdots,\beta_r;0,\cdots,0)=\beta_s \qquad s=1,\cdots,r \tag{15-5}$$
$$f_s(0,\cdots,0;\alpha_1,\cdots,\alpha_r)=\alpha_s$$

由此, 得

$$\left.\frac{\partial f_s}{\partial\beta_t}\right)_{\alpha=0}=\delta_{st},\qquad s,t=1,2,\cdots,r \tag{15-6}$$
$$\left.\frac{\partial f_s}{\partial\alpha}\right)_{\beta=0}=\delta_{st},$$

兹以下式定义 $\tilde{\alpha}_s$ 为与 ${G_\alpha}^{-1}$ 相应的 α_s:

$$f_s(\tilde{\alpha}_1,\tilde{\alpha}_2,\cdots,\tilde{\alpha}_r;\alpha_1,\alpha_2,\cdots,\alpha_r)=0 \tag{15-7}$$

$$s=1,2,\cdots,r$$

如视 (7) 式为由 $\alpha_1,\cdots,\alpha_r$ 至 $\tilde{\alpha}_1,\cdots,\tilde{\alpha}_r$ 的变换, 则由 (6),

$$\left.\frac{\partial(\alpha_1,\cdots,\alpha_r)}{\partial(\tilde{\alpha}_1,\cdots,\tilde{\alpha}_r)}\right]_{\alpha=\tilde{\alpha}=0}=1 \tag{15-8}$$

故 (7) 确系定义了 $\tilde{\alpha}_1,\cdots,\tilde{\alpha}_r$ 为 $\alpha_1,\cdots,\alpha_r$(邻近 α 原点) 的连续函数, 且在 $\alpha_s=0$ 点之值为 0,

$$\tilde{\alpha}_s=0,\quad s=1,2,\cdots,r \tag{15-9}$$

兹将第 (2) 式按 MacLaurin 级数展开, 至第三阶.

$$\gamma_s=\alpha_s+\beta_s+\sum_{i,j}{a_{ij}}^{(s)}\alpha_i\beta_j+\sum_{i,j,k}a_{ijk}^{(s)}\alpha_i\alpha_j\beta_k+\sum_{i,j,k}b_{ijk}^{(s)}\alpha_i\beta_j\beta_k+0(\alpha^4)\cdots \tag{15-10}$$

a,b 等系常数, 末项系不低于 α_s,β_r 的四次微分的项.

使

$$\begin{aligned}{C_{ij}}^{(s)}&\equiv{a_{ij}}^{(s)}-{a_{ji}}^{(s)},\quad i,j=1,2,\cdots,r\\&=\left[\frac{\partial^2\gamma_s}{\partial\alpha_i\partial\beta_j}-\frac{\partial^2\gamma_s}{\partial\beta_i\partial\alpha_j}\right]_{\alpha=\beta=0}\end{aligned} \tag{15-11}$$

故

$${C_{ij}}^{(s)}=-{C_{ji}}^{(s)} \tag{15-12}$$

${C_{ij}}^{(s)}$ 称为群 $\mathscr{G}$ 的结构常数 (structure constants).

第 (10) 式系群的基本运算的公式: 将两个 G_α,G_β 元的积 $G_\gamma=G_\beta G_\alpha$ 的参数 $\boldsymbol{\gamma}(\gamma_1,\cdots,\gamma_r)$, 表以 $\boldsymbol{\alpha}(\alpha_1,\cdots,\alpha_r)$ 和 $\boldsymbol{\beta}(\beta_1,\cdots,\beta_r)$.$\alpha_s,\beta_s$ 之值甚小时, 则按 (10),

$$\gamma_s=\alpha_s+\beta_s,\qquad s=1,2,\cdots,r \tag{15-13}$$

故在第一阶的近似式, $\mathscr{G}$ 系 Abelian 的.

如 $\mathscr{G}$ 本身确系 Abelian, 则由第 (2) 式.

$$f_s(\beta_1,\cdots,\beta_r;\alpha_1,\cdots,\alpha_r)=f_s(\alpha_1,\cdots,\alpha_r;\beta_1,\cdots,\beta_r) \tag{15-14}$$
$$s=1,2,\cdots,r$$

故由 (11),

$$\begin{aligned} {a_{ij}}^{(s)} &= {a_{ji}}^{(s)} \\ {C_{ij}}^{(s)} &= 0 \end{aligned} \tag{15-15}$$

此谓 Abelian 群的结构常数皆等于零.

以一般非 Abelian 群言, 则 (10) 式的 $\sum {a_{ij}}^{(s)}\alpha_i\beta_j$ 项已显示其非 Abelian 性.

由 (10) 及 (7), 即可得 $\tilde{\alpha}_s$ 之值. 于 (10) 式中, 使

$$\gamma_s=0, \text{代 } \beta_s \text{ 以 } \tilde{\alpha}_s,$$

由 (7) 式的微分,

$$\tilde{\alpha}_s=-\alpha_s+\sum {\alpha_{ik}}^{(s)}\alpha_i\alpha_k+O(\alpha^3) \tag{15-16}$$

此谓与 G_α^{-1} 相应的 $\tilde{\alpha}_s$, 在第一阶为 $-\alpha_s$.

15.2 无限小的变换 ——R_{3p} 与 L_p

兹以三维实数空间的转动及 Minkowshi 空间的 L_p 为例. R_{3p} 与 L_p 皆系线性变换群, 其矩阵为 $T(t_{ij})$,

$$x'=Tx \tag{15-17}$$

我们假设 t_{ij} 和群的参数 (Euler 角或相对速度 v) 满足上节 (i), (ii), (iii) 的条件.

无限小的变换 (infinitesimal transformations) 乃

$$T=E(1+\epsilon)$$

或

$$\begin{aligned} t_{ij} &= \delta_{ij}+\epsilon_{ij} \\ \epsilon_{ij} &= \text{无限小参数} \end{aligned} \tag{15-18}$$

由

$$TT^{-1}=E$$

即得

$$\epsilon_{ij} = -\epsilon_{ji} \tag{15-19}$$

(1)R_{3p}—— 三维实数空间的转动, $\det T = 1$.

R_{3p} 的三个参数, 可采 Euler 角 ψ, θ, φ, 如 (12-31) 或 (12-33) 式, 惟亦可采一个向量 $\alpha(\alpha_x, \alpha_y, \alpha_z)$ 表之. $\alpha_x, \alpha_y, \alpha_z$ 乃绕 x_1, x_2, x_3 轴的转动角.

绕一个固定轴的转动, 构成一个参数的 Abelian 群. 兹使 $R^{(3)}(\alpha)$ 表绕 x_3 轴转动 α 角的变换矩阵, $R(\alpha)$ 函数可以 MacLaurin 级数展开之

$$R^{(3)}(\alpha) = 1 + \alpha \left(\frac{\partial R^{(3)}}{\partial \alpha}\right)_{\alpha=0} + \frac{1}{2!}\alpha^2 \left(\frac{\partial^2 R^{(3)}}{\partial \alpha^2}\right)_{\alpha=0} + \cdots \tag{15-20}$$

故无限小的 α,

$$R^{(3)}(\alpha) \approx 1 + \alpha I_3 \tag{15-21}$$

$$I_3 = \left|\frac{\mathrm{d}R^{(3)}(\alpha)}{\mathrm{d}\alpha}\right|_{\alpha=0} \tag{15-22}$$

I_3 定义为绕 x_3 轴无限小转动的生产式 (generator).

当角 α 为有限, 不等于零值时,

$$R^{(3)}(\alpha) = \begin{vmatrix} \cos\alpha & \sin\alpha & 0 \\ -\sin\alpha & \cos\alpha & 0 \\ 0 & 0 & 1 \end{vmatrix}^{*} \tag{15-23}$$

由此, 即得

$$I_3 = \left(\frac{\mathrm{d}R^{(3)}}{\mathrm{d}\alpha}\right)_{\alpha=0} = \begin{vmatrix} 0 & 1 & 0 \\ -1 & 0 & 0 \\ 0 & 0 & 0 \end{vmatrix} \tag{15-24}$$

同法, 即得

$$I_1 = \begin{vmatrix} 0 & 0 & 0 \\ 0 & 0 & 1 \\ 0 & -1 & 0 \end{vmatrix} \tag{15-25}$$

$$I_2 = \begin{vmatrix} 0 & 0 & -1 \\ 0 & 0 & 0 \\ 1 & 0 & 0 \end{vmatrix} \tag{15-26}$$

---

*α 系 x, y-坐标轴绕 z-转角, 采用右手螺旋律. 如坐标轴固定不变而转动 $P(x, y)$ 点 (α 为 OP 向量反正钟针转角 α), 则 (82) 式中的 α, 应作 $-\alpha$.

由 (24)-(26), 可得下对易关系

$$[I_i, I_j] = -I_k, \quad i, j, k = 1, 2, 3\text{循环} \tag{15-27}$$

即

$$I_1 I_2 - I_2 I_1 = -I_3, \text{余类推} \tag{15-27a}$$

在量子力学中, 角动量 $M(M_x, M_y, M_s)$ 算符, 满足下列对易关系

$$M_x M_y - M_y M_x = -\frac{\hbar}{i} M_s, \quad \text{余类推} \tag{15-28}$$

故如使角动量 M_k 算符与转动算符 I_k 作下列关系

$$M_k = \frac{\hbar}{i} I_k, \quad k = 1, 2, 3 \tag{15-29}$$

则 (27) 与 (28) 式相同.

兹推广 (20) 式至 $\alpha(\alpha_1, \alpha_2, \alpha_3)$如下 ($\alpha \to 0$)

$$\underset{\alpha\to 0}{R}(\alpha) = \mathbf{1} + \left(\alpha_1 \frac{\partial R}{\partial \alpha_1} + \alpha_2 \frac{\partial R}{\partial \alpha_2} + \alpha_3 \frac{\partial R}{\partial \alpha_3}\right)_{\alpha=0} + \cdots \tag{15-30}$$

$$\approx \mathbf{1} + \alpha_j I_j{}^* \tag{15-30a}$$

当 α 为有限值时,**

$$R(\alpha) = \lim_{n\to\infty} \left(\mathbf{1} + \frac{1}{n}\alpha_j I_j\right)^n$$

$$= \mathrm{e}^{\alpha j I j} = \mathrm{e}^{\alpha_1 I_1 \alpha_2 I_2 + \alpha_3 I_3} \tag{15-31}$$

(2) L_p——Minkowski 空间的 Lorentz 群, det T=1.

(19) 式乃

$$\begin{aligned} &\epsilon_{\mu\nu} = -\epsilon_{\nu\mu} \\ &\mu, \nu = 1, 2, 3, 4 \end{aligned} \tag{15-33}$$

---

* 因 I_1 转动系在 x_1-x_3 坐标面内的, 故我们亦可采下述符号:

$$I_{23} = I_1 \quad I_{11} = I_2, \quad I_{12} = I_3 \tag{15-32}$$

** 如 $R(\alpha)$ 矩阵有 $\alpha_1, \alpha_2, \cdots, \alpha_n$ 实数参数, 则 (31) 式的推广式为

$$R(\alpha) = \lim_{n\to\infty} \left(1 + \frac{1}{n}\alpha_j I_j\right)^n = \mathrm{e}^{\alpha_1 I_1 + \cdots + \alpha_n I_n} \tag{15-31a}$$

$$I_j = \left(\frac{\partial R}{\partial \alpha_j}\right)_{\alpha=0}$$

故 $\epsilon_{\mu\nu}$ 为六个独立参数.

如取特殊的 L_p 在 x_1-x_4 面的, 作 $L_p{}^{(14)}$, 或 I_{14},

$$\begin{aligned} &x_1{}' = \gamma(x_1 + \mathrm{i}\beta x_4) \\ I_{14}:\ &x_2{}' = x_2 \\ &x_3{}' = x_3 \\ &x_4{}' = \gamma(-\mathrm{i}\beta x_1 + x_4) \end{aligned} \tag{15-34}$$

或

$$\begin{aligned} &x_1{}' = x_1\cos u + x_4\sin u \\ &x_2{}' = x_2 \\ &x_3{}' = x_3 \\ &x_4{}' = -x_1\sin u + x_4\cos u \end{aligned} \tag{15-34a}$$

$$\gamma = \frac{1}{\sqrt{1-\beta^2}} = \cos u, \quad \mathrm{i}\beta\gamma = \sin u \tag{15-34b}$$

则

$$L_{p14} = \begin{vmatrix} \cos u & 0 & 0 & \sin u \\ 0 & 1 & 0 & 0 \\ 0 & 0 & 1 & 0 \\ -\sin u & 0 & 0 & \cos u \end{vmatrix} \tag{15-34c}$$

故

$$I_{14} = \left(\frac{\mathrm{d}L_{p14}}{\mathrm{d}u}\right)_{u=0} = \begin{vmatrix} 0 & 0 & 0 & 1 \\ 0 & 0 & 0 & 0 \\ 0 & 0 & 0 & 0 \\ -1 & 0 & 0 & 0 \end{vmatrix} = -I_{41} \tag{15-35}$$

同法, 其他沿 y, z 轴作相对运动的特殊 L_p 有

$$I_{24} = \begin{vmatrix} 0 & 0 & 0 & 0 \\ 0 & 0 & 0 & 1 \\ 0 & 0 & 0 & 0 \\ 0 & -1 & 0 & 0 \end{vmatrix} = -I_{42} \tag{15-36}$$

$$I_{34} = \begin{vmatrix} 0 & 0 & 0 & 0 \\ 0 & 0 & 0 & 0 \\ 0 & 0 & 0 & 1 \\ 0 & 0 & -1 & 0 \end{vmatrix} = -I_{43} \tag{15-37}$$

在如 (21) 式中之 $\alpha_j I_j$, 则有 $uI_{14}, vI_{24}, wI_{34}, u, v, w$ 乃沿 x-x', y-y', z-z' 轴的相对运动速度.

L_p 群包函有在三维空间的转动. 由 (25), (26), (24) 式, 即可得

$$I_{12} = \begin{vmatrix} 0 & 1 & 0 & 0 \\ -1 & 0 & 0 & 0 \\ 0 & 0 & 0 & 0 \\ 0 & 0 & 0 & 0 \end{vmatrix} = -I_{21} \tag{15-38}$$

$$I_{23} = \begin{vmatrix} 0 & 0 & 0 & 0 \\ 0 & 0 & 1 & 0 \\ 0 & -1 & 0 & 0 \\ 0 & 0 & 0 & 0 \end{vmatrix} = -I_{32} \tag{15-39}$$

$$I_{31} = \begin{vmatrix} 0 & 0 & -1 & 0 \\ 0 & 0 & 0 & 0 \\ 1 & 0 & 0 & 0 \\ 0 & 0 & 0 & 0 \end{vmatrix} = -I_{13}{}^{*} \tag{15-40}$$

(35)—(40)6 个式可综合成下式

$$(I_{\sigma\rho})_{\mu\nu} = \delta_{\sigma\mu}\delta_{\rho\nu} - \delta_{\sigma\nu}\delta_{\rho\mu} \tag{15-41}$$

一个任意无限小正规 Lorentz 可表成下式

$$x_\mu{}' = \left\{ \delta_{\mu\nu} + \frac{1}{2}\epsilon_{\sigma\rho}(I_{\sigma\rho})_{\mu\nu} \right\} x_\nu \tag{15-42}$$

15.3 无限小的变换

设 $\boldsymbol{u}(u_1, \cdots, u_n)$ 为 r-维复数向量空间的一向量, 经一有 r 个参数的矩阵 G_α, 变换为 $\boldsymbol{x}(x_1, \cdots, x_r)$

$$\boldsymbol{x} = G_\alpha \boldsymbol{u} \tag{15-44}$$

兹有如 (22), (30), 定义

$$I_k = \left(\frac{\partial G_\alpha}{\partial \alpha_k} \right)_{\alpha=0}, \quad k = 1, \cdots, r \tag{15-45}$$

---

*(27) 式的对易关系, 如以 $I_{jk}, I_{i4}, j, k = 1, 2, 3$ 符号表出, 则成下式

$$\begin{aligned} [I_{j4}, I_{k4}] &= -I_{jk} \\ [I_{ij}, I_{jk}] &= -I_{ki} \end{aligned} \tag{15-43}$$

为群 $\mathscr{G}$ 的无限小变换 (生产式).

设 (44) 式中的向量 $\boldsymbol{u}$ 系一个定向量 (故与 α_s 无关). 经变换 G_α, 则 x 显系 $\alpha_s, s=1,\cdots,r$, 的函数. 由 (44)

$$\begin{aligned} G_\beta \boldsymbol{x} &= G_\beta G_\alpha \boldsymbol{u} \\ &= G_\gamma \boldsymbol{u} \end{aligned} \tag{15-46}$$

此式的 G_γ, 与 $G_\beta G_\alpha$ 的关系, 乃系 (4) 式; 故 γ_s 与 β_s, α_s 的关系, 乃系第 (10) 式. 作 (46) 式的对 β_p 微分, 用 (45) 式定义, 使 $\beta_s=0$(即 $\gamma_s=\alpha_s, s=1,\cdots,r$), 即得

$$I_p \boldsymbol{x} = \sum_j^r \left(\frac{\partial G_\gamma \boldsymbol{u}}{\partial \gamma_j}\right)_{\gamma=\alpha} \left(\frac{\partial \gamma_j}{\partial \beta_p}\right)_{\beta=0} \tag{15-47}$$

由 (46) 及 (44), 显见

$$\frac{\partial (G_\gamma \boldsymbol{u})}{\partial \gamma_j} = \frac{\partial (G_\alpha \boldsymbol{u})}{\partial \alpha_j} = \frac{\partial \boldsymbol{x}}{\partial \alpha_j} \tag{15-48}$$

使

$$S_{ik}(\alpha_s) \equiv \left(\frac{\partial \gamma_i}{\partial \beta_k}\right)_{\beta=0} \quad (\text{由 (2) 式}) \tag{15-49}$$

故

$$\begin{aligned} &I_p \boldsymbol{x} = \sum_{j=1}^r S_{jp}(\alpha_s) \frac{\partial \boldsymbol{x}}{\partial \alpha_j} \\ &p=1,2,\cdots,r \end{aligned} \tag{15-50}$$

兹视

$$\begin{aligned} &\boldsymbol{X} \equiv \left(\frac{\partial \boldsymbol{x}}{\partial \alpha_1},\cdots,\frac{\partial \boldsymbol{x}}{\partial \alpha_r}\right) \\ &\boldsymbol{Y} \equiv (I_1 \boldsymbol{x},\cdots,I_r \boldsymbol{x}) \end{aligned} \tag{15-51}$$

为二向量, 其关系乃 (50) 的变换

$$Y_p = \sum \tilde{S}_{pj}(\alpha_s) X_j \quad (\tilde{S}_{pj} = S_{jp})$$

或

$$\boldsymbol{Y} = \tilde{S}(\alpha_s) \boldsymbol{X} \tag{15-52}$$

定义 *

$$T_{ik}(\alpha_s) \equiv \left(\frac{\partial \beta_i}{\partial \gamma_k}\right)_{\gamma=\alpha} \tag{15-53}$$

由左, 乘 (52) 以 $\tilde{T}$, 由 (55) 的 $\tilde{T}\tilde{S} = \widetilde{(ST)} = E$, 即得

$$\boldsymbol{X} = \tilde{T}(\alpha_s)\boldsymbol{Y} \tag{15-56}$$

或按 (51),

$$\frac{\partial \boldsymbol{x}}{\partial \alpha_p} = \sum_j^r T_{jp}(\alpha_s) I_j \boldsymbol{x} \tag{15-56a}$$

$\boldsymbol{x}$ 向量的分量 x_k 乃满足下式

$$\frac{\partial x_k}{\partial \alpha_p} = \sum_j^r T_{jp}(\alpha_s) \sum_{l=1}^n (I_j)_{kl} x_l \tag{15-57}$$

$$k = 1, 2, \cdots, n$$
$$p = 1, 2, \cdots, r$$

$\boldsymbol{x}(x_1, \cdots, x_n)$ 满足下条件

$$\boldsymbol{x}|_{\alpha=0} = \boldsymbol{u}, \boldsymbol{u} = \text{固定向量} \tag{15-58}$$

(57) 或 (56a) 方程式乃 $\boldsymbol{x}$ 向量 (因转动变换 $G_\alpha(44)$ 而成 α_s 等的函数) 所满足的微分方程式. 此方程式之解 (按 (58) 条件), 可证明系惟一的.

$I_k(\alpha_s)$, (45) 式, 遵守 (27), (43) 式的对易关系. 由 (57) 的对 x_q 微分,

$$\begin{aligned}
\frac{\partial^2 \boldsymbol{x}}{\partial \alpha_p \partial \alpha_q} &= \sum_j^r \left\{ \frac{\partial T_{jp}(\alpha_s)}{\partial \alpha_q} I_j \boldsymbol{x} + T_{jp}(\alpha_s) I_j \frac{\partial \boldsymbol{x}}{\partial \alpha_q} \right\} \\
&= \sum_j^r \left\{ \frac{\partial T_{jp}}{\partial \alpha_q} + \sum_k^r T_{jp} T_{kq} I_k \right\} I_j \boldsymbol{x}
\end{aligned}$$

---

* 由 (2), 我们可得

$$\beta_s = g_s(\gamma_1, \cdots, \gamma_r; \alpha_1, \cdots, \alpha_r), \quad s = 1, \cdots, r \tag{15-54}$$

由 (2) 及 (54), 及 (49), (53) 的定义, 即得下矩阵方程式

$$S(\alpha_s)T(\alpha_s) = E, T(\alpha_s)S(\alpha_s) = E \tag{15-55}$$

将 p, q 互易, 由 $\dfrac{\partial^2 x}{\partial\alpha_p\partial\alpha_q}=\dfrac{\partial^2 x}{\partial\alpha_q\partial\alpha_p}$, 即得

$$\left[\sum_{j=1}^{r}\left(\frac{\partial T_{jp}}{\partial\alpha_q}-\frac{\partial T_{jq}}{\partial\alpha_p}\right)I_j+\sum_{j,k}^{r}[T_{jp}T_{kq}-T_{jq}T_{kp}]I_jI_k\right]\boldsymbol{x}=0 \tag{15-59}$$

$$T_{jp}=T_{jp}(\alpha_s), T_{kq}T_{kq}(\alpha_s),\quad \text{余类推}$$

兹使所有的 $\alpha_s=0$, 用 $\boldsymbol{x}(\alpha=0)=\boldsymbol{u}$, 及 (11) 式之结构常数 ${C_{pq}}^{(j)}$, *为

$$ {C_{pq}}^{(j)}=\left(\frac{\partial T_{jp}(\alpha_s)}{\partial\alpha_q}-\frac{\partial T_{jq}(\alpha_s)}{\partial\alpha_p}\right)_{\alpha=0} \tag{15-60}$$

又由 (53)

$$T_{ik}(\alpha_s=0)=\delta_{ik}\quad (T(\alpha=0)=E)$$

(59) 式乃成

$$\left[\sum_{j=1}^{r}{C_{pq}}^{(j)}I_j+(I_pI_q-I_qI_p)\right]u=0 \tag{15-61}$$

u 系一任意 (固定) 向量. 故由此, 得

$$I_pI_q-I_qI_p=-\sum_{j=1}^{r}{C_{pq}}^{(j)}I_j \tag{15-62}$$

此对易关系, 乃 (27), (43) 式的推广

(62) 式极为重要. 如已知 ${C_{pq}}^{(j)}$, 则 (62) 成一集矩阵方程式. 此集方程式之解, 乃各 I_p 的 $n\times n$ 矩阵. 如已知所有 $I_p, p=1,2,\cdots,r$, 原则上我们可由 (31a) 计算表现矩阵 $D(\alpha)$.

由 (62) 式的全部的解, 可得连续群 $\mathscr{G}(\alpha)$ 所有的各维表现.

---

* 结构常数 ${C_{pq}}^{(j)}$(60) 式可证明亦等于

$$ {C_{pq}}^{(j)}=\left(\frac{\partial S_{jq}}{\partial\alpha_p}-\frac{\partial S_{jp}}{\partial\alpha_q}\right)_{\alpha=0} \tag{15-63}$$

由 (11) 及 (49), 即得 (63). 由 (55), 即得

$$\sum_{j=1}^{r}S_{pj}(\alpha_s)T_{jk}(\alpha_s)=\delta_{pk}$$

对 α_i 微分后使 $\alpha=0$. 因

$$S(\alpha_s=0)=T(\alpha_s=0)=E,\quad s=1,\cdots,r$$

故得

$$\left(\frac{\partial S_{pk}(\alpha_s)}{\partial\alpha_i}\right)_{\alpha=0}+\left(\frac{\partial T_{pk}(\alpha_s)}{\partial\alpha_i}\right)_{\alpha=0}=0 \tag{15-64}$$

以此代入 (63), 即得前 (60) 式

15.4 无限小的变换的表现

设 D_{ij} 系 $\mathscr{G}$ 的 $n\times n$ 表现群; $D(\alpha)$ 系同 G_α 为 $\alpha_1,\alpha_2,\cdots,\alpha_r$ 参数的函数. 下列的

$$I_s=\left(\frac{\partial D(\alpha)}{\partial\alpha_s}\right)_{\alpha=0},\quad s=1,2,\cdots,r \tag{15-65}$$

系 $D(\alpha)$ 表现群的无限小变换的生产式. $D(\alpha)$ 群与 $\mathscr{G}(\alpha)$ 群系同态

$$D(\alpha)\sim\mathscr{G}(\alpha) \tag{15-66}$$

故 (65) 的 I_s 满足 (62) 对易关系, 且 $D(\alpha)$ 与 $\mathscr{G}(\alpha)$ 有相同的结构常数 ${C_{pq}}^{(j)}$ 如 (60) 或 (63)

兹以第 2 节的转动群 R_{3p} 为例.

由第 4(2) 节 SU_2 与 R_{3p} 群的关系, 已见 R_{3p} 群的不可约表现 D^j 系 $(2j+1)$-维, 其矩阵系 $(2j+1)\times(2j+1)$.D^1 系 3- 维变换, 其 3×3 矩阵系 R_{3p} 的“自身表现”. D^1 或 R_{3p} 的无限小变换生产式 I_1,I_2,I_3, 满足对易关系 (27), (27) 式乃上述一般公式 (62) 的一特例. 由 (27) 及 (62), 可得结构常数为 *

$$\begin{aligned}&{C_{12}}^{(3)}={C_{23}}^{(1)}={C_{31}}^{(2)}=1\\&{C_{31}}^{(1)}={C_{12}}^{(1)}={C_{12}}^{(2)}={C_{23}}^{(2)}={C_{23}}^{(3)}={C_{31}}^{(3)}=0\end{aligned} \tag{15-66}$$

次取表现 $D^{\frac{1}{2}}$. 此乃 2- 维空间; I_1,I_2,I_3

$$I_iI_j-I_jI_i=-I_k \tag{15-67}$$

其解为

$$I_1=\frac{\mathrm{i}}{2}\sigma_1,\quad I_2=\frac{\mathrm{i}}{2}\sigma_2,\quad I_3=\frac{\mathrm{i}}{2}\sigma_3 \tag{15-68}$$

$$\sigma_1=\begin{pmatrix}0&1\\1&0\end{pmatrix},\quad \sigma_2=\begin{pmatrix}0&-\mathrm{i}\\\mathrm{i}&0\end{pmatrix},\quad \sigma_3=\begin{pmatrix}1&0\\0&-1\end{pmatrix}$$

(67) 亦可由 (42), (44), (45) 直接得之

$$G_{\mu\nu}=\delta_{\mu\nu}+\frac{1}{2}\epsilon_{\sigma\rho}(I_{\sigma\rho})_{\mu\nu},\quad I_{\sigma\rho}=\frac{\partial G}{\partial\epsilon_{\sigma\rho}}$$

读者宜参阅本册第 4 章, 尤其 (4-78a), (4-79b) 及该章末习题 2.

---

* 此处的 ${C_{ij}}^{(k)}$ 值乃采取 (23)—(25) 式中 α 角的符号. 见 (23) 式下注. 如 $\alpha_1,\alpha_2,\alpha_3$ 系点 P 的转动 (非坐标轴的转动, 如 (23)—(25) 式), 则 (66) 式的 ${C_{ij}}^{(k)}$ 均将变为负号.

$D^{\frac{1}{2}}$ 系自旋角动量等于 $\dfrac{1}{2}$ 的情形, 如电子, 核子等.

再次取表现 $D^0 = 1$. 此系 1- 维空间; 乃自旋角动量等于 0 的情形, 如 π 介子, k 介子等

D^j 表现的无限小变换生产式 I_1, I_2, I_3 的本征值为

$$-j, -j+1, \cdots, j-1, j$$

D^1 的 $I_s\left(乘\dfrac{1}{i}h\right)$ 乃 $-h, 0, +h$.(光子的情形)

$D^{jj'}(= D^j \times D^{kj})$ 之表现矩阵为

$$TD^{jj'}T^{-1} = D^{|j-j'|}\dot{+}D^{|j-j'|+1}\dot{+}\cdots\dot{+}D^{j+j'-1}\dot{+}D^{j+j}$$

与此等矩阵的无限小变换生产式 I_j 有关的自旋数乃

$$|j-j'|, |j-j'|+1, \cdots, j+j'-1, j+j'$$

第 16 章　量子场方程式与群表现

16.1　导　　论

量子场方程式的基本特性, 乃 (1) 在正规 Lorentz 变换 L_p 下有不变性, (2) 场经量子化后, 其量子的自旋角动量与由经验所知者相符.

关于第 (1) 点, 我们只需要求当时空 $x_1, \cdots, x_4$ 作 L_p 变换

$$x' = L_p x \tag{16-1}$$

时, 场的幅度 $\psi(x)$ 作下的变换

$$\psi'(x') = \Lambda(L_p)\psi(x), \tag{16-2}$$

Λ 系正规 Lorentz 群的表现矩阵 $D^{jj'} = D^k \times D^j, D^j$ 系 SC_2 群的表. $D^{jj'}$ 的维次 $n(D^{jj'}$ 系 $n \times n$ 方矩阵), 等于 $\psi(x)$ 的分量的数.

关于第 (2) 点, 我们由前两章, 已知三维空间转动 R_{3p} 的无限小变换 (生产式 I_j), 和自旋算符有密切关系, 而 R_{3p} 乃在 L_p 群内. 故按 L_p 群的表现而变换的系统, 可与某一自旋的粒子关联.

例　D^0 表现系一维的矩阵 (即数字, 非矩阵了), 与自旋角动量 =0 的介子相应;

$D^{\frac{1}{2}}$ 表现系二维的矩阵, 与自旋角动量 $= \frac{1}{2}$(微子, 电子, μ 介子, 质子, 中子等) 相应.

D^1 表现系三维的矩阵, 与自旋角动量 =1(光子) 相应.$D^1(SU_2)$ 和 R_{3p} 的关系, 已见第 13 章第 4 节. 由 (12-67) 式, 得见 R_{3p} 和 $[SU_2]$ 与 $-[SU_2]$ 相应

$$[SU_2] = \begin{bmatrix} a & b \\ -b^* & a^* \end{bmatrix}, \quad -[SU_2] = \begin{bmatrix} -a & -b \\ b^* & -a^* \end{bmatrix} \tag{16-3}$$

$$D^j \qquad\qquad (-1)^{2j}D^j$$

故 j = 整数时, $[SU_2], -[SU_2]$ 皆同一个 D^j, 亦同一个 R_{3p} 转动. 我们谓 D^j 系 R_{3p}“单值”(single-valued) 表现.j = 半整数时, $[SU_2]$ 有 $D^j, -[SU_2]$ 有 $-D^j$. 故 R_{3p} 有 $\pm D^j$ 两表现. 我们谓 R_{3p} 的表现系“变值”(double-valued) 表现.

$$L_p\text{群的表现系}D^{jj'} = D^j \times D^{*j'}, \quad D^j = D^j \begin{pmatrix} a & b \\ c & d \end{pmatrix}\text{与}$$

$D^{*j}\begin{pmatrix} a^* & b^* \\ c^* & d^* \end{pmatrix}$ 系 $[SC]_2$ 及 $[SC_2]^*$. 凡此已见第 13 章第 6 节. 由 (13-148), (13-153), (13-154) 等例, 可见 L_p 的表现系单值的, 如 j, j' 系整数; 系变值, 如 $j+j'$ 系半整数.

(1) $j, j'=$ 整数时, 单值表现 $D^{jj'}$ 称为"张量表现". 按张量表现 $\Lambda(L_p)$ 变换的场幅度 ψ_μ, 乃系张量, 包括纯量, 向量 $\psi_\mu, \mu=1,2,3,4$ 为特例.

(2) $j+j'=$ 半整数时, 双值表现 $D^{jj'}$ 称为"旋量表现", 按旋量表现 $\Lambda(L_p)$ 变换的场幅度 ψ_μ, 乃系旋量 (spinors).*

16.2 量子场方程式

由 L_p 的 $D^{jj'}=D^j \times D^{j'}$, 如 $D^{jj'}$ 包括有三维实数空的转动 R_{3p}, 则是可按 Clebsch-Gordan 公式约成

$$D^j \times D^{j'} = D^{j-j'} \dotplus D^{j-j'+1} \dotplus \cdots \dotplus D^{j+j'+1} \dotplus D^{j+j'} \tag{16-4}$$

每一项 $D^{j+j'-k}$ 与一自旋数 $j+j'-k$ 相关联. 故一个按 L_p 变换的系统 (或场), 可自许多的自旋数 (由 $|j-j'|$ 到 $j+j'$). 反之, 如我们欲得具有某自旋的场的满足 Lorentz 不变性条件的微分方程式, 则我们只需先选择某一个表现 $D^{j+j'-k}$ 即可.

本节将 L_p 表现观点, 导得第一, 二章的 Klein-Gordon 方程式, Dirac 方程式及电磁场方程式等.

16.2.1 Klein-Gordon 方程式, $s=0$**

由 L_p 的 D^{00} 表现, $D^{00}=1$ 表现使所有的正规 Lorentz 变换皆与数 1 相应. 这 D^0 表纯量场 (scalar field), 其自旋数 =0.

d'Alembertian 算符

$$\Box^2 = \partial_\mu \partial_\mu$$

系 L_p 变换下的一个不变算符. 如 $\psi(x)$ 系一纯量场幅 (x 的函数),

$$\Lambda(L_p)\psi(x) = \psi(x) \tag{16-5}$$

则 $\Box^2\psi(x)$ 引致另一纯量 (或, 不变) 场, 兹使

$$\Box^2\psi = a\psi \tag{16-6}$$

* 关于旋量及其变换, 已详见第 10 章. 虽该章未用群的表现观念或术语. 读者至此, 宜重读第 10 章, 可与群的表现观念融会贯通矣.

** 参阅第 8 章第 3 节.

a 系一常数, 其值可由相对论的能-动量关系定之. 由

$$p^2c^2 - E^2 = -{m_0}^2c^4 \tag{16-7}$$

及

$$p_x = \frac{\hbar}{i}\frac{\partial}{\partial x}, \quad E = -\frac{\hbar}{i}\frac{\partial}{\partial t}$$

(6) 式成

$$\Box^2\psi = \frac{1}{\lambda^2}\psi \tag{16-8}$$

$$\lambda = \frac{\hbar}{m_0 c} = \frac{1}{2\pi}\text{Compton波长}$$

此即 Klein-Gordon 方程式.*

16.2.2 Dirac 方程式, $s = \frac{1}{2}$**

由 L_p 的 $D^{0\frac{1}{2}}$ 或 $D^{\frac{1}{2}0}$ 表现, 我们得旋量的表现, □ 算符及场幅度 ψ, 兹乃代以旋量算符

$$\Box \to \partial_{ab}\text{或}\partial_{cd} \quad (\text{见 (10-161) 等})$$

$$\psi \to v^a, v^b, u_c, u_d \quad (\text{见 (184) 等})$$

在 $\boldsymbol{x}(x_1, x_2, x_3, x_4)$ 经 L_p 变换下, ψ 乃按

$$D^{\frac{1}{2}0} + D^{0\frac{1}{2}} \tag{16-9}$$

表现的直和变换. L_p 及其表现 $[SC_2]$ 皆有 6 个参数 (如相对速度 $v(v_1, v_2, v_3)$ 及三维空间 R_3 转动).Dirac 方程式 (无电磁场的情形) 乃

$$\begin{aligned}\partial_{\dot{a}b}v^b &= \frac{1}{\lambda}u_{\dot{a}}, \quad (a, b = 1, 2) \\ \partial_{c\dot{d}}u^{\dot{d}} &= \frac{1}{\lambda}v_c, \quad (c, d = 1, 2) \quad (\text{见 (10-184) 式})\end{aligned} \tag{16-10}$$

$$\partial_{\dot{a}b} = \partial_{b\dot{a}}, \tag{16-11}$$

$$\begin{pmatrix} v_1 \\ v_1 \end{pmatrix} = -\begin{pmatrix} 0 & 1 \\ -1 & 0 \end{pmatrix}\begin{pmatrix} v^1 \\ v^2 \end{pmatrix}, \quad \begin{pmatrix} u_{\dot{1}} \\ u_{\dot{2}} \end{pmatrix} = -\begin{pmatrix} 0 & 1 \\ -1 & 0 \end{pmatrix}\begin{pmatrix} u^{\dot{1}} \\ u^{\dot{2}} \end{pmatrix} \tag{16-12}$$

∗ 此方程式的解, 及其在电磁场之推广形式, 皆详见本册第 1 章. 场 ψ 的量子化, 则详见第 8 章第 2 节.

∗∗ 参阅第 2 章第 1 节; 第 8 章第 5 节.

(见 (10-16) 式)

$(v_1, v_2), (u_{\dot{1}}, u_{\dot{2}})$ 乃两个独立的 (spinor) 旋量, 共构成所谓双旋量 (bispinor). 此双旋量构成 Dirac 的四分量 $\psi_1, \psi_2, \psi_3, \psi_4$, 其与双旋量间之关系如下

$$\begin{aligned}&\text{双旋量}; v_1\ v_2\ u^1\ u^2 \\ &(\text{或}\ -v^2\ v^1\ u^2\ -u_1,\ \text{用 (12) 式}) \\ &\text{Dirac}\ \psi_\mu:\ \psi_1\ \psi_2\ \psi_3\ \psi_4.\end{aligned} \tag{16-13}$$

16.2.3 Maxwell 方程式 (电磁场), $s = 1^*$, $D^{\frac{1}{2}\frac{1}{2}}$

当 $x(x_1, x_2, x_3, x_4)$ 作 L_p 变换时, 场幅 ψ_μ(乃四维势 A_μ) 按 $D^{\frac{1}{2}\frac{1}{2}}$ 表现变换, 由 (13-127b, c, d), **

$$T(D^{\frac{1}{2}} \times D^{\frac{1}{2}})T^{-1} = D^1 + D^0 \tag{16-14}$$

(14) 式中之 D^1 系 3- 维向量的空间, D^0 系一维, 或纯量, 空间. 前者的量子的自旋为 1, 后者为 0.

如 A_μ(电磁势场) 限于 3-维 ^1D 空间, 则由 $A_\mu, \mu = 1, 2, 3, 4$, 缩减为三个独立量, 必需加一限制条件. 此条件务需在 L_p 下有不变换性. 即条件可取所谓 Lorentz 条件

$$\partial_\mu A_\mu = \Box A_\mu = 0 \tag{16-15}$$

如采此条件 (称为 Lorentz 规范 (gauge)), 则 A_μ 满足下方程式

$$\Box^2 A_\mu = 0. \quad \mu = 1, 2, 3, 4 \tag{16-16}$$

此乃 Klein-Gordon 方程式, 但 $m_0 = 0.\#$

由 Maxwell 场方程式

$$\begin{aligned}&\nabla \times \boldsymbol{E} = -\partial_t \boldsymbol{B}, \\ &\nabla \times \boldsymbol{H} = \rho \boldsymbol{V} + \partial_t \boldsymbol{D} \\ &\nabla \cdot \boldsymbol{B} = 0 \\ &\nabla \cdot \boldsymbol{D} = \rho \\ &\boldsymbol{B} = \mu_0 \boldsymbol{H} \\ &\boldsymbol{D} = \epsilon_0 \boldsymbol{E}, \quad c^2 = \frac{1}{\mu_0 \epsilon_0}\end{aligned}$$

---

* 参阅第 6 章第 3 节及附录, 第 8 章第 4 节.

** 如 L_p 系限于在三维 R_3 空间的转动 R_{3p}, 则 $D^{\frac{1}{2}}, D^1$ 皆系 SU_2 的表现.

及引入

$$\boldsymbol{B} = \nabla \times \boldsymbol{A},\ \boldsymbol{E} = -\partial_t \boldsymbol{A} - \nabla\phi$$

$$J_\mu = J_\mu(\rho \boldsymbol{v}, \mathrm{i}c\rho) \equiv (\boldsymbol{J}, J_4)$$

$$A_\mu = A_\mu \left(\boldsymbol{A}, \frac{\mathrm{i}}{c}\phi\right)$$

即得

$$\Box^2 \boldsymbol{A} = -\mu_0 \boldsymbol{J} + \nabla(\Box A)$$

$$\Box^2 \phi = -\frac{1}{\epsilon_0}\rho + \partial_t(\Box A)$$

如加入 Lorentz 条件 (15), 则此二方程式成

$$\Box^2 A_\mu = -\mu_0 J_\mu,\ \ \mu = 1, 2, 3, 4$$

所谓规范变换, 乃 A_μ 作不变换 (所谓第二种规范变换)

$${A_\mu}' = A_\mu + \partial_\mu \chi$$

而 χ 满足下方程式的,

$$\Box^2 \chi = 0$$

任何满足上述的规范变换, 皆不改变 (物理上可量的)$\boldsymbol{E}, \boldsymbol{B}$ 值.

上述的结果, 均见《理论物理第三册：电磁电》第 4 章, 及《理论物理第四册：相对论》甲部, 第 4 章.

又如引入张量

$$F_{\mu\nu} = \partial_\mu A_\nu - \partial \nu A_\mu$$

则 Maxwell 四个方程式可写作下式

$$\partial_\nu F_{\mu\nu} = \mu_0 J_\mu, \quad \mu = 1, 2, 3, 4$$

$$\partial_k F_{lm} + \partial_l F_{mk} + \partial_m F_{kl} = 0, \quad k, l, m = 1, 2, 3$$

在此形式下, 位 A_μ 不再出现 (盖 $F_{\mu\nu}$ 只有 E, B 的分量而已), 故这些方程式自然而然有“第二种规范变换下的不变性”. 这个不变性的基本原因, 乃系因 Maxwell 场方程式只含 A_μ 的导数而不含 A_μ 的自身. 而这情形, 则系由于 (16) 式, “光子”的静止质量 $m_0 = 0$ 而致的.

索　引